한국산업인력공단 주관·시행

조경
기능사 필기

김규만 저

김규만

- 조경학 전공
- 중등교사(조경)/조경훈련교사/농림훈련교사/임업훈련교사/조경기사
- 2004년 4월 ~ 현재 : 조경 자격증 및 실무 강의
- 現 경기조경교육원(舊 경기조경기술학원) 원장

최근 급속한 산업화의 도시화에 따른 환경의 파괴로 인하여 환경 복원과 주거환경 문제에 대한 관심과 그 중요성이 급 부각됨으로써 공종별 전문인력으로 하여금 생활공간을 아름답게 꾸미고 자연환경을 보호하고자 도입되어 시행되고 있는 자격검정이 조경기능사입니다.

본 수험서는 한국산업인력공단이 주관 및 시행하고 있는 조경기능사 자격시험에 보다 쉽고 빠르게 대비할 수 있도록 구성하였습니다. 필자는 교단과 현장에서의 경험을 토대로 조경기능사 자격을 취득하고자 하는 수험생들을 위하여 다음과 같은 내용에 중점을 두고 이 책을 집필하였습니다.

1. 한국산업인력공단의 출제기준과 출제유형을 분석하여 핵심적인 내용을 수록하였습니다.
2. 본문 이해가 쉽도록 풍부한 삽화와 일러스트를 추가하였습니다.
3. 과목별 출제예상문제를 통해 실제시험에 대한 적응력을 향상시킬 수 있도록 하였습니다.
4. 변경된 시험제도에 발맞추어 2019년 이후 시행된 CBT 시험문제를 복원하여 상세한 해설과 함께 수록함으로써 문제은행 방식의 시험제도에 효과적으로 대비할 수 있도록 하였습니다.

책을 쓰는 동안 수험생의 입장에서 최대한 자세하게 설명하기 위해 최선을 다하였으나 미비한 점이 있다면 계속적인 보완을 약속드립니다.

끝으로 출간을 위해 적지 않은 시간을 원고 검토에 힘써준 동료들에게 지면을 통해 깊은 감사의 말을 전합니다.

저자 올림

검정안내 및 출제기준

■ **개요**

급속한 산업화의 도시화에 따른 환경의 파괴로 인하여 환경 복원과 주거환경 문제에 대한 관심과 그 중요성이 급 부각됨으로써 공종별 전문인력으로 하여금 생활공간을 아름답게 꾸미고 자연환경을 보호하고자 도입 시행

■ **수행직무**

조경설계도면 작성과 도면 판독으로 조경공사 시공에 따른 지반고르기, 나무심기, 시설물 설치 등 주로 실무적인 업무와 조경수목과 조경시설물을 보호 및 관리하는 업무 수행

■ **출제경향**

조경에 필요한 기초 도면의 시설물, 식재 설계 및 도면(단면)을 판독하며, 재료를 식별하고 그 재료를 이용하여 조경시공 작업 능력을 평가(공개문제를 참조)

■ **취득방법**

- 시험과목
  - 필기 : 조경설계, 조경시공, 조경관리
  - 실기 : 조경작업(도면작업, 수목감별, 조경실무작업)
- 검정방법
  - 필기 : 객관식 4지 택일형 60문항(60분)
  - 실기 : 작업형(3시간 30분 내외)
- 합격기준
  - 필기·실기 : 100점을 만점으로 하여 60점 이상

■ **진로 및 전망**

조경식재 및 조경시설물 설치공사업체, 공원(실내, 실외), 학교, 아파트 단지 등의 관리부서, 정원수 및 재배업체에 취업할 수 있으며, 거의 대부분 일용직으로 근무 하고 있다. - 조경공사는 건축물이 어느 정도 완공된 시점부터 시작되므로 건설경기가 회복된 시점 보다 1~2년 정도 늦게 나타나게 된다. 따라서 조경기능사 자격취득자에 대한 인력수 요는 당분간 현수준을 유지할 것으로 보이지만 각종 자연의 파괴, 대기오염, 수질오 염 및 소음 등 각종 공해문제가 대두됨으로써 쾌적한 생활환경에 대한 욕구를 충족시 키기 위해 조경에 대한 중요성이 증대되어 장기적으로 인력수요는 증가할 전망

■ 출제기준

필기과목명	주요항목	세부항목	
조경설계, 조경시공, 조경관리	1. 조경양식의 이해	1. 조경일반 3. 동양조경 양식	2. 서양조경 양식
	2. 조경계획	1. 자연, 인문, 사회 환경 조사분석 3. 기능분석 5. 기본구상	2. 조경 관련 법 4. 분석의 종합, 평가 6. 기본계획
	3. 조경기초설계	1. 조경디자인요소 표현 3. 적산	2. 전산응용도면(CAD) 작성
	4. 조경설계	1. 대상지 조사 3. 기본계획안 작성 5. 조경식재 설계 7. 조경설계도서 작성	2. 관련분야 설계 검토 4. 조경기반 설계 6. 조경시설 설계
	5. 조경식물	1. 조경식물 파악	
	6. 기초 식재공사	1. 굴취 3. 교목 식재 5. 지피 초화류 식재	2. 수목 운반 4. 관목 식재
	7. 잔디식재공사	1. 잔디 시험시공 3. 잔디 식재	2. 잔디 기반 조성 4. 잔디 파종
	8. 실내조경공사	1. 실내조경기반 조성 3. 실내조경시설·점경물 설치	2. 실내녹화기반 조성 4. 실내식물 식재
	9. 조경인공재료	1. 조경인공재료 파악	
	10. 조경시설물공사	1. 시설물 설치 전 작업 3. 안내시설물 설치 5. 놀이시설 설치 7. 경관조명시설 설치 9. 데크시설 설치 11. 수경시설 13. 옹벽 등 구조물 설치 14. 생태조경 설치(빗물처리시설, 생태못, 인공습지, 비탈면, 훼손지, 생태숲)	2. 측량 및 토공 4. 옥외시설물 설치 6. 운동시설 설치 8. 환경조형물 설치 10. 펜스 설치 12. 조경석(인조암)설치
	11. 조경포장공사	1. 조경 포장기반 조성 3. 친환경흙포장 공사 5. 조립블록 포장 공사 7. 조경 콘크리트포장 공사	2. 조경 포장경계 공사 4. 탄성포장 공사 6. 조경 투수포장 공사
	12. 조경공사 준공 전관리	1. 병해충 방제 3. 토양관리 5. 제초관리 7. 수목보호조치	2. 관배수관리 4. 시비관리 6. 전정관리 8. 시설물 보수 관리

필기과목명	주요항목	세부항목	
조경설계, 조경시공, 조경관리	13. 일반 정지전정관리	1. 연간 정지전정 관리계획 수립 3. 가지 길이 줄이기 5. 생울타리 다듬기 7. 상록교목 수관 다듬기 9. 소나무류 순 자르기	2. 굵은 가지치기 4. 가지 솎기 6. 가로수 가지치기 8. 화목류 정지전정
	14. 관수 및 기타 조경관리	1. 관수 관리 3. 멀칭 관리 5. 장비 유지 관리 7. 실내 식물 관리	2. 지주목 관리 4. 월동 관리 6. 청결 유지 관리
	15. 초화류관리	1. 계절별 초화류 조성 계획 3. 초화류 시공 도면작성 5. 식재기반 조성 7. 초화류 관수 관리 9. 초화류 병충해 관리	2. 시장 조사 4. 초화류 구매 6. 초화류 식재 8. 초화류 월동 관리
	16. 조경시설물관리	1. 급배수시설 3. 놀이시설물 5. 운동시설 7. 안내시설물 9. 생태조경시설(빗물처리시설, 생태못, 인공습지, 비탈면, 훼손지, 생태숲)	2. 포장시설 4. 편의시설 6. 경관조명시설 8. .수경시설

NCS(국가직무능력표준) 안내

NCS(국가직무능력표준)와 NCS 학습모듈

- 국가직무능력표준(NCS, National Competency Standards)이란 산업현장에서 직무를 수행하기 위해 요구되는 지식·기술·소양 등의 내용을 국가가 산업부문별·수준별로 체계화한 것으로 국가적 차원에서 표준화한 것을 의미합니다.
- NCS 학습모듈은 NCS 능력단위를 교육 및 직업훈련 시 활용할 수 있도록 구성한 교수·학습자료입니다. 즉, NCS 학습모듈은 학습자의 직무능력 제고를 위해 요구되는 학습 요소(학습 내용)를 NCS에서 규정한 업무 프로세스나 세부 지식, 기술을 토대로 재구성한 것입니다.

NCS 개념도

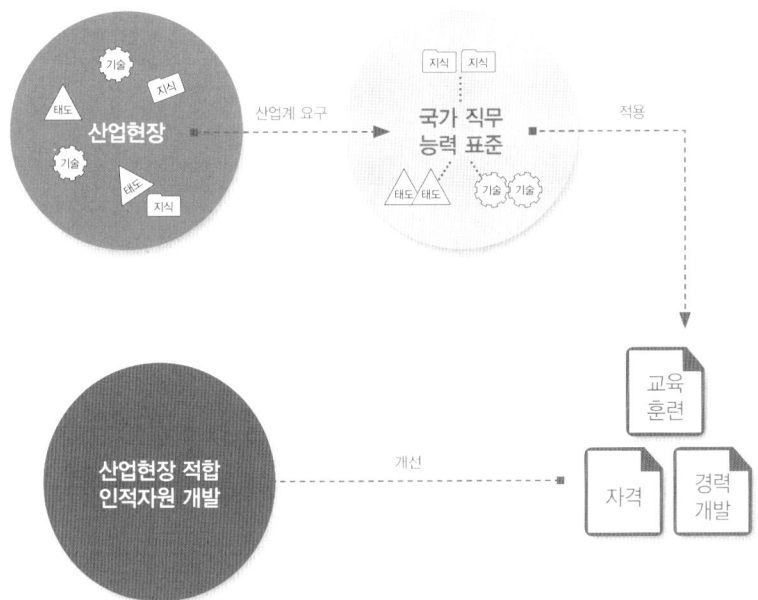

NCS의 활용영역

구분		활용 콘텐츠
산업현장	근로자	평생경력개발경로, 자가진단도구
	기업	현장수요 기반의 인력채용 및 인사관리기준, 직무기술서
교육훈련기관		직업교육 훈련과정 개발, 교수계획 및 매체·교재개발, 훈련기준 개발
자격시험기관		자격종목설계, 출제기준, 시험문항, 시험방법

NCS 학습모듈의 특징

- NCS 학습모듈은 산업계에서 요구하는 직무능력을 교육훈련 현장에 활용할 수 있도록 성취목표와 학습의 방향을 명확히 제시하는 가이드라인의 역할을 합니다.
- NCS 학습모듈은 특성화고, 마이스터고, 전문대학, 4년제 대학교의 교육기관 및 훈련기관, 직장교육기관 등에서 표준교재로 활용할 수 있으며 교육과정 개편 시에도 유용하게 참고할 수 있습니다.

NCS와 NCS 학습모듈의 연결 체제

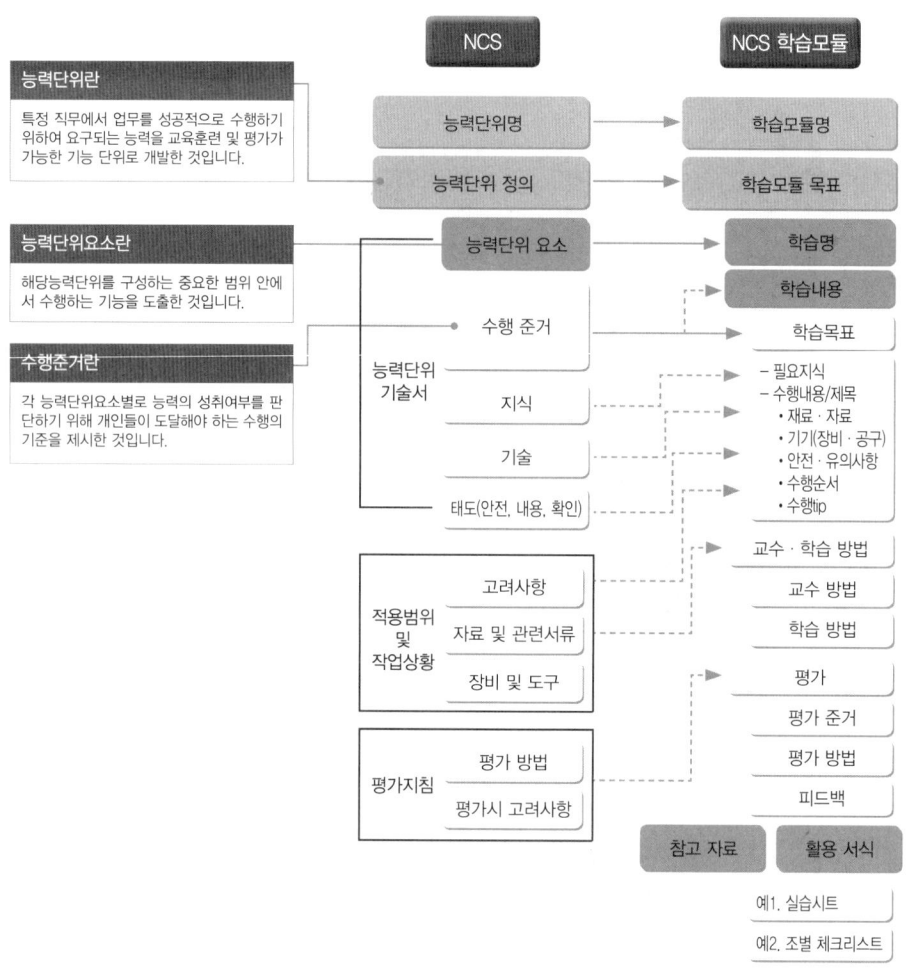

과정평가형 자격취득 안내

과정평가형 자격

과정평가형 자격은 국가기술자격법에 근거하여 국가직무능력표준(NCS)에 따라 설계된 교육·훈련과정을 체계적으로 이수한 교육·훈련생에게 내·외부 평가를 통해 국가기술자격증을 부여하는 새로운 개념의 국가기술자격 취득 제도로서 2015년부터 시행되고 있다.

과정평가형 자격 운영 절차

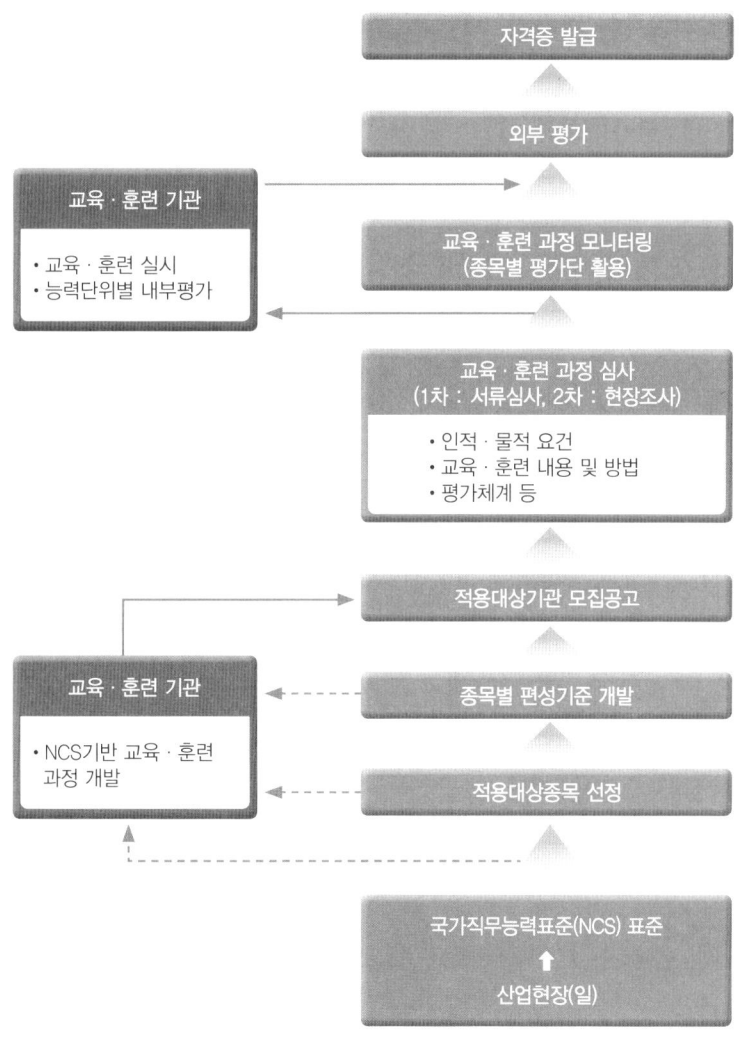

시행 대상
국가기술자격법의 과정평가형 자격 신청자격에 충족한 기관 중 공모를 통하여 지정된 교육·훈련기관의 단위과정별 교육·훈련을 이수하고 내부평가에 합격한 자

교육·훈련생 평가
① 내부평가(지정 교육·훈련기관)
  ㉮ 평가대상 : 능력단위별 교육·훈련과정의 75% 이상 출석한 교육·훈련생
  ㉯ 평가방법
    ㉠ 지정받은 교육·훈련과정의 능력단위별로 평가
    ㉡ 능력단위별 내부평가 계획에 따라 자체 시설·장비를 활용하여 실시
  ㉰ 평가시기
    ㉠ 해당 능력단위에 대한 교육·훈련이 종료된 시점에서 실시하고 공정성과 투명성이 확보되어야 함
    ㉡ 내부평가 결과 평가점수가 일정수준(40%) 미만인 경우에는 교육·훈련기관 자체적으로 재교육 후 능력단위별 1회에 한해 재평가 실시
② 외부평가(한국산업인력공단)
  ㉮ 평가대상 : 단위과정별 모든 능력단위의 내부평가 합격자
  ㉯ 평가방법 : 1차·2차 시험으로 구분 실시
    ㉠ 1차 시험 : 지필평가(주관식 및 객관식 시험)
    ㉡ 2차 시험 : 실무평가(작업형 및 면접 등)

합격자 결정 및 자격증 교부
① 합격자 결정 기준
  내부평가 및 외부평가 결과를 각각 100점을 만점으로 하여 평균 80점 이상 득점한 자
② 자격증 교부
  기업 등 산업현장에서 필요로 하는 능력보유 여부를 판단할 수 있도록 교육·훈련 기관명·기간·시간 및 NCS 능력단위 등을 기재하여 발급

NCS 및 과정평가형 자격에 대한 내용은 NCS국가직무능력표준 홈페이지(www.ncs.go.kr)에서 보다 자세하게 살펴볼 수 있습니다.

CBT 필기시험제도 안내

변경된 제도 개요

기능사 CBT(컴퓨터 기반 시험) 필기시험제도는 한국산업인력공단 상설시험장과 외부기관의 시설 및 장비를 임차하여 시행하기 때문에 시험장 사정에 따라 시험일자가 달라질 수 있으며, 수험생들이 선호하는 시험장은 조기 마감될 수 있으므로 주의하여야 합니다.

원서접수 기간 및 접수처

- 한국산업인력공단이 주관 및 시행하는 기능사 정기 CBT 필기시험 및 상시 CBT 필기시험과 관련한 정보는 큐넷 홈페이지(http://www.q-net.or.kr)를 방문하여 확인합니다.
- 기능사 필기시험의 원서접수는 인터넷으로만 가능하며 정기 및 상시시험 모두 큐넷 홈페이지(http://www.q-net.or.kr)에서 접수할 수 있습니다.
- 기능사 상시시험 종목 : 한식조리기능사, 양식조리기능사, 일식조리기능사, 중식조리기능사, 제과기능사, 제빵기능사, 미용사(일반), 미용사(피부), 미용사(네일), 미용사(메이크업), 굴착기운전기능사, 지게차운전기능사, 건축도장기능사, 방수기능사 [14종목]
  ※ 건축도장기능사, 방수기능사 2종목은 정기검정과 병행 시행

CBT 부별 시험시간 안내

구분	입실시간	시험시간	비고
1부	09:30	09:50 ~ 10:50	
2부	10:00	10:20 ~ 11:20	
3부	11:00	11:20 ~ 12:20	
4부	11:30	11:50 ~ 12:50	
5부	13:00	13:20 ~ 14:20	시험실 입실 시간은 시험시작 20분 전
6부	13:30	13:50 ~ 14:50	
7부	14:30	14:50 ~ 15:50	
8부	15:00	15:20 ~ 16:20	
9부	16:00	16:20 ~ 17:20	
10부	16:30	16:50 ~ 17:50	

※ 시행지역별 접수인원에 따라 일일 시행횟수는 변동될 수 있으며, 지역에 따라 원거리 시험장으로 이동할 수 있습니다.

합격자 발표

종이 시험과 달리 CBT 필기시험은 시험이 종료된 후 시험점수와 함께 합격 여부를 확인할 수 있으며, 이 결과는 시험일정 상의 합격자 발표일에 최종 확인할 수 있습니다.

■ CBT 필기시험 체험하기

01 CBT 필기시험 응시를 위해 지정된 좌석에 앉으면 해당 컴퓨터 단말기가 시험감독관 서버에 연결되었음을 알리는 연결 성공 메시지가 나타납니다.

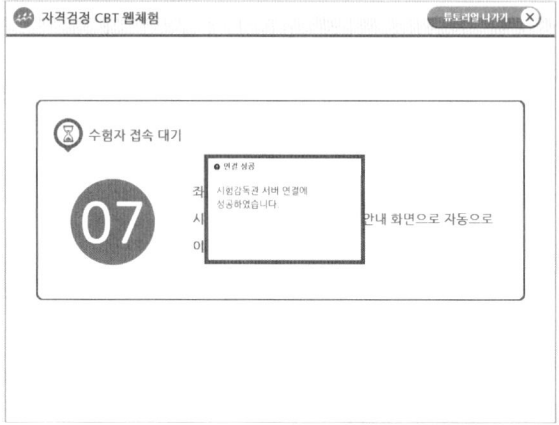

02 수험자 접속 대기 화면에서 좌석번호를 확인합니다. 좌석번호 확인이 끝나면 시험감독관의 지시에 따라 시험 안내 화면으로 자동으로 이동합니다.

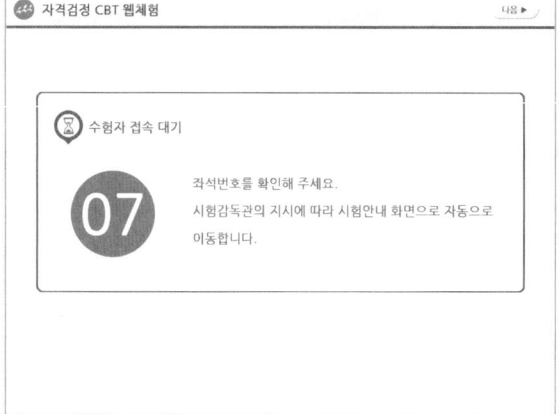

03 수험자 정보를 확인합니다. 감독관의 신분 확인 절차가 진행됩니다. 신분 확인이 모두 끝나면 시험을 시작할 수 있습니다.

04 CBT 필기시험에 대한 안내사항이 나타납니다. 화면은 예제이며, 실제 기능사 필기시험은 총 60문제로 구성되며, 60분간 진행됩니다.

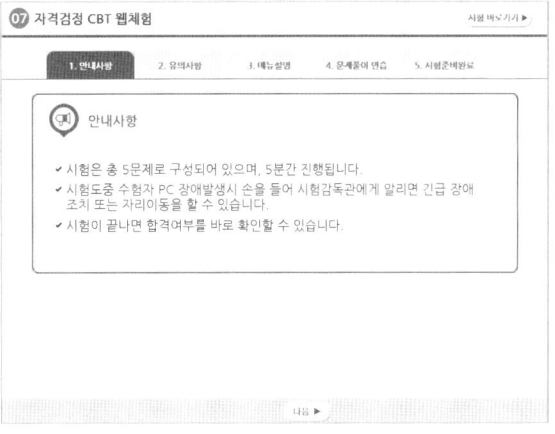

05 다음 항목에서 시험과 관련된 유의사항을 확인합니다. 특히, 시험과 관련한 부정행위 적발 시 퇴실과 함께 해당 시험은 무효처리되어 불합격 될 뿐만 아니라, 이후 3년간 국가기술자격검정에 응시할 수 있는 자격이 정지되므로 부정행위로 인정되는 내용을 꼼꼼히 확인하도록 합니다.

06 메뉴설명 항목에서는 문제풀이와 관련된 메뉴에 대한 설명을 확인할 수 있습니다. CBT 화면에서는 글자 크기를 크게 하거나 작게 할 수 있을 뿐 아니라, 화면 배치를 1단 또는 2단 화면 보기 혹은 한 문제씩 보기로 선택할 수 있습니다.

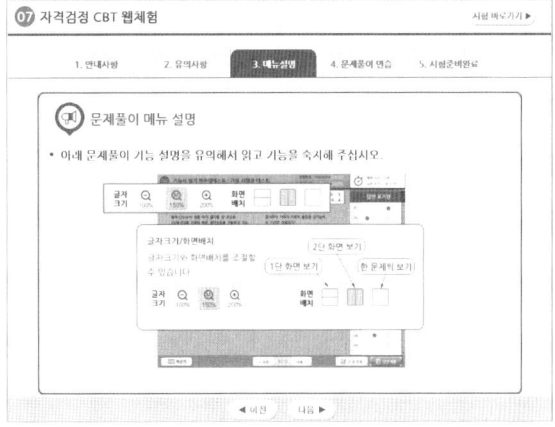

07 문제풀이 연습 항목에서는 실제 문제를 풀어보는 과정을 연습할 수 있습니다. 실제 시험에서 실수하지 않도록 하기 위해 [자격검정 CBT 문제풀이 연습] 버튼을 클릭합니다.

08 보기의 연습 문제는 국가기술자격시험의 정부 위탁기관인 한국산업인력공단의 본부 청사 소재지를 묻는 것입니다. 현재 한국산업인력공단 본부는 울산광역시에 소재하고 있습니다. 문제 아래의 보기에서 번호 항목을 클릭하거나 답안 표기란의 번호 항목에서 해당 답안을 클릭하여 답안을 체크합니다.

09 문제 아래의 보기를 클릭하거나 오른쪽 답안 표기란의 답안 항목을 클릭하면 화면과 같이 선택한 답안이 OMR 카드에 색칠한 것과 같이 색이 채워집니다.

답안을 수정할 때는 마찬가지 방법으로 수정하고자 하는 문제의 보기 항목이나 답안 표기란의 보기 항목에서 수정하고자 하는 답안을 클릭합니다.

10 문제를 풀고 나면 다음 문제를 풀기 위해 화면 하단의 [다음] 버튼을 클릭하여 문제를 계속 풀어나가면 됩니다. 참고로 하단 버튼 중 [계산기]를 클릭하면 간단한 공학용 계산기를 사용하여 계산 문제를 푸는 데 도움을 받을 수 있습니다.

계산이 끝나고 계산기를 화면에서 사라지게 하려면 계산기 창의 오른쪽 상단에 있는 닫기 ❎ 버튼을 클릭합니다.

11 문제 풀이 연습이 끝나면 하단의 [답안 제출] 버튼을 클릭하여 답안을 제출합니다.

어려운 문제의 경우 하단의 [다음] 버튼을 클릭하여 다음 문제를 풀 수도 있습니다. 단, 이러한 경우 답안을 제출하기 전에 하단의 [안 푼 문제] 버튼을 클릭하여 혹시 풀지 않은 문제가 있는 지 최종적으로 확인하도록 합니다.

12 답안 제출을 클릭하면 나타나는 화면입니다. 수험생들이 실수로 답안을 모두 체크하지 않고 제출할 수 있는 실수를 방지하기 위해 2회에 걸쳐 주의 화면이 나타납니다. 답안을 제출하려면 [예] 버튼을 누릅니다.

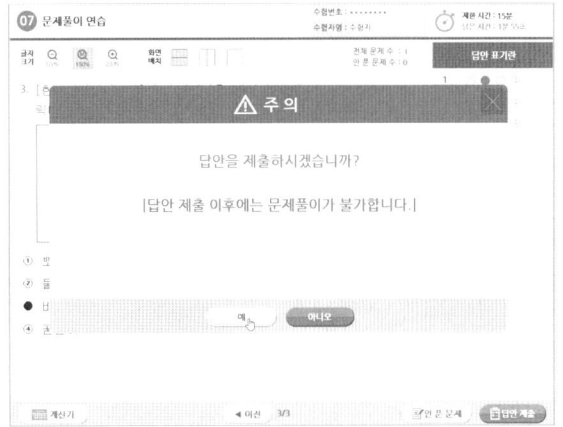

13 문제풀이 연습을 모두 마치면 나타나는 화면에서 [시험 준비 완료] 버튼을 클릭합니다. 이후 시험 시간이 되면 시험감독관의 지시에 따라 시험이 자동으로 시작됩니다.

14 본 시험이 시작되면 첫 번째 문제가 화면에 나타납니다. 앞서 문제풀이 연습 때와 마찬가지 방법으로 문제의 보기에서 정답을 클릭하거나 답안 표기란에 해당 문제의 정답 항목을 클릭하여 답을 선택합니다.

15 화면 하단의 [다음] 버튼을 클릭하면 다음 문제를 풀 수 있습니다. 앞서와 마찬가지 방법으로 답안에 체크하고 모든 문제를 풀었다면 [답안 제출] 버튼을 클릭합니다.

화면의 상단 오른쪽에 제한 시간과 남은 시간이 표시됩니다. 본 예제는 체험을 위한 것으로 실제 시험시간은 60분이며, 이에 따라 남은 시간도 표시됩니다.

16 수험생의 실수를 방지하기 위해 2회에 걸쳐 주의 문구가 출력됩니다. 모든 문제를 이상없이 풀고 답안에 체크했다면 [예] 버튼을 클릭하여 답안을 제출하고 시험을 마무리합니다.

> 문제 화면으로 다시 돌아가고자 한다면 [아니오] 버튼을 클릭하여 이미 푼 문제들을 다시 확인하고 필요한 경우 답안을 수정할 수 있습니다.

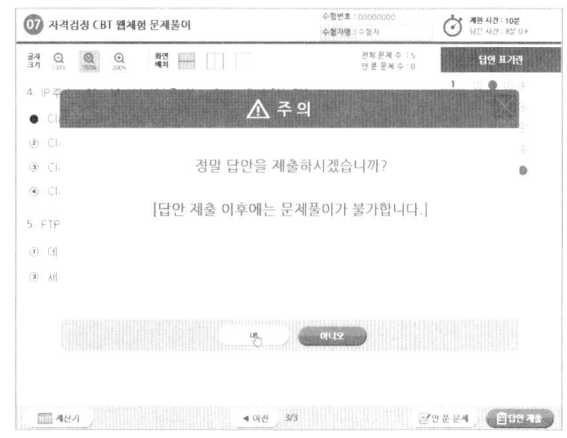

17 답안 제출 화면이 나타납니다. 잠시 기다립니다.

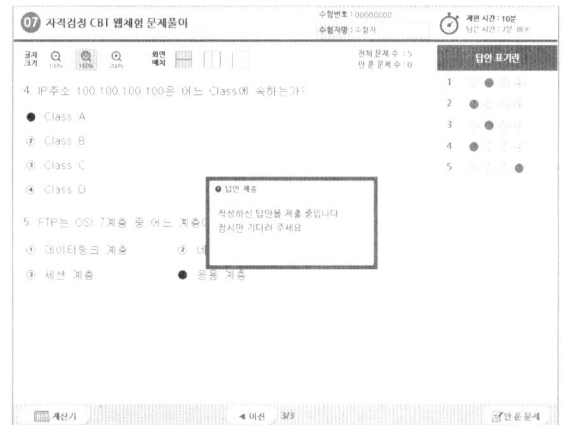

18 CBT 필기시험을 모두 끝내고 답안을 제출하면 곧바로 합격, 불합격 여부를 화면과 같이 확인할 수 있습니다. 독자분들은 꼭 화면과 같은 합격 축하 문구를 볼 수 있기를 기원합니다.

19 앞서의 합격 여부 화면에서 [확인 완료] 버튼을 클릭하면 CBT 필기시험이 종료됩니다. 고생하셨습니다.

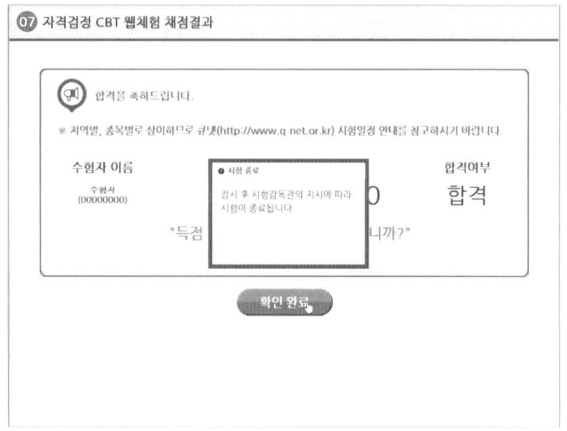

본 도서에 수록된 CBT 필기시험 체험하기 내용은 한국산업인력공단의 CBT 체험하기 과정을 인용하여 구성 및 정리한 것입니다. 직접 한국산업인력공단에서 제공하는 CBT 필기시험을 체험하고자 하는 독자께서는 한국산업인력공단이 운영하는 큐넷 홈페이지(www.q-net.or.kr)를 방문하시기 바랍니다.

차례

01부 이론 및 출제예상문제

제 1장 조경일반

01 조경이란? 024
출제예상문제 026
02 정원의 양식 031
출제예상문제 034
03 우리나라의 조경 036
04 동양의 조경 044
출제예상문제 049
05 서양의 조경 061
출제예상문제 072
06 조경미학 083
출제예상문제 091
07 조경 계획 098
출제예상문제 114
08 조경 설계 127
출제예상문제 139

제 2장 조경재료

01 조경재료의 특성 150
02 식물재료 150
출제예상문제 174
03 목질재료 189
출제예상문제 195
04 석질재료 199
05 점토제품 204
출제예상문제 205
06 시멘트와 콘크리트 210
출제예상문제 213
07 기타 217
출제예상문제 223

제 3장 조경시공 및 관리

01 조경시공의 기본사항	227
출제예상문제	231
02 토공사	233
출제예상문제	242
03 콘크리트 공사	248
출제예상문제	256
04 석공사 및 벽돌쌓기 공사	261
출제예상문제	268
05 기초공사 및 포장공사	273
06 수경공사 및 관배수 공사	277
07 시설물 공사	282
출제예상문제	284
08 식재 및 잔디식재공사	289
출제예상문제	298
09 조경관리	307
출제예상문제	336

CBT 복원문제

조경기능사(2019년 CBT 복원문제 1회)	356
조경기능사(2019년 CBT 복원문제 2회)	366
조경기능사(2019년 CBT 복원문제 3회)	378
조경기능사(2020년 CBT 복원문제 1회)	389
조경기능사(2020년 CBT 복원문제 2회)	399
조경기능사(2021년 CBT 복원문제 1회)	410

조경기능사(2022년 CBT 복원문제 1회) 420
조경기능사(2023년 CBT 복원문제 1회) 431
조경기능사(2023년 CBT 복원문제 2회) 440
조경기능사(2024년 CBT 복원문제 1회) 452
조경기능사(2024년 CBT 복원문제 2회) 464
조경기능사(2025년 CBT 복원문제 1회) 474
조경기능사(2025년 CBT 복원문제 2회) 486

제1부
이론 및 출제예상문제

제 1장 조경일반
제 2장 조경재료
제 3장 조경시공 및 관리

Craftsman Landscape Architecture

01 조경일반

01 조경이란?

가. 조경의 개념
조경(造景)이란 경관을 조성하는 전문 분야이다.

1) 좁은 의미의 조경 : 조원(造園)
식재를 중심으로 한 정원을 만드는 일 ☞ 정원사

2) 넓은 의미의 조경 : 조경(造景)
정원을 포함한 옥외공간 전반을 다루는 개념 ☞ 조경가

3) 미국의 옴스테드 (Olmsted fredrick Law)
1858년 옴스테드는 조경이라는 전문직업은 '자연과 인간에게 봉사하는 분야이다.'라고 말하고, 조경이라는 용어를 처음 사용

4) 미국 조경가 협회(ASLA)
① 1909년 : 조경은 '인간의 이용과 즐거움을 위하여 토지를 다루는 기술'이다.
② 1975년 : 조경은 '실용성과 즐거움을 줄 수 있는 환경조성에 목표를 두고, 자원의 보전과 효율적 관리를 도모하며, 문화적·과학적 지식의 응용을 통하여 설계·계획하고, 토지를 관리하며, 자연 및 인공요소를 구성하는 기술'이다.

5) 우리나라 (1975년)
조경이란 문자 그대로 경관을 조성하는 예술이다. 그러나 이것은 조각가나 화가가 만들어내는 하나의 그림과는 확연히 다른 것으로, 이는 인간이 이용하는 모든 옥외 공간과 토지를 이용하여 개발, 창조함에 있어서 보다 기능적이고 경제적이며 시각적인 환경을 조성하고 보존하는 생태적인 예술성을 띤 '종합과학예술'이다.

나. 조경의 대상 : 자연 및 광범위한 옥외 공간

1) 수행단계로 본 과정으로서의 조경
① 계획 : 자료의 수집, 분석, 종합
② 설계 : 자료를 활용하여 기능적, 미적인 3차원적 공간을 창조
③ 시공 : 공학적 지식, 생물을 다룬다는 점에서 특수한 기술 요구
④ 관리 : 식생의 이용관리, 시설물 이용관리

2) 영역별로 구분한 조경의 대상지
① 공원 : 도시공원, 자연공원
② 위락/관광시설 : 휴양지, 유원지, 골프장
③ 문화재 주변 : 궁궐, 왕릉, 전통 민가, 사찰
④ 기타 시설 : 도로, 광장, 사무실, 학교, 공장, 항만

다. 조경의 목적 및 필요성

1) 조경의 목적
① 인간의 생활환경을 편리하고 안정되게 하며 즐겁고 쾌적한 공간을 제공
② 옥외 공간을 개발, 창조함으로써 기능적이고 시각적인 미적 공간 창출

2) 조경의 필요성
1970년대 경제개발에 따른 국토 훼손이 심각해지면서 경관의 보전과 관리의 필요성을 느끼게 됨

라. 조경가의 자질과 직무 내용, 역할

1) 조경가가 갖추어야 할 자질
① 자연 과학적 지식
② 공학적 지식
③ 예술적 소양
④ 인문 과학적 지식

2) 조경기술자의 직무 내용
① 조경설계기술자 : 도면제도, 기본계획수립, 디자인 및 스케치, 물량산출 및 시방서 작성, 시공감리
② 조경시공기술자 : 시설물과 식재 시공업무, 설계변경, 적산 및 견적
③ 조경관리기술자 : 조경수목 생산관리, 병충해 방제, 피해수목 보호처리, 전정 및 시비

3) 조경가의 역할 (Michael Laurie)
① 조경 계획 및 평가
㉮ 조경가는 생태학과 자연과학에 기초적인 지식이 있어야 한다.

㉯ 대규모 토지의 체계적 평가, 용도상의 적합도, 토지이용배분계획, 휴양시설 개발 등 광범위한 사업을 수행한다.
② 단지계획
㉮ 대지 및 이용자를 분석하여 자연 요소와 시설물을 기능적으로 특성에 맞게 배치한다.
㉯ 조경가의 가장 일반적인 업무 중의 하나가 단지 계획이다.
③ 조경설계

마. 기타 사항

1) 근대적 조경 교육의 발달
① 1970년대 초반 조경이라는 용어를 처음 사용하기 시작
② 1973년 서울대학교와 영남대학교에 조경학과 신설

2) 동양의 조경 용어
① 한국 : 조경(造景)
② 중국/북한 : 원림(園林)
③ 일본 : 조원(造園)

출제예상문제

01 조경가가 이상적인 도시생활 환경을 만들기 위하여 노력해야 할 방향과 거리가 먼 것은?

① 기존의 자연지형을 과감하게 변경시키는 방향으로 계획을 수립한다.
② 새로운 과학기술을 도입하여 생활환경을 개선시켜 나간다.
③ 건축, 토목, 지역계획 등 관련 분야와 협력하여 계획을 수립한다.
④ 가급적 기존의 자연환경을 살리면서 기능적이고 경제적인 이용방안을 찾아낸다.

02 조경의 개념과 거리가 먼 것은?

① 건축, 토목의 일부분이며, 이들과 조형미를 이루게 한다.
② 국토를 보전하고 정비하며, 그 이용에 관한 계획을 하는 것이다.
③ 과학적이고 미적인 공간을 창조하는 종합 예술이다.
④ 아름답고 편리하며 생산적인 생활환경을 조성한다.

 01 ① 02 ①

03 조경은 나라마다 다르게 부르는데 다음 중 틀린 것은?

① 한국-조경
② 일본-조경
③ 중국-원림
④ 미국-Landscape architecture

04 근대적 의미의 조경 교육에 대한 설명 중 틀린 것은?

① 1900년 미국 하버드 대학에 조경학과 신설
② 1971년 우리나라 서울대학에 조경학과 신설
③ 1973년 우리나라 영남대학에 조경학과 신설
④ 1973년 우리나라 서울대학에 환경대학원 신설

05 조경의 정의를 '조경이라는 전문직업은 자연과 인간에게 봉사하는 분야'라고 1858년에 정의한 사람은?

① 클리블란드
② 옴스테드
③ 르노트르
④ 센스톤

06 미국 조경가 협회에서 조경은 실용성과 즐거움, 자원의 보전과 효율적 관리, 문화적 지식의 응용을 통하여 설계, 계획하고 토지를 관리하며, 자연 및 인공 요소를 구성하는 기술이라고 새롭게 정의를 내린 년도는?

① 1909년
② 1975년
③ 1945년
④ 1853년

07 다음 중 물(水)을 정적으로 이용하는 것은?

① 연못
② 분수
③ 폭포
④ 캐스케이드

08 다음 중 도시화가 진전되면서 도시에 생기는 변화에 대한 설명이 틀린 것은?

① 도시화가 진전되면서 환경오염이 증대되고 있다.
② 도시화가 진전되면서 기온은 상승되고 있다.
③ 도시화된 지역이 넓어지면서 도시지역의 강우량은 줄어들었다.
④ 도시화 되면서 하천의 범람 횟수는 더 많아지고 있다.

정답 ▶ 03 ② 04 ② 05 ② 06 ② 07 ① 08 ③

09 다음 중 미국조경가협회가 내린 조경에 대한 정의 중 시대가 다른 것은?

① 조경은 실용성과 즐거움을 줄 수 있는 환경의 조성에 목표를 둔다.
② 조경은 자원의 보전과 효율적 관리를 도모한다.
③ 조경은 문화 및 과학적 지식의 응용을 통하여 설계, 계획하고, 토지를 관리하며 자연 및 인공 요소를 구성하는 기술이다.
④ 조경은 인간의 이용과 즐거움을 위하여 토지를 다루는 기술이다.

10 현대조경에서 큰 나무 이식이 가능하도록 가장 큰 영향을 미친 요인은?

① 민주적인 사고방식　　② 건축재료의 발달
③ 급·배수시설의 발달　　④ 토목기계의 발달

11 다음 사적지 조경의 설계 지침으로 옳지 않은 것은?

① 안내판은 사적지별로 개성있게 연출한다.
② 계단은 화강암이나 넓적한 자연석을 이용한다.
③ 모든 시설물에는 시멘트를 노출시키지 않는다.
④ 휴게소나 벤치는 사적지와 조화를 이루도록 한다.

12 다음 중 오픈 스페이스에 해당되지 않는 것은?

① 건폐지　　② 공원묘지　　③ 광장　　④ 학교운동장

13 조경 분야를 프로젝트의 수행단계별로 순서 있게 구분한 것은?

① 시공-계획-설계-관리　　② 계획-시공-설계-관리
③ 계획-설계-시공-관리　　④ 시공-관리-설계-계획

14 조경 분야의 프로젝트를 수행하는 단계별로 구분할 때, 자료의 수집 및 분석, 종합과 가장 밀접하게 관련이 있는 것은?

① 계획　　② 설계
③ 내역서 산출　　④ 시방서 작성

정답 09 ④ 10 ④ 11 ① 12 ① 13 ③ 14 ①

15 자료를 활용하여 3차원적 공간을 창조해 나가는 수행 단계는?

① 조경설계　　② 조경시공　　③ 조경관리　　④ 조경계획

16 충분한 계획과 자료를 수집하고 넓은 지식과 경험을 바탕으로 시방서와 공사 내역서를 작성하는 자는?

① 설계자　　　　　　　　② 감리원
③ 수급인　　　　　　　　④ 현장 대리인

17 조경 설계 기술자의 직무 내용에 해당되지 않는 것은?

① 도면제도　　　　　　　② 병충해 방제
③ 물량 산출 및 시방서 작성　④ 기본계획수립

18 조경 프로젝트의 수행 단계 중 공학적인 지식과 생물을 다루는 특수한 기술이 필요한 분야는?

① 조경계획　　　　　　　② 조경설계
③ 조경관리　　　　　　　④ 조경시공

19 조경프로젝트의 수행단계 중 식생의 이용 및 시설물의 효율적 이용 유지, 보수 등 전체적인 것을 다루는 단계는?

① 조경관리　　　　　　　② 조경설계
③ 조경계획　　　　　　　④ 조경시공

20 위락, 관광시설 분야의 조경에 해당되지 않는 대상은?

① 휴양지　　② 사찰　　③ 유원지　　④ 골프장

21 조경을 프로젝트의 대상지별로 구분할 때 문화재 주변 공간에 해당되지 않는 곳은 어느 것인가?

① 궁궐　　② 사찰　　③ 유원지　　④ 왕릉

22 조경의 대상지별 구분 중 기타 시설에 해당되지 않는 것은?

① 도로　　② 학교　　③ 광장　　④ 휴양지

정답　15 ①　16 ①　17 ②　18 ④　19 ①　20 ②　21 ③　22 ④

23 일반적으로 조경업의 직업진로 중 조경설계기술자의 직무 내용이 아닌 것은?

① 도면제도　　② 기본계획수립　　③ 시방서 작성　　④ 시설물공사시공

24 차경과 축경의 차이점을 가장 잘 나타낸 것은?

① 자연 상태의 명승지의 경치 크기와 모양
② 자연의 풍경을 경관구성 재료의 일부로 이용한 것과 명승지의 경치를 축소 시켜 그대로 만든 것
③ 명승지의 경치 가운데 주경이 되는 부분만 따서 옮긴 것과 주경 부분만 축소시켜서 만든 것
④ 식재없는 경치를 상상해서 생각하는 경치와 명승지의 경치를 축소시켜 만든 것

25 동양정원에서 연못을 파고 그 가운데 섬을 만드는 수법에 가장 큰 영향을 준 것은?

① 자연 지형의 영향　　② 기상 요인의 영향　　③ 신선 사상의 영향　　④ 생활양식의 영향

26 다음 중 중국의 신선사상에서 유래된 십장생(十長生) 중의 하나가 아닌 것은?

① 구름　　② 돌　　③ 학　　④ 용

27 다음 중 풍경식 정원에서 요구하는 계단의 재료로 가장 적당한 것은?

① 콘크리트 계단　　② 벽돌 계단　　③ 통나무 계단　　④ 인조목 계단

28 다음 조경의 대상 중 자연적 환경요소가 가장 빈약한 곳은?

① 도시조경　　② 명승지, 천연기념물　　③ 도립공원　　④ 국립공원

29 M.Laurie가 말한 조경가의 역할이 아닌 것은?

① 조경계획 및 평가　　② 단지계획　　③ 조경설계　　④ 대단위 토목 공사

30 훌륭한 조경가의 자질에 대한 설명 중 틀린 것은?

① 수목, 토양 등 자연 과학적 지식이 요구된다.
② 예술적 소양은 그다지 필요하지 않다.
③ 건축, 토목 등 공학적 지식이 반드시 필요하다.
④ 인류학, 지리학 등 인문 과학적 지식도 요구된다.

정답 ▶ 23 ④　24 ②　25 ③　26 ④　27 ③　28 ①　29 ④　30 ②

02 정원의 양식

가. 정원양식의 분류

구분	특징	종류	대표적 예
정형식 정원(整形式庭園)	• 서아시아, 유럽지역에서 발달 • 축을 중심으로 좌우 대칭형으로 구성 • 직선, 원, 원호 등을 사용한 형식 • 기하학식 정원이라고도 함	평면기하학식	프랑스 정원
		노단식(노단건축식)	이탈리아 정원
		중정식	중세수도원, 스페인 정원
자연식 정원(自然式庭園)	• 동아시아, 유럽의 18세기 영국 • 연못, 호수 중심으로 정원 조성 • 주변을 돌면서(회유) 경관을 즐김	전원풍경식	영국 정원
		회유임천식	일본 정원, 중국 정원
		고산수식	일본 정원
절충식 정원	• 한 정원 내에 정형식 정원과 자연식 정원의 형태적 특성을 동시에 지닌 정원	자연식 + 절충식	목동 파리공원

나. 정형식 정원양식

1) 평면기하학식

① 평야지대에서 발달한 프랑스 정원
② 평면상의 대칭적인 구성

▲ 보르비꽁트정원

▲ 베르사유궁전

2) 노단식

① 이탈리아 정원이 대표적, 우리나라 경복궁 교태전 후원의 아미산
② 경사지에 계단식 처리 – 몇 개의 단으로 구성
③ 바빌로니아의 공중정원, 이탈리아의 빌라정원

▲ 에스테장(티볼리)

3) 중정식

① 건물로 둘러싸인 내부 안에 정원 조성
② 정원에는 소규모 분수나 연못을 만듦
③ 물의 풍부한 사용을 통해 존귀성을 나타냄
④ 중세 수도원 정원, 스페인 정원 등

▲ 아라야네스궁과 알함브라궁(스페인)

다. 자연식 정원양식

1) 전원(자연)풍경식

① 동아시아, 유럽의 18세기 영국 (영국은 17세기까지 정형식, 18세기 이후 자연식으로 전환)
② 넓은 잔디밭을 이용하여 목가적인 자연 풍경을 관상하도록 함
③ 영국에서 발생하여 후에 독일의 풍경식 정원으로 발달

▲ 전원풍경식(영국)

2) 회유임천식

① 숲과 깊은 굴곡의 수변을 이용
② 연못, 호수 중심으로 정원을 조성하였으며 다리를 가설하여 주변을 돌면서(회유) 경관을 즐김

▲ 회유임천식정원(일본)

3) 고산수식

① 물을 전혀 사용하지 않음

② 불교의 영향을 받은 극도의 추상적 구성

③ 14세기 - 축산고산수식 : 나무(산봉우리), 바위(폭포), 왕모래(물) 연상시킴

④ 15세기 - 평정고산수식 : 바위(섬), 왕모래(바다) 연상시킴, 수목 사용 안함

▲ 축산고산수(14세기)

▲ 평정고산수(15세기)

라. 절충식정원

① 한 정원 내에 정형식 정원과 자연식 정원의 형태적 특성을 동시에 지닌 정원

② 조선시대 정원은 회유임천식이나 곳곳에 정형식 연못인 방지(方池) 형태가 나타난다.

마. 정원양식의 발생 요인

1) 자연환경요인

① 기후

② 지형

㉮ 산악지형 : 이탈리아, 경사지를 이용한 노단식 정원 조성

㉯ 평탄지형 : 프랑스, 평면기하학식 정원 발달

2) 사회환경요인

① 종교와 사상

㉮ 신선사상의 영향 : 불로장생하는 신선의 거처를 현실화 시키고자 함(백제의 궁남지, 신라의 안압지)

㉯ 불교사상의 영향 : 일본의 고산수식 정원

㉰ 중세시대 종교의 영향으로 폐쇄적인 수도원 정원이 발달

㉱ 이슬람 세계의 종교의식을 위해 손을 씻거나 목욕을 하기 위한 형태의 정원 발달

② 민족성
  ㉮ 영국의 풍경식 정원 : 유럽의 기하학식 정원 양식 속에서 경관과 자연을 찬미하던 18세기 영국의 시대적 풍조에 기인
  ㉯ 일본의 고산수식 정원 : 축소 지향적인 일본의 민족성에 기인

3) 역사성
  ① 중세 암흑시대 : 회랑(回廊)의 폐쇄적 중정(中廷), 적과 동물의 침입을 방어하기 위해 성곽 주위에 해자를 만들어 외부로부터 침입을 막고자 하는 의도
  ② 르네상스시대 : 개방적 형태의 정원
  ③ 우리나라 : 삼국시대와 고려시대는 중국을 닮은 형태였으나, 조선시대에 이르러 방지원도(方池圓島)의 독특한 형태

출제예상문제

01 자연식 정원에 해당하지 않는 양식은?
① 평면기하학식   ② 전원풍경식   ③ 회유임천식   ④ 고산수식

02 자연식 정원의 설명으로 올바른 것은?
① 주로 서아시아와 유럽 지역에서 발달
② 축을 중심으로 좌우 대칭형으로 구성
③ 경관 구성에 조화적 구성을 지님
④ 수목에 강한 전정을 하여 기하학적 형태로 다듬음

03 자연식 정원을 세분하였다. 올바르게 짝지워진 것은?
① 전원풍경식 - 중국   ② 회유임천식 - 영국
③ 고산수식정원 - 일본   ④ 중정식 정원 - 이탈리아

04 다음 중 정형식 정원에 해당하지 않는 양식은?
① 평면 기하학식   ② 노단식   ③ 중정식   ④ 회유 임천식

 01 ① 02 ③ 03 ③ 04 ④

05 정형식 정원에 해당하는 양식은?

① 전원풍경식　　② 노단식　　③ 회유임천식　　④ 고산수식

06 정형식 정원의 특징으로 틀린 것은?

① 동아시아, 유럽 18세기 영국에서 발달
② 축 중심으로 좌우 대칭형
③ 수목을 전정으로 기하학적 형태
④ 직선, 원, 원호 등을 즐겨 사용한 형식

07 정형식 정원을 세분하였다. 올바르게 짝지워진 것은?

① 평면기하학식 – 이탈리아　　② 노단식 정원 – 프랑스
③ 중정식 정원 – 스페인　　④ 회유임천식 – 독일

08 다음 중 실용성과 자연성을 동시에 가지고 있는 형태의 조경양식은?

① 정형식 조경　　② 자연식조경　　③ 절충식 조경　　④ 기하학식 조경

09 다음 보기에서 설명하고 있는 정원의 양식으로 올바른 것은?

- 건물로 둘러싸인 내부
- 수로가 있는 정원
- 중세수도원 정원, 스페인의 정원 등

① 고산수식　　② 회유임천식　　③ 평면기하학식　　④ 중정식

10 정형식 조경 중에서 르네상스 시대의 프랑스 정원이 속하는 형식은 무엇인가?

① 평면기하학식　　② 노단식　　③ 중정식　　④ 전원 풍경식

11 종교에 영향을 받은 정원 양식으로 틀린 것은?

① 이탈리아의 노단식 정원　　② 백제의 궁남지
③ 중세의 수도원 정원　　④ 신라의 안압지

정답　05 ②　06 ①　07 ③　08 ③　09 ④　10 ①　11 ①

12 정원양식의 발생요인 중 자연환경 요인이 아닌 것은?

① 기후　　② 지형　　③ 식물　　④ 종교

13 정원 양식의 발생요인 중 사회 환경 요인으로 올바른 것은?

① 기후　　② 민족성　　③ 식물　　④ 토질

14 이탈리아의 노단식 정원이나 프랑스의 평면 기하학식 정원에 영향을 미친 요소는?

① 기후　　② 지형　　③ 종교　　④ 역사성

15 다른 나라의 조경양식을 받아들이는데 가장 장애가 되는 것은?

① 과학기술　　② 자연환경　　③ 암석　　④ 수목

정답 12 ④　13 ②　14 ②　15 ②

03 우리나라의 조경

가. 우리나라 조경의 개요

시대		정원
고조선시대		• 유(囿)를 만들었다는 대동사강의 기록
삼국시대	고구려	• 대성산성 • 안학궁정원 : 비정형식 자연풍경식
	백제	• 임류각(동성왕 22년, 500년) • 궁남지(무왕 35년, 634년) • 석연지(의자왕, 불교의 영향)
통일신라		• 임해전과 안압지(문무왕 14년) : 신선사상 배경으로 해안풍경 묘사 • 포석정의 곡수거 : 왕희지의 난정기 유상곡수연에서 유래 • 사절유택 : 귀족들의 별장정원 • 경주 감은사 : 쌍탑형 가람배치

시대			정원	
고려시대	궁궐정원		• 동지, 격구장, 화원, 정자	• 송나라와 원나라 영향의 사치 조경
	민간정원		• 이규보의 사륜정	
조선시대	궁궐정원	경복궁	• 경회루지원(장방형 원지(苑池)), 아미산후원, 향원정(방지원도)	• 한국적 색채 농후 • 후기에 풍수지리설과 음양오행설 • 무기교의 기교
		창덕궁	• 후원 중심(부용정, 애련정, 옥류천 등) • 낙선재후원 – 계단식 후원	
		덕수궁	• 석조전 : 우리나라 최초 서양식 건물 • 침상원 : 우리나라 최초 유럽식 정원	
	민가정원	별서정원	• 양산보 소쇄원, 윤선도 부용동원림, 정약용 다산초당 정영방 서석지, 김조순 옥호정 등	

나. 삼국 및 통일신라시대 조경

1) 고구려
   ① 안학궁 – 장수왕 2년 (AD 427년)
      ㉮ 고구려 정원 유적의 대표적인 것
      ㉯ 한 변이 620m 정도의 직사각형 성벽으로 둘러싸인 궁 – 11만 7천평의 토성
      ㉰ 비정형적 자연풍경식의 정원 특색을 보임
   ② 대성산성 – 장수왕 때
      ㉮ 여섯 개의 크고 작은 봉우리를 포함한 산성
      ㉯ 역할 : 무기, 식량 비축한 군사기지, 유사시 왕궁 역할

▲ 안학궁

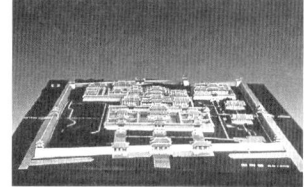

▲ 대성산성

2) 백제
   ① 궁남지 – 무왕 35년(634년) : 궁남에 연못을 파고 방장선도를 축조했으며 사안에 양류심음
   ② 임류각 – 동성왕 22년(500년) : 삼국사기에 전각과 임류각을 지어 희귀한 새와 짐승을 길렀던 화려한 연못이 있었다 함

▲ 궁남지

③ 석연지 – (의자왕) : 정원 장식 첨경물로써 화강암을 어항처럼 만들고 연꽃을 심음(불교의 영향을 받은 것으로 추정됨)

3) 신라 및 통일신라
   ① 안압지 – 문무왕 14년 (674년)
      ㉮ 면적이 5,100평, 대·중·소 3개의 섬(거북 모양의 섬)
      ㉯ 2월 궁중에 못을 파고 돌을 쌓아 무산십이봉을 본뜬 산을 만들고 진금기수(진기한 새와 짐승)를 기름

▲ 안압지

   ㉰ 곳곳에 괴석 형태의 바닷돌을 자연스럽게 배치, 바닷가의 경관을 조성하고자 한 의도
   ㉱ 임해전 – 건물명처럼 정원을 바다로 표현하고자 한 구상
   ㉲ 물가는 다듬은 돌로 호안석축 – 바른층 쌓기
   ㉳ 못의 관·배수시설, 반석의 사용, 유속의 감소를 위한 수로의 형태 등이 매우 정교하며 관수와 배수 시설의 분리
   ㉴ 안압지 포함한 임해전 지원은 신선사상 바탕으로 구성, 주로 연회와 관상, 뱃놀이 등의 목적
② 포석정
   ㉮ 왕의 위락 공간으로 곡수연을 즐겼다.(왕희지의 난정기 영향)
   ㉯ 과거에는 포석정이라는 정자와 같이 있었다는 것을 추측할 수 있으나 현재는 곡수거만 남아있음

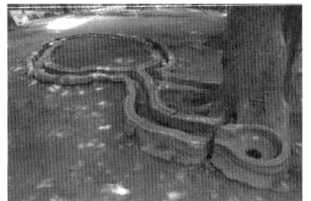

▲ 포석정

■ 노자공
- 백제인으로 일본에 건너가 일본 궁실 남정에 불경에서 유래된 수미산과 오교로 이루어진 정원을 꾸밈
- 〈日本書紀〉: 일본의 정원에 대한 최초의 기록

■ 사괴석
사방 6치(18cm) 정도의 방형 육면체의 화강석을 사괴석이라고 하는데 전통정원에서 담장을 쌓거나 호안공에 사용하였다.

③ 사절유택

계절에 따라 자리를 바꾸어 가며 놀이를 즐기는 귀족의 별장

④ 최치원 별서

벼슬에 뜻을 두지 않은 최치원의 은거 생활로 별서 풍습이 시작 됨, 별서는 농장이나 들이 있는 부근에 한적하게 따로 지은 집을 말하며 농사를 짓는다는 점에서 별장과 다르다.

다. 고려시대

1) 동지

① 공적 기능의 정원으로 왕과 신하의 위락 공간, 백제의 궁남지나 신라의 안압지와 유사한 기능
② 고려말까지 존속한 고려의 대표적 정원, 남아있지 않음

2) 화원

① 궁궐 내의 담으로 둘러싸인 공간을 이용해서 꾸민 정원, 현재의 화단과 유사
② 송나라와 원나라에서 나무와 화초를 수입하여 식재함 (이국적인 분위기 연출)

3) 격구장

말을 타고 공을 다루는 동적인 기능의 정원

4) 석가산

① 괴석을 이용하여 산을 만드는 기법은 중국에서 시작해 예종 11년 도입
② 신선세계를 울타리 안에 모사하려는 의도

■ **곡수연**

유수에 술잔을 띄워 유배(흐르는 술잔)가 자기 앞을 지나가기 전에 시를 짓고 잔을 들고 술을 마시는 풍류놀이로 한국, 중국, 일본의 공통적인 놀이

■ **고려시대**

- 전반적으로 중국 정원 역사 가운데 가장 화려했던 송나라의 영향을 받아 화려한 관상 위주의 정원을 꾸밈
- 이규보의 사륜정 : 6명이 탈 수 있는 이동식 정자
- 순천관 : 송나라 사신이 왔을 때 영빈관으로 이용
- 원정 : 전망좋은 강변과 언덕에 휴식과 조망을 위해 설치한 정자

■ **정원 담당 관서**

- 고려 : 내원서 (內園署)
- 조선 : 태조 임금때 동산색(東山色) → 상림원(上林園) → 세조 임금때 장원서(掌苑署)이다.

5) 청평사 문수원
    ① 강원도 춘천시 북산면 청평사 입구에 조성
    ② 오봉산 부용봉이 연못에 비친다하여 영지(影池, 그림자 못)라 함

라. 조선시대

1) 조선시대 정원의 특징
    ① 중엽 이후 한국적 색채가 짙은 정원양식으로 발달(후원양식)
    ② 신선사상 : 삼신산과 불로장생을 상징하는 십장생 및 중도(中島)를 설치
    ③ 후기에 풍수 지리설의 영향으로 후원양식과 화계가 발달
    ④ 유가사상(儒家思想) : 주택 공간이 채와 마당, 별당과 별서 등의 공간으로 조성
    ⑤ 음양오행설 : 방지원도(方池圓島)

2) 궁궐정원
    ① 경복궁(정궁)
        ㉮ 기하학적 형태의 정원
        ㉯ 남북으로 연결된 축을 중심으로 각종 시설물을 좌우대칭으로 배치
        ㉰ 아미산 – 교태전의 후원, 평지에 인공적으로 축산한 계단식 정원
        ㉱ 경회루
            • 가장 큰 섬에 위치하며 정치적 행사를 행하던 곳
            • 장방형 형태의 원지(苑池)
    ② 창덕궁(이궁)
        ㉮ 동궐, 후원을 금원 또는 비원이라 함
        ㉯ 낮은 곳에 못을 파고, 높은 곳에 정자를 세워 관상, 휴식
        ㉰ 경복궁과 달리 후원의 자연지형 이용

▲경복궁

▲아미산　　　　▲향원지

▲창덕궁

㉱ 부용지를 중심으로 한 공간 : 부용정, 주합루, 어수문, 영화당

 ▲부용정
 ▲주합루
 ▲어수문
 ▲영화당

㉮ 애련지를 중심으로 한 공간 : 애련정, 연경당
㉯ 반도지를 중심으로 한 공간 : 부채꼴의 관람정과 존덕정, 일영대 등
㉰ 옥류천(곡수연 터, 후원 가장 안쪽에 위치) : 청의정과 태극정

 ▲옥류천
 ▲청의정
 ▲태극정

③ 창경궁
　㉮ 조선시대 궁궐 중 유일하게 동쪽을 향해 지어졌다.
　㉯ 통명전(왕실 대비가 거주했던 내전) 지당
　　• 장방형의 장대석을 쌓은 석지(石池)이다.
　　• 석지 위에 아치 형태의 석교(石橋)가 있다.
　　• 3개의 괴석과 앙련(仰蓮) 받침대석이 있다.
　　• 직선의 석구를 통해 물이 지당으로 유입된다.

▲통명전 및 연지(지당)

④ 덕수궁
　㉮ 석조전 : 우리나라 최초의 서양식 건물, 1909년 영국의 하딩이 설계
　㉯ 침상원 : 석조전 앞 우리나라 최초의 유럽식 정원

 ▲덕수궁
 ▲석조전 및 침상원

⑤ 조선시대 궁궐 침전 후정의 특징
　㉮ 자수화단(花壇)
　㉯ 경사지를 이용해서 만든 계단식의 노단
　㉰ 정자수

3) 별서정원(농사 + 별장)
　① 사대부가 본가와 떨어져서 초야에 지은 집
　② 농사를 경영하는 별장의 성격
　③ 수목을 거의 식재하지 않은 효(孝)를 행하기 위한 공간
　　㉮ 양산보의 소쇄원(1520년~1530년, 전라남도 담양)
　　㉯ 윤선도의 부용동원림(1637년, 전라남도 완도군 보길도)
　　　- 자연 그 자체를 울타리가 없는 정원으로 삼음

　　　　▲소쇄원　　　　　　　　　　　　　　▲부용동원림

　　㉰ 정영방의 서석지(1636년, 경상북도 영양군)
　　㉱ 정약용의 다산초당(1808년, 전라남도 강진군)
　　㉲ 김조순의 옥호정(1815년 서울 종로구 삼청동)

　　▲서석지　　　　　　▲다산초당　　　　　　▲옥호정

- **강희안 [양화소록]** : 조선시대 전기 조경관련 대표 저술서이며, 정원 식물의 특성과 번식법, 괴석의 배치법, 꽃을 화분에 심는 법, 최화법(催花法), 꽃이 꺼리는 것, 꽃을 취하는 법과 기르는 법, 화분 놓는 법과 관리법 등의 내용이 수록되어 있다.
- **동산바치** : 동산을 다스리는 사람 즉, 정원사
- **십장생** : 해, 산, 물, 바위, 구름, 불로초, 소나무, 거북, 학, 사슴
- **사절우(四節友)** : 매화, 소나무, 국화, 대나무
- **사군자(四君子)** : 매화, 난초, 국화, 대나무

4) 전라남도 담양 지역의 정자 원림
   ① 소쇄원 원림 : 기묘사화(己卯士禍)로 스승인 조광조가 사망하자 낙향을 하여 지은 별서 정원으로 제월당(霽月堂)과 광풍각(光風閣), 오곡문(五曲門), 애양단(愛陽壇), 고암정사(鼓巖精舍) 등 10여 동의 건물로 이루어져 있다.
   ② 명옥헌 원림 : 소쇄원과 함께 담양의 대표적 민가 정원으로서 조선 중기 오희도가 자연을 벗 삼아 살던 곳이다.
   ③ 식영정 원림 : 전라남도기념물 제 1호로 1972년 지정되었으며 '그림자가 쉬고 있는 정자' 라는 뜻을 가지고 있다.

5) 민가정원 – 안마당
   ① 안채 앞의 마당으로 가장 폐쇄적인 공간이며 나무를 거의 심지 않고 비워 놓았음
   ② 가족행사 및 농사일 등에 이용

> ■ **정자의 평면 유형**
> - 유실형 : 거연정(전남 광양)
> - 무실형 : 광풍각(담양 소쇄원), 임대정(전남 화순), 세연정(전남 보길도)
>
> ■ **사당**
> - 사적지 유형 중 "제사, 신앙에 관한 유적"에 해당한다.

6) 서원정원
   ① 조경식재
      ㉮ 강학 공간은 정숙한 분위기를 강조하기 위해 수식을 가하지 않음
      ㉯ 행단(학문을 닦는 곳)에는 은행나무를 식재함
   ② 외부공간 요소
      ㉮ 서원의 진입 공간에 홍살문을 세워 서원 영역을 표시함
      ㉯ 성생단(제물 올려 놓고 상태를 감별하는 시설), 관세대 (손 씻는 그릇을 올려놓는 석물), 정료대(불을 밝히기 위한 돌기둥) 등
   ③ 수목
      ㉮ 소나무 : 유생들의 변하지 않는 기상과 절개
      ㉯ 향나무 : 제례에 필요한 향을 얻기 위해 식재
      ㉰ 느티나무, 회화나무 : 큰 벼슬에 나아 가기를 바라거나 선비의 꼿꼿함을 상징

04 동양의 조경

가. 중국의 조경

1) 중국 정원의 특징
경관의 조화보다는 대비에 중점을 둠(대비의 미), 사의주의 자연 풍경식(영국은 사실주의 자연 풍경식)

시대	특징	
은시대 / 주시대 (BC 300~250)	• 원(園) : 과수원 • 포(圃) : 채소밭	• 유(囿) : 금수를 기르는 곳 • 시경 : 영대, 영유, 영소
진시대(BC 249~207)	• 아방궁 : 소실되고 남아있지 않음	
한시대 (BC 206~ AD 220)	• 상림원 : 왕의 사냥터 중 가장 오래된 정원, 곤명호를 비롯한 6개의 대 호수 • 태액지원 : 신선사상에 의한 봉래, 방장, 영주 세 섬을 축조, 조수용어상 배치	
삼국시대(221~280)	• 화림원	
진시대(265~419)	• 현인궁	• 왕희지 : 난정기(곡수에 대한 최초 기록)
당시대(618~906)	• 온천궁, 대명궁, 장안성, 구성궁 • 중국 정원의 기본적 양식이 굳어진 시기	• 호화롭고 거대한 규모, 인위적 요소 많아짐 • 현존하는 유적 없음
송시대(960~1279)	• 만세산(석가산), 창랑정(소주지방) • 태호석을 즐겨 사용함	• 사대부 중심의 사치스러운 관상 조경
금시대(1115~1234)	• 북해공원	• 여진족이 북경에 금원 조성
원시대(1206~1367)	• 사자림(소주지방)	• 괴석을 이용한 석가산 수법
명시대(1368~1644)	• 졸정원(소주지방), 작원 • 많은 정원서적이 발간됨	• 민가정원이 발달
청시대(1616~1911)	• 원명원이궁, 만수산이궁(이화원), 피서산장	• 현존하는 대부분의 조경 유적

2) 시대별 중국 조경
① 주시대 : 시경에 영대(왕이 낮에는 조망을 하고 밤에는 달빛 감상을 위해 흙으로 높이 쌓아올린 자리), 영유, 영소에 대한 기록이 남아 있음
② 진시대 : 진시황의 아방궁
③ 한시대
   ㉮ 상림원 : 둘레가 약 300여리(100여 km), 이궁이 70여 채, 화목 3,000여종 식재, 갖가지 짐승들이 방사되어 황제의 수렵장으로 활용하기도 함, 곤명호를 비롯 6개의 대 호수 만듦
   ㉯ 태액지원 : 신선사상에 의한 봉래, 방장, 영주 세 섬을 축조하고 못가에는 청동이나 대리석으로 만든 조수용어상을 배치

> **■ 곤명호(昆明湖)**
>
> 똑같은 이름의 호수가 2개 있으며 원난성(운남성(云南省))과 북경(베이징) 만수산 이궁(이화원)에 있다. 원난성 곤명호는 해발 1,800m 이상의 고지대에 위치한 자연호수이고, 북경 이화원에 있는 곤명호를 청나라 시대에 만들어진 인공호수이다.

④ 진시대

　왕희지 – 난정기(蘭亭記) : 원정에 곡수를 돌리는 수법의 시초

⑤ 당시대

　㉮ 장안성, 대명궁의 궁원과 온천궁, 구성궁 등의 이궁

　㉯ 호화롭고 거대한 규모, 인위적 요소가 많아지기 시작

　㉰ 연못, 괴석을 배치하는 등 중국 정원의 기본적 양식이 굳어진 것으로 추측됨

　㉱ 현존하는 유적은 없으며 구성이 화려함

⑥ 송시대

　㉮ 이격비[낙양명원기(洛陽名園記)]

　　• 노송, 목단, 국화, 매화로 유명한 정원 등 20여개의 명원을 소개

　　• 원(園)은 원정, 원지, 택원을 뜻함

　㉯ 민가정원 : 소주지방의 창랑정

　㉰ 태호석을 이용하여 정원 속에 산악이나 호수의 경관과 유사한 구성을 부분적으로 조성

　㉱ 사대부에 의한 화려한 관상 위주(화목류와 괴석을 많이 씀)

　㉲ 화석강 – 괴석의 일종인 태호석을 운반하던 배

⑦ 원시대 : 소주의 사자림

▲사자림

⑧ 명시대

　㉮ 많은 정원서적 발간됨 – 계성의 원야(원은 원림을 의미, 야는 설계 조성을 의미함)가 대표적 서적

　㉯ 원야 : 원림 조성에 대해 체계적으로 저술한 책 중 최고 오래된 책, 미학 원리로 설명함

㉢ 작원 : 대표적 민가정원, 자연곡선을 이용한 연못, 버드나무, 곳곳에 다리를 가설하고 정자를 세움
㉣ 민가정원으로 졸정원과 작원
⑨ 청시대 : 강남지역(양주, 소주)은 기후가 온화하여 수목과 화훼류가 다양하고 많은 정원이 조성

구분	특징
만수산 이궁 (이화원)	• 건륭제가 조영하였으며 면적은 90만평 • 인력으로 파내서 만든 인공호수 곤명호와 이 흙을 이용한 60m 높이의 만수산 • 3/4이 수경(호수)이며 세계제일의 정원으로 손꼽히고 있음
원명원 이궁	• 르 노트르의 영향을 받은 동양 최초의 서양식 정원 • 옹정제가 제위 전 하사받은 별장이며 면적은 약 180만평으로 소실됨 • 영국의 큐가든에 영향을 줌
승덕 피서산장	• 승덕에 있는 황제의 여름별장

▲ 원명원 서양루 상상도

▲ 원명원 미궁

▲ 원명원 흔적

▲ 만수산이궁(이화원)

■ **중국의 정원**
- 중국 대표적 민가 정원 : 졸정원, 작원
- 소주지방 4대 명원 : 졸정원, 사자림, 창랑정, 유원
- 원명원 이궁 : 동양 최초 서양식 기법 도입
- 지금 남아있는 중국의 정원 유적은 주로 명 · 청 양시대의 정원 유적이다.

■ **축척**
- 영국(한국) – 자연풍경식 (1 : 1)
- 일본 : 축경식 (100 : 1)

나. 일본의 조경

1) 일본 정원의 특징

자연의 사실적인 취급보다는 축경법을 이용하여 상징적으로 표현, 기교와 관상가치가 뛰어난 인공적인 기교

나라명	시대	정원양식	특징 및 작품
비조시대 (아스카)	6C	임천식	• 일본서기 : 백제유민 노자공이 수미산과 오교를 만들었다는 기록 • 신선사상
평안시대 (헤이안)	8C~11C	임천식 침전식	• 침전조양식 : 동삼조전 • 조우이궁의 원지
겸창시대 (가마쿠라)	12C~13C	회유임천식	• 정토정원 : 불교의 극락정토 묘사 • 몽창국사
실정시대 (무로마치)	13C~15C	고산수식	• 고산수식정원 : 물을 전혀 사용하지 않음
도산시대 (모모야마)	15~16C	다정식	• 다정 : 다도를 즐기기 위한 소정원 • 석등, 수수분, 수법이 화려해짐
강호시대 (에도)	16C~18C	회유식(지천임천식) 원주파임천식	• 임천식 + 다정식
명치시대 (메이지)	18C~19C	축경식	• 서구식 정원 등장

2) 시대별 일본 조경

① 비조시대(아스카) - 6C(593~622)
  ㉮ 일본서기에 백제사람 노자공이 일본 궁실 남정에 수미산(상상의 섬)과 오교(홍교)를 만들었다는 기록
  ㉯ 일본서기 : 조원에 대한 일본 최초의 기록
② 평안시대(헤이안) - 8C~11C(794~1192)
  ㉮ 침전조지원 양식 - 주건물을 침전으로 그 앞에 정원을 조성 : 동삼조전
  ㉯ 작정기(균준망) : 일본 최초의 조경 지침서로 원지 만드는 법, 지형취급 방법, 입석 의장법 등이 수록되어 있다.
③ 겸창시대(가마쿠라) - 12C~13C(1185~1333)
  ㉮ 몽창국사의 활약으로 서방사와 천룡사
④ 실정시대(무로마치) - 13C~15C(1336~1573)
  ㉮ 불교의 영향을 받은 고산수식(물을 전혀 사용하지 않음)

㉯ 축산고산수식은 수목 등 식물재료 사용, 평정고산수식은 식물재료를 일체 사용 안함

구분	시대	특징 및 작품
축산고산수식	14C	• 나무를 다듬어 산봉우리, 바위를 세워 폭포, 왕모래를 깔아 냇물을 연상 • 대선원, 금각사, 은각사
평정고산수식	15C	• 바위를 세워 섬, 왕모래를 깔아 바닷물 영상, 바다를 추상적으로 표현 • 용안사정원

⑤ 도산시대(모모야마) – 15~16C(1574~1602)
 ㉮ 수법이 화려해지기 시작
 ㉯ 석등과 수수분 등장
 ㉰ 호화롭지 않고 다도를 즐기는 다실과 주변 공간을 조화시킨 다정양식
 ㉱ 차나무를 재배하는 실용원과는 관련이 없음
⑥ 강호시대(에도) – 16C~18C(1603~1867)
 ㉮ 임천식에 다정식을 가미한 회유식(원주파임천식) 발달
 ㉯ 수학원이궁, 계리궁 등

▲ 계리궁　　　　　　　　▲ 수학원이궁

⑦ 명치시대(메이지) – 18C~19C(1868~1912)
 ㉮ 서방정원이 일본에 도입된 시기
 ㉯ 신숙어원, 히비야공원(일본 최초 서양식 공원)

일본의 정원
- 축산고산수정원 : 바위(폭포), 왕모래(냇물), 다듬은 수목(산봉우리) 등으로 추상적인 정원을 꾸민 것
- 평정고산수정원 : 후에 수목을 완전히 배제한 정원

출제예상문제

01 우리나라 정원의 특색이 아닌 것은 ?

① 후원　　② 화계　　③ 방지　　④ 분수

02 우리나라 정원의 특징으로 틀린 것은?

① 신선의 거처를 모사하고자 하였으며 불로장생 하고자 함.
② 기하학적 형태인 건물과 유기적 형태의 자연을 철저히 분리시킴
③ 계절감을 강하게 느낄 수 있음
④ 최소한의 손질을 가한 무기교의 기교

03 우리나라 전통 조경의 설명으로 옳지 않은 것은?

① 신선 사상에 근거를 두고 여기에 음양오행설이 가미 되었다.
② 연못의 모양은 조롱박형, 목숨수자형, 마음심자형 등 여러 가지가 있다.
③ 네모진 연못은 땅, 즉 음을 상징하고 있다.
④ 둥근 섬은 하늘, 즉 양을 상징하고 있다.

04 다음 보기는 우리나라 정원의 특징 중 하나를 예로 든 것이다. 다음 중 어느 것인가?

- 방장산과 같은 섬
- 담장. 굴뚝 등의 장식물에 십장생 그림

① 신선사상　　② 지형　　③ 기후　　④ 민족성

05 우리나라 조경의 역사적인 조성 순서가 오래된 것부터 바르게 나열된 것은?

① 궁남지 – 안압지 – 소쇄원 – 안학궁
② 안학궁 – 궁남지 – 안압지 – 소쇄원
③ 안압지 – 소쇄원 – 안학궁 – 궁남지
④ 소쇄원 – 안학궁 – 궁남지 – 안압지

정답 01 ④ 02 ② 03 ② 04 ① 05 ②

06 다음 정원시설 중 우리나라 고유의 것이 아닌 것은?

① 취병(생울타리)　② 담장　③ 벽천　④ 연못

07 우리나라 정원에서 불교와 관계가 깊은 것은?

① 화계　② 석연지　③ 삼신산　④ 연당

08 사적지 조경의 식재계획 내용 중 적합하지 않는 것은?

① 민가의 안마당에는 교목류를 식재한다.
② 사찰 회랑 경내에는 나무를 심지 않는다.
③ 성곽 가까이에는 교목을 심지 않는다.
④ 궁이나 절의 건물터는 잔디를 식재한다.

09 백제 시대의 정원으로 현존하는 것은?

① 안압지　② 비원　③ 궁남지　④ 창덕궁

10 백제의 노자공이 일본에 건너가 전파한 축산의 형태는?

① 수미산　② 삼신산　③ 봉황산　④ 무산십이봉

11 백제와 신라의 정원에 영향을 주었던 사상으로 가장 적당한 것은?

① 음양오행사상　② 풍수지리사상
③ 신선사상　④ 유교사상

12 일본정원의 효시라고 할 수 있는 수미산과 홍교를 만든 사람은?

① 몽창국사　② 소굴원주　③ 노자공　④ 풍신수길

13 우리나라 고대의 석연지는?

① 가장자리를 돌로 보기 좋게 단장한 연못
② 돌로 연꽃 모양을 정교하게 조각하여 연못 가운데에 놓은 것

정답 06 ③　07 ②　08 ①　09 ③　10 ①　11 ③　12 ③　13 ③

③ 화강암을 이용하여 어항과 같이 만든 것으로 그 속에 연꽃을 심어 정원의 점경물로 사용하던 것
④ 연못 가장자리에 연꽃 모양을 조각한 디딤돌을 잘 배치해 놓은 것

14 백제의 궁남지 주위에 심었던 수목으로 올바른 것은?

① 소나무류　　② 버드나무류　　③ 단풍나무류　　④ 향나무류

15 백제의 정원에 대한 설명으로 중 틀린 것은?

① 궁남지는 신선사상과는 관계없이 독특한 양식으로 표현 되었다.
② 634년 경 궁남지를 만든 기록이 삼국사기에 나와 있다.
③ 궁남지 못 가에는 버드나무를 심었다 한다.
④ 노자공이 일본궁실 남정에 수미산과 오교를 만들었다.

16 물가에 세워진 임해전(臨海殿), 봉래산을 본 따서 축소한 연못, 삼신산을 암시하는 3개의 섬 등과 관련 있는 것은?

① 궁남지　　② 안압지　　③ 부용지　　④ 부용동정원

17 다음 보기의 설명은 어느 정원 유적을 말하는가?

> • 674년 경 5,100평으로 대·중·소 3개의 섬
> • 물가는 다듬은 돌로 호안 석축
> • 못 가에는 석가산을 쌓아 기화요초 심음
> • 반석 사용, 유속의 감소를 위한 수로의 형태가 정교함

① 궁남지　　② 안압지　　③ 동지　　④ 향원지

18 안압지를 설명한 것 중 틀린 것은?

① 물가에는 다듬은 돌로 호안석축을 하였는데 허튼층쌓기 방법을 사용 하였다.
② 안압지는 전체 면적이 약 5,100평으로 마치 바다를 느낄 수 있도록 만들었다.
③ 3개의 인공섬으로 축조되었으며 그 중의 하나는 거북이 모양을 나타낸다.
④ 문무왕 14년에 궁내에 못을 파고 석가산을 축조했다.

정답 ▶ 14 ②　15 ①　16 ②　17 ②　18 ①

19 신라의 정원에 대한 설명으로 틀린 것은?

① 안압지, 포석정 등의 정원 유적이 남아 있다.
② 안압지와 임해전 지원은 신선 사상을 바탕으로 구성되었다.
③ 안압지는 연회와 관상, 뱃놀이 등의 목적을 지닌 정원이다.
④ 한 가지 흠은 못의 관·배수를 위한 시설이 없다는 것이다.

20 다음 보기의 설명은 어느 시대의 정원에 관한 것인가?

- 석가산과 원정, 화원 등이 특징이다.
- 대표적 정원으로 동지가 있다.
- 정자를 설치하기 시작
- 송나라의 영향으로 화려한 관상 위주의 이국적 정원

① 고구려 ② 백제 ③ 신라 ④ 고려

21 고려시대 궁궐의 정원을 맡아 관리하던 해당 부서는?

① 내원서 ② 장원서 ③ 상림원 ④ 동산바치

22 고려시대의 정원과 관계없는 사항은?

① 내원서 ② 격구장 ③ 동지 ④ 아미산 정원

23 고려시대 정원의 특징으로 올바르지 않은 것은?

① 괴석에 의한 석가산
② 관상 목적의 화훼류를 수입
③ 신선 세계를 모사하려는 의도가 있음
④ 사찰정원이 없어짐

24 우리나라 정원 양식이 풍수설에 많은 영향을 받은 시기는?

① 신라 ② 백제 ③ 고려 ④ 조선

25 우리나라의 독특한 정원수법인 후원양식이 가장 성행한 시기는?

① 고려시대 초엽 ② 고려시대 말엽 ③ 조선시대 ④ 삼국시대

정답 19 ④ 20 ④ 21 ① 22 ④ 23 ④ 24 ④ 25 ③

26 조선시대 후원의 장식용이 아닌 것은?

① 괴석　　　② 세심석　　　③ 굴뚝　　　④ 석가산

27 옛날 처사도(處士圖)를 근간으로 한 은일사상이 가장 성행하였던 시대는?

① 고구려시대　　　② 백제시대　　　③ 신라시대　　　④ 조선시대

28 조선시대 사대부나 양반계급들이 꾸민 별서정원으로 옳은 것은?

① 전주의 한벽루　　　② 수원의 방화수류정
③ 담양의 소쇄원　　　④ 의주의 통군청

29 조선시대의 정원 식물에 대한 문헌은?

① 동사강목　　　② 양화소록　　　③ 원야　　　④ 작정기

30 조선시대의 초기 궁궐 정원을 맡아 보던 관서는 무엇인가?

① 상림원과 장원서　　　② 내원서
③ 상림원　　　　　　　④ 장원서

31 우리나라 조선시대의 별서들이다. 현재의 지명 및 그 별서의 경영자가 서로 맞게 나열되어 있는 것은?

① 부용동별서 – 전남 완도 보길도 – 정철
② 소쇄원 – 전남 담양 – 윤선도
③ 옥호정 – 서울 – 김조순
④ 선교장 – 강원도 강릉 – 양산보

32 조선 시대의 정원에 대한 설명으로 맞는 것은?

① 고려 시대의 풍수설은 조선시대에 와서 영향을 주지 못하였다.
② 부용동 원림, 다산초당, 옥호정 등은 별서정원으로 구분할 수 있다.
③ 일반적으로 마당에는 많은 나무를 심어 숲을 연상케 하였다.
④ 인공적으로 축산한 계단식 정원인 아미산은 창덕궁에 있다.

정답　26 ④　27 ④　28 ③　29 ②　30 ③　31 ③　32 ②

33 조선시대 사대부나 양반계급에 속했던 사람들이 시골 별서에 꾸민 정원이 아닌 것은?
① 양산보의 소쇄원
② 윤선도의 부용동정원
③ 정약용의 다산초당
④ 이규보의 사륜정

34 경복궁의 경회루 원지의 형태는?
① 방지형　② 원지형　③ 반달형　④ 노단형

35 창덕궁 후원에 나타나지 않는 것은?
① 부용지　② 향원지　③ 주합루　④ 옥류천

36 경복궁과 창덕궁의 구성상 차이를 올바르게 설명한 것은?
① 경복궁은 대체로 기하학적 형태의 정원을 가지고 있다.
② 창덕궁의 후원은 축을 중심으로 시설물이 좌우 대칭적으로 배치
③ 교태전의 후원인 아미산은 창덕궁에 있다.
④ 경복궁은 자연의 숲 사이로 산책할 수 있도록 자연 구릉에 배치

37 우리나라 최초의 대중적인 도시 공원은?
① 남산공원　② 사직공원　③ 파고다공원　④ 장충공원

38 중국정원의 특색이라 할 수 있는 것은?
① 조화　② 대비　③ 반복　④ 대칭

39 다음과 같은 특징이 반영된 정원은?

- 지역마다 재료를 달리한 정원양식이 생겼다.
- 건물과 정원이 한 덩어리가 되는 형태로 발달했다.
- 기하학적인 무늬가 그려져 있는 원로가 있다.
- 조경수법이 대비에 중점을 두고 있다.

① 중국정원　② 인도정원　③ 영국정원　④ 독일풍경식정원

정답▶ 33 ④　34 ①　35 ②　36 ①　37 ③　38 ②　39 ①

40 중국 조경에서 많이 이용되었던 중국의 태호석은 어떤 분류에 속하는가?

① 괴석　　　② 환석　　　③ 각석　　　④ 와석

41 중국식 정원에 대한 기술 중 가장 옳은 것은?

① 풍경식으로 대비에 중점을 주었다.
② 풍경식으로 조화에 중점을 두었다.
③ 신선사상과 묵화의 영향을 많이 입었다.
④ 건축식 조경 수법을 강조한 풍경식이다.

42 중국 정원에 대한 설명 중 틀린 것은?

① 기록에는 은·주 시대에서부터 나타난다.
② 정원의 특색이 정리된 것은 당(唐)시대에 이르러서이다.
③ 현존하는 것은 당·명·청시대의 정원 유적이다.
④ 왕실 정원은 대규모이며 호화스럽고 사대부 정원은 소박하다.

43 다음 중국식 정원의 설명으로 틀린 것은?

① 차경수법을 도입하였다.
② 사실주의 보다는 상징적 축조가 주를 이루는 사의주의에 입각하였다.
③ 유럽의 정원과 같은 건축식 조경 수법으로 발달하였다.
④ 대비에 중점을 두고 있으며, 이것이 중국정원의 특색을 이루고 있다.

44 중국의 정원양식에서 말하는 신선사상의 설명으로 맞는 것은?

① 침전식으로 만들었다.
② 수미산과 홍교를 만들었다.
③ 회유임천식으로 만들었다.
④ 영주, 봉래, 방장의 세 섬을 축조하고 연못가에는 조수와 용어의 조각을 배치했다.

45 중국 정원을 시대별로 보았을 때 가장 오래 된 것은?

① 상림원　　　② 아방궁　　　③ 영대　　　④ 온천궁

 40 ① 41 ① 42 ③ 43 ③ 44 ④ 45 ③

46 옛날 중국 정원을 만들 때 영향을 미쳐 원정의 곡수를 돌리는 수법을 계승케 하는데 역할을 한 기록은?

① 왕희지의 난정기 ② 백낙천의 장한가
③ 대업잡기 ④ 설문해자

47 자연 경관을 바탕으로 한 정원을 꾸미려는 노력이 시작되었으며 대표적 정원으로는 상림원이 있었던 시대는?

① 주나라 ② 진나라
③ 한나라 ④ 남북조시대

48 신선사상에 의한 봉래, 영주, 방장 세 섬을 축조하고 못가에 조수 용어 조각을 배치한 한시대의 정원은?

① 영대 ② 상림원
③ 만세산원 ④ 태액지원

49 다음 보기는 어느 정원을 말하는가?

- 주위가 수백 km
- 70개의 이궁(離宮)
- 3,000여 종의 꽃나무 식재
- 짐승을 길러 사냥터로 이용
- 주위 20km 넘는 쿤밍호 등 6개의 호수

① 아방궁 ② 상림원 ③ 온천궁 ④ 구성궁

50 중국의 시대별 정원 또는 특징이 바르게 연결된 것은?

① 한나라 – 아방궁 ② 당나라 – 온천궁
③ 진나라 – 이화원 ④ 청나라 – 상림원

51 당 시대의 정원으로 인위적 요소가 증가되고 연못을 만들어 괴석을 배치시킨 호화스럽고 거대한 이궁은?

① 영대 – 아방궁 ② 상림원 – 작원
③ 온천궁 – 구성궁 ④ 원명원 – 만수산이궁

정답 46 ① 47 ③ 48 ④ 49 ② 50 ② 51 ③

52 다음 보기의 중국 정원에 대한 설명은 어느 시대의 정원에 관한 설명인가?

| • 사대부의 정원 발달 | • 아취를 중요시 함 |
| • 기암, 수목 배치 | • 태호석 이용 |

① 당시대 ② 송시대 ③ 원시대 ④ 명시대

53 중국 북송시대에 있었던 화석강이란?

① 생김새가 매우 아름다운 태호석
② 태호석을 운반하는 배
③ 태호석을 묶는 밧줄
④ 돌짜임이 잘 된 태호석

54 태호석에 관한 기술 중 틀린 것은?

① 중국의 태호에서 많이 나오는 돌
② 중국의 소금성 내에 있는 사자림 내에서 볼 수 있는 유명한 돌
③ 중국의 석회암으로서 수침과 풍침을 받아서 매우 복잡한 모양을 하고 있으나 구멍이 뚫린 것이 많다.
④ 중국에서도 가장 오래된 돌로서 화산의 영향을 받아 생성됨

55 석가산을 태호석으로 만든 중국 원시대의 유명한 정원은?

① 만세산원 ② 사자림 ③ 자금성 ④ 원명원

56 중국 소주의 4대 명원에 해당되지 않는 것은?

① 졸정원(拙庭園) ② 창랑정(滄浪亭)
③ 사자림(獅子林) ④ 원명원(圓明園)

57 원야에 대한 설명으로 맞는 것은?

① 이조시대의 유명한 정원에 관한 책이다.
② 중국 명대의 계성 정원에 관한 책이다.
③ 정원을 다스리는 기구로써 고려 때부터 있었다.
④ 공원을 뜻하는 옛말이다.

정답 52 ② 53 ② 54 ④ 55 ② 56 ④ 57 ②

58 청나라의 건륭제가 조영하였으며, 만수산과 곤명호로 구성되어 있는 정원은?

① 서호   ② 졸정원   ③ 원명호   ④ 이화원

59 중국 청시대의 이궁으로 틀린 것은?

① 만수산 이궁   ② 원명원 이궁
③ 열하산장   ④ 화청궁

60 중국에서 최초로 서양식 정원을 도입한 정원은?

① 만수산 이궁   ② 열하산장   ③ 원명원   ④ 계리궁

61 만수산 이궁의 규모는 다음 중 어느 것인가?

① 30만 평   ② 90만 평
③ 120만 평   ④ 180만 평

62 정신 세계의 상징화, 인공적인 기교, 관상적인 가치에 가장 치중한 정원이라 볼 수 있는 것은?

① 중국정원   ② 인도정원   ③ 한국정원   ④ 일본정원

63 일본의 정원 양식으로 분류하기가 곤란한 것은?

① 다정식 정원   ② 회화풍경식
③ 고산수식 정원   ④ 축산고산수형

64 일본 정원에서 헤이안시대 침전조양식의 대표적 정원은 무엇인가?

① 서방사 정원   ② 동삼조전   ③ 용안사 정원   ④ 대선원

65 일본에서 고산수수법이 가장 크게 발달했던 시기는?

① 가마꾸라 시대   ② 무로마찌 시대
③ 모모야마 시대   ④ 에도 시대

정답 ▶ 58 ④ 59 ④ 60 ③ 61 ② 62 ④ 63 ② 64 ② 65 ②

66 다음 보기의 정원 수법은 무엇인가?

- 14세기부터의 경향
- 부지 협소, 돌이용 증가
- 추상적 구성
- 대선원

① 임천식 정원 ② 축산고산수 정원 ③ 평정고산수 정원 ④ 회유식 정원

67 다음 보기의 정원 수법은 무엇인가?

- 15세기 후반
- 극도의 추상성
- 수목 완전 배제

① 임천식 정원 ② 축산고산수 정원 ③ 평정고산수 정원 ④ 다정양식

68 다음 중 일본의 축산 고산수 수법이 아닌 것은?

① 왕모래를 깔아 냇물을 상징하였다.
② 낮게 솟아 잔잔히 흐르는 분수를 만들었다.
③ 바위를 세워 폭포를 상징하였다.
④ 나무를 다듬어 산봉우리를 상징하였다.

69 다음 축산고산수 정원의 추상적 구성의 내용 중 그 소재와 상징이 바르게 연결되지 않은 것은?

① 물 – 바다
② 바위 – 폭포
③ 왕모래 – 냇물
④ 다듬은 수목 – 산봉우리

70 다음 평정고산수 정원의 극도의 추상적 구성의 내용으로 틀린 것은?

① 바위 – 섬
② 모래 – 바닷물
③ 다듬은 수목 – 산봉우리
④ 평지를 이용하여 구성

71 16세기 이후 임천식 정원양식에 다정양식을 가미시킨 수법을 무엇이라 하는가?

① 축산고산수 정원
② 평정고산수 정원
③ 회유임천식 정원
④ 회유식 정원

정답 66 ② 67 ③ 68 ② 69 ① 70 ③ 71 ④

72 일본의 독특한 정원양식으로 여행 취미의 결과 얻어진 풍경의 수목이나 명승고적, 폭포, 호수, 명산계곡 등을 그대로 정원에 축소시켜 감상하는 것은?

① 축경원
② 평정고산수식정원
③ 회유임천식정원
④ 다정

73 일본의 16세기의 정원 요소로 석등과 수수분 따위가 주요하게 자리잡게 된 양식은?

① 임천식 정원
② 축산고산수 정원
③ 평정고산수 정원
④ 다정양식

74 다음 중 일본에서 가장 늦게 발달한 정원 양식은?

① 회유임천식
② 다정양식
③ 평정고산수식
④ 축산고산수식

75 일본의 모모야마 시대에 새롭게 만들어져 발달한 정원 양식은?

① 회유 임천식
② 축산고산수식
③ 종교수법
④ 다정

76 일본의 정원 양식인 다정의 특징으로 틀린 것은?

① 주로 평지에 노지형으로 형성된다.
② 디딤돌, 석등, 세심석 등이 배치되어 있다.
③ 차나무를 식재하는 실용원이다.
④ 다도와 함께 발달했다.

77 일본 정원의 특징으로 설명이 틀린 것은?

① 관상적 가치와 실용성이 강하게 부각된다.
② 돌, 나무의 섬세한 사용으로 정신세계를 상징화
③ 극도의 인공적 기교 중요시
④ 자연적인 멋은 떨어지나, 시각적 예술성은 높다.

 72 ① 73 ④ 74 ② 75 ④ 76 ③ 77 ①

05 서양의 조경

가. 서양 조경의 개요

시대	나라	특징
고대	이집트	• 주택정원 : 기후영향 큼, 현존하지 않음 • 신전정원 : 데르엘바하리신전 (노단식) • 묘지정원 : 사자의 정원
	서아시아 (바빌론)	• 수렵원 : 오늘날 공원의 효시 • 공중정원 : 최초 옥상정원(노단식)
	그리스	• 주택정원 : 외부에 폐쇄적인 내향적 구성, 중정(court) • 공공조경발달(짐나지움, 성림, 아카데미) • 아고라 : 광장 • 히포데이무스 : 격자형 도로체계
	로마	• 폼페이 주택(2중정 1후정) • 빌라 • 포룸 : 광장
중세	스페인	• 알함브라 정궁 (4개의 중정) • 헤네랄레페 이궁
	무굴인도	• 타지마할 : 궁전 형태의 묘지정원 • 물을 가장 중요한 정원 소재로 사용
르네상스	이탈리아	• 노단식(축을 중심으로 좌우 대칭) • 피렌체 : 최초의 노단건축식정원 발달 • 캐스캐이드, 정원극장, 동굴 등 • 빌라 메디치 : 르네상스 최초 빌라
	프랑스	• 앙드레 르 노트르 • 보르비콩트 : 최초의 평면 기하학식 • 비스타 : 눈가림 수법
	영국	• 튜더왕조의 정형식(매듭화단, 미원 등)
근대	영국	• 낭만주의 운동, 자연풍경식 • 찰스브릿지맨 : 하하수법 • 버큰헤드공원 : 최초의 공공적 성격의 공원 • William Chambers : 브라운파 비판, 중국풍 정원 설계하며 큐가든 조성
	독일	• 무스코 정원 : 자연식 • 분구원 : 실용원
	미국	• 옴스테드 : 현대 조경의 아버지 • 센트럴파크 : 최초의 도시공원

나. 이집트

1) 이집트 특징
① 자연환경 : 사막 기후로 무덥고 건조
② 종교 : 태양신을 숭배하였으며 사후세계를 믿음
③ 건축 : 분묘건축(피라미드, 스핑크스 등), 신전건축(데르엘바하리 등) 발달
④ 기타 : 수목의 생육을 중요시하여 원예가 발달

2) 주택정원
① 현존하는 것은 없고 무덤 벽화로 추측
② 정문과 주거건물 사이를 연결하는 축을 중심으로 좌우 대칭형으로 구성
③ 연못가에 키오스크가 있고, 정문에서 주거건물은 포도덩굴로 그늘지게 한다.
④ 중심축 좌우 - 직사각형 형태의 연못
⑤ 조경식물들을 주요시설물 길을 따라 열식함
　㉮ 시커모어(Ficus sycomorus) - 열매, 목재, 녹음
　㉯ 파피루스(Cyperus papyrus)
　㉰ 연꽃(Nymphaea lotus)

3) 신전정원
① 핫셉수트(Hatshepsut) 여왕이 태양신인 아몬드 모심
② 산중턱의 계단식 형태 - 3단으로 구성
③ 열주를 세워 장식한 대규모의 신전건축과 주변에 정원을 조성
④ 스핑크스 배치, 아카시아 등 수목 열식

▲ 데르엘바하리신전

4) 묘지정원(死者의 정원)
① 이집트인의 내세관에 기인 - 무덤 앞에 영혼의 휴식처로 소정원 꾸밈
② 테베(The-bes), 레크미라(Rekh-mira)의 묘지 정원

■ 키오스크

이슬람 건축에서 볼 수 있는 원형 정자로 기둥과 지붕만으로 이방되어 있다.

■ 파피루스

이집트 하(下)대의 상징 식물로 여겨졌으며, 연못에 식재되었고, 식물의 꽃은 즐거움과 승리를 의미하여 신과 사자에게 바쳐졌다. 이집트 건축의 주두(株頭) 장식에도 사용 되었다.

다. 서아시아(바빌로니아)

1) 서아시아 특징
   ① 자연환경 : 유프라테스강, 티그리스강으로 둘러싸인 사막지역, 강우량 적음
   ② 종교 : 메소포타미아문명
   ③ 건축 : 지구라트(Ziggurat) – 대규모 동산을 만들어 정상에 수호신을 모심
   ④ 조경 : 관개용수로 설치 – 수목식재 가능, 관개의 편의상 규칙적 배식수법
   ⑤ 기타 : 수목의 신성시 – 정원수로 여러 종류의 과수 식재

2) 수렵원(hunting garden)
   ① 기능 : 수렵, 야영장, 훈련장, 제사장, 향연장 등 다용도
   ② 계획기법 : 인공으로 언덕을 쌓고 정상에 신전을 세움, 인공 호수 조성
   ③ 오늘날 공원의 시초

3) 공중 정원(hanging garden)
   ① BC500년경 신바빌로니아의 네부카드네자르 2세가 왕비인 아미티스를 위하여 건설한 세계 고대 7대 불가사의 중의 하나
   ② 테라스에(노단) 식재로 인공의 산 조성(인공관수, 방수층), 최초의 옥상정원임
   ③ 벽은 붉은 벽돌로 축조된 것으로 추측 됨

> **가공원(架空園)**
> 공중에 걸쳐있는(또는 걸려있는) 정원을 말한다.

4) 파라다이스가든(Paradise garden)
   ① 정원은 담으로 둘러싸이고, 맑은 물이 흐르며, 신선한 녹음이 있는 지상낙원 재현
   ② 방형의 공간에 수로가 교차하는 사분원(四分園)을 조성
   ③ 여러 종류의 과수를 식재, 상수체계인 카나드가 발달함

라. 그리스

1) 그리스 특징
   ① 자연환경 : 지중해성 기후로 연중온화하고 쾌청한 편이기 때문에 옥외생활을 즐김
   ② 국민성 : 정원을 가꾸기보다는 도시생활을 즐기며, 정원중심 아닌 건물 중심
   ③ 조경
      ㉮ 개인정원 보다는 공공정원 발달
      ㉯ 히포데이무스 – 최초 도시계획가(격자형 도로체계)

2) 주택정원
① 중정(court)을 중심으로 방 배치
② 외부에 폐쇄적인 내향적 구성

3) 공공정원
① 성림 : 신들에게 제사를 지내기 위한 장소, 분수, 꽃으로 장식하여 성스러운 정원을 만듦
② 짐나지움(Gymnasium) : 청년들의 체력단련시설
③ 아카데미 : 학습의 장

4) 도시계획과 도시조경
① 히포데이무스 : 최초의 도시계획가로서, 최초로 장방형의 격자형 도로망을 가진 도시계획을 실시함
② 아고라 : 그리스의 각 도시국가에서 만들어진 광장으로 도시계획의 구심점이 되며, 도시 활동의 중심지로 시장 및 집회의 기능을 담당

▲ 아고라

> **아고라(agora)**
> 건물로 둘러싸여 상업 및 집회에 이용되는 옥외 광장을 말하며, 로마시대에는 포룸(forum)이 있다.

마. 로마

1) 로마의 특징
① 자연환경 : 겨울은 온화하나 여름은 몹시 무더운 기후로 구릉지에 빌라(Villa) 발달
② 인문환경 : 그리스인이 바다 지향적인 도시인인데 반하여, 고대 로마인은 대지에 관심을 둔 농업과 취미인 원예가 발달

▲ 폼페이주택

2) 주택정원
① 2개의 중정과 1개의 후정(아트리움, 페리스틸리움, 지스터스)
② 내향적인 구성

③ 중정의 구성

공간구성	아트리움 (atrium)	페리스틸리움(peristylium)	지스터스(xystus)
	• 제 1중정	• 제 2중정	• 후정
	• 무열주 중정(無柱廊中庭)	• 주랑식 중정(柱廊中庭)	
용도	• 공공장소(손님접대)	• 가족의 사적인 공간	
특징	• 바닥은 돌로 포장 • 화분장식	• 넓고 포장되지 않음 • 꽃을 정형적인 식재 • 분수, 조각의 정형적 배치	• 군식 또는 5점식재 • 중앙의 수로를 중심으로 원로와 화단 배치

3) 포룸(Forum)
   ① 로마의 공공 조경과 지배계급을 위한 상징적 공간으로 집회와 휴식의 장소
   ② 아고라에 비해 시장기능은 빠지고, 업무 중심지역으로 왕의 행진, 집단이 모여 토론할 수 있는 광장의 성격

바. 스페인

1) 스페인 특징
   ① 인문환경 : 아랍 민족은 기원전 7세기경부터 서쪽으로는 스페인, 동쪽으로는 인더스 강 유역까지 진출하여 사라센 문명 이룩
   ② 기타 : 물을 신성시 하였으며 중정(Patio)식

2) 알함브라(Alhambra) 궁전
   ① 알함브라는 적색도시(red city)라는 아라비아어로 붉은 벽돌로 건물과 성채를 지은 데서 유래
   ② 4개의 중정(파티오)이 남아 있음 – 알베르카 중정, 사자의 중정, 린다라야 중정, 창격자 중정
   ③ 중정의 구성

구분	특징	
알베르카(Alberca) 중정	• 궁전의 주정 역할을 함 • 이슬람 세계의 종교 의식에 쓰이던 욕지, 분수대, 사라센 양식의 탑, 아치로 된 회랑 등이 있음 • 공적 기능과 엄격한 비례, 화려함으로 구성된 이슬람 성격이 가장 강한 중정	
사자(Lions)의 중정	• 원기둥이 섬세한 장식의 아치를 떠받치고 있음 • 분수에서 4개의 수로가 사방에 뻗음 • 12마리 사자상과 물의 시각, 청각적 효과 살리면서 물의 존귀성 표현 • 4개의 중정 중 가장 화려함	

구분	특징	
린다라야(Lindaraja) 중정	• 기독교적 색채를 띠며 다라하 중정이라고도 함 • 회양목으로 가장자리 식재하여 여러 모양의 화단을 만들고 화단 사이는 맨 흙의 원로 • 중정 가운데 분수 시설 • 여성적인 분위기	
창격자 중정	• 사이프러스 중정이라 함 • 중정 네 귀퉁이에 사이프러스 식재 • 중앙에는 분수 – 4개의 수로와 연결 • 바닥은 둥근 색자갈로 무늬	

> 알베르카와 사자의 중정은 이슬람적 성격이 강하고, 린다라야와 창격자 중정은 기독교적 색채가 강함

3) 헤네랄리페(Generalife) 이궁
① 그라나다 왕들의 피서를 위한 은둔처
② 경사지의 계단식 처리와 기하학적인 구성(노단 건축식의 시초)

구분	특징
수로(Cannal)의 중정	• 3면이 건물, 한쪽은 아케이드로 둘러싸여 있음 • 캐널 양끝에는 대리석으로 만든 분수반이 있음 • 건물입구까지 길 양쪽의 분수가 아치모양 이룸
사이프러스 중정	• 6개의 노단이 연속되어 있으며, 노단의 정상부에는 사이프러스 식재

▲ 헤네랄리페이궁

4) 스페인 정원의 특징
① 중정 구성의 독특함과 섬세한 장식
② 물과 분수의 풍부한 사용

③ 대리석과 벽돌이 기하학적 형태
④ 다채로운 색채를 도입

> ■ **클라우스트룸(Claustrum)**
> 중세 수도원의 전형적인 정원으로 예배실을 비롯한 교단의 공공 건물에 의해 둘러싸인 네모난 공지
>
> ■ **파라다이소(Paradiso)**
> 수도원 정원에서 원로의 교차점인 중정 중앙에 큰나무 한 그루를 심어 지상 낙원을 전개 하고자 하였다.
>
> ■ **클로이스터 가든의 사분원(四分園)**
> 중세 수도원의 직사각형 안뜰을 둘러싸는 성당으로, 어디에서나 출입이 가능한 페리스타일 가든과는 다르게 원로의 출입구에서만 출입이 가능하다. 이란의 정사각형 모양의 정원인 차하르바그의 영향을 받았다.

사. 이탈리아

1) 이탈리아 특징
① 노단(테라스)의 조화로 좋은 전망을 살리고자 함
② 평면적으로 강한 축을 중심으로 정형적 대칭을 이룸
③ 계단폭포(캐스캐이드), 물무대, 정원극장, 동굴 등의 정원수법 발달
④ 이탈리아 정원 3대 원칙 : 총림, 테라스, 화단

2) 빌라 메디치 – 15세기 빌라
① 르네상스 시대 최초의 빌라
② 메디치 가문에 의해 조성
③ 메디치 가문에 의해 조성 되었으며 설계자의 이름이 밝혀지기 시작함

▲ 빌라메디치

3) 빌라 데스테(에스테장) – 16세기 빌라
① 물의 처리가 가장 뛰어난 4개의 단으로 이루어진 노단식 정원
② 14,000평의 대지에 100개의 분수, 용의 분수, 감탕나무 등을 식재
㉮ 1단 : 감탕나무 총림, 물풍금
㉯ 2단 : 용의 분수
㉰ 3단 : 100개의 분수

▲ 빌라데스테

㉣ 4단 : 카지노
㉤ 자수화단 및 연못
③ 주축선을 따라 또는 주축선에 직교하며 분수나 연못을 설치

4) 바로크 양식
① 17~18세기에 걸쳐 나타난 양식으로 16세기 르네상스의 조화의 미에서 벗어나 세부 기교에 치중하면서 거대한 양식, 곡선활용, 원근법, 눈속임 효과의 활용 등이 활발히 나타나는 양식이다.
② 바로크 양식 정원의 특징
㉮ 정원의 크기와 식물을 강조하여 대량의 식물을 사용
㉯ 토피어리, 미원, 총림등을 조성
㉰ 정원동굴, 비밀분천, 경악분천, 물극장, 물풍금 등이 다양하게 사용
㉱ 조각물을 기념적인 군집으로 삼아 물로 둘러쌈
㉲ 다양한 색채를 대량으로 사용

아. 프랑스

1) 프랑스 특징
① 소로(allee)와 삼림의 적극적 이용
② 대도시나 그 주변의 왕과 귀족의 저택에서 유명한 정원
③ 이탈리아의 영향을 받은 평면 기하학식

2) 보르비콩트 정원 – 니콜라스푸케(Nicolas Fouquet)
① 최초의 평면 기하학식 정원으로 앙드레 르 노트르의 작품
② 비스타 정원(vista garden) – 숲을 관통한 산책로가 주축에 직각 혹은 대각선 방향으로 뻗어 나감

▲ 보르비콩트

■ **눈가림 수법** : 정원의 넓이를 한층 더 크고 변화 있게 하려는 조경 기술
■ **비스타** : 좌우로의 시선이 숲 등에 의하여 제한되고 정면의 한 점으로 시선이 모이도록 구성되어 주축선이 두드러지게 하는 경관구성 수법. 정원을 크고 길게 보이게 하는 효과가 있음

3) 베르사이유 궁
① 르 노트르에 의해 설계된 세계 최대 규모의 정형식 정원
② 건물 또는 연못 중심으로 태양광선이 펼쳐지는 듯한 방사상의 축선을 복합적으로 전개
③ 주축을 따라 저습지의 배수를 위한 수로(canal) 설치
④ 부축의 교차점 – 화려한 화단, 분수, 연못 등이 잘 가꾸어진 수목에 둘러싸여 배치되었으며, 강한 축과 보스케(잡목이 우거진 숲)에 의한 비스타 수법을 사용
⑤ 아폴로 분수, 라토나 분수, 물극장 등

▲ 베르사유궁

4) 앙드레 르 노트르의 특징
① 장엄한 스케일과 건물 중심이 아닌 정원 중심
② 2차원적인 평면 기하학식
③ 비스타와 소로의 끝없는 외부 확산

자. 영국

1) 영국 특징
① 17세기 튜더왕조까지는 정형식, 18세기 이후 낭만주의 운동으로 자연 풍경식으로 발전
② 넓은 목초지와 목가적인 풍경을 정원화 함

2) 정형식 정원
① 11세기~17세기 튜더왕조에 이탈리아와 프랑스의 영향으로 발달
② 축을 중심으로 한 기하학적인 구성과 매듭화단(knot garden), 미원 등이 유행

▲ 영국의 정형식 정원(매듭화단)

- **매듭화단** : 낮게 깎은 회양목 등으로 화단을 여러 가지 기하학적 문양으로 구획 짓는 것
- **미원** : 수목을 전정하여 정형적인 모양의 미로를 만든 것

3) 자연(전원) 풍경식 정원
① 18세기 낭만주의 운동과 영국 풍토와 환경 여건에 맞는 조경을 창조하자는 운동이 전개됨
② 영국의 자연적 경관의 특징
  ㉮ 느릅나무, 참나무의 무성한 숲
  ㉯ 넓은 목초지
  ㉰ 드문드문 서있는 교목 등 목가적인 전원 풍경
③ 스토(Stowe) 정원
  ㉮ 찰스 브릿지맨(C.Bridgeman)이 정원 설계
  ㉯ 후에 윌리암 켄트(W. Kent)가 수정 – 기하학적인 선을 없애고 부드럽게 개조함
  ㉰ 다시 란셀로트 브라운(L.Brown)이 개조
  ㉱ 하하(Ha-Ha) 개념의 도입

> **하하(Ha-Ha)**
> 중세 프랑스의 군사용 호(濠)로서, 정원에 물리적 경계 없이 정원을 바라볼 수 있게 정원 부지의 경계선에 깊은 도랑을 팜으로써 일명 가축을 보호하고 목장이나 삼림, 경지 등을 정원 풍경 속에 끌어들이자는 의도에서 나온 것

4) 자연 풍경식 정원가

정원가	주요 내용
스테판 스위처	• 최초의 풍경식 조경가
조셉 에디슨	• "자연 그대로가 더 아름답다."
루소	• "자연으로 돌아가라"
찰스 브릿지맨(C.Bridgeman)	• 하하(Ha-Ha) 개념의 도입 • "담너머 보이는 자연 경관은 누구나 관망할 수 있어야 한다."
윌리암 켄트(W. Kent)	• 근대 조경의 아버지 • "자연은 직선을 싫어한다."
험프리 렙튼(H.Repton)	• 영국 풍경식 정원의 완성자 • Landscape Gardener란 칭호를 최초로 사용 • 레드 북(Red Book)을 항시 지니고 다님
브라운(Lancelot Brown)	• "자연스러운 모든 자연이 정원이다"

> ■ **레드 북(Red Book)** : 설계도와 함께 개조 전의 모습과 개조된 후의 모습을 한눈에 비교해 볼 수 있고 이해하기 쉽게 하게끔 갖고 다니던 설득력 있는 스케치북
> ■ **윌리암 챔버 (William Chambers, 1723~1796)** : 영국의 건축가로 브라운파의 정원을 비판하며 큐가든에 중국식 건물, 탑을 도입

5) 공공적 성격의 공원

1843년 버큰헤드(Birkenhead)공원 : 조셉 팩스턴(Joseph Paxton)의 설계. 이후 센트럴 파크 조성에 영향을 미친다.

차. 독일

1) 독일 특징
① 영국의 풍경식 정원의 영향을 받으며 독특한 양식을 갖게 됨
② 식물 생태학과 식물 지리학에 기초를 둔 과학적 기반 위에 조성
③ 실용적 형태의 정원 발달

2) 분구원
① 19세기 정원의 실용적인 측면이 강조되어 실행된 일종의 도심 텃밭
② 한 단위가 200㎡ 정도 되는 소정원을 시민에게 대여 – 채소, 과수, 꽃 등의 재배와 위락을 위한 공간
③ 클라인가르텐(Kleingarten)이라고 통용되고 있으며 1차 세계대전 시 군수물자 조달과 도시민의 식량 공급원으로 이용되었다.
④ 현재까지도 실용적 측면에서 시행되고 있음

카. 미국

1) 센트럴 파크
① 1861년 옴스테드(Fredrick Law Olmsted)와 캘버트 보(Calvert Vaux) 의해 조성된 최초 도시공원
② 면적이 3.41㎢되며 50만그루 이상의 나무가 식재되어 '뉴욕의 허파'라 불린다.
③ 그린스워드안(案)
   ㉮ 입체적인 동선체계
   ㉯ 차음, 차폐위한 외주부(外周部) 식재
   ㉰ 딱딱한 격자형 도시 패턴에 대한 구제의 일환으로 아름다운 자연 경관의 View 및 Vista 조성
   ㉱ 건강, 위락, 운동을 위한 드라이브 코스
   ㉲ 산책, 만남을 위한 전형적인 몰(mall)과 대로
   ㉳ 산책로와 보트타기, 스케이팅을 할 수 있는 넓은 호수
   ㉴ 교육적 효과 위한 화단과 수목원

2) 뉴저지주의 레드번(Redburn) 계획
① 라이트, 스타인이 소규모 전원도시 건설을 주장하였다.

② 뉴저지주 레드번에 인구 25,000명을 수용하는 전원 도시를 조성한다.
③ 슈퍼블럭(Super block)을 설정하여 보행자와 차량을 분리시킨다.
④ 쿨데삭(cul-de-sac) 도로를 조성한다.

> **쿨데삭(cul-de-sac)**
> • 주택 단지 내에 설치되는 도로의 유형으로, 단지 내 도로를 막다른 길로 조성하고, 끝부분에 차량이 회전하여 나갈 수 있도록 회차 공간을 만들어 주는 기법이다.
> • 통과 교통을 배제할 수 있으므로 소음 및 안전을 제고하여 주민의 편의를 도모하기 위해 사용된다.

출제예상문제

01 다음 중 서양의 정형식 정원양식과 가장 거리가 먼 것은?
① 기하학적인 땅 가름
② 다듬어진 나무
③ 인공적인 무늬의 화단
④ 비대칭적이면서 균형과 조화유지

02 이집트 정원을 크게 나누어 파악하고자 한다. 그 구분으로 부적당한 것은?
① 공중 정원   ② 주택 정원
③ 신전 정원   ④ 묘지 정원

03 이집트 주택 정원의 설명으로 틀린 것은?
① 현존하는 것을 보고 추측할 수 있음   ② 높은 담장에 둘러싸여 있음
③ 중심축 좌우에 연못 배치   ④ 연못가에 정자를 설치하였음

04 다음 중 이집트 정원의 묘지 정원은 어느 것인가?
① 지그라트   ② 데르엘바하리   ③ 레크미라   ④ 행깅가든

정답 01 ④ 02 ① 03 ① 04 ③

05 이집트 정원의 묘지 정원에 대한 설명으로 틀린 것은?

① 무덤 벽화로 추측할 수 있다.
② 사자의 정원이라 한다.
③ 포도나무를 심어 그늘지게 함
④ 테베의 무덤에서 보여주고 있다.

06 이집트 정원의 특징으로 올바르게 설명한 것은?

① 지구라트를 만들어 수호신을 모시는 경향이 있었다.
② 수렵원이 발달한 것이 특징이다.
③ 종려나무를 많이 식재 하였다.
④ 수목의 생육을 중요시하여 원예가 발달하였다.

07 이집트 데르엘바하리 신전에 사용한 배식기법은?

① 열식 ② 점식 ③ 군식 ④ 혼식

08 다음 서아시아의 조경 중 오늘날 공원의 시초인 것은?

① 공중공원 ② 수렵원 ③ 아고라 ④ 묘지정원

09 서아시아의 주택 정원 식물에 대한 설명으로 맞는 것은?

① 포도덩굴을 심어 그늘지게 함
② 파피루스를 심음
③ 아카시아를 심어 그늘지게 함
④ 정원수로는 과수를 식재

10 지구라트(Ziggurat)의 설명으로 맞는 것은?

① 핫셉수트 여왕이 태양신인 아몬드를 모신 신전 정원이다.
② 스핑크스를 배치하고 아카시아를 심었다.
③ 야영장, 훈련장의 용도로 사용되었다.
④ 도시의 중앙에 조성한 신의 언덕으로 수호신을 모셨다.

 05 ③ 06 ④ 07 ① 08 ② 09 ④ 10 ④

11 공중 정원의 계획기법으로 바르게 설명되지 않은 것은?

① 계단층을 만들어 조성　　　② 각 노단의 외부를 회랑으로 두름
③ 벽은 자연석을 이용하여 축조　　　④ 노단 위에 수목과 덩굴식물 식재

12 서아시아의 수렵원(hunting garden)의 계획 기법으로 올바른 것은?

① 포도나무를 심어 그늘지게 하였다.
② 노단 위에 수목과 덩굴식물을 식재하였다.
③ 인공으로 언덕을 쌓고 인공호수를 조성하였다.
④ 성림을 조성하여 떡갈나무와 올리브를 심었다.

13 고대 바빌로니아 정원은 수목식재 방법으로 규칙적인 식재를 하였는데 그 이유는 무엇인가?

① 절도 있는 생활을 즐겼기 때문이다.
② 인공적인 수형을 좋아하였기 때문이다.
③ 관개를 편리하게 하기 위한 관수상의 목적 때문이다.
④ 좌우대칭형 정원양식에 길들여졌기 때문이다.

14 고대 그리스에 만들어졌던 광장의 이름은?

① 아트리움　　　② 길드　　　③ 무데시우스　　　④ 아고라

15 고대 그리스의 주택 정원의 구성상 틀린 것은?

① 중정은 돌로 포장　　　② 장미 등 향기 있는 식물 식재
③ 외부에 개방적인 구조　　　④ 대리석 분수로 장식함

16 다음 중 고대 그리스의 중정을 뜻하는 말은 무엇인가?

① 코트　　　② 빌라　　　③ 아고라　　　④ 포룸

17 그리스의 일반주택에서 장식적 화분에 식재하였던 식물은?

① 연꽃, 백합　　　② 파피루스, 떡갈나무

정답 ▶ 11 ③　12 ③　13 ③　14 ④　15 ③　16 ①　17 ④

③ 올리브, 떡갈나무　　　　　　　　④ 백합, 장미

18 수목과 숲을 신성시하여 과수보다 녹음수 위주의 식재를 하였던 고대 국가는 다음 중 어디인가?

① 스페인　　　② 고대 로마　　　③ 고대 그리스　　　④ 이집트

19 다음 중 그리스인의 국민성과 대체적인 경향으로 틀린 것은?

① 바다 지향적이다.　　　　　　　② 도시 생활을 즐겼다.
③ 취미원예가 발달하였다.　　　　④ 옥외 생활을 즐겼다.

20 다음 중 고대 로마의 폼페이 주택 정원에서 볼 수 없는 것은?

① 아트리움　　　② 페스틸리움　　　③ 포룸　　　④ 지스터스

21 고대 로마의 주택 정원 구성을 올바르지 않게 설명하고 있는 것은?

① 그리스는 내부 지향적이나 로마는 외부 지향적이다.
② 폼페이 시의 복원에 의하여 밝혀졌다.
③ 2개의 중정과 한 개의 후정으로 구성 되었다.
④ 중정에 꽃과 시설물들을 정형적으로 배치하였다.

22 고대 로마정원은 3개의 중정으로 구성되어 있었는데 이중 사적(私的)기능을 가진 제 2중정에 속하는 것은?

① 아트리움(Atrium)　　　　　　② 지스터스(Xystus)
③ 페리스틸리움(Peristylium)　　④ 아고라(Agora)

23 다음 중 아트리움에 대한 설명으로 맞는 것은?

① 현관에 들어서면서 만들어진 손님을 위한 공간
② 가족을 위한 사적인 공간
③ 넓고 포장되지 않은 공간에 꽃들을 정형적으로 심은 공간
④ 수로가 있는 공간

정답 18 ③　19 ③　20 ③　21 ①　22 ③　23 ①

24 고대 로마시대의 빌라에 대한 설명으로 틀린 것은?

① 기후와는 관계가 없다.
② 교외의 경관이 좋은 언덕에 조성
③ 휴양을 위해 바닷가나 산속에도 건설
④ 부호의 과시욕에서 비롯

25 정형식 조경 중에서 이슬람 양식의 스페인 정원이 속하는 형식은?

① 평면 기하학식   ② 노단식   ③ 중정식   ④ 전원 풍경식

26 다음 중 대표적인 이슬람 정원이라고 할 수 있는 것은?

① 빌라 데스테
② 베르사유 궁원
③ 스토 정원
④ 알함브라 궁원

27 다음 중 적색 벽돌을 사용한 정원을 올바르게 짝지은 것은?

① 알함브라 궁원과 공중 정원
② 스토 정원과 공중 정원
③ 신전 정원과 로마의 중정
④ 빌라 메디치와 데르엘바하리

28 다음 중 중정(patio)식 정원에 가장 많이 쓰이는 것은?

① 폭포   ② 색채타일   ③ 울창한 수목   ④ 가산(마운딩)

29 다음은 각 나라의 중정에 대한 용어의 표현 방법 중 틀린 것은?

① 코트-그리스의 중정
② 지스터스-로마의 제1중정
③ 페리스틸리움-로마의 제2중정
④ 파티오-스페인의 중정

30 주랑식 중정이라고 부르며 기둥이 섬세한 장식의 아치를 떠받치고 있는 알함브라 궁전의 중정은 무엇인가?

① 창격자 중정   ② 사자의 중정   ③ 알베르카 중정   ④ 린다라야 중정

31 다음 중 이슬람 정원에서 볼 수 없는 것은?

① 매듭화단   ② 욕지   ③ 분수대   ④ 아치로 된 회랑

정답 24 ① 25 ③ 26 ④ 27 ① 28 ② 29 ② 30 ② 31 ①

32 중세 수도원 정원에서 사용하지 않은 것은?

① 약초원　　② 수반(水盤)　　③ 과수원　　④ 원색의 색사

33 중세 수도원의 전형적인 정원으로 예배실을 비롯한 교단의 공공건물에 의해 둘러싸인 네모난 공지를 가리키는 것은?

① 아트리움(Atrium)
② 페리스탈리움(Peristylium)
③ 클라우스트룸(Claustrum)
④ 파티오(Patio)

34 이슬람 정원의 특징이라고 볼 수 없는 것은 다음 중 어느 것인가?

① 산 속의 경치 좋은 곳에 빌라 정원을 많이 꾸밈
② 물과 분수의 풍부한 사용
③ 섬세한 장식과 다채로운 색채의 도입
④ 대리석과 벽돌을 이용한 기하학적 형태

35 이슬람 정원 중 헤네랄리페의 중정에 대한 설명으로 틀린 것은?

① 건물 입구까지 길 양쪽의 분수가 아치처럼 자리함
② 분수의 물보라와 소리를 들을 수 있음
③ 흰 벽의 밝은 광선과 아케이드의 깊은 그늘이 조화를 이룸
④ 매우 환상적이나 조화를 이루지 못한 부분이 안타까움

36 회교문화의 영향을 입은 독특한 정원 양식을 보이는 것은?

① 이탈리아정원　　② 프랑스 정원
③ 영국 정원　　　　④ 스페인(에스파니아)정원

37 다음 중 인도정원에 영향을 미친 가장 중요한 요소는?

① 노단　　　　② 토피어리
③ 돌수반　　　④ 물

정답 32 ④　33 ③　34 ①　35 ④　36 ④　37 ④

38 다음 중 이탈리아 정원의 양식을 무엇이라 하는가?

① 회랑식 중정원　② 평면기하학식　③ 노단건축식　④ 자연풍경식

39 이탈리아의 조경양식이 크게 발달한 시기는 어느 시대부터 인가?

① 암흑시대　　　　　　　② 르네상스 시대
③ 고대 이집트 시대　　　④ 세계 1차 대전이 끝난 후

40 빌라 메디치에 대한 설명으로 틀린 것은?

① 설계자의 이름이 밝혀지기 시작하였다.
② 정형식으로 만들어졌다
③ 이때까지는 경사지의 노단 처리를 하지 않았다.
④ 플로렌스 근교의 피에솔레에 위치하고 있다.

41 이탈리아의 노단건축식(Terrace Dominant architectural stule)정원 양식이 생긴 요인에 해당되는 것은?

① 과학기술이 발달했기 때문에　　② 비가 적게 오기 때문에
③ 돌이 많이 나오기 때문에　　　　④ 시형의 경사가 심하기 때문에

42 이탈리아 정원의 특징으로 틀린 것은?

① 평면적으로 강한 축을 중심으로 정형적 대칭 이룸
② 축선상이나 축선에 직교한 곳은 비워 놓음
③ 지형을 극복하기 위해 경사지 이용
④ 높이가 서로 다른 노단을 여러 개 만들어 활용

43 테라스를 쌓아 만들어진 정원은?

① 일본 정원　② 프랑스 정원　③ 이탈리아 정원　④ 영국 정원

44 계단폭포, 물 무대, 분수, 정원극장, 동굴 등의 조경수법이 가장 많이 나타났던 정원은?

① 영국 정원　② 프랑스 정원　③ 스페인 정원　④ 이탈리아 정원

정답 38 ③　39 ②　40 ③　41 ④　42 ②　43 ③　44 ④

45 다음 중 여러 단을 만들어 그곳에 물을 흘러내리게 하는 이탈리아 정원에서 많이 사용되었던 조경기법은?

① 캐스케이드 ② 토피어리 ③ 록가든 ④ 캐널

46 네덜란드 정원에 관한 설명으로 가장 거리가 먼 것은?

① 운하식이다
② 튤립, 히아신스, 아네모네, 수선화 등의 구근류로 장식했다.
③ 프랑스와 이탈리아 규모보다 2배 이상 크다
④ 테라스를 전개시킬 수 없었으므로 분수, 캐스케이드가 채택될 수 없었다.

47 프랑스의 정원양식을 확립한 사람은?

① 미켈로초 ② 사이몬드
③ 르노트르 ④ 옴스테드

48 다음 중 비스타(Vista)에 대한 설명으로 가장 잘 표현된 것은?

① 서양식 분수의 일종이다.
② 차경을 말하는 것이다.
③ 정원을 한층 더 넓게 보이게 하는 효과가 있다.
④ 스페인 정원에서는 빼 놓을 수 없는 장식물이다.

49 다음 정원에서의 눈가림 수법에 대한 설명으로 틀린 것은?

① 좁은 정원에서는 눈가림 수법을 쓰지 않는 것이 정원을 더 넓어 보이게 한다.
② 눈가림은 변화와 거리감을 강조하는 수법이다.
③ 이 수법은 원래 동양적인 것이다.
④ 정원이 한층 더 깊이가 있어 보이게 하는 수법이다.

50 다음 중 Nicholas Fouguet가 소유하였고, 앙드레르노트르의 출세작으로 알려진 정원은?

① 베르사이유정원 ② 보르비꽁뜨정원
③ 비큰히드파크 ④ 센트랄파크

정답 45 ① 46 ③ 47 ③ 48 ③ 49 ① 50 ②

51 프랑스 정원의 특징을 바르게 설명하지 못한 것은?

① 소로와 삼림을 적극적으로 이용하였다.
② 도시를 떠난 전원별장에서 정원이 발달하였다.
③ 장식적인 평면상의 구성이 특징이다.
④ 왕과 귀족의 저택에서만 유명한 정원이 나타났다.

52 축선(軸線, axis)이 중심이 되어 조성되었던 정원은?

① 영국 정원   ② 스페인 정원   ③ 프랑스 정원   ④ 일본 정원

53 영국의 자연풍경식 정원을 무엇이라 하는가?

① 정형식 자연풍경   ② 평면기하학식 정원   ③ 전원풍경식 정원   ④ 노단건축식 정원

54 영국의 정형식 정원의 특징 중 매듭화단이란 무엇인가?

① 수목을 전정하여 정형적 모양으로 미로를 만드는 것
② 낮게 깎은 화양목 등으로 화단을 구획하는 것
③ 성원 부지 경계선에 도랑을 파서 주변에 화단을 구획하는 것
④ 넓은 목초지에 목장을 구획하기 위해 만드는 화단

55 18세기 영국 자연경관의 특징이 아닌 것은?

① 주목, 쥐똥나무의 무성한 숲
② 넓은 목초지
③ 드문드문 서 있는 교목과 목장의 산울타리
④ 목가적인 전원 풍경

56 다음 중 정원에 사용되었던 하하(ha-ha) 기법을 가장 잘 설명한 것은?

① 정원과 외부 사이를 수로를 파서 경계하는 기법
② 정원과 외부 사이를 생 울타리로 경계하는 기법
③ 정원과 외부 사이를 언덕으로 경계하는 기법
④ 정원과 외부 사이를 담 벽으로 경계하는 기법

정답 51 ② 52 ③ 53 ③ 54 ② 55 ① 56 ①

57 영국의 18세기 낭만주의 사상과 관련이 있는 것은?

① 스토우(stowe) 정원
② 분구원(分區園)
③ 비큰히드(Birkenhead) 공원
④ 베르사유궁의 정원

58 스토 정원을 처음 설계한 사람과 후에 이를 수정하고 개조한 사람으로 올바르게 짝지어진 것은?

① 브릿지맨→켄트→브라운
② 랩튼→켄트→브릿지맨
③ 켄트→브라운→브릿지맨
④ 브릿지맨→켄트→랩튼

59 영국 정원에서 하하 개념을 도입한 사람과 그 정원은?

① 브라운과 스투어헤드 정원
② 켄트와 스투어헤드 정원
③ 랩튼과 스토 정원
④ 브릿지맨과 스토 정원

60 레드 북을 가지고 다니며 정원설계를 하였던 영국 풍경식 정원의 완성자는?

① 윌리암 켄트
② 란셀로트 브라운
③ 험프리 렙튼
④ 찰스 브릿지맨

61 영국의 1843년 탄생된 버큰헤드 공원의 의미로 바람직하지 못한 것은?

① 조셉 팩스턴이 설계하였다.
② 주택단지와 공적 위락용으로 나누었으나 재정적으로 실패하였다.
③ 옴스테드에 영향을 미쳐 후에 센트럴 파크 설계에 도움을 주었다.
④ 공원 중앙을 차도가 횡단하고 주택단지가 공원을 향해 배치되었다.

62 "자연은 직선을 싫어한다" 라는 신조에 따라 직선적인 원로와 수로, 산울타리 등을 배척하고 불규칙적인 생김새의 정원을 꾸민 사람은?

① 런던(London)
② 브리지맨(Bridgeman)
③ 윌리암 캔트(William Kent)
④ 험프리 랩턴(Humphrey Repton)

정답 57 ① 58 ① 59 ④ 60 ③ 61 ② 62 ③

63 영국 튜터 왕조에서 유행했던 화단으로 낮게 깎은 회양목 등으로 화단을 여러가지 기하학적 문양으로 구획 짓는 것은?

① 기식화단 ② 매듭화단
③ 카펫화단 ④ 경재화단

64 미국에서 재정적으로 성공하였으며 도시공원의 효시로 국립 공원운동의 계기를 마련한 공원은?

① 센트럴파크
② 세인트제임스파크
③ 뷔테쇼몽 공원
④ 프랭크린파

65 실용적 차원에서 인정을 받고 있으며 시민에게 대여하여 식물재배 및 위락을 위한 공간으로 활용하도록 한 정원 유형은?

① 수렵원 ② 빌라 정원
③ 묘원 ④ 분구원

66 미국에서 하워드의 전원도시의 영향을 받아 도시교외에 개발된 주택지로서 보행자와 자동차를 완전히 분리하고자 한 것은?

① 레드번(Rad burn) ② 레치워어드(Letch worth)
③ 웰린(Welwyn) ④ 요세미티

67 우리나라의 조경 양식의 변천에 관한 설명으로 틀린 것은?

① 조선시대에 한국적 개성을 지닌 독특한 정원양식을 발달시켰다.
② 1970년대에는 미국 조경의 영향을 받아 넓은 잔디밭이 등장하였다.
③ 1980년대에는 소나무, 느티나무 등 한국적 소재개발이 시작되었다.
④ 향나무를 좋아하여 앞으로도 계속 경관식재로 활용될 것이다.

06 조경미학

가. 조경미와 조경미 이론

1) 조경미 : 내용미, 색채미, 형태미

2) 조경미 이론

구분	내용
반복미	• 같은 모양의 조경 재료를 반복해서 배열할 때 나타나는 아름다움 • 질서정연하고 차분한 감을 가지게 되며 통일감과 안정감이 있다.
점층미	• 형태나 선, 색깔, 음향 등이 점차적으로 증가 또는 감소하는 것 • 좁은 부지에서 실제 면적보다 10% 더 크고 넓게 묘사할 수 있다.
운율미	• 질서를 통한 변화된 형태나 소리, 색채로 연속적인 변화를 주어 공간의 흥미를 줄 수 있는 경관 구성 방법 • 일정한 간격을 두고 들려오는 소리, 색채, 형태 등(ex : 파도소리, 폭포소리, 시냇물소리)
복잡미	• 개체가 모여 복잡한 집단을 이루며 미를 창조하는 것
단순미	• 개체가 특징이 있는 것으로 균형과 조화 속에 단순한 자태를 나타낸다.
점이(漸移)	• 유사한 것들이 반복 되면서 자연적인 순서와 질서를 갖게 되는 것 • 특정한 형이 점차 커지거나 반대로 서서히 작아지는 형식이 되는 것
추이(推移)	• 일이나 형편 등이 시간이 지남에 따라 변하여 나가는 경향
차경(借景)	• 멀리 보이는 자연 풍경인 산이나 바다 섬, 산림 등을 경관구성 재료의 일부로 이용
차폐미	• 아름답지 못한 경관의 한 부분이 너무 노출되어 미적인 가치가 없을 때 수목이나 자연석 등 아름다운 재료를 이용하여 가려주는 방법

나. 색채이론

1) 먼셀 색상환

① 먼셀의 20 색상환 중에서 B는 청색(Blue) G는 녹색(Green) 이다.
② 색상(Hue), 명도(Value), 채도(Chroma)의 순서로 'HV/C'로 표기한다.
③ 5R 4/14라 하면 5R(빨강)에 명도가 4이며, 채도가 14인 색을 표기한 것이다.

2) 광원의 성질

① 직진성 : 빛은 곧게 앞으로 직진한다.

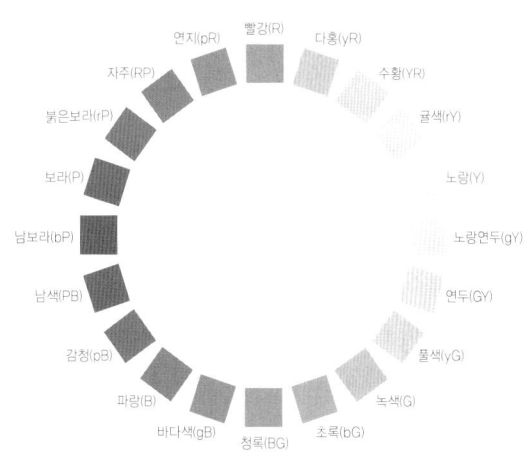

▲ 먼셀의 20색상환

② 연색성 : 조명이 물체의 색상에 영향을 미치는 성질

③ 발광성 : 외부의 어떤 자극에 의해 빛을 발하는 성질

④ 색순응 : 색의 빛 자극을 보고 나타나는 일시적인 감도의 변화(ex : 빨간색 보고 흰색을 보면 흰색이 일시적으로 녹색으로 보인다.)

⑤ 빨강(R), 초록(G), 파랑(B)가 합쳐지면 백색광이 만들어 진다.

3) 색의 성질

빨강(R), 초록(G), 파랑(B)가 합쳐지면 백색광이 만들어 진다. 왜냐하면 빛의 삼원색인 RGB는 3가지 색 중 두가지를 합친 색이 남은 하나의 보색이 되기 때문이다. 참고로 백색광에는 빨, 주, 노, 초, 파, 남, 보 등 모든 색깔의 빛이 포함되어 있다.

① 메타메리즘 : 조건 등색이라고도 하며, 다른 두가지 색이 같은 조건 아래에서는 같은 색으로 보이는 경우를 말한다.

② 동화효과 : 주위색의 영향을 받아 주위색에 근접하게 변화하는 현상이다.

③ 색의 잔상(殘像) : 자극의 세기, 관찰 시간과 크기에 비례하며, 주어진 자극이 제거된 후에도 원래의 자극과 색, 밝기가 같은 또는 반대의 상이 보인다.(ex : 촛불을 바라본 뒤 눈을 감았을 때)

④ 톤 인 톤 (tone in tone) : 같은 톤에서 명도와 채도를 달리 하는 배색으로 유사 색상에서 동일톤의 색을 선택한 배색이다.

⑤ 톤 온 톤 (tone on tone) : 동일한 색상 계열에서 명도와 채도를 달리하는 배색이다.

⑥ 까마이외(camaïeu) 배색 : 동일색상에서 명도차가 적은 색을 선택한 배색이며 온화하게 조화되는 느낌을 준다.

4) 색의 3속성(색상, 명도, 채도)

① 감각에 따라 식별되는 색의 종명을 색상 이라고 한다.

② 색의 포화상태 즉, 강약을 말하는 것은 채도이다.

③ 그레이스케일(gray scale)은 명도의 기준척도로 사용된다.

5) 색채의 혼합

① 가법혼색 : 혼합한 색이 원래의 색보다 명도가 높아져 색광이 밝아지는 혼색

② 병치혼색 : 가법혼색의 일종으로 수많은 색의 점들을 조밀하게 병치하여 혼합되게 보이게 하는 방법(ex : 모자이크)

③ 회전혼색 : 하나의 면에 2개 이상의 색을 붙인 후 빠른 속도로 회전하여 두색이 혼합되게 보이도록 하는 혼색

④ 감법혼색 : 혼합한 색이 원래의 색보다 색광이 어두워 지는 혼색으로 가법혼색의 반대의 개념이다.

6) 색채와 명암

인간의 눈은 원추세포를 통해 색채를 지각하고, 간상세포를 통해 명암을 지각한다.

① 원추세포 : 색깔을 구별할 수 있게 하는 시세포로 빨강을 인식하는 적추체, 녹색을 인식하는 녹추체, 청색을 인식하는 청주체가 있다.
② 간상세포 : 어두운 환경에서 빛을 인식하는 시세포로서 긴 막대 모양을 하고 있어 막대세포라고도 한다.

7) 푸르킨예 현상

① 체코의 의사인 푸르키니에가 해질녘에 서재에 걸어둔 그림에서 우연히 적색과 황색 계열의 색상은 흐려지고, 청색 계열의 색상이 선명해지는 것을 보고 발견한 현상이다.
② 색채의 지각에 있어서 조명이 어두워지면 파장이 긴 적색이 제일 먼저 보이지 않게 되며, 파장이 짧은 파랑색이 마지막까지 눈에 보이게 되는 시지각적인 성질을 말하며 단적인 예로 어두워 지면 빨강색이 제일 먼저 보이지 않는다.

8) 오방색

	북(北) 흑(黑) 수(水) 현무	
서(西) 백(白) 금(金) 백호	중앙(中央) 황(黃) 토(土) 황용	동(東) 청(靑) 목(木) 청룡
	남(南) 적(赤) 화(火) 주작	

① 황(黃) : 우주의 중심이라 생각하여 가장 고귀한 색으로 취급되어 임금의 옷을 만들었다.
② 청(靑) : 만물이 생성하는 봄의 색으로 귀신을 물리치고, 복을 비는 색으로 쓰였다.
③ 백(白) : 결실과 진실, 삶, 순결 등을 뜻하기 때문에 우리 민족은 예로부터 흰 옷을 즐겨 입었다.
④ 적(赤) : 생성과 창조, 정열과 애정, 적극성을 뜻한다.
⑤ 흑(黑) : 인간의 지혜를 관장한다고 생각 하였다.

9) 명암순응

① 눈이 빛의 밝기에 순응해서 물체를 본다는 것을 명암순응이라 한다.
② 터널에 들어갈 때와 나갈때의 밝기가 급격히 변하지 않도록 명암 순응 식재를 한다.
③ 명순응에 비해 암순응은 장시간을 필요로 한다.

다. 경관 구성의 요소

1) 경관구성의 기본(우세) 요소

경관이 주변 지역과 차이나도록 드러나게 하는 시각적 요소

① 선

구분	느낌	모양
직선	• 굳건하고 남성적이다. • 일정한 방향을 제시한다.(ex : 산봉우리, 절벽의 윤곽선)	/ |
곡선	• 부드럽고 여성적이며 우아한 느낌을 준다. (ex : 구릉지, 하천의 곡선)	～
지그재그선	• 유동적이고 활동적이다. • 여러 방향을 제시한다.(ex : 구름모양)	∧∧∧
수평선	• 안락하고 편안한 느낌을 준다.(ex : 대지의 고요함)	—
수직선	• 존엄성, 위엄, 고상함, 엄숙함	|

② 형태
  ㉮ 기하학적인 형태
    • 주로 직선적이고 규칙적 구성
    • 도시경관의 건물, 도로, 분수 등과 수목의 전정
  ㉯ 자연적인 형태
    • 곡선적이고 불규칙적 구성
    • 자연경관의 바위, 산, 하천, 수목 등과 같은 자연적 형태
③ 크기와 위치 : 크기가 커짐에 따라 높은 곳에 위치할수록 → 지각 강도가 높아진다.
④ 질감
  ㉮ 물체의 표면이 빛을 받았을 때 생겨나는 밝고 어두움의 배합률에 따라 시각적으로 느껴지는 감각
  ㉯ 질감의 결정사항: 지표상태, 관찰거리
  ㉰ 질감은 거침, 고움으로 구분한다.(ex : 억새와 칡덩굴은 잔디밭보다 거칠다. 잎이 큰 버즘나무는 거칠다.)

⑤ 색채 : 감정을 불러일으키는 직접적인 요소

구분	느낌
따뜻한 색 (진출색, 팽창색)	• 정열적, 온화, 친근한 느낌 (ex : 봄철의 노란 개나리 꽃, 가을의 붉은 단풍)
차가운 색 (후퇴색, 수축색)	• 지적, 냉정함, 상쾌한 느낌(ex : 침엽수림이나 깊은 연못의 검푸른 수면)

■ 보라색

빨강과 파랑이 겹쳐진 색으로서 우아하고 품위있는 색인 반면에 추함, 고독의 느낌이 있다. 신비로움, 환상, 성스러움 등을 상징하며 여성스러움을 강조하는 역할을 하기도 한다.

■ 가시광선 & 적외선

인간이 볼 수 있는 가시광선의 파장은 380~780정도이고, 적외선 파장은(근적외선+중적외선) 780~3000nm이다.

2) 경관구성의 가변 요소
    ① 광선
    ② 기상조건
    ③ 계절
    ④ 시간

라. 경관의 구성

1) 경관의 유형
    ① 파노라마 경관(전경관)
        ㉮ 시야를 제한받지 않고 멀리까지 트인 경관
        ㉯ 웅장함과 아름다움을 느낄 수 있으며, 자연에 대한 존경심을 일으키게 한다.
    ② 지형 경관(랜드마크경관) : 지형지물이 경관에서 지배적인 위치를 지니는 경우
    ③ 위요 경관
        ㉮ 수목, 경사면 등의 주위 경관 요소들에 의하여 울타리처럼 자연스럽게 둘러싸여 있는 경관
        ㉯ 시선의 주의력을 끌 수 있어 소규모의 지형도 경관으로서 의의를 갖게 해준다.
    ④ 초점 경관(비스타경관)
        ㉮ 관찰자의 시선이 경관 내의 어느 한 점으로 유도되도록 구성된 경관
        ㉯ 비스타(vista) 경관 → 좌우로의 시선이 제한되고, 중앙의 한 점으로 시선이 모이도록 구성된 경관
    ⑤ 관개 경관(터널경관) : 교목의 수관 아래에 형성되는 경관

⑥ 일시적 경관
    ㉮ 대기권의 기상 변화에 따른 경관 분위기의 변화, 순간적으로 나타났다가 사라지는 경관
    ㉯ 설경, 노을, 무지개, 연못에 투영된 영상, 떼를 지어 날아가는 철새, 동물의 갑작스런 출현 등

2) 경관 구성의 기본 원칙
    ① 통일성 : 조화, 균형, 대칭, 강조
    ② 다양성 : 비례, 율동, 대비

3) 통일성
    ① 조화 : 색채나 형태가 유사한 시각적 요소들이 서로 잘 어울리는 것으로 전체적 질서를 잡아주는 역할을 함(ex : 구릉지의 곡선과 초가지붕의 곡선)
    ② 균형과 대칭
        ㉮ 균형 : 한쪽에 치우침 없이 양쪽의 크기나 무게가 보는 사람에게 안정감을 주는 구성미
        ㉯ 대칭: 축을 중심으로 좌우 또는 상하 균등하게 배치하는 것
        ㉰ 대칭균형 : 모양과 크기가 같은 물체가 축을 중심으로 균형을 이루는 것(정형식 정원)
        ㉱ 비대칭 균형 : 모양과 크기가 서로 다른 물체가 시각 축 양쪽에서 균형을 이루는 것(자연풍경식정원)

▲ 대칭   ▲ 균형   ▲ 대칭균형   ▲ 비대칭 균형

    ③ 강조 : 동질의 형태나 색감들 사이에 이와 상반되는 것을 넣어 시각적 산만함을 막고 통일감을 조성(ex : 절벽위에 암자, 높은 언덕위에 집, 호수가의 정자)

4) 다양성
    ① 비례
        ㉮ 형태나 색채의 변화에 있어서 양적으로나 혹은 길이와 폭의 대소, 부분과 부분 및 부분과 전체와의 수량적 관계가 규칙적 비율을 가지는 것
        ㉯ 정원석의 높이와 너비의 비례, 산울타리의 길이와 높이의 비례를 통해 다양성을 추구할 수 있다.
        ㉰ ex) 황금비 – 1:1.618 , 삼재미 – 천(天) · 지(地) · 인(人)의 조화
    ② 율동
        ㉮ 동일한 요소나 유사한 요소가 규칙적 혹은 주기적으로 반복하면서 연속적인 운동감을 지니는 것

㉯ ex) 시각적 율동(수목의 규칙적 배열), 청각적 율동(폭포, 시냇물, 새, 풀벌레)
③ 대비
㉮ 상이한 질감, 형태, 색채를 서로 대조시킴으로써 변화를 주는 것(ex : 형태상의 대비 – 수평면의 호수에 면한 절벽, 색채상의 대비 – 녹색의 잔디밭에 빨간색의 사루비아)
㉯ 면적대비 : 작은 색견본을 보고 색을 선택한 다음 아파트 외벽에 칠했더니 명도와 채도가 높아져 보이는 현상
㉰ 색상대비 : 도형의 색이 바탕색의 잔상으로 나타나는 심리 보색의 방향으로 변화되어 지각되는 대비 효과로 색상이 다른 두 색을 동시에 인접하여 놓았을 때 두 색이 서로의 영향으로 색상 차가 나는 현상, 즉 색상의 차이가 보다 강조되어 보이는 효과를 말한다.
㉱ 연변대비 : 인접한 경계면이 다른 부분보다 더 강한 색상, 명도, 채도 대비를 나타내는 것
㉲ 채도대비 : 채도가 다른 두 색을 인접 배치하였을 때 채도가 높은 색은 더욱 높아 보이고 낮은 색은 더욱 낮아 보이는 현상
㉳ 보색대비 : 보색이 되는 색들끼리 서로 인접시키면 색상이 더욱 뚜렷해 지면서 선명하게 보이는 현상

마. 경관 구성기법

1) 인간적 척도
손으로 만지고, 걷고, 앉고 하는 등의 인간 활동에 관련된 적절한 규모 또는 크기를 말함.

2) 슈퍼 그래픽(super graphic)
건물 벽면 전체, 건물군 전체를 하나의 화폭으로 생각하고 색채 디자인 혹은 그래픽 디자인을 하는 것

3) 정형식 배식 기법
① 단식(점식)
㉮ 한 그루의 나무를 다른 나무와 연결시키지 않고 독립하여 심는 경우
㉯ 수형 좋은 대형목은 시각적 초점이 되며 랜드마크 역할
② 대식 : 시선축의 좌우에 같은 형태, 같은 종류의 나무를 마주보게 식재
③ 열식
㉮ 일렬 선형으로 식재하는 것, 정형식 조경 양식에서 필수
㉯ 진입로에 강한 축을 조성할 때 교목을 좌우로 열식
④ 교호식재
㉮ 두 줄의 열식이 서로 어긋나게 배치하여 식재
㉯ 수목간 정삼각형 모양을 이루면서 교차한다.

⑤ 집단식재 : 한가지 수종을 반듯하게 모아서 식재

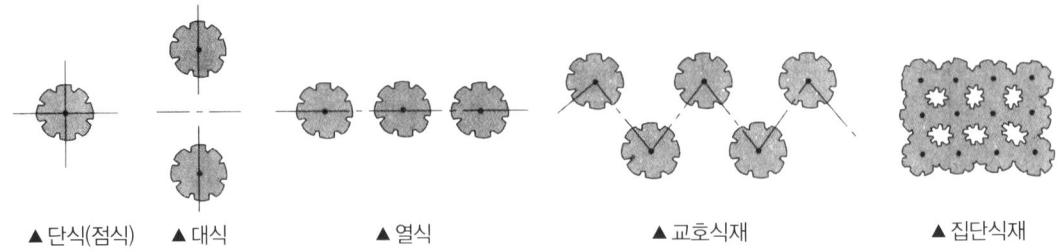

▲ 단식(점식)   ▲ 대식   ▲ 열식   ▲ 교호식재   ▲ 집단식재

4) 자연식 배식 기법
   ① 부등변 삼각형 식재
      ㉮ 세 그루의 나무를 부등변삼각형의 꼭지점에 식재하는 방법
      ㉯ 크기나 종류가 다른 세 그루의 나무를 상호의 거리를 다르게 하여 균형을 이루고 자연스럽게 보이도록 식재하며 자연 풍경식 조경 양식에 사용한다.
   ② 임의식재
      ㉮ 부등변삼각형 식재를 기본으로 그 삼각망을 순차적으로 확대하면서 연결시켜 나가는 방법
      ㉯ 대규모 식재지에 사용
   ③ 군식
      ㉮ 한 곳에 대규모로 밀식하거나 여러 그룹으로 형성하여 군식하는 방법이 있다.
      ㉯ 정형식 군식은 1종을 모아 심지만, 자연식 군식은 다양한 종류의 수종을 모아 심는다.
   ④ 배경식재
      ㉮ 의도하는 경관을 두드러지게 보이도록 하기 위해 그 경관의 후면에 식재군을 조성
      ㉯ 가까이 있는 식생을 강조하고 멀리 있는 식생을 배경이 되게 하는 기법

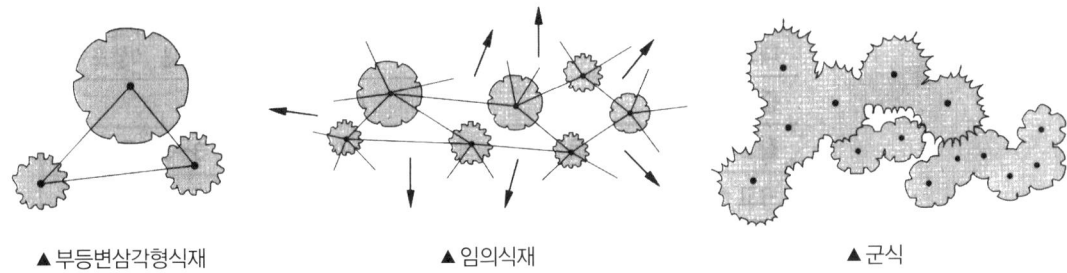

▲ 부등변삼각형식재   ▲ 임의식재   ▲ 군식

출제예상문제

01 다음 중 경관의 우세 요소가 아닌 것은?

① 형태 ② 선 ③ 소리 ④ 텍스쳐

02 질감에 대한 설명으로 맞는 것은?

① 잔디보다 억새와 칡덩굴이 더욱 질감이 곱다.
② 경관에 있어서 질감은 주로 지표 상태에 의하여 결정된다.
③ 질감은 관찰거리가 다르더라도 항상 일정한 질감을 유지한다.
④ 경관에서 질감은 손으로 느껴지는 감각을 말한다.

03 다음 중 직선이 주는 느낌으로 올바르게 설명된 것은?

① 여러 방향을 제시한다.
② 유동적이고 활동적이다.
③ 굳건하고 남성적이다.
④ 부드럽고 우아한 느낌을 준다.

04 경관을 구성하는 선의 요소 중 유동적이며 활동적이고 여러 방향을 제시하여 주는 선은?

① 직선 ② 지그재그선 ③ 곡선 ④ 대각선

05 경관을 구성하는 크기와 위치에 있어 지각 강도에 대한 설명으로 틀린 것은?

① 크기가 크면 지각 강도가 높아진다.
② 높은 곳에 위치한 것보다 낮은 곳에 위치한 것이 지각 강도가 높다.
③ 크기에 대한 지각 강도는 상대적이다.
④ 스카이라인을 형성하는 요소들은 지각 강도가 높다.

06 빨강과 파랑이 겹쳐진 색으로서 우아하고 품위있는 색인 반면에 추함, 고독의 느낌이 있다. 신비로움, 환상, 성스러움 등을 상징하며 여성스러움을 강조하는 색은?

① 노랑색 ② 남색 ③ 보라색 ④ 녹색

정답 01 ③ 02 ② 03 ③ 04 ② 05 ② 06 ③

07 경관에 있어서 차분하고 엄숙한 분위기를 조성하기 위한 방법으로 맞는 것은?

① 노란 개나리꽃을 이용
② 가을의 붉은 단풍을 이용
③ 침엽수림을 조성
④ 백목련의 꽃을 이용한 조경

08 다음의 경관 요소에서 지각 강도를 잘못 표현한 것은?

① 따뜻한 색채가 차가운 색채보다 지각 강도가 높다.
② 둥글고 원만한 모양이 날카로운 모양보다 지각 강도가 높다.
③ 대각선이 수직 또는 수평선보다 지각 강도가 높다.
④ 가까운 데 있는 상태가 멀리 있는 상태보다 지각 강도가 높다.

09 통일성을 달성하기 위한 수법에 해당하는 것은?

① 균형
② 비례
③ 율동
④ 대비

10 피아노의 리듬에 맞추어 움직이는 분수를 계획할 때 강조해서 적용할 경관 구성 원리는?

① 율동
② 조화
③ 균형
④ 비례

11 경관에서 통일성이 너무 강조되었을 때 느끼는 현상은 무엇인가?

① 안정감
② 상쾌함
③ 지루함
④ 불쾌함

12 경관에서 다양성을 달성하기 위한 수법으로 맞는 것은?

① 조화
② 비례
③ 균형
④ 강조

13 다음 중 비대칭에 의한 균형을 바르게 설명한 것은?

① 축을 중심으로 좌우로 균등하게 배치하는 것
② 모양은 다르나 시각적 무게가 비슷하게 분배된 균형
③ 정형식 정원에서 활용되는 수법
④ 강조하고자 하는 것이 많고 흩어져 있는 것

정답 07 ③ 08 ② 09 ① 10 ① 11 ③ 12 ② 13 ②

14 경관에서 통일성을 달성하기 위한 수법으로 맞는 것은?

① 조화　　　② 비례　　　③ 율동　　　④ 대비

15 경관구성에서 다양성을 주기 위한 율동의 부여방법으로 틀린 것은?

① 수목의 규칙적 배열로 율동을 부여한다.
② 폭포, 새, 풀벌레의 청각적 율동을 부여한다.
③ 색채의 변화를 통하여 율동을 부여한다.
④ 수평면의 호수에 절벽을 통한 율동을 부여한다.

16 경관에 색채나 형태가 비슷한 요소로서 전체적 질서를 잡아주는 역할을 하는 것을 무엇이라고 하는가?

① 균형　　　② 대칭　　　③ 강조　　　④ 조화

17 다음의 경관 중 조화를 이룬 것이라고 볼 수 있는 것은?

① 절벽 위에 세워진 암자
② 호수가의 정자
③ 수목의 규칙적인 배열
④ 구릉지와 초가지붕

18 경관을 구성할 때 한쪽에 치우침 없이 전체적으로 알맞게 분배된 구성을 무엇이라 하는가?

① 비례　　　② 조화　　　③ 균형　　　④ 강조

19 경관구성의 원리에서 다양성에 대한 다음 설명 중 틀린 것은?

① 다양성은 통일성과 매우 밀접한 상관성이 있다.
② 복잡한 다양성이 있어야만 통일성도 높아진다.
③ 통일성의 지나친 강조는 다양성이 결여되게 된다.
④ 통일성의 지나친 강조는 단조롭고 지루한 느낌을 주게 된다.

20 다수의 대상이 존재할 때 어느 색이 보다 쉽게 지각되는지 또는 쉽게 눈에 띄는지의 정도를 나타내는 용어는?

① 유목성　　　② 시인성　　　③ 식별성　　　④ 가독성

정답 14 ①　15 ④　16 ④　17 ④　18 ③　19 ②　20 ①

21 다음 중 명도 대비가 가장 큰 것은?

① 검정과 노랑　　　　　　　　② 빨강과 파랑
③ 보라와 연두　　　　　　　　④ 주황과 빨강

22 색광의 3원색인 R, G, B를 모두 혼합하면 어떤 색이 되는가?

① 검은색　　② 회색　　③ 흰색　　④ 붉은색

23 정원수의 60%까지를 소나무로 배치하거나 향나무를 심어 전체를 하나의 힘찬 형태나 색채 또는 선으로 통일시켰을 때 나타나는 아름다움을 무엇이라 하는가?

① 단순미　　② 통일미　　③ 점층미　　④ 균형미

24 다음 중 차경을 설명한 것으로 옳은 것은?

① 멀리 바라보이는 자연의 풍경을 경관구성 재료의 일부로 도입해 이용한 수법
② 경관을 가로막는 것
③ 일정한 흐름에서 어느 특정선을 강조하는 것
④ 좌우대칭이 되는 중심선

25 다음은 강조(accent)에 대한 설명이다. 이 중 적합하지 않은 것은?

① 비슷한 형태나 색감들 사이에 이와 상반되는 것을 넣어 강조함으로 시각적으로 산만함을 막고 통일감을 조성할 수 있다.
② 전체적인 모습을 꽉 조여 변화 없는 단조로움이 나타나기 쉽다.
③ 강조를 위해서는 대상의 외관(外觀)을 단순화시켜야 한다.
④ 자연경관에서는 구조물이 강조의 수단으로 사용되는 경우가 많다.

26 다음 조경미의 요소 중 축(axis)에 대한 설명으로 가장 거리가 먼 것은?

① 축을 사용한 전형적인 예는 프랑스의 베르사유궁전이 있다.
② 축선은 1개 일 때 그 효과가 커서 되도록 2개 이상은 쓰지 않는다
③ 축선 위에는 원로, 캐널, 케스케이드, 병목 등을 설치해서 강조하고 있다.
④ 축의 교점에는 분수, 못, 조각상 등을 설치하는 것이 효과적이다.

정답 21 ① 22 ③ 23 ② 24 ① 25 ② 26 ②

27 대비가 아닌 것은?

① 푸른 잎과 붉은 잎
② 직선과 곡선
③ 완만한 시내와 포플러나무
④ 벚꽃을 배경으로 한 살구꽃

28 울창한 숲을 배경으로 한 푸른 연못은 어떠한 감정을 느끼게 하는가?

① 차분하고 존엄한 감정을 느끼게 한다.
② 생동적이고 환희스러운 감을 느끼게 한다.
③ 침울하고 비관적인 감을 느끼게 한다.
④ 율동적이며 흥미로운 감흥을 느끼게 한다.

29 다음 중 경관 요소에 따른 지각 강도가 다른 하나는?

① 흰색
② 대각선
③ 차가운 색채
④ 동적인 상태

30 독도는 광활한 바다에 우뚝 솟은 바위섬이다. 독도의 전망대에서 바라보는 경관의 유형으로 가장 적합한 것은?

① 파노라마경관   ② 지형경관   ③ 위요경관   ④ 초점경관

31 파노라마 경관의 설명으로 맞는 것은?

① 신비하고 괴기한 감정을 일으키게 한다.
② 관찰자의 시선이 어느 한 점으로 유도되게 한다.
③ 주변환경 지표의 역할을 하고 있다.
④ 자연의 웅장함과 아름다움을 느끼게 한다.

32 다음 중 일시적 경관이 아닌 것은?

① 기상 변화에 따른 변화
② 물 위에 투영된 영상(影像)
③ 동물의 출현
④ 가을의 단풍

정답 ▶ 27 ④ 28 ① 29 ③ 30 ① 31 ④ 32 ④

33 다음 중 일시적 경관에 해당되는 것은?

① 돌 ② 모래 ③ 안개 ④ 자갈

34 다음 경관의 유형 중 초점경관에 대한 설명으로 옳은 것은?

① 지형지물이 경관에서 지배적인 위치를 지는 경관
② 주위 경관 요소들에 의하여 울타리처럼 둘러싸인 경관
③ 좌우로의 시선이 제한되고 중앙의 한 점으로 모이는 경관
④ 외부로의 시선이 차단되고 세부적인 특성이 지각되는 경관

35 주변환경의 지표가 되며 다양한 감정을 일으키는 경관은?

① 위요 경관 ② 초점 경관 ③ 지형 경관 ④ 세부 경관

36 다음 중 지형 경관의 예로써 맞는 것은?

① 바다 한 가운데서 수평선상을 바라다 볼 때의 경관
② 평원에 우뚝 솟은 산봉우리
③ 주위의 산에 의해 둘러싸인 산중 호수
④ 분수, 조각, 기념탑 등

37 다음 중 초점경관(focal landscape)에 해당되는 설명은?

① 단일 요소의 세부적인 특징으로 미시경관이다.
② 강물이나 계곡 또는 길게 뻗은 도로 같은 것이다.
③ 수면에 투영된 구름의 모습이다.
④ 주위의 경관요소들이 울타리처럼 자연스럽게 싸고 있는 국소적(局所的)경관이다.

38 다음 중 관개경관의 설명으로 옳은 것은?

① 평원의 우뚝 솟은 산봉우리
② 주위 산에 의해 둘러싸인 산중 호수
③ 노폭이 좁은 지역에서 나뭇가지와 잎이 도로를 덮은 지역
④ 바다 한가운데서 수평선상의 경관을 360° 각도로 조망할 때의 경관

정답 33 ③ 34 ③ 35 ③ 36 ② 37 ② 38 ③

39 조경의 시각적인 요소에 대한 설명이다. 이 중 적합하지 않은 것은?

① 상록의 울창한 숲이나 감청색의 깊은 연못은 차분하고 존엄한 느낌을 준다.
② 대리석의 표면은 우툴두툴한 콘크리트 표면보다 질감이 강하다.
③ 질감이란 물체의 표면이 빛을 받았을 때 생기는 밝고 어두움의 배합율에 따라 시각적으로 느끼는 감각을 말한다.
④ 직선은 굳건하고 남성적이며, 지그재그 선은 유동적이고 활동적이다.

40 정원수의 아름다움의 3가지 요소(삼재미)에 해당되지 않는 것은?

① 색채미 ② 형자미(형태미) ③ 내용미 ④ 식재미

41 인간적 척도란 무엇인가?

① 자연경관에서 스카이라인을 조화 있게 만들 수 있는 규모와 크기
② 공간을 연속적으로 연결할 수 있는 규모와 크기
③ 인간 활동에 관련된 적절한 규모와 크기
④ 환경과 조화를 이루고 공간의 흥미를 줄 수 있는 규모와 크기

42 군식의 한 유형으로 낙엽수와 상록수의 적절한 비율로 섞어 심는 것을 무엇이라 하는가?

① 점식 ② 열식 ③ 군식 ④ 혼식

43 수형이 좋은 대형목을 이용하여 멀리서도 눈에 잘 띄게 하는 배식기법은?

① 열식 ② 군식 ③ 점식 ④ 혼식

44 다음 중 자연풍경식 조경에 많이 응용되는 배식기법은?

① 점식 ② 열식
③ 부등변삼각형 식재 ④ 혼식

45 정형식 조경양식에서 필수적이며 진입로에 강한 축을 조성할 때 사용되는 배식기법은?

① 점식 ② 열식 ③ 배경식재 ④ 부등변삼각형 식재

정답 39 ②　40 ④　41 ③　42 ④　43 ③　44 ③　45 ②

07 조경 계획

가. 제도의 개요

1) 제도란
① 제도 기구를 사용하여 설계자의 구상을 선, 기호, 문장 등으로 제도용지에 표시하는 일
② 도면작성의 유의사항
  ㉮ 누구나 쉽고 정확하게 이해할 수 있도록 표현하고 중복을 피함
  ㉯ 도면의 청결성, 선이나 문자, 기호 등의 정확성, 일관성 및 간결성
  ㉰ 도면은 그 길이 방향을 좌우 방향으로 놓은 위치가 정위치 이다.(A_6 이하는 예외)
  ㉱ 표제란을 보는 방향은 통상적으로 도면의 방향과 일치 하도록 하는 것이 좋다.

2) 축척
① 축척 - 실물에 대한 도면에서의 줄인 비율

구분	내용	예
실척	실물과 동일한 크기로 제도한다.	1:1
축척	실물보다 작게 제도한다.	$\frac{1}{100}, \frac{1}{200}$
배척	실물보다 크게 제도한다.	2:1, 3:1

② 주택정원의 경우는 보통 1/100 축척을 사용

③ $(\frac{1}{축척})^2 = \frac{도상면적(㎡)}{실제면적(㎡)}$

3) 윤곽선 및 표제란 설정
① 윤곽선 : 도면의 훼손 방지, 짜임새와 조화의 역할, 도면의 가장자리에 10mm 정도의 여백을 두고 좌측을 철할 경우에는 15mm 더 띄어서 25mm
② 표제란
  ㉮ 공사명, 도면명, 축척, 도면번호, 설계일시, 설계자명을 기입하기 위한 공간
  ㉯ 표제란 위치 : 도면 하단부에 좌우로 길게, 오른쪽 끝에 상하로 길게, 오른쪽 하단 구석에 작게

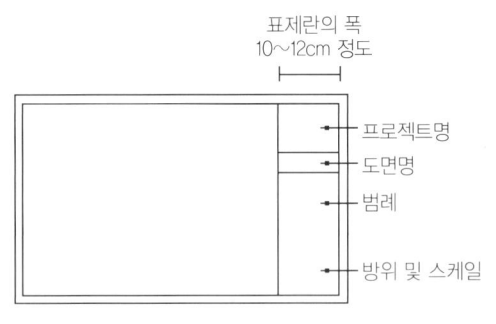

▲ 표제란 설정의 예

③ 도면의 규격(단위 mm)

제도지의 치수		A₀	A₁	A₂	A₃	A₄
b × a		1,189×841	841×594	594×420	420×297	297×210
c (최소)		10	10	10	5	5
d (최소)	철하지 않을 때	10	10	10	5	5
	철할 때	25	25	25	25	25
비고		전지	2절지	4절지	8절지	16절지

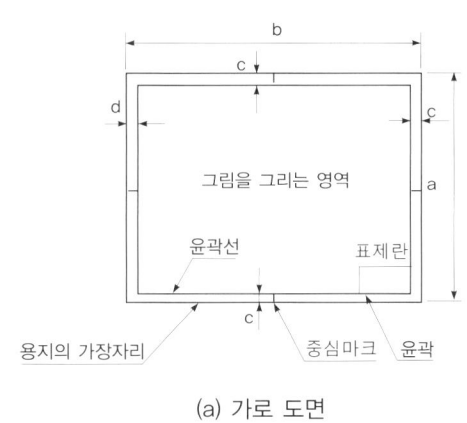 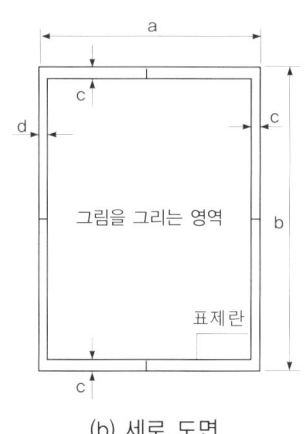

(a) 가로 도면　　　　　(b) 세로 도면

▲ 도면의 규격

4) 제도원칙

① 치수 표시

㉮ 원칙은 mm로 하며, 이 경우 단위 표시는 하지 않는다.

㉯ 치수선, 치수보조선 → 가는 실선

㉰ 치수기입 : 수평 치수는 치수선 중앙에 좌우로 기입, 수직치수일 경우 왼쪽에 상하로 기입

② 인출선

㉮ 대상 자체에 기입할 수 없을 때 사용하는 선

㉯ 수목명, 수목의 규격, 나무그루 수 등을 기입 시 이용

㉰ 인출선 사용상의 유의사항

- 가는 선으로 명료하게 긋고 마무리와 처리를 깨끗이 한다.
- 인출선의 수평 부분은 기입사항의 길이와 맞춘다.
- 인출선의 방향과 기울기는 통일하는 것이 좋음
- 인출선간의 교차나 치수선의 교차를 피함
- 한 도면에서는 인출선의 굵기와 질 등을 동일하게 유지

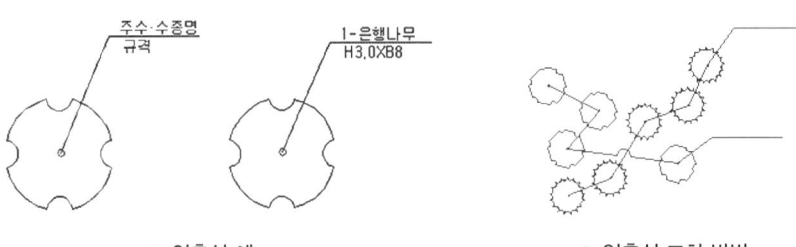

▲ 인출선 예   ▲ 인출선 교차 방법

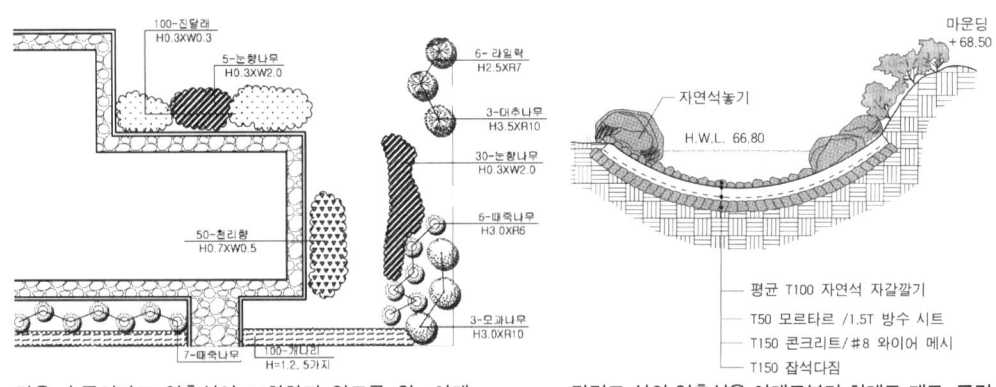

같은 수종이라도 인출선이 교차하지 않도록 위·아래·좌·우로 나누어 표시한다.

단면도 상의 인출선은 아래로부터 차례로 재료, 규격을 표시한다.

▲ 식재평면도와 단면도에서의 인출선 사용 예

③ 선
 ㉮ 굵은 선 : 도면의 윤곽선, 건축물의 외곽선, 단면선 등
 ㉯ 중간 선 : 물체의 외형선, 경계선, 파선 등
 ㉰ 가는 선 : 문자의 보조선, 치수선, 지시선, 해칭선 등
 ㉱ 선의 종류와 용도

명칭		굵기(mm)	용도에 의한 명칭	용도
실선		전선 0.3~0.8mm	외형선 단면선	물체에 보이는 부분을 나타내는 선 절단면의 윤곽선
		가는선 0.2mm 이하	치수선, 치수보조선 지시선, 해칭선	설명, 보조, 지시 및 단면의 표시
허선	파선	반선 전선의 약 1/2	숨은선	물체의 보이지 않는 모양 표시
	일점쇄선	가는선 0.2mm 이하	중심선	물체의 중심축 대칭축 표시
		반선 전선의 약 1/2	경계선 절단선	물체의 절단한 위치를 표시 경계선으로 이용

명칭		굵기(mm)	용도에 의한 명칭	용도
허선	이점쇄선	반선 전선의 약 1/2	가상선 (경계선)	물체가 있을 것으로 가상되는 부분 표시

5) 수목 및 축척의 표시

① 수목 표시

㉮ 간단한 원으로 표현하는 방법

㉯ 원 내에 가지 또는 질감을 표시하는 방법

㉰ 활엽수는 부드러운 질감으로 표현

㉱ 침엽수는 직선 혹은 톱날형 곡선을 사용하여 표현

② 축척 표시

㉮ 분수로 표시하는 방법, 막대축척으로 표시하는 방법이 있다.

㉯ 막대축척으로 표시하는 방법은 도면의 확대 축소 시 편리하다.

6) 시설물 및 구조물 기호

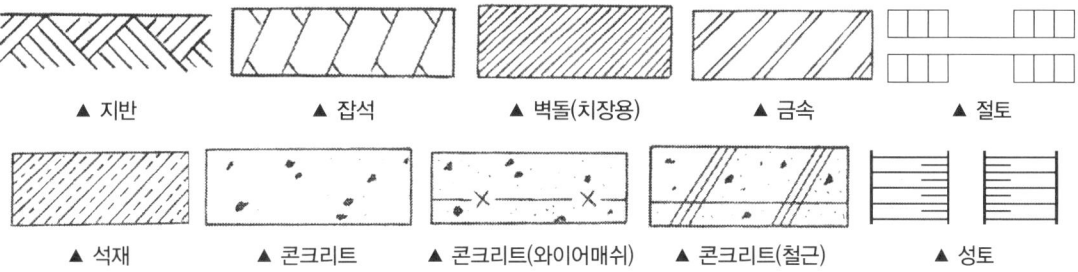

▲ 지반   ▲ 잡석   ▲ 벽돌(치장용)   ▲ 금속   ▲ 절토

▲ 석재   ▲ 콘크리트   ▲ 콘크리트(와이어매쉬)   ▲ 콘크리트(철근)   ▲ 성토

7) 제도용구

① 플래니미터 : 부정형 지역의 면적 측정 시 주로 사용되는 기구이다.

② T자

㉮ 수평방향의 직선을 그을 때 사용

㉯ 삼각자와 함께 수직선과 사선 그을 때 사용

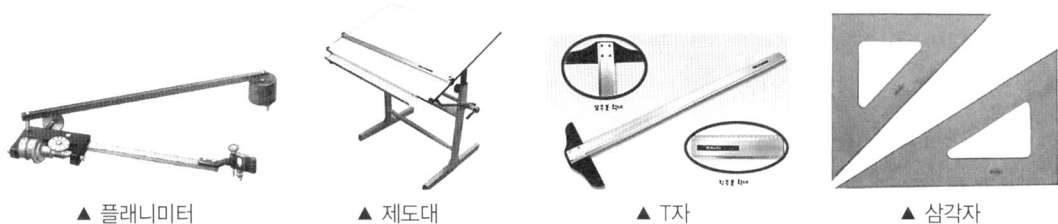

▲ 플래니미터   ▲ 제도대   ▲ T자   ▲ 삼각자

③ 삼각자
    ㉮ 수직선과 사선을 긋는데 사용
    ㉯ 45°-45°-90°와 30°-60°-90°의 2종류가 있다.
④ 곡선자
    ㉮ 운형자 : 여러 불규칙한 곡선
    ㉯ 원호자 : 곡선자라고 하며 각종 반지름의 원호를 그릴 때 사용
    ㉰ 자유곡선자 : 구부려 자연스런 곡선을 자유롭게 사용할 수 있다.

▲ 곡선자   ▲ 자유곡선자   ▲ 운형자   ▲ 원호자

⑤ 템플릿 : 정원설계시 수목 표시, 원형 템플릿 많이 사용됨

▲ 템플릿   ▲ 삼각축척   ▲ 지우개판

⑥ 삼각 축척 : 1/100~1/600의 축척 눈금이 있으며 축척에 맞추어 길이를 잰다.
⑦ 연필 : 샤프와 홀더를 많이 쓰고, H가 많을수록 단단하고 흐리며, B가 많을수록 무르고 진하다.
⑧ 제도용지
    ㉮ 원도용지 : 전시용 도면이나 보존용 도면 → 켄트지, 모조지
    ㉯ 투사용지 : 청사진 작성을 위한 것 → 트레이싱 페이퍼

8) 설계도의 종류
    ① 평면도
        ㉮ 물체를 위에서 바라 본 것으로 가정하고 작도한 것
        ㉯ 식재평면도 : 조경 설계시 가장 많이 사용하는 도면
        ㉰ 수목의 규격 : 수고(H), 수관나비(W), 흉고지름(B), 근원지름(R)
        ㉱ 수고와 수관나비는 m로 지름은 cm단위

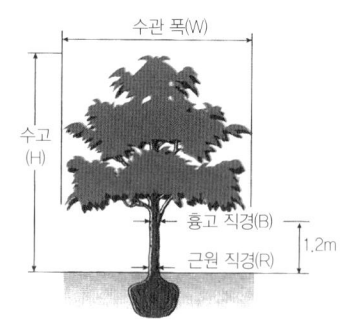

▲ 수목 규격 기호

② 단면도
  ㉮ 구조물을 수직으로 자른 단면을 보여 준다.
  ㉯ 종류 : 종단면도, 횡단면도
③ 투시도
  ㉮ 설계안이 완공되었을 경우를 가정하여 설계 내용을 실제 눈에 보이는 대로 절단한 면에서 먼 곳에 있는 것은 작게, 가까이 있는 것은 크고 깊이가 있게 하나의 화면에 그리는 도면
  ㉯ 유리창 너머를 유리창에 그린다는 생각을 가지고 원근법을 이용하여 그리기 때문에 입체적인 느낌을 가지게 된다.

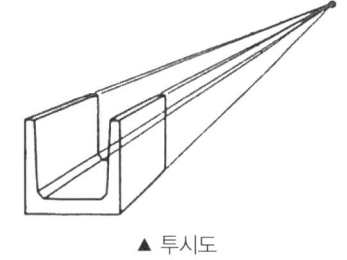
▲ 투시도

④ 조감도
  ㉮ 조감도는 3개의 소점을 가지며 관찰자의 눈높이가 아니라 새가 하늘에서 내려다 보듯 그린 도면이다. (조감도 : bird's-eye view, 鳥瞰圖)
  ㉯ 소점이란 물체 기준면 즉, 기면과 평행으로 멀어질 때 모이는 점이다.

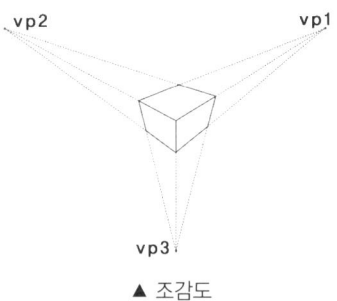
▲ 조감도

⑤ 스케치
  ㉮ 눈높이나 눈보다 조금 높은 위치에서 보여지는 공간을 실제 보이는 대로 자연스럽게 표현한 그림
  ㉯ 나타내고자 하는 의도의 윤곽을 잡아 개략적으로 표현하고자 할 때, 즉 아이디어를 수집, 기록, 정착화하는 과정에 필요
  ㉰ 디자이너에게 순간적으로 떠오르는 불확실한 아이디어의 이미지를 고정·정착화시켜 나가는 초기 단계

⑥ 사투상도
  기준선을 긋고 각 꼭지점에서 기준선과 45°등을 이루는 사선을 나란히 그은 다음에 물체의 치수대로 그리는 방법이다.

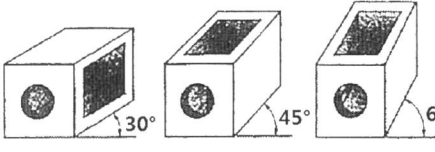
▲ 사투상도

⑦ 등각투상도
  등각투상도는 X축 Y축 Z축을 120°간격으로 그린다음 물체를 각 축 방향으로 치수대로 그리는 방법

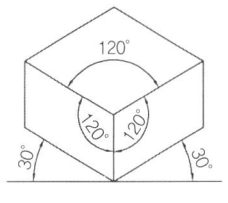
▲ 등각투상도

나. 조경 계획 과정

1) 계획과 설계의 개념

① 계획과 설계

구분	계획	설계
정의	장래 행위에 대한 구상을 짜는 일 → planner	제작 또는 시공을 목표로, 아이디어 도출하고 구체적으로 도면 또는 스케치 등의 형태로 표현 → designer
요구	합리적인 측면	표현적 창의성
구분	목표설정 → 자료분석 → 기본계획	기본설계 → 실시설계 단계
일반적	조경계획은 규모가 크고 자료 분석 및 합리성을 강조하는 과제	조경설계는 규모가 작고 아이디어 및 표현적 창의성이 강조되는 과제

② S.Gold의 레크레이션 접근법

구분	내용
자원접근법	물리적 자원 혹은 자연 자원이 레크레이션의 유형과 양을 결정
활동접근법	과거 레크레이션 활동의 참가 사례를 토대로 레크레이션 기회를 결정
행태접근법	언제, 어디서, 누가 등 이용자의 구체적인 행동 패턴에 맞추어 계획
경제접근법	지역 사회의 경제적 기반이 예산 규모에 따라 결정되는 방법
종합접근법	4가지 접근법을 종합하여 긍정적인 측면만 취하는 방법

③ 맥하그(Lan McHarg)가 주장한 생태적 결정론(ecological determinism) : 자연계는 생태계의 원리에 의해 구성되어 있으며, 따라서 생태적 질서가 인간 환경의 물리적 형태를 지배한다는 이론

■ **조경 과정**

목표설정 → 자료분석·종합 → 기본계획 → 기본설계 → 실시설계 → 시공 및 감리 → 유지관리

■ **데밍(Deming's Cycle)의 관리**

계획(Plan) - 추진(Do) - 검토(Check) - 조치(Action)

2) 조경과정

계획	① 목표설정	• 이용자의 선호도를 조사하여 계획의 목적과 방향 설정 • 공간규모 계획 : 공간의 종류, 규모, 수용인원 등을 결정
	② 자료수집	• 자연환경분석 : 기후, 지형, 식생, 토질 등 • 인문환경분석 : 종교, 민족성, 역사성, 정치 등 • 기본계획안 작성의 기초가 된다.
	③ 분석 및 종합	• 수집된 자료를 분석 종합
	④ 기본구상	• 종합된 자료를 토대로 기본 구상 및 공간 개념 도출
	⑤ 기본계획	• 대안작성(반드시 2개 이상) 후 장·단점을 비교하여 최종안 선택 • 최종안 → 기본계획도(Master Plan) • 토지이용계획, 교통동선계획, 시설물배치계획, 식재계획, 하부구조계획, 집행계획 등
설계	⑥ 기본설계	• 기본계획의 각 부분을 더욱 구체적으로 발전(각 공간의 정확한 규모, 사용재료, 마감방법 등)
	⑦ 실시설계	• 실제 시공이 가능하도록 시공 도면을 작성하는 것 • 평면상세도, 단면상세도, 시방서, 공사비 내역서 작성 포함
시공	⑧ 시공 및 감리	• 식재 시공 • 시설물 시공
관리	⑨ 유지관리	• 이용관리 • 운영관리 • 유지관리

다. 조경 단계별 세부 내용

1) 목표설정

① 필요성과 욕망 : 의뢰인과의 대화, 문헌조사, 현장관찰 등의 광범위한 조사 작업을 통해 충족
② 목표와 프로그램 : 목표는 목적이 되고, 프로그램은 목표를 실현하기 위한 수단

2) 자연환경분석

① 등고선의 성질
  ㉮ 등고선상의 모든 점은 같은 높이이다.
  ㉯ 등고선은 도면 안 또는 밖에서 서로 만나며, 없어지지 않는다.

㉰ 등고선이 도면 안에서 만나는 경우는 산꼭대기나 요지(凹地)이다.
㉱ 높이가 다른 등고선은 절벽이나 동굴에서 교차한다.
㉲ 급경사지에서 간격이 좁고, 완만한 경사지에서 간격이 넓다.
㉳ 경사가 같으면 같은 간격이다.

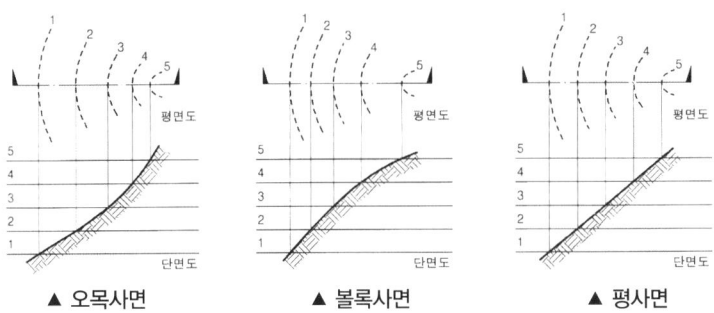

▲ 오목사면   ▲ 볼록사면   ▲ 평사면

② 지형도 : 등고선의 간격, 완경사와 급경사, 계곡과 능선, 산봉우리와 웅덩이, 절벽 등을 확인한다.
③ 고저도
  ㉮ 일정 높이마다 점진적으로 짙은색 또는 옅은색을 칠한 것이다.
  ㉯ 한 계통의 색을 사용(회색, 갈색계), 높은 곳을 짙게 표시한다.
④ 경사 분석도 : 완·급경사지의 분포를 쉽게 알아볼 수 있도록 경사도에 따라 점진적인 색의 변화를 준 것
⑤ 토양
  ㉮ 토양 무기질 입자의 입경 조성에 의한 토양 분류를 토성(土性)이라 한다.
  ㉯ 토성의 분류는 모래의 함유량에 따라 결정되어진다.(사토 – 양토 – 식토)

구분	내용
개략 토양도(1/50,000축척)	• 항공사진을 중심으로 현지 조사를 통하여 전국에 걸쳐 작성 • 광범위 지역의 농업계획과 도시, 도로 및 수자원 개발계획
정밀 토양도(1/25,000축척)	항공사진을 기초로 현지조사, 국토의 일부분만 작성됨
간이 산림토양도(1/25,000축척)	1~5급까지 나누고, 암석지, 농경지, 조사 불능지, 방목지

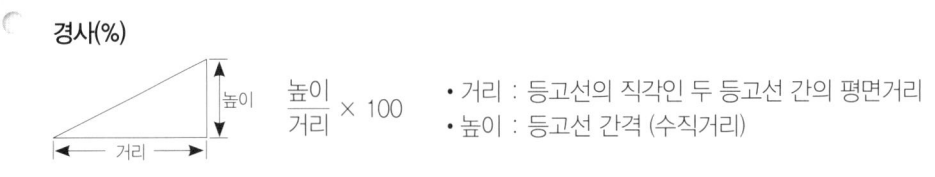

경사(%) = $\dfrac{높이}{거리} \times 100$

• 거리 : 등고선의 직각인 두 등고선 간의 평면거리
• 높이 : 등고선 간격 (수직거리)

⑥ 토양의 통기성
  ㉮ 기체는 농도가 높은 곳에서 낮은 곳으로 확산 작용에 의해 이동한다.
  ㉯ 토양 속에는 대기와 마찬가지로 질소, 산소, 이산화탄소 등의 기체가 존재한다.
  ㉰ 토양 생물의 호흡과 분해로 인해 토양 공기 중에는 대기에 비하여 산소가 적고 이산화탄소가 많다.
  ㉱ 건조한 토양에서는 이산화탄소와 산소의 이동이나 교환이 쉽다.
⑦ 기후
  ㉮ 미기후 : 지형이나 풍향 등에 따른 국부적인 장소에 나타나는, 부분적 장소의 독특한 기상 상태
  ㉯ ex : 안개, 서리, 공기유통의 정도, 태양복사열 등

■ 식생
- 1차천이 : 신생토의 나지 → 초본류 → 관목 → 교목 → 성림지
- 2차천이 : 파괴군락의 나지 → 초본류 → 관목 → 교목 → 성림지
- 둘 이상의 식생형이 만나는 곳 → ecotone, edge habitat라 함

■ 토양 경도
바깥 힘에 대한 토양의 저항력을 말하며 Yamanaka 경도계로 측정 나지화가 시작되는 값(kgf/cm^2) 5.8 이상이다.

3) 인문환경분석

① 토지이용조사 – 토지이용계획도(국제적 약속)

주거	농경지	상업	공원	녹지	공업	업무	학교	개발제한지역
노랑색	갈색	빨강색	녹색	녹색	보라색	파랑색	파랑색	연녹색

② 대인거리에 따른 의사소통의 유형(Hall)

구분	유지거리	관계 유형
친밀한 거리 (공격적 거리)	0~45cm	• 아기를 안아주는 가까운 사람들 • 스포츠(레슬링, 씨름)
개인적 거리	45~120cm	• 친한 친구 또는 잘 아는 사람간의 일상적 대화 유지거리
사회적 거리	120~360cm	• 업무상 대화에서 유지되는 거리
공적 거리	360cm 이상	• 연사, 배우 등의 개인과 청중 사이에 유지되는 거리

4) 경관분석

① 경관요소

구분	내용
점·선·면적인 요소	• 점 : 외딴집, 정자나무, 정자 • 선 : 하천, 도로, 가로수 • 면 : 호수, 경작지, 초지, 전답, 운동장
수평·수직적인 요소	• 수평 : 저수지, 호수 • 수직 : 전신주, 굴뚝, 남산타워 등
닫힌공간, 열린공간	• 닫힌공간 : 계곡, 수목으로 둘러싸인 공간, 휴게공간 등의 정적인 시설의 배치에 적당(아늑함) → 위요공간 • 열린공간 : 넓은 경작지, 초지 등으로 운동경기장 등의 동적인 시설의 배치에 적당(활발함) → 개방공간
랜드마크(landmark)	• 식별성 높은 지형지물 등의 지표물 • 스카이라인의 구성에서 지배적인 역할을 하며, 길을 찾거나 방향을 잡는데 도움이 됨
전망(View)	• 일정 지점에서 볼 때 광활하게(파노라믹) 펼쳐지는 경관
통경선	• 좌우로의 시선이 제한되어 전방의 일정 지점으로 시선이 모이도록 구성된 경관
질감	• 주로 지표 상태에 영향 받음

② 도시의 이미지 형성에 기여하는 5가지 물리적 요소(K. Lynch)

구분	개념
통로(path)	• 연속성과 방향성을 제시(ex : 길, 고속도로)
모서리(edges)	• 지역과 지역을 갈라놓거나 관찰자의 통행이 단절되는 부분(ex : 한강제방)
지역(district)	• 중심지, 사대문 안의 상업지역
결절점(node)	• 도로의 접합점(ex : 광장, 로터리)
랜드마크(landmark)	• 눈에 뚜렷한 지형지물이나 지표물(ex : 남산, 63빌딩)

5) 기본계획

① 기본계획은 기본 구상에 의해 도출된 마스터플랜(Master plan)으로 토지이용계획, 교통동선계획, 시설물배치계획, 식재계획, 하부구조계획, 집행계획 등 6개의 부문별 계획으로 나누어진다.

② 기본구상 및 기본계획

기본구상	기본계획
• 계획 안에 물리적, 공간적 윤곽이 드러나기 시작 • 문제 해결을 위한 개념 도출 • 자료가 구체적, 공간적으로 형태화 • 버블다이어그램	• 전체 공간의 이용 윤곽이 확실하게 드러남 • 합리성에 바탕을 두고 몇 개의 안을 추출 • 대안 → 최종안 → 기본계획안 • 마스터플랜(Master plan)

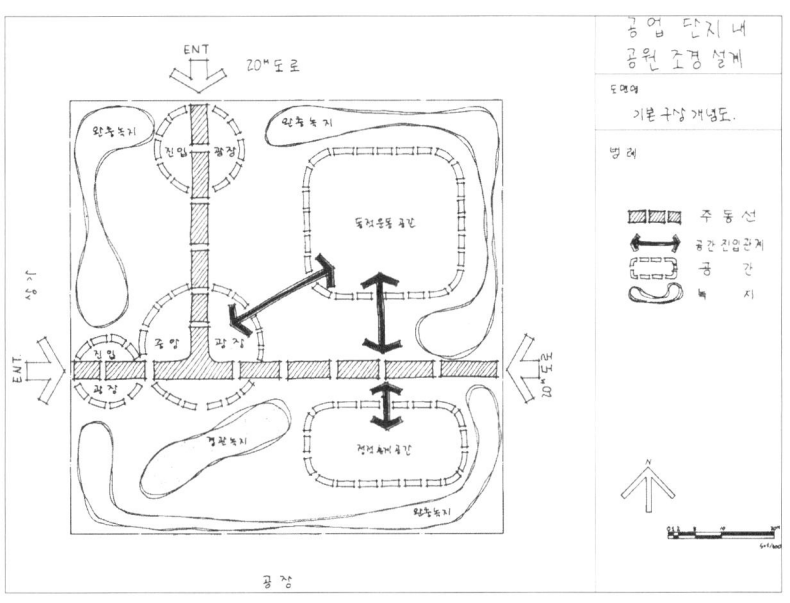

▲ 버블 다이어 그램을 이용한 개념도

③ 토지이용계획

구분	내용
토지이용 분류	• 도시계획 : 도시지역, 관리지역, 농림지역, 자연환경보전지역 • 자연공원 : 자연보존지구, 자연환경지구, 취락지구, 집단시설지구
적지 분석	• 어느 장소가 가장 적합한지 분석한다.
종합 배분	• 토지 이용의 중복과 분산이 없도록 각 공간의 수요 및 타 용도와의 기능적 관계를 고려하여 최종안 결정

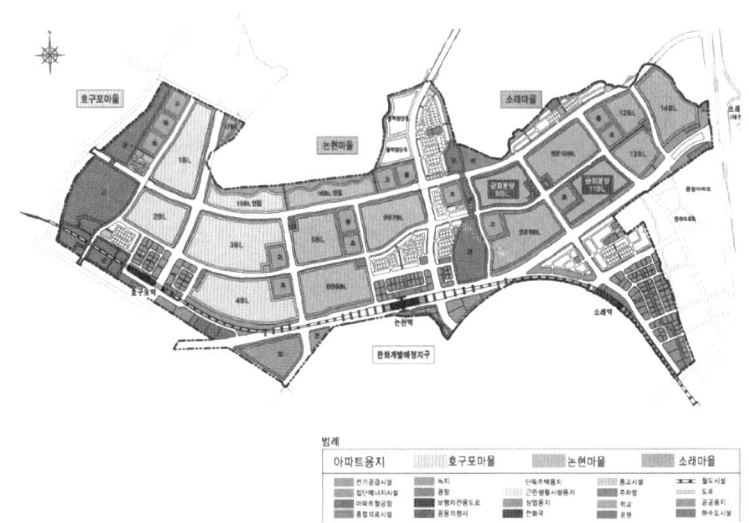

▲ 토지이용 계획도 예

6) 교통동선계획
   ① 통행로 선정
      ㉮ 교통동선계획 과정 : 통행량 발생분석 → 통행량 분배 → 통행로 선정
      ㉯ 차량동선 : 짧은 직선 도로가 바람직
      ㉰ 보행동선 : 다소 우회하더라도 좋은 전망, 그늘진 도로를 선정
   ② 교통동선 체계
      ㉮ 몰(Mall) : 도시 상업지구에 차량 통행이 허용된 나무 그늘이 진 산책로로서 상업지구 내 쇼핑 거리를 중심으로 전개되는 공중보도(公衆步道) 및 산책로를 말하는데 조명, 휴지통, 벤치 등을 갖춘 휴식 공간이 있고 보행자를 보호 할 수 있는 범위에서 차량의 출입을 허용하는 보행자 위주의 도로이다
      ㉯ 격자형 : 균일분포 가짐, 도심지와 고밀도 토지 이용, 평지인 곳에 효율적
      ㉰ 위계형 : 일정한 위계질서를 가짐, 주거단지, 공원, 유원지, 구릉지 등은 다양한 이용행위 간에 질서 부여

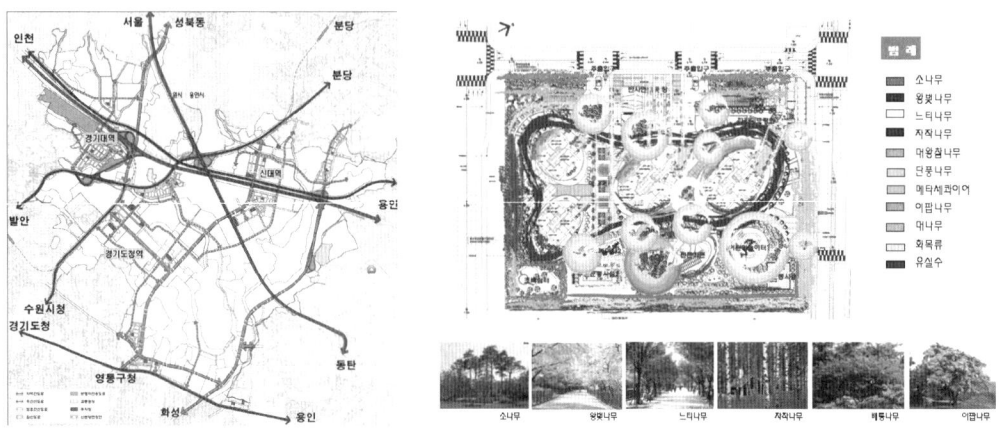

▲ 교통 동선 계획도 예　　　　　　▲ 식재 계획도 예

   ④ 시설물 배치 계획 : 장방형 건물은 등고선의 긴 장축에 맞게 배치한다.
   ⑤ 식재계획 : 건물 주변, 기념성 높은 장소는 정형식 식재, 자연에 가까이 접하는 장소는 자연식 식재
   ⑥ 하부구조계획 : 전기, 전화, 상·하수도, 가스, 쓰레기 처리 등의 공급처리 시설에 관련된 계획으로 가능한 한 지하로 매설하여 경관을 살린다.

■ 쿨데삭(cul-de-sac) 도로 : 막다른 길로 주거지역에 보행동선과 차량동선을 분리, 연속된 녹지를 확보(주 간선도로는 순환체계로), 레드번 도시계획에 도입
■ 레드번 도시계획(Rad burn) : 미국에서 하워드의 전원도시의 영향을 받아 도시 교외에 개발된 주택지로서 보행자와 자동차를 완전히 분리함

⑦ 집행계획

구분	내용
투자계획	주어진 예산의 범위에서 계획 수립
법규검토	자연공원법, 건축법, 주택법 등 법규와 관련된 사항을 검토 후 계획
유지관리계획	유지관리의 효율성, 편리성, 경제성을 고려

7) **기본설계**

설계 원칙 추출 → 공간구성 다이어그램 → 입체적 공간의 창조

8) **실시설계** : 실제 시공이 가능하도록 상세도, 시방서, 공사비 내역서 등의 설계 도서를 작성하는 단계

① 시방서

구분	내용
표준시방서	• 조경공사 시행의 적정을 기하기 위한 표준 명시 • 국토교통부 발행, 조경공사 표준시방서 따름
특기시방서	• 표준시방서에 명기되지 않은 사항 보충 • 해당 공사만의 특별한 사항(독특한 공법 등) 및 전문적인 사항을 기재 • 표준시방서에 우선함

② 내역서

㉮ 공사비 구성 : 순공사비(재료비+노무비+경비)+일반관리비+이윤+세금

구분		내용
순공사비	재료비	• 직접재료비 : 공사 목적물을 구성하는 재료비 (ex:수목) • 간접재료비 : 공사에 보조적으로 소비되는 물품비 (ex:지주목, 거푸집, 동바리, 비계 등)
	노무비	• 직접노무비 : 직접 작업 종사자에 지급하는 비용 • 간접노무비 : 보조적 작업의 종사자에 지급하는 비용 (ex:사무직원 인건비등)
	경비	전력비, 운반비, 기계 경비, 가설비, 보험료, 안전관리비 등
일반 관리비		기업 유지관리비, 순공사원가의 6% 이내에서 계산하는 것이 보통, 본사의 경비로 이해

▲ 거푸집   ▲ 동바리

구분	내용
이윤	영업이익, 공사원가와 일반 관리비 합계액의 10% 이내의 범위 내에서 계상할 수 있음
세금	국가에 납부하는 국세

  ㉯ 수량산출 : 재료의 물량을 집계한 것, 수목의 수량, 재료의 길이 · 면적 · 체적 · 무게 등과 기계의 경비 산출을 위한 시간 등을 포함

  ㉰ 품셈 : 인간이나 동물 또는 기계가 공사 목적물을 달성하기 위하여 단위 물량 당 소요로 하는 노력(품)과 물질을 수량으로 표시한 것. 식재공사에서 지주목을 세우지 않을 때에는 인력시공 시에는 식재품의 10%, 기계시공 시에는 인력품의 20%를 감한다.

  ㉱ 일위대가표 : 공사 목적물 단위 물량당의 공사비 산출한 것, 단위물량당 소요품과 재료 수량에 각각 단가를 곱하여 금액을 구한 것으로 금액란의 금액 단위 표준은 0.1원이다.

  ㉲ 내역서 : 공사 내용을 분명하고 자세하게 적은 문서로, 일반적으로 재료와 품의 수량을 산출한 적산과 적산에 단가를 넣어 산출한 견적을 통틀어 말한다.

  ㉳ 적산 : 도면과 시방서에 의하여 공사에 소요되는 자재의 수량, 시공면적, 체적 등의 공사량을 산출하는 과정

③ 노무비 & 재료비

 ㉮ 노무비 : 품 × 노무단가 × 작업일수

  ex) 조경공 품이 0.12인이고 단가가 120,000원, 보통인부 품이 0.25인이고 단가가 80,000인 경우

   3일 작업 했을 때 노무비 계산식은 {(0.12인 × 120,000원) + (0.25인 × 80,000원)} × 3일

 ㉯ 재료비 : 단가 × 수량 × 할증

  ex) 산수유 1주 단가 150,000인 경우 10주를 식재했을 때 재료비 계산식은 150,000원 × 10주 × 1.1

소거리 운반

소운반 거리는 20m 이내의 거리를 말하며, 20m 초과 경우는 초과분에 대하여 별도 계상한다. 또한 경사면 운반 거리는 수직고 1m를 수평거리 6m로 본다.

공종명	규격	단위	수량	합계 단가	합계 금액	재료비 단가	재료비 금액	노무비 단가	노무비 금액
제0호표 일본목련 식재	H3.0×R4	주	1						
일본목련	H3.0×R4	주	1.0000	25,800	25,800.0	25,800	25,800.0	-	-
지주목(삼발이소형)	D55×L1,800×3	조	1.0000	5,850	5,850.0	5,850	5,850.0	-	-
부숙톱밥퇴비	20Kg/포	Kg	4.0000	190	760.0	190	760.0	-	-
조경공		인	0.1100	71,972	7,916.9	-	-	71,972	7,916.9
보통인부		인	0.0700	55,252	3,867.6	-	-	55,252	3,867.6
계					44,194		32,410		11,784
제0호표 일본목련 식재	H3.5×R6	주	1						
일본목련	H3.5×R6	주	1.0000	53,500	53,500.0	53,500	53,500.0	-	-
지주목(삼발이소형)	D55×L1,800×3	조	1.0000	5,850	5,850.0	5,850	5,850.0	-	-
부숙톱밥퇴비	20Kg/포	Kg	8.0000	190	1,520.0	190	1,520.0	-	-
조경공		인	0.2300	71,972	16,553.5	-	-	71,972	16,553.5
보통인부		인	0.1400	55,252	7,735.2	-	-	55,252	7,735.2
계					85,158		60,870		24,288
제0호표 일본목련 식재	H4.0×R8	주	1						
일본목련	H4.0×R8	주	1.0000	107,000	107,000.0	107,000	107,000.0	-	-
지주목(삼발이소형)	D55×L1,800×3	조	1.0000	5,850	5,850.0	5,850	5,850.0	-	-
부숙톱밥퇴비	20Kg/포	Kg	10.0000	190	1,900.0	190	1,900.0	-	-
조경공		인	0.3700	71,972	26,629.6	-	-	71,972	26,629.6
보통인부		인	0.2200	55,252	12,155.4	-	-	55,252	12,155.4
계					153,535		114,750		38,785

▲ 식재 일위대가표

A	B	C	D	E	F	G	H	I	J	K	L
공종명	규격	수량	단위	재료비 단가	재료비 금액	노무비 단가	노무비 금액	경비 단가	경비 금액	합계 단가	합계 금액
V. 포장공		1	식		19,050,526		17,127,363		732,277		36,910,166
1. 점토벽돌포장											
1) 점토벽돌포장"A"	230×114×T60	865.5	M2	772	668,166	7,380	6,387,390	455	393,802	8,607	7,449,358
2) 점토벽돌포장"B"	230×114×T60	428.5	M2	772	330,802	7,380	3,162,330	455	194,967	8,607	3,688,099
소계					998,968		9,549,720		588,769		11,137,457
2. 우드블럭포장											
1) 우드블럭포장	111×333×T45	45.5	M2	122,000	5,551,000	7,569	344,389	604	27,482	130,173	5,922,871
소계					5,551,000		344,389		27,482		5,922,871
3. 고무블럭포장											
1) 고무블럭포장	500×500×T50	175.3	M2	69,014	12,098,154	9,987	1,750,721	527	92,383	79,528	13,941,258
소계					12,098,154		1,750,721		92,383		13,941,258
4. 경계석											
1) 녹지경계석	150×150×1000 주문	439.1	M	868	381,138	11,826	5,192,796	51	22,394	12,745	5,596,328
2) 녹지경계석	150×150×1000 주문	24.5	M	868	21,266	11,826	289,737	51	1,249	12,745	312,252
소계					402,404		5,482,533		23,643		5,908,580
VI. 식재공		1	식		71,763,793		18,206,636		464,623		90,435,052
1. 상록교목											
1) 소나무	H5.0×W2.5×R20	28	주	444,359	12,442,052	82,742	2,316,776	5,715	160,020	532,816	14,918,848
2) 주목(둥근형)	H1.0×W1.2	2	주	104,082	208,164	7,264	14,528			111,346	222,692
3) 스트로브잣나무	H3.0×W1.5	61	주	47,989	2,927,329	18,660	1,138,260			66,649	4,065,589
소계					15,577,545		3,469,564		160,020		19,207,129

▲ 내역서

출제예상문제

01 다음 중 조경계획 수행과정의 단계가 옳은 것은?

① 목표설정 – 자료분석 및 종합 – 기본계획 – 실시설계 – 기본설계
② 자료분석 및 종합 – 목표설정 – 기본계획 – 기본설계 – 실시설계
③ 목표설정 – 자료분석 및 종합 – 기본계획 – 기본설계 – 실시설계
④ 목표설정 – 자료분석 및 종합 – 기본설계 – 기본계획 – 실시설계

02 조경 계획·설계의 과정 중 "기본 계획" 단계에서 다루어져야 할 문제가 아닌 것은?

① 일정 토지를 계획함에 있어 어떠한 용도로 이용할 것인가?
② 지역 간 혹은 지역 내에 어떠한 동선 연결 체계를 가질 것인가?
③ 하부구조시설들을 어디에 어떤 체계로 가설할 것인가?
④ 조사 분석된 자료들은 각각 어떤 상호관련성과 중요성을 지니는가?

03 조경 계획에 대한 설명으로 틀린 것은?

① 시공을 목표로 구체적으로 도면과 스케치 등으로 표현하는 것
② 표현적 창의성 보다는 합리적인 측면이 더욱 중요시 된다.
③ 규모가 설계 과정보다 크다.
④ 자료 분석을 강조하는 과제에 속한다.

04 조경 계획의 목표와 프로그램의 관계를 맞지 않게 설명한 것은?

① 목표는 구체적이고 세분화된 의도를 나타낸다.
② 프로그램은 결과물에 대한 명확한 기술을 포함한다.
③ 목표는 프로그램의 목적이 된다.
④ 프로그램은 목표를 달성하기 위한 수단이 된다.

05 토지 이용계획이나 교통 동선계획은 어느 단계에서 실시하는가?

① 목표설정　　　　　　　　　② 자료분석
③ 기본계획　　　　　　　　　④ 기본설계

 01 ③　02 ④　03 ①　04 ①　05 ③

06 시공이 가능하도록 시공 도면을 작성하는 조경계획 과정은?

① 실시설계　　② 기본설계　　③ 목표설정　　④ 기본계획

07 조경 설계에 해당하는 설명으로 맞는 것은?

① 아이디어를 중요시하고 표현적 창의성을 요구한다.
② 규모가 크고 목표 설정이 중요하다.
③ 자료 분석과 기본계획이 조경설계 단계에 포함되는 것이다.
④ 조경 설계가를 특히 플래너(planner)라고 부른다.

08 이용자의 분석은 조경계획 과정에서 어느 단계에 속하는 것인가?

① 자연환경분석　　② 시각환경분석
③ 인문환경분석　　④ 교통환경분석

09 마스터플랜(master plan)의 작성 위주가 되는 과정은?

① 기본계획　　② 기본설계　　③ 실시설계　　④ 상세설계

10 다음 중 어떤 대상 물체가 하늘을 배경으로 이루어지는 윤곽선을 가리키는 것은?

① 비스타　　② 스카이라인　　③ 영지　　④ 수목질감

11 고저도에 대한 설명으로 맞는 것은?

① 같은 색을 번갈아 가며 사용하여 식별을 높인다.
② 가능하면 한 계통의 색을 사용한다.
③ 검정색 계통을 최대한 이용한다.
④ 높은 곳을 옅은 색으로 칠한다.

12 식생의 변천 과정을 이해할 수 있는 자료로서 2차 천이는 무엇으로부터 시작하는가?

① 신생토의 나지　　② 초본류
③ 파괴 군락지의 나지　　④ 관목류

정답　06 ①　07 ①　08 ③　09 ①　10 ②　11 ②　12 ③

13 다음 중 통행로 선정 기준으로 바르지 못한 것은?

① 차량은 짧은 직선도로가 바람직하다.
② 보행인은 우회하더라도 좋은 전망과 그늘을 확보하여 준다.
③ 보행 동선과 차량 동선이 만나는 곳은 차량 동선을 우선한다.
④ 자연 파괴를 최소화 시킬 수 있는 장소를 선정한다.

14 교통동선체계에 대한 설명으로 맞는 것은?

① 통행량이 많은 곳은 막힌 길을 채택한다.
② 가능한 한 막힘이 없는 순환체계를 가져야 한다.
③ 주간선도로는 막힌 길을 만든다.
④ 전체적인 동선 체계는 철저히 분리를 원칙으로 한다.

15 교통동선을 계획할 때, 동선계획 과정의 순서를 바르게 나타낸 것은?

① 통행로 선정 → 통행량 분배 → 통행량 발생분석
② 통행량 분배 → 통행량 발생분석 → 통행로 선정
③ 통행량 발생분석 → 통행량 분배 → 통행로 선정
④ 통행량 분배 → 통행로 선정 → 통행량 발생분석

16 교통동선 체계의 계획에서 몰(mall)이란 무엇을 말하는가?

① 간선도로
② 집산도로
③ 서비스도로
④ 나무 그늘이 진 산책로

17 도심지와 같이 고밀도 토지이용이 이루어지고 있는 곳의 도로체계는 무엇이 좋은가?

① 격자형
② 위계형
③ 쿨데삭 도로형
④ 점선형

18 시설물의 배치에 대하여 옳게 설명한 것은?

① 장방형 건물은 긴 장축이 등고선에 맞게 배치
② 여러 시설물이 인접한 경우에는 내부공간에 유의
③ 구조물은 높이 차이를 가져야 경관이 좋아 보임
④ 유사한 기능의 구조물은 가급적 떨어뜨려 놓아야 함

 13 ③ 14 ② 15 ③ 16 ④ 17 ① 18 ①

19 하부구조계획이란 무엇인가?

① 녹지의 분포에 따라 식생에 대한 계획을 세우는 것
② 벤치, 가로등, 휴지통 등의 옥외 시설물의 배치 계획하는 것
③ 통행을 효율적이고 안전하게 이루어지도록 계획하는 것
④ 전기, 전화, 가스 등의 공급처리 시설에 관련된 계획을 세우는 것

20 지형이나 풍향 등에 따른 부분적 장소의 독특한 기상상태를 무엇이라 하는가?

① 지역기후   ② 미기후
③ 기압골   ④ 대륙기후

21 자연환경조사 단계 중 미기후와 관련된 조사항목으로 가장 영향이 적은 것은?

① 지하수 유입 및 유동의 정도
② 태양 복사열을 받는 정도
③ 공기 유통의 정도
④ 안개 및 서리 피해 유무

22 다음 미기후(micro-climate)에 대한 설명 중 적합하지 않은 것은?

① 지형은 미기후의 주요 결정 요소가 된다.
② 그 지역 주민에 의해 지난 수년 동안의 자료를 얻을 수 있다.
③ 일반적으로 지역적인 기후 자료보다 미기후 자료를 얻기가 쉽다.
④ 미기후는 세부적인 토지이용에 커다란 영향을 미치게 된다.

23 조경 계획에서 지하 수위를 고려하여야 하는 이유는 무엇인가?

① 기초공사를 위해서   ② 지반고를 낮추기 위해서
③ 건물 위치를 결정하기 위해서   ④ 수목을 식재하기 위해서

24 바람과 관련된 사항 중 거리가 가장 먼 것은?

① 병충해 전파   ② 수형 조절
③ 착색 촉진   ④ 온도 조절

정답 19 ④ 20 ② 21 ① 22 ③ 23 ④ 24 ③

25 자연환경조사 단계 중 미기후와 관련된 조사 항목이 아닌 것은?

① 태양 복사열을 받는 정도　　② 지하수 유입 지역
③ 공기 유통의 정도　　④ 안개 및 서리 피해 유무

26 토지이용계획도는 국제적 약속이 있는데, 상업지역은 어떤 색채를 사용하는가?

① 노랑　　② 갈색　　③ 빨강　　④ 녹색

27 토지이용계획도에서 농경 지역은 어떤 색채를 사용하는가?

① 노랑　　② 갈색　　③ 파랑　　④ 보라

28 환경 심리적인 측면에서 친밀한 거리란 무엇을 지칭하는가?

① 일상적 대화를 유지할 수 있는 거리
② 연사와 청중 사이에 유지되는 거리
③ 아기를 안아주는 등 가까운 사람과 유지되는 거리
④ 업무상의 대화에서 유지되는 거리

29 대인 거리에 따른 의사소통에 있어서 개인적 거리는 어느 정도를 말하는가?

① 0~45cm　　② 45~120cm
③ 120~360cm　　④ 360cm 이상

30 경관 요소에서 시각적으로 점의 효과를 나타내는 것은?

① 외따른 집　　② 하천　　③ 호수　　④ 운동장

31 랜드마크의 설명으로 틀린 것은?

① 큰 규모로는 산봉우리, 절벽, 기념탑 등이 있다.
② 공간의 흥미성을 높여주고 있으나 길 찾기에 혼란스럽다.
③ 작은 규모로는 정자나무, 교량, 표지판 등이 있다.
④ 스카이라인의 구성에 지배적인 역할을 한다.

정답　25 ②　26 ③　27 ②　28 ③　29 ②　30 ①　31 ②

32 다음 중 사람이 쾌적함을 느낄 수 있는 상대습도의 범위는?

① 20~30%　　② 40~50%　　③ 60~70%　　④ 70~80%

33 등고선 간격이 20m 인 축척 1/10000 지도가 있다. 인접한 등고선에 직각인 평면 거리가 2.5cm 일 때 경사도는?

① 6%　　② 8%　　③ 10%　　④ 12%

34 다음 중 서울시내의 남산에 위치한 남산타워는 도시를 구성하는 요소 중 어디에 속하는가?

① 도로(paths)
② 랜드마크(landmark)
③ 지역(district)
④ 가장자리(edge)

35 토지 이용계획시 일반적인 진행순서로 알맞게 구성된 것은?

① 적지분석 – 토지이용분류 – 종합배분
② 적지분석 – 종합배분 – 토지이용분류
③ 토지이용분류 – 종합배분 – 적지분석
④ 토지이용분류 – 적지분석 – 종합배분

36 국립공원을 계획할 때의 토지이용 분류에 해당되지 않는 것은?

① 주거지구　　② 자연환경지구　　③ 집단시설지구　　④ 자연보존지구

37 조경분야의 프로젝트를 수행하는 단계별로 구분할 때 자료의 수집, 분석, 종합의 내용과 가장 밀접하게 관련이 있는 것은?

① 계획　　② 설계　　③ 내역서 산출　　④ 시방서 작성

38 어느 레크레이션 활동에서의 과거 참가사례가 앞으로의 레크레이션 기회를 결정도록 계획하는 방법, 즉 공급이 수요를 만들어내는 방법은?

① 자원접근방법
② 활동접근방법
③ 경제접근방법
④ 형태접근방법

정답 32 ②　33 ②　34 ②　35 ④　36 ①　37 ①　38 ②

39 조경설계에 있어서 수목을 표현할 때 가장 많이 사용하는 제도 용구는?

① T자
② 원형템플릿
③ 삼각축척(스케일)
④ 삼각자

40 다음 제도용구 가운데 곡선을 긋기 위한 도구는?

① T자   ② 삼각자   ③ 운형자   ④ 삼각축척자

41 도면에 수목을 표시하는 방법으로 틀린 것은?

① 활엽수는 직선 혹은 톱날형 곡선을 사용하여 표현한다.
② 간단한 원으로 표현하는 방법도 있다.
③ 원 내에 가지 또는 질감을 표시하기도 한다.
④ 윤곽선의 크기는 수목의 성숙 시 퍼지는 수관의 크기를 나타낸다.

42 도면을 확대하거나 축소할 때 편리한 축척은?

① 방위 축척   ② 막대 축척   ③ 분수 축척   ④ 임의 축척

43 도면을 작성할 때 유의하여야 할 사항은?

① 전문가가 알 수 있도록 복잡하고 어렵게 표현한다.
② 도면이 약간 불결하여도 내용만 충실하면 된다.
③ 도면 전체의 구성은 고려하지 않아도 된다.
④ 선이나 문자, 기호 등은 일관성 있게 한다.

44 실물에 대한 도면에서의 줄인 비율을 무엇이라 하는가?

① 배척   ② 실척   ③ 반척   ④ 축척

45 도면에서 윤곽선을 정하게 되는 이유는 무엇인가?

① 도면을 훼손하기 위하여
② 도면을 가로로 배치하기 위해
③ 제도 기구를 놓기 편하게 하기 위하여
④ 도면을 짜임새 있게 조화시켜 주기 위해

정답 ▶ 39 ② 40 ③ 41 ① 42 ② 43 ④ 44 ④ 45 ④

46 도면의 윤곽선은 보통 10mm 정도로 하는데, 도면을 철할 때는 다음 중 어느 정도 띄우는 것이 좋은가?

① 5mm　　② 15mm　　③ 20mm　　④ 25mm

47 도면에 표제란을 위치시키는 방법으로 맞는 것은?

① 도면 상단부에 좌우로 길게
② 왼쪽 끝에 상하로 길게
③ 오른쪽 하단 구석에 작게
④ 도면 중앙에 작게

48 다음 중 표제란에 기입하여야 할 사항이 아닌 것은?

① 제도용지의 종류　　② 공사명　　③ 설계자명　　④ 축척

49 도면을 만들 때 문자 보조선이나 질감 또는 치수선은 어떤 선을 이용하는가?

① 굵은선　　② 가는선　　③ 중간선　　④ 이점쇄선

50 도면에서 치수선이 수직일 경우에 치수 기입의 위치로 맞는 것은?

① 치수선의 상단에
③ 치수선의 오른쪽에
② 치수선의 아래에
④ 치수선의 왼쪽에

51 조경 설계의 수목 표현 시 사용되는 인출선의 내용으로 틀린 것은?

① 수목의 성상
③ 수목의 규격
② 수목명
④ 나무 그루수

52 인출선을 사용할 때 유의사항으로 틀린 것은?

① 가는선으로 명료하게 긋는다.
② 인출선의 수평 길이는 기입사항보다 크게 맞춘다.
③ 인출선의 기울기와 방향은 통일하는 것이 좋다.
④ 인출선간의 교차나 치수선의 교차를 피한다.

정답　46 ④　47 ③　48 ①　49 ②　50 ④　51 ①　52 ②

53 대안 작성에 대한 설명으로 맞는 것은?

① 하나의 안을 가지고 결정하는 과정
② 전체적 공간에 대한 윤곽 파악에는 어려움이 있음
③ 몇 개의 안이 나올 경우에는 경력자의 안을 채택
④ 최종적으로 선정된 대안은 기본 계획안이 된다.

54 기본 계획에서의 기본 구상에 대한 설명으로 틀린 것은?

① 계획안에 대한 물리적, 공간적 윤곽이 드러나기 시작함
② 구체적 계획 개념 도출
③ 여전히 추상적인 개념에서 이루어짐
④ 버블 다이어그램으로 표현됨

55 도면에서의 치수 표시방법으로 맞는 것은?

① 기본단위는 원칙적으로 cm 로 한다.
② 치수선은 치수 보조선에 수평이 되도록 한다.
③ 치수 기입은 치수선에 평행하게 도면의 오른쪽에서 왼쪽으로 읽어 나간다.
④ 치수 수치는 공간이 부족할 경우 한 쪽의 기호를 넘어서 연장하는 치수선의 위쪽에 기입 할 수 있다.

56 도면에 수목을 표시하는 방법으로 잘못된 것은?

① 간단한 원으로 표현하는 방법도 있다.
② 덩굴성 식물의 경우에는 줄기와 잎을 자연스럽게 표현한다.
③ 활엽수의 경우에는 직선이나 톱날 형태를 사용하여 표현한다.
④ 윤곽선의 크기는 수목의 성숙 시 퍼지는 수관의 크기를 나타낸다.

57 도면을 그릴 때 일반적으로 마지막에 실시해야 할 내용인 것은?

① 도면의 축척을 정한다.
② 표제란의 내용을 기재한다.
③ 테두리 선 및 방위를 그린다.
④ 물체의 표현 위치를 정한다.

정답 53 ④ 54 ③ 55 ④ 56 ③ 57 ②

58 입면도의 축척은 보통 어떻게 사용하는 것이 일반적인가?

① 평면도보다 작은 축척　　② 평면도와 같은 축척
③ 배치도보다 작은 축척　　④ 배치도와 같은 축척

59 수목 인출선의 내용이 3-소나무/H3.0×W2.5이다. 이에 대한 설명으로 잘못된 것은?

① 소나무를 3주 심는다는 뜻이다.
② H단위는 cm 이다.
③ W는 수관 폭을 의미한다.
④ 소나무의 높이는 300cm 이다.

60 가는 선의 용도로 틀린 것은?

① 치수 보조선　　② 인출선
③ 기준선　　④ 중심선

61 다음 중 선의 모양에 따라 구분하는 선의 종류가 나머지와 다른 것은?

① 실선　　② 파선　　③ 굵은선　　④ 쇄선

62 다음 선의 종류와 선긋기의 내용이 잘못 짝지어진 것은?

① 가는 실선 - 수목 인출선
② 파선 - 보이지 않는 물체
③ 일점쇄선 - 지역 구분선
④ 이점쇄선 - 물체의 중심선

63 다음 중 설계도면을 작성할 때 치수선, 치수보조선에 이용되는 선의 종류는?

① 1점 쇄선　　② 2점 쇄선　　③ 파선　　④ 실선

64 지형도에서 U자 모양으로 그 바닥이 낮은 높이의 등고선을 향하면 이것은 무엇을 의미하는가?

① 계곡　　② 능선　　③ 현애　　④ 동굴

정답 58 ②　59 ②　60 ③　61 ③　62 ④　63 ④　64 ②

65 토양의 무기질입자의 단위조성에 의한 토양의 분류를 토성(土性)이라고 한다. 다음 중 토성을 결정하는 요소가 아닌 것은?

① 자갈　　② 모래　　③ 미사　　④ 점토

66 다음과 같은 그림을 무엇이라고 부르는가?

① 평면도　　② 입면도　　③ 조감도　　④ 상세도

67 설계도의 종류 중에서 입체적인 느낌이 나지 않는 도면은 무엇인가?

① 상세도　　② 투시도
③ 조감도　　④ 스케치도

68 공간구성 다이어그램에서 이루어지는 내용으로 틀린 것은?

① 동선체계 표현
② 설계원칙 추출
③ 설계의도 정리
④ 공간별 배치 및 상호관계

69 다음 중 다른 도면들에 비해 확대된 축척을 사용하며 재료, 공법, 치수 등을 자세히 기입하는 도면의 종류로 가장 적당한 것은?

① 상세도　　② 투시도
③ 평면도　　④ 단면도

70 설계안이 완공되었을 경우를 가정하여 설계 내용을 실제 눈에 보이는 대로 절단한 면을 그린 그림은?

① 평면도　　② 조감도　　③ 투시도　　④ 상세도

정답 65 ① 66 ③ 67 ① 68 ② 69 ① 70 ③

71 유리창을 통해 공간을 보면서 보이는 그대로를 유리창에 그려 낸 것과 같은 효과를 무슨 도면이라 하는가?

① 투시도　　　　　　　　　　② 상세도
③ 액소노메트릭　　　　　　　④ 등각 투영도

72 설계도의 종류 중에서 3차원의 느낌이 가장 실제의 모습과 가깝게 나타나는 것은?

① 입면도　　② 평면도　　③ 투시도　　④ 상세도

73 단면상세도 상에서 철근 D-16 ⓐ 300 이라고 적혀 있을때, ⓐ는 무엇을 나타내는가?

① 철근의 간격　　　　　　　② 철근의 길이
③ 철근의 직경　　　　　　　④ 철근의 갯수

74 다음 중 단면도, 입면도, 투시도 등의 설계도면에서 물체의 상대적인 크기(기준)를 느끼기 위해서 그리는 대상이 아닌 것은?

① 수목　　② 자동차　　③ 사람　　④ 연못

75 공사시행의 기초가 되며 내역서 작성의 기초 자료가 되는 것은?

① 내역서　　② 시방서　　③ 시설물 상세　　④ 배식설계

76 다음 중 특기 시방서에 관한 내용으로 틀린 것은?

① 특별한 공사 사항 기재　　　② 전문적인 사항 기재
③ 독특한 공법에 대한 배려　　④ 표준 시방서 따름

77 다음 중 순공사 원가에 해당되는 것은?

① 재료비　　② 일반 관리비　　③ 이윤　　④ 세금

78 다음 중 간접 재료비에 속하지 않는 것은?

① 전력비　　② 지주목비　　③ 거푸집비　　④ 동바리비

정답　71 ①　72 ③　73 ①　74 ④　75 ②　76 ④　77 ①　78 ①

79 공사 목적물을 달성하기 위하여 단위 물량당 소요로 하는 노력과 물질을 수량화한 것을 무엇이라 하는가?

① 시방서　　　　　　　　　② 내역서
③ 설계도면　　　　　　　　④ 품셈

80 단위 물량당 소요품과 재료의 수량에 각각 단가를 곱해 금액을 구한 것을 무엇이라 하는가?

① 노무비　　　　　　　　　② 재료비
③ 관리비　　　　　　　　　④ 일위대가표

81 설계단계에 있어서 시방서 및 공사비 내역서 등을 포함하고 있는 설계는?

① 기본구상　　② 기본계획　　③ 기본설계　　④ 실시설계

82 다음 중 순공사원가를 가장 바르게 표시한 것은?

① 재료비 + 노무비 + 경비
② 재료비 + 노무비 + 일반관리비
③ 재료비 + 일반관리비 + 이윤
④ 재료비 + 노무비 + 경비 + 일반관리비 + 이윤

83 공사 원가 비용 중 안전관리비는 어디에 속하는가?

① 간접비용　　　　　　　　② 간접노무비
③ 경비　　　　　　　　　　④ 일반관리비

84 다음 중 일위대가표 작성의 기초가 되는 것으로 가장 적당한 것은?

① 시방서　　② 내역서　　③ 견적서　　④ 품셈

85 다음 공사의 순 공사 원가를 구하면 얼마인가?(단, 재료비 : 4,000원, 노무비 : 5,000원, 총 경비 : 1,000원, 일반관리비 600원 이다.)

① 9,000원　　② 10,000원　　③ 10,600원　　④ 6,000원

정답 79 ④　80 ④　81 ④　82 ①　83 ③　84 ④　85 ②

08 조경 설계

가. 조경 식재 기준

1) 식재 기능별 적용 수종

기능	식재명	수종 요구 특성	중요도
공간조절	경계식재	• 지엽이 치밀하고 전정에 강한 수종 • 생장이 빠르고 용이한 유지 관리 • 가지가 말라죽지 않는 상록수	★
	유도식재	• 수관이 커서 캐노피(canopy)를 이루거나 원뿔형 • 정돈된 수형, 치밀한 지엽	★
경관조절	지표식재	• 꽃, 열매, 단풍 등이 특징적인 수종 • 상징적 의미가 있는 수종 • 높은 식별성	★★★
	경관식재	• 아름다운 꽃, 열매, 단풍 • 수형이 단정하고 아름다운 수종	★★
	차폐식재	• 지하고가 낮고 지엽이 치밀한 수종 • 전정에 강하고 유지 관리가 용이한 수종 • 아랫 가지가 말라죽지 않는 상록수	★★★★
환경조절	녹음식재	• 지하고가 높은 낙엽 활엽수 • 병충해, 기타 유해 요소가 없는 수종	★★★★★
	방풍, 방설식재	• 지엽이 치밀하고 가지나 줄기가 견고한 수종 • 지하고가 낮은 심근성 교목 • 아랫 가지가 말라죽지 않는 상록수	★★
	방음식재	• 지하고가 낮고 잎이 수직 방향으로 치밀한 상록 교목 • 배기가스 등의 공해에 강한 수종	★★★★
	방화식재	• 잎이 두껍고 함수량이 많은 수종 • 잎이 넓으며 밀생하는 수종 • 맹아력이 강한 수종	★★
	지피식재	• 키가 작고 지표를 밀생하게 피복하는 수종 • 번식과 생장이 양호하고 답압에 견디는 수종 • 다년생 식물	★★★★
	임해매립지식재	• 내염 · 내조성이 있는 수종 • 척박한 토양에도 잘 자라는 수종 • 토양 고정력이 있는 수종	
	침식지 및 사면식재	• 척박토, 건조에 강한 수종 • 맹아력이 강하고 생장 속도가 빠른 수종 • 토양 고정력이 있는 수종	

2) 인공지반에 식재된 식물과 생육에 필요한 식재토심

(배수구배 : 1.5~2.0%)

형태상 분류	자연토양 사용 시(cm 이상)	인공토양 사용 시(cm 이상)
잔디/초본류	15	10
소관목	30	20
대관목	45	30
교목	70	60

3) 식재간격 및 식재밀도
   ① 일반적 교목의 식재간격 : 6m(가로수 식재간격 : 8m)
   ② 식재밀도 : 관목류 4본/m^2, 조릿대 10본/m^2, 맥문동 20~30본/m^2

나. 조경 설계 기준

1) 설계요소
   ① 계단
      ㉮ 2h+w = 60~65cm(h : 발판높이, w : 나비)가 적당
      ㉯ 계단의 물매 : 30~35°
      ㉰ 경사로의 경사가 15%를 넘어서면 계단을 설치하여야 한다.
      ㉱ 계단참 설치 : 1인용 90~110cm, 2인용 130cm 정도
      ㉲ 건축물의 피난 방화 구조 등의 기준에 관한 규칙 제 15조 7항 : 옥외에 설치하는 계단의 경우 공동주택은 120cm 이상, 공동주택이 아닌 경우는 150cm 이상의 유효 폭을 가져야 한다.
      ㉳ 건축법 제15조 1항 : 높이가 3m를 넘는 계단에는 높이 3m 이내마다 너비 1.2m 이상의 계단참을 설치한다. 또한 너비가 3m를 넘는 계단에는 너비 3m 이내마다 난간을 설치한다. (단, 계단 높이가 15cm 이하이고 계단 너비가 30cm 이상인 경우에는 그러지 아니한다.)
   ② 연못
      ㉮ 연못의 면적은 정원 전체 면적의 1/9 이하가 적정한 규모로 힘의 균형을 이룰 수 있어야 함
      ㉯ 최소면적 1.5m^2
   ③ 벽천
      ㉮ 물의 흐름, 떨어짐, 굄이 연속적으로 이루어지게 하는 구조
      ㉯ 벽체, 토수구, 수반

다. 포장기준

1) 포장 재료의 선정 조건
① 생산량이 많고, 시공이 용이할 것
② 내구성 내마모성이 크고, 자연 배수가 용이할 것
③ 보행 시 미끄러짐이 없고, 외관 및 질감이 좋을 것
④ 휴식공간에는 질감이 거칠고 비교적 어두운 색을 사용
⑤ 주차장이나 차량이 통과하는 곳은 하중에 견디는 재료를 사용하면서 물매 2% 고려

2) 질감에 따른 포장 재료의 구분

구분	소재	장·단점
부드러운 재료	잘게 쪼갠 돌, 흙, 잔디, 강자갈, 마사토	시공비용은 적지만, 유지관리비가 많이 듦
딱딱한 재료	아스팔트, 콘크리트, 콘크리트타일, 콘크리트벽돌	빠른 이동 보장, 시공비가 비싼 반면 유지 관리비는 적게 듦
중간성격 재료	조약돌, 반석, 벽돌, 나무	보행속도를 완화시키지만 겨울철 결빙

라. 시설물 기준

1) 휴게시설
① 퍼걸러 : 조망이 좋고 한적한 휴게 공간에 설치하고, 높이는 2.2~2.7m 정도로 한다.

▲ 퍼걸러

② 벤치
㉮ 벤치의 규격 : 1인용 45~47cm, 2인용 120cm, 3인용 180cm 정도로 한다.
㉯ 어른과 어린이 겸용의 경우 35~40cm가 적당하며 좌판 너비는 40cm로 한다. 또한 등받이의 각도는 가벼운 휴식의 경우 105°, 일반 휴식의 경우는 110° 정도로 한다.

2) 관리시설
① 휴지통
㉮ 입식 70~100cm, 좌식 50~60cm의 높이
㉯ 벤치 2~4개소마다 혹은 도로 20~60m마다 1개씩 설치

② 음수전
　㉮ 그늘진 곳, 습한 곳, 바람의 영향을 많이 받는 곳은 피하여 설치
　㉯ 약 2% 경사를 주어 완전배수 가능하도록 함
③ 화장실 : 1인당 1평(3.3m²)
④ 관리사무소 : 주 진입지점에 위치

3) 안내 표지시설
① 보행이 시작되는 곳이나 주요 시설 입구에 설치
② 가시성이 좋은 색을 조합(ex : 검정과 노랑)하여 식별성에 중점을 둔다.

4) 조명시설
① 단위 면적당 받는 빛의 양을 조도라고 하며 단위로는 럭스(Lux)를 사용한다.
② 광장의 최저 조도는 0.5럭스

5) 경계시설
① 볼라드(bollard) : 보행인과 차량 교통의 분리, 높이 30~70cm, 배치 간격 2m 정도
② 울타리(담장) 높이와 기능
　㉮ 0.5m 이하 : 단순한 경계 표시
　㉯ 0.8~1.2m : 소극적 출입 통제
　㉰ 1.8~2.1m : 적극적 침입 방지

▲ 볼라드

6) 편의시설 및 주차시설
① 편의시설의 종류 : 전망대, 주차장, 수화물예치소, 매점, 휴지통(도시공원 및 녹지 등에 관한 법률)
② 주차시설
　㉮ 노외주차장의 출구와 입구에서 자동차의 회전을 쉽게 하기 위하여 필요한 경우에는 차로와 도로가 접하는 부분을 곡선형으로 하여야 한다.
　㉯ 노외주차장의 출구 부분의 구조는 해당 출구로부터 2m를 후퇴한 노외주차장의 차로의 중심선상 1.4m의 높이에서 도로의 중심선에 직각으로 향한 왼쪽, 오른쪽 각각 60°의 범위에서 해당 도로를 통행하는 자를 확인할 수 있도록 하여야 한다.
　㉰ 노외주차장의 출입구 너비는 3.5m 이상으로 하여야 하며, 주차대수 규모가 50대 이상인 경우에는 출구와 입구를 분리하거나 너비 5.5m 이상의 출입구를 설치하여 소통이 원활하도록 하여야 한다.
　㉱ 노외주차장에서 주차에 사용되는 부분의 높이는 주차 바닥면으로부터 2.1m 이상으로 하여야 한다.
　㉲ 90°, 60°, 45°, 30°의 형태 있으며 단위 면적당 가장 많은 주차는 90° 직각주차

마. 주택정원

1) 설계기준

면적 165m² 이상 660m² 미만 규모의 건축물을 지을 때 대지 면적의 5% 이상을 조경하도록 규정

2) 설계지침

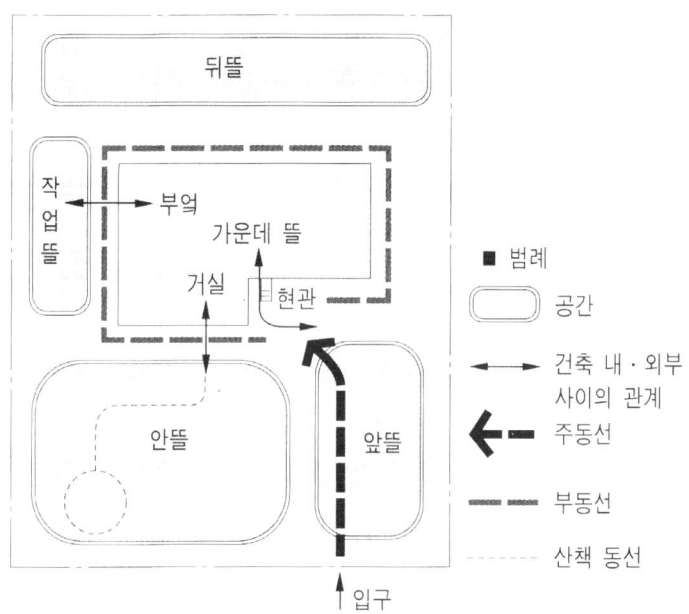

▲ 주택 정원의 공간 구성

구분	내용
앞뜰(전정)	• 대문에서 현관 사이, 주택의 첫 인상을 좌우하는 곳 • 4계절의 변화를 느끼도록 보여주는 정원 • 원로설치 : 1인 0.8m , 2인 : 1.5m 이상 설치
안뜰(주정)	• 가족 구성원의 사적인 공간으로, 독서, 가벼운 운동을 할 수 있는 곳 • 응접실이나 거실 쪽에 면한 뜰로 휴식을 즐길 수 있는 곳 • 퍼걸러, 정자, 벤치, 수경시설과 운동 및 놀이시설
작업뜰(작업정)	• 창고, 장독대, 빨래 건조대 등 일상생활의 작업을 행하는 곳 • 배수, 벽돌이나 타일로 포장 • 차폐식재나 초화류, 관목식재
뒤뜰(후정)	• 침실과 같은 휴양 공간과 연결되어 조용하고 정숙한 분위기 • 사생활이 보장 되도록 구성
주차공간	• 승용차 1대 주차면적 : 2.5m × 5m 이상 (장애인 : 3.3m × 5m)

바. 학교정원

1) 성격과 유형
① 교육적 가치 바탕으로 전체적 조화 이룬 환경조성
② 교재원(화초원 및 유실수원)과 생산원(묘포장 및 온실) 등의 유형이 있다.

2) 설계기준

구분	내용
일조	조망과 일조를 고려하여 겨울철에도 4시간 이상의 일조 필요
앞뜰	이미지 좌우, 밝고 무게 있는 경관, 교실이나 건물 앞에는 관목, 화목류 식재
가운데뜰	가벼운 휴식과 단순놀이 위한 공간, 벤치시설
스탠드	눈부심을 방지하기 위해 햇빛을 등지고 설치
교재원과 실습원	자생식물을 식재하며, 학생 1인당 1㎡ 이상의 면적 필요

사. 옥상정원

1) **성격과 유형** : 좁은 의미로는 건축물 옥상에 만들어진 정원이지만, 넓은 의미로는 인공지반 위에 인위적으로 토심을 만들어 설치되는 모든 정원을 의미한다.

2) **설계기준**
① 하중
  ㉮ 가장 중요하며 토양층의 깊이가 가장 많은 영향을 미침
  ㉯ 1㎡ 10cm의 자연토양을 깔 경우 200kg의 하중을 받게 된다.
② 안전성 : 바람, 한발, 강우 등 자연 재해에 대한 안전성 고려
③ 배수와 방수 : 바닥의 보호를 위해 방수와 방근, 배수와 관수 고려
④ 토양 : 하중감소와 토양의 보수력 증진을 위해 버미큘라이트, 피트모스, 펄라이트, 화산재 등 경량토 사용
⑤ 멀칭 : 수분증발 억제하기 위해 진흙이나 낙엽, 분쇄목 등 덮어 줌
⑥ 녹지공간 : 전체 면적의 1/3이 넘지 않도록 조성
⑦ 생육에 필요한 토심

- **경량토** : 버미큘라이트, 펄라이트, 피트모스, 화산재 등이 있으며 피트모스는 습지나 늪의 수생식물이 부식 되어 쌓인 유기질 토양이며, 화산재는 자연 재료 이다.
- **인공경량 골재** : 팽창혈암, 팽창점토, 소성플라이애쉬 등 1000~1200°C온도에서 소성하여 만든 골재이다.

아. 도시공원

1) 도시공원의 설치 및 규모의 기준

공원구분			설치기준	유치거리	규모	공원시설 부지면적
생활권공원	소공원		제한 없음	제한 없음	제한없음	20% 이하
	어린이공원		제한 없음/어린이	250m 이하	1,500㎡ 이상	60% 이하
	근린공원	근린생활권 근린공원	제한없음/주로 인근에 거주하는 자의 이용에 제공	500m 이하	10,000㎡ 이상	40% 이하
		도보권 근린공원	제한없음/주로 도보권 안에 거주하는 자의 이용에 제공	1000m 이하	30,000㎡ 이상	
		도시지역권 근린공원	제한없음/도시지역 안에 거주하는 전체 주민의 종합적인 이용에 제공	제한 없음	100,000㎡ 이상	
		광역권 근린공원	제한없음/하나의 도시지역을 초과하는 광역적인 이용에 제공	제한 없음	1,000,000㎡ 이상	
주제공원	역사공원		제한없음	제한 없음	제한없음	제한없음
	문화공원		제한없음	제한 없음	제한없음	제한없음
	수변공원		하천·호수 등 수변과 접하고 있어 친수공간을 조성할 수 있는 장소	제한 없음	제한없음	40% 이하
	묘지공원		정숙한 장소로 장래 시가지화가 예상되지 않는 자연녹지지역	제한 없음	100,000㎡ 이상	20% 이하
	체육공원		해당도시공원의 기능을 충분히 발휘할 수 있는 장소	제한 없음	10,000㎡ 이상	50% 이하
	도시농업공원		제한없음	제한 없음	10,000㎡ 이상	제한없음

2) 어린이공원

① 성격과 유형

㉮ 어린이의 보건 및 정서생활 향상에 기여 하고자 설치

㉯ 어린이놀이터의 모래터 깊이 : 30cm 이상

② 설계기준

▲ 어린이공원

구분	내용
설치기준	• 유치거리 250m 이하, 면적 1,500㎡ 이상
놀이면적	• 전 면적의 60% 이내, 500세대 이상의 단지인 경우는 화장실과 음수전 설치 • 건폐율 5% 이내로, 식재지 면적은 30~40% 정도
정비요청	• 경계로부터 250m 이내 거주하는 주민 500명 이상의 요청시 정비 가능

③ 설계지침

구분	내용
공간구성	• 동적 놀이공간 : 경사진 곳을 만들기 위해 낮은 동산 조성 • 놀이공간 : 아늑하고 햇볕 드는 곳에 잔디밭, 모래밭을 배치 • 휴게 및 감독공간 : 놀이공간과 인접설치
동선	• 가능한 한 직선을 피하고 완만한 곡선을 주로 사용 • 유모차나 자전거의 통행을 돕기 위하여 경사지는 계단보다 경사로로 함
식재	• 나무모양, 열매, 꽃 등이 아름답고 냄새, 가시 없는 것 • 음나무, 주엽나무 등 가시가 있는 수종은 부적절 • 병해에 강하고, 유지 관리 쉬우며, 튼튼한 나무
시설물	• 흥미, 변화, 특색이 있는 것(ex : 복합놀이시설) • 놀이시설 등은 해를 등지도록 북향으로 하는 것이 바람직함

■ **건폐율 및 용적률**

• 건폐율 = $\dfrac{건축면적}{대지면적} \times 100$ • 용적률 = $\dfrac{건축연면적}{대지면적} \times 100$

■ **건축 연면적**

연면적이란 대지에 들어선 하나의 건축물의 바닥 면적의 합계를 의미하며, 지상층, 지하층, 주차장 시설을 모두 포함하는 면적이다. 단, 용적율 산정 시에는 지하층, 주차장시설, 주민공동시설 면적을 제외한 바닥면적 합계를 적용한다.

3) 근린공원

① 성격과 기능 : 근린주구에 거주하는 모든 주민의 보건, 휴양 및 정서생활의 향상에 기여하기 위해 설치

▲ 근린공원

② 설계기준

공원명	주이용자	유치거리	면적	공원시설설치면적
근린공원	근린거주자	500m 이하	10,000m² 이상	40% 이하
	도보권거주자	1km 이하	30,000m² 이상	

③ 공원의 녹지계통형식

구분	특징	대표도시
분산식	• 녹지대가 여기저기 분산 배치	–
환상식	• 도시를 중심으로 환상 상태로 5~10km 조성 • 도시 방지 효과 큼	오스트리아 [빈]
방사식	• 도시를 중심으로 외부로 방사상 녹지 형성	독일 [하노버(Hannover)] / 미국 [인디아나폴리스]
방사환상식	• 방사식+환상식 • 가장 이상적인 녹지계통 형식	독일 [쾰른(Koln)]
위성식	• 대도시 인구 분산위해 녹지 조성 후 녹지대에 소시가지 배치	독일 [프랑크푸르트]
평행식	• 띠 모양으로 일정한 간격으로 평행하게 녹지대 조성	스페인 [마드리드]

④ 오픈스페이스

㉮ 대표적 오픈 스페이스(Open Space)에는 공원, 운동장, 유원지 등이 있으며, 건축물로 건폐되어 있지 않은 비건폐지를 의미하는 광의의 녹지라고 할 수 있다.

㉯ 기능 : 도시 개발 형태 조절, 도시내 자연 도입 및 레크레이션 장소 제공

■ **근린주구**
- 1926년 페리(Perry, C.A.)가 주장. 1개의 초등학교를 유지할 수 있는 인구 약 5,000명 정도, 면적은 반지름 400m 크기의 주거단위
- 일상생활에 필요한 모든 시설을 도보권 내에 두고, 차량동선을 구역 내에 끌어들이지 않았으며, 간선도로에 의해 경계가 형성되는 도시계획

■ **탑골공원(파고다공원)** : 1895년 대중을 위해 만들어진 우리나라 최초의 근대식 공원으로 조선시대 원각사 터에 세워짐

■ **도시공원 및 녹지등에 관한 법률에서 정한 녹지 유형** : 완충녹지, 경관녹지, 연결녹지

■ **완충녹지** : 공해, 재해의 완충, 녹지의 보전 등을 목적으로 설치 하는 녹지 (예:서오능)

■ **연결녹지** : 도심 내 하천과 공원등을 연결하는 녹지

4) 도시자연공원
  ① 성격과 기능 : 이용자 지향적(어린이 공원, 근린공원 등)이 아닌 자원 지향적 성격을 가짐
  ② 설계기준

구분	내용
설치기준	자연조건이 수려하고 역사적 의의가 있는 곳, 면적 100,000m² 이상
면적	시설 지역의 면적이 계획 대상 면적의 20% 이상을 넘지 않도록 함
위치	도시 내의 여러 방향에서 접근이 용이한 곳
경관	시각적 초점과 스카이라인을 보호하고, 기존 자연 지형 최대한 활용

5) 묘지공원
  ① 위치
    ㉮ 도시 외곽의 교통 편리한 곳, 장래 시가지화 전망이 없는 곳
    ㉯ 정숙하고 밝은 곳에 조성, 일반교통노선이 묘지공원을 통과하지 않게 한다.
  ② 규모 : 100,000m² 이상

자. 자연공원설계

1) 성격과 유형
  ① 자연공원의 발생
    ㉮ 세계최초자연공원 : 1865년 미국 캘리포니아의 요세미티 공원(현재는 국립공원으로 지정)
    ㉯ 세계최초국립공원 : 1872년 몬테나주의 옐로스톤 국립공원
    ㉰ 우리나라 최초 국립공원 : 1967년 12월 지리산 국립공원
    ㉱ 우리나라 국제 생물권 보존지역 지정 : 설악산(1982년), 제주도(2002년), 신안군 다도해 (2009년)
  ② 우리나라 국립공원

No	이름	No	이름	No	이름
1호	지리산	9호	가야산	17호	월악산
2호	경주	10호	덕유산	18호	소백산
3호	계룡산	11호	오대산	19호	변산반도
4호	한려해상	12호	주왕산	20호	월출산
5호	설악산	13호	태안해상	21호	무등산
6호	속리산	14호	다도해해상	22호	태백산
7호	한라산	15호	북한산		
8호	내장산	16호	치악산		

③ 자연공원의 용도 지구

구분	위치 및 조성
자연보존지구	• 자연보존상태가 원시성을 지닌 곳 • 보존할 동·식물 또는 천연기념물이 있는 곳 • 자연풍경이 특히 수려하여 특별히 보호할 필요 있는 곳
자연환경지구	• 자연보존지구, 취락지구, 집단시설지구를 제외한 전 지구 • 자연보존지구의 완충공간으로 보전이 필요한 지역
취락지구	• 주민의 취락생활 근거지 • 농어민의 생활 근거지로 유지, 관리할 필요가 있는 곳
집단시설지구	• 공원 입장자에 대한 편익 제공을 위한 시설 • 공원의 보호 관리를 위한 시설

차. 골프장

1) 규모에 따른 분류

① 선수권 코스(champion course) : 골프시합이 가능한 코스, 종합연습장이 있음
② 정규 코스(regular course) : 대규모 경기에 곤란
③ 실행 코스(executive course) : 6,000m 이하의 거리로 골프를 즐기고 연습하는 코스

2) 설계기준

① 공간구성 : 골프코스구역, 관리시설구역, 위락시설구역, 생산시설구역, 환경보존구역
② 입지조건 : 부지형태 : 눈부심 방지를 위하여 장축을 남북방향으로 배치
③ 구성 : 아웃(out)의 9홀과 인(in)의 9홀 / 총 18홀
④ 토양 : 토질이 양호하고 관개용 용수가 풍부해야 함

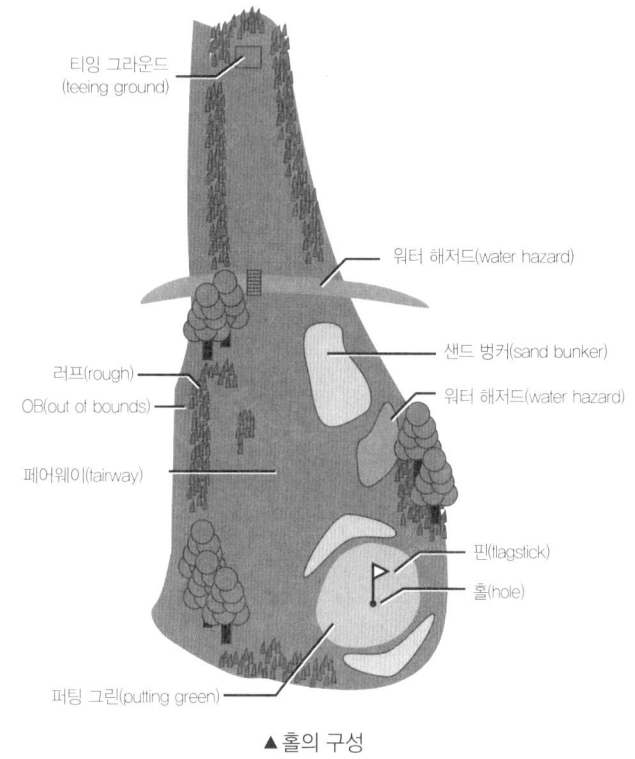

▲ 홀의 구성

3) 설계지침

구분	내용
표준코스	• 총 18홀로써 쇼트홀 4개, 미들홀 10개, 롱홀 4개로 구성
홀의 구성	• 티(tee) : 출발점 지역, 400~500m² 정도 • 그린(green) : 종점지역, 600~900m² 정도 • 페어웨이(fair way) : 티와 그린 사이에 짧게 깎은 잔디지역, 나비 40~50m, 경사 2~10% • 러프(rough) : 페어웨이 주변의 깎지 않은 초지로 이루어진 지역 • 하자드(hazard) : 장애지역, 벙커(bunker), 연못 • 에이프런(apron) : 그린 입구, 페어웨이와 칼라 사이에 있는 경사면으로 잔디가 짧게 깎여 있는 부분
잔디	• 그린에는 밴트그래스, 나머지는 들잔디를 사용

4) 골프 관련 용어

① 에이프런 칼라(apron collar) : 에이프런은 그린 입구, 페어웨이와 칼라 사이에 있는 경사면으로 짧게 잔디가 깎여 있는 부분
② 코스(course) : 골프장내 플레이가 허용되는 모든 구역
③ 티샷(tee shot) : 티그라운드에서 제1타를 치는 것

5) 거름주기

① 한국잔디의 경우에는 보통 5~8월에 집중적인 시비를 실시한다.
② 시비량이 늘어가기 시작할 때, 즉 생육이 앞으로 예상될 때 비료를 주는 것이 원칙이다.
③ 일반적으로 관리가 잘 된 기존 골프장의 경우 질소, 인산, 칼륨의 비율을 1:1:1 정도로 하여 시비한다.
④ 비배 관리 시 다른 요소가 충분히 있어도 하나의 요소가 부족하면 식물은 부족한 원소에 지배를 받는다.

출제예상문제

01 지표 식재로 쓰이기에 적합한 것은?

① 아랫 가지가 말라죽지 않는 상록수
② 키가 작고 지표를 밀생하게 피복하는 수종
③ 내염성이 있는 수종
④ 높은 식별성이나 상징적 의미가 있는 수종

02 경관 식재로 사용하기에 적당한 것은?

① 지하고가 낮고, 지엽이 치밀한 수종
② 생장이 빠르고 전정에 강한 수종
③ 수형이 단정하고 아름다운 꽃, 열매, 단풍이 드는 수종
④ 지하고가 낮은 심근성 수목

03 차폐 식재로 사용할 수 있는 나무의 조건으로 맞는 것은?

① 수형이 단정하고 아름다운 수종일 것
② 아랫 가지가 말라죽지 않는 상록수일 것
③ 꽃, 열매, 단풍 등이 특징적인 수종일 것
④ 높은 식별성이 있고 상징적 의미가 있는 수종

04 녹음 식재로 쓰일 수 있는 나무로 적당한 성질을 가진 것은?

① 지하고가 낮은 심근성 수종
② 낙엽 활엽수로 병충해에 강한 수종
③ 아랫 가지가 말라죽지 않는 상록수
④ 지하고 낮고 지엽이 밀생한 수종

05 방풍과 방설을 위한 나무의 조건은 어떠해야 하는가?

① 맹아력이 강한 수종
② 잎이 넓으며 밀생하는 수종
③ 병충해에 강한 수종
④ 지엽이 치밀하고 가지나 줄기가 견고한 수종

정답 01 ④ 02 ③ 03 ② 04 ② 05 ④

06 방음 식재에 어울리는 수종으로 틀린 것은?

① 지하고가 낮은 수종
② 잎이 수직방향으로 치밀한 상록 교목
③ 수형이 단정하고 아름다운 수종
④ 배기가스 등의 공해에 강한 수종

07 다음 중 방화 식재에 어울리는 조건으로 옳지 않은 것은?

① 잎이 두껍고 함수량이 많을 것
② 지하고가 낮을 것
③ 잎이 넓으며 밀생하는 수종
④ 맹아력이 강한 수종

08 지피 식재를 위한 수종으로 맞는 것은?

① 키가 큰 수종
② 1년생 식물
③ 지하고가 높을 것
④ 답압에 견디는 힘이 큰 수종

09 경계식재로 사용하는 조경 수목의 조건으로 옳은 것은?

① 지하고가 높은 낙엽활엽수
② 꽃. 열매. 단풍 등이 특징적인 수종
③ 수형이 단정하고 아름다운 수종
④ 잎과 가지가 치밀하고 전정에 강하고, 아랫 가지가 말라 죽지 않는 상록수

10 가로수로서 갖추어야 할 조건을 기술한 것 중 옳지 않은 것은?

① 강한 바람에도 잘 견딜 수 있는 것
② 사철 푸른 상록수일 것
③ 각종 공해에 잘 견디는 것
④ 여름철 그늘을 만들고 병충해에 잘 견디는 것

11 방풍림의 조성은 바람이 불어오는 주풍방향에 대해서 어떻게 조성해야 가장 효과적인가?

① 30도 방향으로 길게
② 직각으로 길게
③ 45도 방향으로 길게
④ 60도 방향으로 길게

정답 06 ③ 07 ② 08 ④ 09 ④ 10 ② 11 ②

12 고속도로의 시선 유도식재는?

① 위치를 알려준다.
② 침식을 방지한다.
③ 속력을 줄이게 한다.
④ 전방의 도로 형태를 알려준다.

13 도로 식재 중 사고방지 기능 식재에 속하지 않은 것은?

① 명암순응식재　　　　　　② 시선유도식재
③ 녹음식재　　　　　　　　④ 침입방지식재

14 가로수는 차도 가장자리에서 얼마정도 떨어진 곳에 심는 것이 가장 좋은가?

① 10cm　　② 20~30cm　　③ 40~50cm　　④ 60~70cm

15 다음의 포장재료 중 부드러운 질감을 나타내는 소재는?

① 아스팔트　　② 강자갈　　③ 콘크리트　　④ 콘크리트 타일

16 다음 중 시공 비용이 적게 드나 유지 관리비가 많이 드는 포장 형태는?

① 콘크리트포장　　　　　　② 아스팔트포장
③ 벽돌포장　　　　　　　　④ 마사토포장

17 안내표지 시설물의 고려 사항으로 맞는 것은?

① 재료, 형태, 색 등을 통일시켜 식별성을 높여야 함
② 조망이 좋고 한적한 휴게공간에 설치
③ 그늘진 곳, 습한 곳을 찾아서 설치
④ 차량 전용 도로의 위치에 설치

18 퍼걸러의 높이는 어느 정도가 적당한가?

① 1.5~2.0m　　② 2.0~2.2m　　③ 2.2~2.7m　　④ 2.7~3.2m

 12 ④　13 ③　14 ④　15 ②　16 ④　17 ①　18 ③

19 휴지통의 배치방법으로 맞는 것은?

① 벤치 1개소마다 휴지통 1개씩 설치
② 도로에서는 5m마다 휴지통 1개씩 설치
③ 벤치 2~4개소마다 휴지통 1개씩 설치
④ 도로에서는 10m마다 휴지통 1개씩 설치

20 볼라드란 무엇인가?

① 보행자 전용도로를 말한다.
② 보행인과 차량 교통의 분리를 위한 시설을 말한다.
③ 차량이 주차할 수 있는 시설물을 말한다.
④ 휴게 공간에 설치하는 편익 시설물을 말한다.

21 설계자의 의도를 개략적인 형태로 나타낸 일종의 시각언어로서 도면을 단순화시켜 상징적으로 표현한 그림을 의미하는 것은?

① 상세도 ② 다이어그램 ③ 조감도 ④ 평면도

22 디자인의 조건이 아닌 것은?

① 심미성   ② 독창성
③ 합목적성   ④ 조직성

23 차폐를 할 필요가 있을 때는?

① 아름다운 곳을 돋보이게 하기 위해
② 경관상의 가치가 없거나 너무 노출된 것을 막기 위해
③ 차경(借景)을 하기 위해
④ 통경선을 조성하기 위해

24 다음 중 일반적으로 옥상정원 설계시 일반조경 설계보다 중요하게 고려할 항목으로 관련이 적은 것은?

① 토양층 깊이   ② 방수 문제
③ 지주목의 종류   ④ 하중 문제

정답 ▶ 19 ③ 20 ② 21 ② 22 ④ 23 ② 24 ③

25 주택정원의 공간구분에 있어서 응접실이나 거실 전면에 위치한 뜰로 정원의 중심이 되는 곳이며, 면적이 거실 면적의 4~5배 되는 양지바른 곳에 위치한 공간은?

① 앞 뜰　　　　　　　　　　　② 안뜰
③ 작업 뜰　　　　　　　　　　④ 뒤뜰

26 다음 중 주택 정원에서 관목이나 초화류로 차폐 식재를 해야 할 공간은?

① 앞뜰　　　　　　　　　　　② 안뜰
③ 작업정　　　　　　　　　　④ 뒤뜰

27 퍼걸러, 정자, 벤치, 수경시설, 놀이 및 운동시설을 배치할 수 있는 공간으로 적당한 것은?

① 안뜰　　　　　　　　　　　② 앞뜰
③ 작업정　　　　　　　　　　④ 뒤뜰

28 주택 정원을 설계할 때 일반적으로 고려할 사항이 아닌 것은?

① 무엇보다도 안전 위주로 설계해야 한다.
② 시공과 관리하기가 쉽도록 설계해야 한다.
③ 특수하고 귀중한 재료만을 선정하여 설계해야 한다.
④ 재료는 구하기 쉬운 재료를 넣어 설계한다.

29 다음 중 일반적인 학교정원의 공간별 설계방법으로 가장 거리가 먼 것은?

① 앞뜰구역에는 잔디밭이나 화단, 분수, 조각물, 휴게소시설 등을 설치한다.
② 가운데 뜰 구역은 면적이 좁은 경우가 많으므로 상록성교목류의 사용을 권장 한다.
③ 뒤뜰 면적이 좁은 경우에는 음지식물 학습원을 만들 수 있다.
④ 운동장과 교실 건물 사이는 5~10m 의 녹지대를 설치하여 소음과 먼지 등을 차단시킨다.

30 옥상 정원의 인공지반 상단의 식재 토양층 조성시 사용되는 경량재가 아닌 것은?

① 버미큘라이트(Vermiculite)　　② 펄라이트(Perlite)
③ 피트(Peat)　　　　　　　　　④ 석회

정답 25 ② 26 ③ 27 ① 28 ③ 29 ② 30 ④

31 옥상정원의 환경조건에 대한 설명 중 옳지 않은 것은?

① 토양 수분의 용량이 적다.
② 토양 온도의 변동 폭이 크다.
③ 양분의 유실속도가 늦다.
④ 바람의 피해를 받기 쉽다.

32 다음 중 도시 공원 및 녹지 등에 관한 법률에서 구분한 공원 가운데 그 규모가 가장 작은 것은?

① 묘지공원　　　　　　　　　　② 체육공원
③ 근린공원　　　　　　　　　　④ 어린이 공원

33 좁고 얄팍한 목재를 엮어 1.5m 정도의 높이가 되도록 만들어 놓은 격자형의 시설물로서 덩굴식물을 지탱하기 위한 것은?

① 파고라　　② 아치　　③ 트랠리스　　④ 정자

34 콘크리트 소재의 미끄럼대를 시공할 경우 일반적으로 지표면과 미끄럼 판의 활강 부분이 이루는 각도로 가장 적합한 것은?

① 70°　　② 55°　　③ 45°　　④ 35°

35 울타리는 종류나 쓰이는 목적에 따라 높이가 다른데 일반적으로 사람의 침입을 방지하기 위한 울타리의 경우 높이는 어느 정도가 가장 적당한가?

① 20~30cm　　② 50~60cm　　③ 80~100cm　　④ 180~200cm

36 현행 주차장법 시행규칙에 의한 옥외주차장의 주차대수 1대에 해당하는 주차단위구획으로 옳은 것은?

① 2.0m×4.5m 이상　　　　　② 3.0m×5.0m 이상
③ 2.5m×4.5m 이상　　　　　④ 2.5m×5.0m 이상

37 도시공원법상 도시공원 설치 및 규모의 기준에 있어서 어린이 공원일 때 최소면적은 얼마인가?

① 500㎡　　② 1,000㎡　　③ 1,500㎡　　④ 2,000㎡

정답　31 ③　32 ④　33 ③　34 ④　35 ④　36 ④　37 ③

38 어린이 공원의 설계 기준으로 틀린 것은?

① 완만한 장소의 주택 구역 내에 위치 할 것
② 모험 놀이터는 관리나 감독상 자연적인 구성이 좋음
③ 놀이면적은 전 면적의 60% 이내로 할 것
④ 놀이시설의 종류와 규격은 기준이 규정되어 있음

39 어린이 놀이터 식재 설계 지침으로 맞는 것은?

① 냄새나 가시 없는 수종을 선정
② 밀식하여 차폐 위주 식재
③ 유지관리 힘들고 수형이 좋을 것
④ 산울타리로는 상록 교목 식재

40 공원의 종류 중 여러 가지 폐품이나 재료 등을 제공해 주어 어린이들이 직접 자르고, 맞추고, 조립하는 놀이를 통해 창의력을 가지도록 하는 공원은?

① 모험공원   ② 교통공원   ③ 조각공원   ④ 운동공원

41 다음과 같은 조건을 갖춘 공원으로 가장 적당한 것은?

- 한 초등학교 구역에 1개소 설치
- 유치거리 500m 이하
- 면적은 10,000m² 이상

① 어린이 공원   ② 근린공원   ③ 체육공원   ④ 도시자연공원

42 도시 공원의 기능 설명으로 가장 올바르지 않은 것은?

① 레크레이션을 위한 자리를 제공해 준다.
② 그 지역의 중심적인 역할을 한다.
③ 도시환경에 자연을 제공 해준다.
④ 주변 부지의 생산적 가치를 높게해 준다.

43 도시공원 및 녹지 등에 관한 법률 상 도시공원 시설의 종류 중 편익시설에 해당되는 것은?

① 관상용식수대   ② 야외극장
③ 전망대   ④ 야영장

정답 ▶ 38 ② 39 ① 40 ① 41 ② 42 ④ 43 ③

44 도시공원 및 녹지 등에 관한 법률에서 규정한 편익시설로만 구성된 공원시설들은?

① 주차장, 매점
② 박물관, 휴게소
③ 야외음악당, 식물원
④ 그네, 미끄럼틀

45 도시공원 및 녹지 등에 관한 법률상에서 정한 도시공원의 설치 및 규모의 기준으로 옳은 것은?

① 소공원의 경우 규모 제한은 없다.
② 어린이공원의 경우 규모는 500㎡ 이상으로 한다.
③ 근린생활권 근린공원의 경우 규모는 5000㎡ 이상으로 한다.
④ 묘지공원 경우 규모는 5000㎡ 이상으로 한다

46 묘지공원의 설계 지침으로 가장 올바른 것은?

① 장제장 주변은 기능상 키가 작은 관목만을 식재한다.
② 산책로는 이용하기 좋게 주로 직선화 한다.
③ 묘지 공원내는 경건한 분위기를 위해 어린이 놀이터 등 휴게시설 설치를 일체 금지시킨다.
④ 전망대 주변에는 큰 나무를 피하고, 적당한 크기의 화목류를 배치한다.

47 묘지공원의 설계 기준으로 틀린 것은?

① 정숙하고 밝은 곳에 조성
② 장래의 시가지화 전망이 있는 곳
③ 일반 교통 노선이 묘지 공원을 통과 하지 않게 한다.
④ 토지의 취득과 관리 쉬운 곳

48 국립공원의 발달에 기여한 최초의 미국 국립공원은?

① 엘로우스톤
② 요세미티
③ 센트럴파크
④ 보스톤 공원

49 다음 중 자원 지향적 성격을 가진 공원은?

① 어린이 공원
② 근린공원
③ 옥상공원
④ 자연공원

 44 ① 45 ① 46 ④ 47 ② 48 ① 49 ④

50 도시 자연공원에서 시설물이 차지하는 면적은?

① 대상 면적의 10% 이내   ② 대상 면적의 20% 이내
③ 대상 면적의 30% 이내   ④ 대상 면적의 40% 이내

51 우리나라 최초의 국립공원은 무엇인가?

① 설악산 국립공원   ② 덕유산 국립공원
③ 다도해 국립공원   ④ 지리산 국립공원

52 유네스코에 국제생물권 보존지역으로 지정한 국립공원은?

① 오대산 국립공원   ② 설악산 국립공원
③ 치악산 국립공원   ④ 지리산 국립공원

53 자연 공원을 용도 지구별로 나누었을 때 해당되지 않는 공간은?

① 자연탐승지구   ② 자연보존지구   ③ 취락지구   ④ 집단시설지구

54 공원 입장자에 대한 편익제공 시설이 있는 자연공원의 지구는?

① 자연보존지구   ② 자연환경지구   ③ 집단시설지구   ④ 취락지구

55 자연 공원에서 조경 사업을 해야 할 공간으로 맞지 않은 곳은?

① 진입부   ② 자연보존지구
③ 집단시설지구   ④ 휴게공간

56 인공지반에 식재된 식물과 생육에 필요한 식재토심이 바르게 표시된 것은?(단, 배수구배는 1.5~2.0%이다.)

	자연토양 사용시	인공토양 사용시
① 잔디/초본류	15cm 이상	10cm 이상
② 소관목	25cm 이상	20cm 이상
③ 대관목	40cm 이상	25cm 이상
④ 교목	60cm 이상	45cm 이상

정답 50 ② 51 ④ 52 ② 53 ① 54 ③ 55 ② 56 ①

57 가로1m × 세로10m의 공간에 H0.4m × W0.5 규격의 철쭉으로 생울타리를 만들려고 하면 사용되는 철쭉의 수량은?

① 약 20주　　② 약 40주　　③ 약 80주　　④ 약 120주

58 보행자 2인이 나란히 통행하는 원로의 폭으로 가장 적합한 것은?

① 0.5~1.0m　　② 1.5~2m　　③ 3.0~3.5m　　④ 4.0~4.5m

59 계단공사에서 발판 높이를 20cm로 했을 때 발판 폭으로 가장 알맞은 것은?

① 10~15cm　　② 20~25cm　　③ 30~35cm　　④ 40~45cm

60 모래밭 조성에 관한 설명이다. 가장 옳지 않는 것은?

① 하루에 4 – 5시간의 햇볕이 쬐고 통풍이 잘되는 곳에 설치한다.
② 모래밭은 가능한 휴게시설에서 멀리 배치한다.
③ 모래밭의 깊이는 놀이의 안전을 고려하여 30cm 이상으로 한다.
④ 가장자리는 방부 처리한 목재를 사용하여 지표보다 높게 모래막이 시설을 해준다.

61 다음 중 마운딩(moundng)의 기능으로 가장 거리가 먼 것은?

① 배수 방향을 조절　　② 자연스러운 경관을 조성
③ 공간기능을 연결　　④ 유효토심 확보

62 다음 중 기본 설계과정에 대하여 올바르게 나타낸 것은?

① 설계원칙의 추출 → 입체적 공간의 창조 → 공간 구성 다이어그램의 순으로 진행된다.
② 공간별 배치 및 공간 상호간의 관계를 보여주는 것이 입체적 공간의 창조 과정이다.
③ 평면도 작성을 위해서는 단지 설계 및 지형변경에 관한 기초지식이 많이 요구된다.
④ 공간구성 다이어그램은 설계의 표현적 창의력이 가장 많이 작용하는 단계이다.

63 조경설계에서 보행인의 흐름을 고려하여 최단거리의 직선 동선(動線)으로 설계하지 않아도 되는 곳은?

① 대학 캠퍼스 내　　② 축구경기장 입구
③ 주차장, 버스정류장 부근　　④ 공원이나 식물원

정답 57 ②　58 ②　59 ②　60 ②　61 ③　62 ③　63 ④

64 골프장 코스 중 출발지점을 말하는 것은?

① 티이(tee) ② 그린(green)
③ 페어웨이(fair way) ④ 하자드(hazard)

65 티와 그린 사이에 짧게 깎은 잔디지역을 무엇이라 하는가?

① 페어웨이 ② 러프 ③ 하자드 ④ 벙커

66 거친 질감을 주는 깎지 않은 초지로 이루어진 지역을 무엇이라 하는가?

① 하자드 ② 러프 ③ 페어웨이 ④ 그린

67 그린에 가장 많이 이용되고 있는 잔디는 무엇인가?

① 들잔디 ② 버뮤다 그래스
③ 라이 그래스 ④ 크리핑 벤트 그래스

68 다음 중 골프장에서 잔디와 그린이 있는 곳을 제외하고 모래나 연못 등과 같이 장애물을 설치한 곳을 가리키는 것은?

① 페어웨이 ② 하자드 ③ 벙커 ④ 러프

69 종합 연습장이 있고 골프 시합개최가 가능한 대규모 골프 코스는?

① 선수권코스 ② 정규코스 ③ 실행코스 ④ 비정규코스

70 골프장의 설계 기준으로 틀린 것은?

① 구릉지, 호수, 하천이 있어야 한다.
② 방위는 잔디 위해 남사면 또는 남동사면이 좋다.
③ 관개용 용수가 풍부하고 쉽게 구할 수 있어야 한다.
④ 토질이 나빠도 골프장 조성에 지장을 주지는 않는다.

정답 64 ① 65 ① 66 ② 67 ④ 68 ② 69 ① 70 ④

02 조경재료

01 조경재료의 특성

가. 생물재료(식물재료)의 특성

구분	내용	구분	내용
자연성	새싹, 개화, 결실, 단풍, 낙엽의 생명활동	연속성	생장과 번식을 계속하는 변화
조화성	형태, 색채, 종류 등 다양하게 변화하며 조화	비규격성	생물로서의 소재 특이성 지님

나. 무생물재료(인공재료)의 특성

구분	내용
균일성	재질이 균일하다.
불변성	거의 변화가 없다.
가공성	언제나 가공이 가능하다.

02 식물재료

가. 식물재료 관련 용어 및 분류

1) 식물재료 용어

구분	특징
단성화	• 암술, 수술 중 한쪽만을 갖는 꽃

구분	특징
양성화	• 암술, 수술 모두 갖는 꽃
자웅동주 (암수한그루)	• 한 그루에서 암수꽃이 함께 핌 • 밤나무, 자작나무, 무화과 등
자웅이주 (암수딴그루)	• 암꽃과 수꽃이 각자 다른 나무에서 핌 • 은행나무, 버드나무, 물푸레나무 등

2) 식물재료 분류

구분	특징
재배식물	이용할 목적을 가지고 인위적으로 재배하여 기르는 식물
귀화식물	재배를 목적으로 인위적으로 외국에서 들여온 식물로 기존 식물과 어느 정도 안정된 상태를 이룬 식물
외국식물	외국에서 자생하는 식물
외래식물	다른 지방에서 자생하는 것을 도입한 식물

나. 번식방법

1) 종자번식

① 종자번식의 장·단점

장점	단점
• 대량 번식이 가능하다. • 취급이 간편하고 수송과 저장이 용이하다.	• 유전적 변이가 발생할 수 있다. • 품종 고유의 형질을 계속 유지하기 어렵다. • 개화 결실에 이르는 기간이 길다.

② 종자번식의 종류
   ㉮ 자가수정
   ㉯ 타가수정

2) 영양번식

① 영양번식의 장·단점

장점	단점
• 유전적 변이 없이 모체와 똑같은 개체를 얻을 수 있다. • 병충해를 막고 환경 적응성을 높여 준다.	• 증식율이 낮다. • 바이러스 감염되면 제거가 불가능 하다. • 저장, 운반이 어렵고 번식에 기술이 필요하다.

② 영양번식 종류
  ㉮ 삽목
    • 종류는 엽삽, 경삽, 근삽 등이 있다.
    • 실생묘에 비해 개화, 결실이 빠르다.
    • 동일 형질의 개체를 일시에 다수 번식시킬 수 있는 장점이 있지만 수명이 짧거나 왜성화 될 수 있는 단점이 있다.
    • 봄에는 싹트기 전(3월경), 여름에는 생장이 일시 정지하는 장마철(6~7월), 가을에는 휴면에 들어가기 전(9~10월)에 실시한다.
    • 20~30℃의 온도와 포화 상태에 가까운 습도 조건이면 항시 가능하다.
    • 일반적으로 종자가 딱딱하거나 유실수, 교목류 등은 꺾꽂이가 잘 되지 않는다.
  ㉯ 접목
    • 접목의 장·단점

장점	단점
• 동일형질개체 다수 증식 • 씨가 없거나 삽목이 어려운 식물 증식 가능 • 개화, 결실 촉진 • 수세조절 및 결과 향상 • 병충해 및 풍토해 저항성 증대	• 기술적으로 다소 어렵다. • 일시에 다량 생산이 불가능하다. • 수명이 짧다. • 친화성이 있는 수종만 가능하다.

    • 종류

- 취목

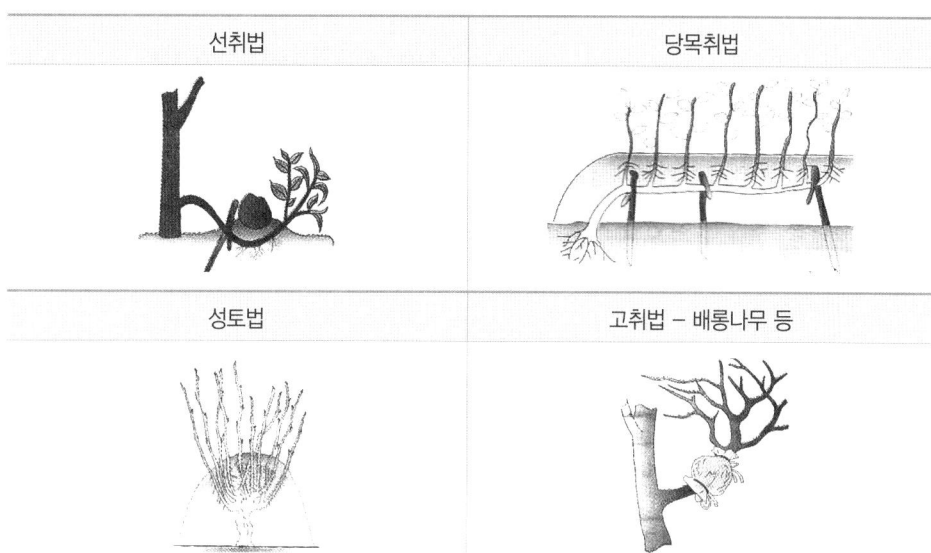

■ 수목의 종자 발아에 영향을 미치는 요소

온도, 수분, 산소

■ 조경 수목의 옛 용어
- 자미(紫薇)–배롱나무
- 옥란(玉蘭)–백목련
- 산다(山茶)–동백
- 부거(芙渠)–연(蓮)

다. 조경수목의 분류

1) 식물 성상에 따른 분류

① 나무 고유의 모양

㉮ 교목 : 뚜렷한 원줄기를 가지고 있음, 대체적으로 2m 이상인 나무

㉯ 관목 : 뿌리 부근에서 여러 줄기가 나와 줄기와 가지 구별이 힘든 것

㉰ 덩굴성 식물 : 스스로 서지 못하고 다른 물체를 감아 올라가는 식물

<u>소교목</u>

교목이라도 6~7m 정도밖에 자라지 못하는 나무로 동백나무, 단풍나무, 산수유, 배롱나무, 자귀나무, 백목련, 대추나무 등이 있다.

② 식물 분류상으로 분류(잎의 모양에 따른 분류)
  ㉮ 침엽수(겉씨식물, 나자식물) : 일반적으로 잎이 바늘처럼 뾰족한 피침형, 은행나무는 잎이 넓지만 침엽수에 속한다.
  ㉯ 활엽수(속씨식물, 피자식물) : 일반적으로 잎이 손바닥처럼 넓다. 위성류는 잎이 피침형이지만 활엽수에 속한다.

▲ 침엽수

▲ 활엽수

③ 잎의 생태적 특성에 따른 분류
  ㉮ 상록수 : 일 년 내내 푸른 잎을 달고 있는 나무
  ㉯ 낙엽수 : 가을철 생리 현상으로 잎이 모두 떨어지는 나무

2) 관상면으로 본 분류
  ① 꽃을 감상하는 나무
    ㉮ 봄꽃
      • 낙엽활엽교목(낙활교) : 목련, 왕벚나무, 이팝나무, 산사나무, 매화나무, 산수유 등
      • 낙엽활엽관목(낙활관) : 진달래, 개나리, 생강나무, 풍년화, 박태기나무, 철쭉, 명자나무, 수수꽃다리, 조팝나무 등
    ㉯ 여름꽃
      • 낙엽활엽교목(낙활교) : 자귀나무, 석류나무, 마가목, 산딸나무, 층층나무, 백합나무, 배롱나무 등
    ㉰ 가을 꽃
      • 낙엽활엽관목(낙활관) : 무궁화, 부용 등
      • 상록활엽교목(상활교) : 금목서 등
      • 상록활엽관목(상활관) : 팔손이 등
    ㉱ 겨울 꽃
      • 상록활엽교목(상활교): 동백나무 등
  ② 열매를 관상하는 나무
    ㉮ 빨간열매 : 피라칸사, 화살나무, 사철나무, 낙상홍, 석류나무, 주목, 산딸나무, 팥배나무, 마가목, 산수유, 감나무, 생강나무(붉은색→검정색), 감탕나무, 식나무, 노박덩굴 등
    ㉯ 노란열매 : 탱자나무, 모과나무, 살구나무 등
  ③ 단풍을 감상하는 나무
    ㉮ 빨간단풍 : 단풍나무, 중국단풍, 복자기나무, 담쟁이덩굴, 붉나무, 옻나무, 화살나무, 마가목, 산딸나무, 낙상홍, 매자나무 등

④ 노란단풍 : 은행나무, 고로쇠나무, 계수나무, 벽오동, 네군도단풍, 백합나무, 배롱나무 등
④ 수피를 관상하는 나무
  ㉮ 흰색, 또는 청녹색 : 백송, 자작나무, 현사시나무, 플라타너스, 분비나무, 서어나무, 식나무, 벽오동, 황매화, 모과나무, 왕벚나무 등

3) 이용상으로 본 분류
  ① 산울타리 및 은폐용 수종
    ㉮ 정의 : 도로, 옆집과의 경계 또는 담장 구실하면서 불결한 곳을 가려주는 역할
    ㉯ 조건
      • 되도록 상록수이면서 지엽이 치밀한 수종
      • 맹아력이 강하고 아랫가지가 오래갈 것
      • 성질이 강하고 번식이 용이할 것
    ㉰ 수종 : 측백, 화백, 향나무, 사철나무, 회양목, 꽝꽝나무, 쥐똥나무, 개나리, 명자나무, 무궁화, 주목, 호랑가시나무, 매자나무 등

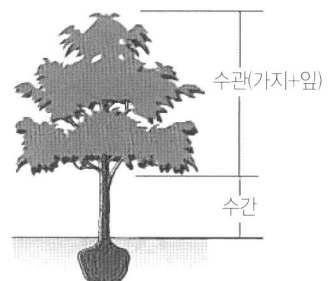
▲ 조경 수목의 수형 구성

  ② 녹음용 수종
    ㉮ 정의 : 여름철 강한 햇빛 조절을 위한 나무
    ㉯ 조건
      • 여름에 짙은 녹음, 겨울은 잎이 지는 낙엽수
      • 수관이 크고 잎이 치밀하며 지하고가 높은 활엽수
    ㉰ 수종 : 플라타너스, 백합나무, 칠엽수, 벽오동, 은행나무, 일본목련, 팽나무, 느티나무, 단풍나무 등 여름철 강한 햇빛 조절을 위한 나무

▲ 산울타리(생울타리)

  ③ 방음용 수종
    ㉮ 정의 : 시가지 및 도로변의 소음차단 및 감소를 위한 나무
    ㉯ 조건
      • 지하고가 낮으며 잎이 치밀한 상록교목
      • 자동차 배기가스에 견디는 힘이 강할 것
    ㉰ 수종 : 구실잣밤나무, 녹나무, 식나무, 아왜나무, 동백나무 등
  ④ 방풍용 수종
    ㉮ 정의 : 강한 바람을 막기 위한 나무
    ㉯ 조건
      • 줄기나 가지가 강한 심근성 수종
      • 실생 수종일 것
      • 가옥의 추녀 높이보다 높게 자랄 것

ⓒ 수종 : 구실잣밤나무, 가시나무, 녹나무, 식나무, 아왜나무, 동백나무 등 상록 활엽수
　⑤ 방화용 수종
　　ⓐ 정의 : 화재 시 옆집으로 번지거나 연소시간의 지연을 목적으로 식재하는 나무
　　ⓑ 조건
　　　• 가지가 많고 잎이 무성할 것
　　　• 수분이 많은 상록활엽수
　⑥ 가로수용 수종
　　ⓐ 정의 : 자동차나 보행자에게 녹음 제공, 시선유도, 방음, 방화, 도시수식의 목적으로 심는 나무
　　ⓑ 조건
　　　• 수형, 잎 모양, 색깔이 좋은 낙엽 교목일 것
　　　• 전정과 병충해, 공해에 강할 것
　　　• 불량 토양에서도 생육이 강하고 내답압성이 있을 것
　　ⓒ 수종 : 왕벚나무, 은행나무, 느티나무, 가중나무, 느릅나무, 백합나무, 회화나무, 벽오동, 계수나무, 칠엽수, 중국단풍 등
　⑦ 방사(防砂), 방진(防塵)용 수종
　　ⓐ 정의 : 모래나 먼지 등을 막기 위해 식재하는 나무
　　ⓑ 조건
　　　• 생장이 빠르고 뿌리 뻗음이 좋은 수종
　　　• 수관이 크고 지엽이 치밀한 수종
　　　• 지엽이 바람에 쉽게 손상되지 않는 수종
　　ⓒ 수종 : 쥐똥나무, 사철나무, 동백나무, 아왜나무, 굴거리나무 등

라. 조경수목의 특성

1) 수형 : 나무 전체의 생김새로 수관과 수간에 의해 결정

구분	주요 수종
원추형	낙우송, 삼나무, 전나무, 메타세콰이아, 독일가문비, 낙엽송(일본잎갈나무), 주목 등
우산형	편백, 화백, 반송, 층층나무, 왕벚나무, 매화나무 등
구형	녹나무, 가시나무, 수수꽃다리, 화살나무 등
난형	백합나무, 동백나무, 태산목, 계수나무, 목련, 박태기나무 등
원주형	포플러류, 무궁화 등
배상형	느티나무, 가중나무, 단풍나무, 배롱나무, 산수유, 자귀나무 등
능수형	능수버들, 용버들, 수양벚나무 등

구분	주요 수종
만경형	능소화, 담쟁이덩굴, 등나무, 으름덩굴, 인동 등
포복형	눈향나무, 눈주목 등

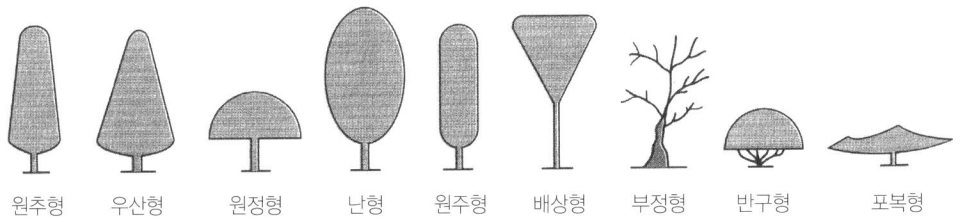

▲ 자연 수형의 여러 가지 모양

- **관목** : 구형, 반구형이 많음
- **포복형** : 누운향나무, 누운주목
- **원추형, 우산형** : 주로 침엽수에 해당

① 수관 : 가지와 잎이 뭉쳐서 이루어진 부분, 가지의 생김새에 의해 수관의 모양이 달라짐
  ㉮ 상향형 : 가지와 원줄기가 평행에 가까운 것(ex: 미루나무)
  ㉯ 사향형 : 가지가 원줄기에 비스듬한 각도 유지(ex: 일반적)
  ㉰ 수평형 : 원줄기와 가지가 수평(ex: 독일가문비, 히말라야시다)
  ㉱ 분산형 : 일정 높이에서 가지가 사방에 분산(ex: 느티나무)
  ㉲ 능수형 : 가지가 지면을 향해 늘어져 자라는 것(ex: 능수버들)
② 수간 : 줄기와 뿌리 솟음의 2가지 요소로 이루어지며, 줄기 생김새나 갈라진 수에 따라 수형이 달라짐
  ㉮ 직간 : 줄기가 똑바로 곧게 자란 것
  ㉯ 사간 : 직간이 비, 바람 등에 의해 옆으로 비스듬히 자란 것
  ㉰ 곡간 : 줄기에 자연적인 곡선이 나타나는 것

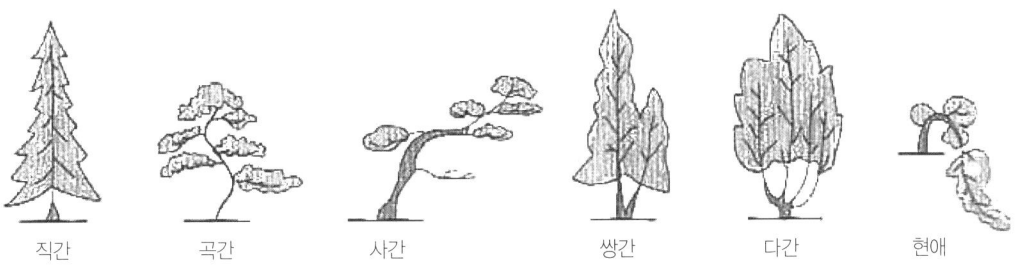

▲ 수간(줄기모양)에 따른 수형

㉣ 쌍간 : 줄기가 2개로 갈라진 것
　　　㉤ 다간 : 줄기가 여러 개로 갈라진 것
　　　㉥ 포기자람 : 철쭉류와 같이 지면에서 여러 갈래로 나온 것
　　　㉦ 총립 : 포기자람과 같으나 그보다 한층 크게 자라는 박태기나무와 같은 관목류
　　　㉧ 현애 : 줄기가 아래로 늘어지는 생김새
　③ 수형의 분류
　　　㉮ 자연수형: 나무가 자란 그대로의 수형으로 정형과 부정형이 있다.
　　　㉯ 인공수형: 인위적으로 만든 수형으로 대표적으로 토피어리(Topiary)가 있다.

▲ 토피어리(Topiary)

2) 줄기의 색채
　① 백색계통 : 자작나무, 백송, 분비나무, 플라타너스, 서어나무, 등나무, 동백나무 등
　② 청록색계통 : 식나무, 벽오동, 황매화 등
　③ 갈색계통 : 편백, 배롱나무, 철쭉 등
　④ 적갈색계통 : 소나무, 주목, 삼나무, 섬잣나무, 잣나무, 모과나무 등
　⑤ 흑갈색계통 : 해송, 가문비나무, 독일가문비, 히말라야시다 등

■ **토피어리(Topiary)**
- 맹아력이 강한 나무를 인체나 동물의 모양을 본따서 인위적인 모양을 만든 나무로 형상수라고도 한다.
- 주요소종 : 향나무, 주목, 회양목 등

■ **뿌리솟음**
- 줄기의 기부가 굵어지면서 뿌리가 지상으로 솟는 현상
- 이유 : 줄기 스스로의 무게에 의한 쓰러짐을 막고, 뿌리의 생육에 필요한 산소 흡수 위한 생리적 현상
- 수종 : 소나무, 해송, 느티나무, 낙우송

▲ 뿌리솟음현상

---

3) 신록, 개화, 단풍
　① 신록
　　　㉮ 백색 : 은백양나무, 보리수나무
　　　㉯ 적갈색 : 홍단풍나무, 산벚나무

② 개화
　㉮ 봄에 꽃이 피는 나무
　　• 개화 전년도의 6~8월 사이에 분화
　　• 기온이 높고 건조한 여름철에는 꽃눈이 분화가 잘 됨
　㉯ 초여름부터 가을에 걸쳐서 꽃이 피는 나무
　　• 당년에 자란 가지에 꽃 피는 수종
　　• 수종 : 장미, 무궁화, 배롱나무, 나무수국, 능소화, 대추나무, 포도, 감나무, 등나무, 불두화, 싸리, 찔레나무 등

　■ **철쭉** : 철쭉은 반드시 꽃이 질 무렵에 전정을 하여야 이듬해에 꽃을 볼 수 있다.
　■ **소나무** : 소나무는 단성화이며 한그루에서 암꽃과 수꽃이 함께 피는 암수 한그루(자웅동주) 수종이다.

③ 단풍 : 가을에 맑은 날이 계속되고 낮과 밤의 기온차가 심한 지역이 단풍이 잘 든다.
　㉮ 홍색계통 : 화살나무, 담쟁이덩굴, 단풍나무류, 감나무, 옻나무, 붉나무, 산딸나무, 왕벚나무, 마가목 등
　㉯ 황색계통 : (붉은)고로쇠나무, 은행나무, 느티나무, 백합나무, 갈참나무, 계수나무, 미루나무, 배롱나무, 층층나무, 자작나무, 칠엽수, 벽오동 등
④ 낙엽 : 잎이 오래되어 동화작용이 쇠약해지거나 환경조건, 영양상태 등이 불량해져서 잎이 떨어지는 현상
　㉮ 낙엽수 : 잎이 낡아서 동화작용이 쇠약해 지거나 환경조건, 영양상태 등이 나빠지면서 낙엽이 생김
　㉯ 상록수 : 1년 이상 묵은 잎이 새 잎으로 인하여 낙엽이지며 낙엽 기간은 낙엽수보다 오히려 길다.

4) 수세
① 생장속도
　㉮ 생장이 빠른 수종 : 가중나무, 낙우송, 삼나무, 오동나무, 자귀나무, 배롱나무 등
　㉯ 생장이 느린 수종 : 주목, 비자나무 등
② 맹아성 : 가지나 줄기가 상해를 입으면 그 부근에서 숨은 눈이 커져 싹이 나옴. 맹아력이란 싹 트는 힘으로써 맹아력이 강한 나무는 전정에 잘 견디므로 산울타리나 토피어리로 이용된다.
　㉮ 맹아력이 강한 나무 : 주목, 향나무, 회양목, 화백, 사철나무, 쥐똥나무, 개나리, 플라타너스, 모과나무, 탱자나무, 능수버들, 무궁화 등
　㉯ 맹아력이 약한 나무 : 소나무, 비자나무, 자작나무, 벚나무, 칠엽수, 살구나무, 감나무 등

③ 이식 : 한 장소에 있는 나무를 다른 장소로 옮겨 심는 것을 이식이라 하며 뿌리의 재생력이 강한 나무일수록 이식이 잘 된다.
　㉮ 이식이 쉬운 수종 : 플라타너스, 은행나무, 낙우송, 메타세콰이아, 향나무, 측백나무, 편백나무, 벽오동, 버드나무, 쥐똥나무, 사철나무, 명자나무, 철쭉, 무궁화 등
　㉯ 이식이 어려운 수종 : 독일가문비, 감나무, 자작나무, 자귀나무, 떡갈나무, 칠엽수, 백송, 소나무, 백합나무, 목련, 굴참나무, 전나무 등

5) 향기

꽃이나 열매, 잎의 향기는 아름다운 경관과 더불어 후각을 자극해 준다.

구분		주요 수종
꽃향기	봄	서향(천리향), 매화나무, 수수꽃다리, 목련 등
	가을	금목서 등
열매향기		녹나무, 모과나무 등

6) 질감(Texture)
① 질감이 거친 수종(잎이 큰 것이 특징) : 플라타너스, 벽오동, 칠엽수, 태산목, 팔손이나무 등
② 질감이 고운 수종 : 소나무, 삼나무, 편백, 화백, 철쭉류 등

7) 조경 수목의 구비 조건
① 수형이 아름답고 실용적이어야 할 것　② 이식이 쉽고 잘 자랄 것
③ 불리한 환경에서의 적응성이 클 것　④ 쉽게 다량으로 구할 수 있을 것
⑤ 병충해에 강할 것　⑥ 다듬기 작업에 견디는 성질이 좋을 것

8) 조경 수목의 규격 표시

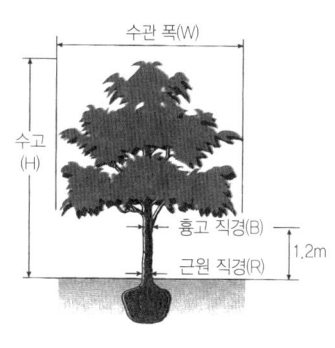

구분	약칭	단위	정의
수고	H	m	지표면에서 수관의 정상 까지의 수직 길이
수관폭	W	m	수관의 직경 폭
흉고직경	B	cm	지표면에서 1.2m 부위의 수간 직경
근원직경	R	cm	표면 부위의 수간 직경
수관길이	L	m	수관이 수평으로 생장하는 특성을 가진 조형된 수관의 최대 길이
교목성	수고(m) × 흉고직경(cm) / 수고(m) × 근원직경(cm)		
관목성	수고(m) × 수관폭(m)		
묘목	줄기 길이(cm) × 근원직경(cm)		

▲ 조경 수목의 규격 표시

성상	규격 표시	적용 수종
교목	H × B	가중나무, 계수나무, 메타세콰이아, 벽오동, 수양버들, 벚나무, 은단풍, 은행나무, 자작나무, 백합나무(튤립나무), 플라타너스 등
	H × R	소나무, 꽃사과, 느티나무, 목련, 산수유, 단풍나무, 자귀나무 등
	H × W	향나무, 전나무, 주목, 측백나무 등 상록수
관목	H × W	일반관목
	H × R	노박덩굴, 능소화
	H × W × L	눈향나무
	H × 가지수	개나리, 덩굴장미
만경목	H × R	등나무
묘목	간장 × R × 근장	간장 : 지표에서 묘목 눈까지의 길이, 근장 : 뿌리의 길이

9) 수목의 규격 측정 기구

명칭	특징	사진
윤척	흉고 및 근원직경 측정 기구	
지름테이프	수목의 둘레를 돌려서 직경을 재는 줄자	
순또측고기 (순토측고기)	• 수고측정 및 지형의 경사도 측정 • 2개의 눈금자가 있으며 왼쪽 눈금은 수평거리가 20m, 오른쪽 눈금은 15m 일 때 사용 한다.	
하가측정기 (하고측고기)	나무 높이와 수고 경사를 측정하는 장비로 수고 측정 시 기준 거리는 15m, 20m, 25m, 30m 로 정해져 있다.	
측고봉	수고를 직접 측정하는 기구로서 조립식 장대에 눈금이 새겨진 측정 도구	

마. 조경 수목과 환경

1) 기온

① 난대림 : 녹나무, 동백나무, 가시나무, 돈나무, 감탕나무 등

② 한대림 : 잣나무, 전나무, 주목, 가문비나무, 분비나무, 이깔나무, 종비나무 등

2) 광선

① 음수 : 주목, 전나무, 비자나무, 독일가문비, 팔손이, 사철나무, 회양목, 굴거리나무, 광나무, 가시나무, 녹나무, 동백나무, 후박나무, 호랑가시나무 등

② 양수 : 소나무, 향나무, 낙엽송, 가중나무, 자작나무, 석류나무, 플라타너스, 느티나무 등

- 대부분의 침엽수는 음수이다. 단, 소나무, 향나무, 낙엽송, 메타세콰이아, 낙우송 제외
- 대부분의 남부수종은 상록활엽수 이면서, 음수이면서, 심근성 수종이다.

■ **마로니에 & 칠엽수** : 마로니에는 지중해 (그리스) 원산의 양수이며 열매에 가시가 있고, 칠엽수는 일본 원산의 음수이며 열매에 가시가 없다.

3) 바람

① 방풍림 : 수림대 위쪽은 수고의 6배 내외의 거리, 아래쪽은 수고의 25~30배 거리가 방풍 효과의 범위이며 가장 큰 효과는 수림대 아래쪽 수고의 3~5배에 해당하는 지점이다.

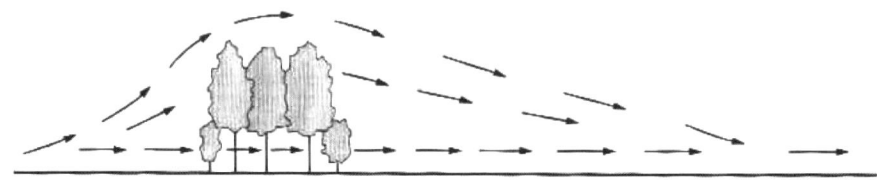

▲ 수림대와 바람의 흐름

② 수목의 내풍성

㉮ 내풍력이 큰 수종 : 갈참나무, 떡갈나무, 상수리나무, 느티나무, 밤나무 등

㉯ 내풍력이 작은 수종 : 미루나무, 아카시아, 버드나무, 양버들 등

4) 수분

① 습지에 강한 수종(내습성강) : 낙우송, 메타세콰이아, 나무수국, 계수나무, 수양버들, 위성류, 오동나무 등

② 건조지에 강한 수종(내건성강) : 소나무, 향나무, 노간주나무, 가중나무, 자작나무, 사시나무 등

5) 토양

① 토양의 단면

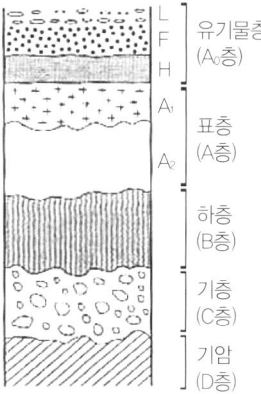

구분	상태
A₀층(유기물층)	• A층 위의 유기물 집적층 • L층(낙엽층), F층(조부식층), H(정부식층)으로 나뉨
A층(표층, 용탈층)	• 토양의 표면이 되는 부분 • 많은 성분이 씻겨 내려간 토층으로 식물의 썩은 부분이 모여 있어서 검은 빛을 띤다.
B층(하층, 집적층)	• A층으로부터 용탈된 물질이 쌓인 층
C층(기층, 모재층)	• A층과 B층을 이루는 암석이 풍화된 그대로 이거나 풍화 도중에 있는 모재층
D층(기암, 모암층)	• C층 밑의 암석층

▲ 토양 단면 모식도 및 구분

② 토양의 구조

㉮ 판상구조(platy) : 층층이 쌓이 퇴적물이 판을 이루며 수평방향 크기가 수직방향 크기보다 큰 입단구조를 가짐

㉯ 괴상구조(blocky) : 크게 응집한 토괴로서 광석에서 볼 수 있는 구조, 모서리가 각진형과 둥근형으로 구분됨

㉰ 입상구조(granular) : 입자가 아주 작은 크기로 동글동글한 다면체를 보이는 공극이 적은 구조로 식물 생육에 가장 적당하다.

③ 토양의 구성

㉮ 토양은 무기물과 유기물의 고상(固相), 토양 공기의 기상(氣相), 토양 수분의 액상(液相)으로 구성되어 있으며 고상비율 50%, 액상비율 25%, 기상비율 25%의 비율로 나뉘어져 있다.

㉯ 식물 생육에 알맞은 토양의 용적 비율

광물질	유기질	공기	수분
45	5	20	30

④ 토양수분

㉮ 결합수(PF 7.0) : 토양의 고체 분자를 구성하는 수분으로 100℃ 이상 가열해도 분리시킬 수 없어 식물이 이용할 수 없다.

㉯ 흡습수(PF 4.5~7) : 100℃로 가열하면 분리시킬 수 있으며 작물이 거의 이용하지 못한다.

㉰ 모세관수(PF 2.52~4.5) : 모관수라고도 부르며 작물이 주로 이용하는 유효 수분이다.

㉱ 중력수(PF 0~2.52) : 자유수라고도 부르며 중력에 의하여 토양층 아래로 내려가는 수분을 말한다.

⑤ 토양양분
- ㉮ 척박지에 견디는 수종 : 소나무, 오리나무, 버드나무, 자작나무, 등나무, 아까시나무, 보리수나무, 자귀나무 등 (콩과식물)
- ㉯ 비옥지를 좋아하는 수종 : 주목, 측백나무, 벽오동, 벚나무, 철쭉, 불두화 등
- ㉰ 비료목 : 근류균을 가지고 있어 공기 중의 질소를 끌어서 지력을 증진시킬 수 있는 수종을 말하며 다릅나무, 싸리나무, 보리수, 박태기, 등나무, 자귀나무, 아까시나무, 칡 등이 있으며 콩과 식물 대부분이 해당된다.

■ **강우강도**
- 강우의 세기로서 단위 시간당 내린 비의 양을 말하며 토양 침식에 큰 영향을 미친다.
- 단위 시간으로는 1시간 또는 10분 단위가 많이 사용되며, 보통 mm/hr 혹은 mm/10min으로 나타낸다.

■ **수목의 양료 요구도**
유실수 〉활엽수 〉침엽수 〉소나무류

⑥ 토양산도
- ㉮ 강산성에 견디는 수종 : 소나무, 해송, 잣나무, 전나무, 진달래, 상수리나무, 밤나무, 낙엽송 등
- ㉯ 알칼리성에 견디는 수종 : 낙우송, 회양목, 조팝나무, 개나리, 가래나무, 단풍나무 등
⑦ 토심
- ㉮ 심근성 수종 : 소나무, 전나무, 벽오동, 은행나무, 느티나무, 백합나무, 모과나무, 상수리나무, 후박나무, 동백나무 등
- ㉯ 천근성 수종 : 독일가문비, 자작나무, 미루나무, 버드나무, 현사시나무 등

6) 대기오염
① 대기오염물질
- ㉮ 아황산가스(SO_2), 일산화탄소(CO), 질소산화물(NO_2), 탄화수소(HC), 황화수소(HS), 염소(Cl_2) 등이 있으며 특히 아황산가스의 피해가 크다.
- ㉯ 아황산 가스에 의한 피해는 활엽수는 잎의 끝부분과 엽맥 사이 조직의 괴사, 침엽수는 물에 젖은 듯한 모양과 변색이 특징이다.
② 수종별 공해 저항성
- ㉮ 아황산가스에 강한 수종 : 편백, 화백, 가이즈카향나무, 플라타너스, 은행나무, 가중나무, 벽오동, 가시나무, 사철나무, 쥐똥나무 등
- ㉯ 아황산가스에 약한 수종 : 독일가문비, 소나무, 삼나무, 전나무, 히말라야시더(개잎갈나무), 느티나무, 자작나무, 왕벚나무, 단풍나무 등

7) 염해
  ① 내염성이 큰 수종 : 비자나무, 곰솔(해송), 모감주나무, 사철나무, 쥐똥나무, 녹나무, 아왜나무, 광나무, 꽝꽝나무, 태산목, 해당화 등
  ② 내염성이 작은 수종 : 독일가문비, 소나무, 단풍나무, 버드나무, 백목련, 자목련, 일본목련 등

바. 시험에 1회 이상 출제된 수종

1) 수목

수목명	특징	사진
미선나무	• 우리나라에서만 자라는 한국 특산 식물로 지구상에 1속 1종만 존재한다. • 물푸레나무과 낙엽관목이며 3월에 잎보다 먼저 피는 흰색꽃이 아름다우며, 열매의 모양이 둥근 부채를 닮았다 하여 미선(尾扇)나무라고 불린다.	
배롱나무	• 7월에 개화하는 부처꽃과 수종으로 꽃이 100일간다고 하여 목백일홍 이라고 불린다. • 수피가 얇아 추위에 약하고 간즈름 나무라고도 불린다.	
팔손이	• 극음수로서 10월에 흰색 꽃이 피는 두릅나무과의 상록 관목이다.	
흰말채나무	• 층층나무과의 낙엽활엽 관목으로 겨울이 되면서 수피가 붉은 색으로 변한다. • 5월의 흰색꽃과 9월의 흰색 열매가 열린다. • 잎은 대생하며 표면에 작은 털이 있다.	
국수나무	• 장미과 수종으로 흰색 계열의 작은 꽃은 5~6월에 피고 가을에 붉은 계통의 단풍잎 또는 관상가치가 있으며 음지 사면에 식재한다.	
벽오동	• 중국 원산지로써 수피가 녹색이고, 6월경에 개화한다. • 이식시 쉽고 공해에 강한 심근성 수종으로, 완두콩과 같은 종자가 특징이다.	
병꽃나무	• 인동과의 낙엽 관목으로 원산지는 한국이다. • 꽃이 병 같다고 하여 병꽃나무이며 개나리 대체 수종이다.	

수목명	특징	사진
동백나무	• 17세기 체코 선교사를 기념하는 데서 유래 되었으며 상록활엽소교목이고 수형은 구형이다. • 열매는 식과이고 겨울에 붉은 꽃이 아름다우며 음수 이다.	
느티나무	• 수형이 단정하고, 지엽이 치밀하고 섬세하며, 아름다운 적황색 단풍이 특징적이다. • 심근성이며 전통적인 정자목이다. • 군락식재, 녹음수로 널리 사용되며 가로수로도 적합하다.	
박달나무	• 학명은 " Betula schmidtii Regel " 이다. • Schmidt birch 또는 단목(檀木) 이라 불리기도 한다. • 곧추 자라나 불규칙하며, 수피는 흑회색이다. • 5월에 개화하고 암수 한그루이며, 수형은 원추형. 뿌리는 심근성. 잎의 질감이 섬세하다.	
낙우송	• 소엽은 새 깃모양으로 낙엽이 지는 침엽수 • 잎은 서로 어긋나는 호생이다. • 열매는 둥근 달걀 모양의 길이 2~3cm	
네군도 단풍	• 어린가지의 색은 녹색 또는 적갈색 이다. • 수피에서는 냄새가 나며 약간 골이 파여 있다. • 단풍나무 중 복엽이면서 가장 노란색 단풍이 든다.	
호랑가시나무	• 감탕나무과 식물이며 자웅이주이다. • 상록활엽소교목으로 열매가 적색이다. • 잎은 호생으로 타원상의 6각형이며 가장자리에 바늘 같은 각점(角點)이 있다. • 열매는 구형으로서 적색으로 익는다.	
백목련	• 낙엽활엽교목으로 수형은 평정형이다. • 열매는 자색으로 여름에 익는다. • 향기가 있고 꽃이 백색이다. • 잎이 나기 전에 꽃이 핀다.	
구상나무	• 고산수종으로 소나무과의 우리나라 특산종 • 원추형의 상록침엽교목이다. • 열매는 구과로 원통형이며 길이 4~7cm, 지름 2~3cm의 자갈색이다.	
회양목	• 상록활엽관목이다. • 잎은 두껍고 타원형이다. • 3~4월경에 꽃이 연한 황색으로 핀다. • 열매는 삭과로 달걀형이며, 털이 없으며 갈색으로 9~10월에 성숙한다.	

수목명	특징	사진
가중나무	• 소태나무과 낙엽활엽 수종이다. • 잎은 복엽이고 열매는 시과이다. • 암꽃과 수꽃이 서로 다른 그루에서 피는 자웅이주 수종이다. • 건조와 공해에 강함	
모감주나무	• 해안가 자생하는 낙엽활엽교목으로 염주나무라고 불리기도 한다. • 뿌리는 심근성이고 공해에 강하다. • 열매는 꽈리형의 삭과이고 검정색 이다. • 잎은 호생하고 기수 1회 우상 복엽이다.	
개잎갈나무 (히말라야시더)	• "설송(雪松)"이라 불리기도 한다. • 천근성 수종으로 바람에 약하며, 수관폭이 넓고 속성수로 크게 자라기 때문에 적지 선정이 중요하다. • 줄기는 아래로 처지며, 수피는 회갈색으로 얇게 갈라져 벗겨진다.	
단풍나무과 수종	• 전 세계적으로 100종이 넘으며 우리나라에는 15종 이상이 자라고 있다. • 대표적인 수종으로는 청단풍, 홍단풍, 단풍나무, 세열단풍, 아기단풍, 당단풍, 중국단풍, 고로쇠(노란단풍), 네군도 단풍(노란단풍), 복자기, 복장나무, 신나무 등	
목련과 수종	목련, 백목련, 자목련, 별목련, 일본목련, 태산목, 튤립나무, 함박꽃나무 등	
봄에 꽃피는 수종	풍년화, 개나리, 산수유, 생강나무, 철쭉, 진달래, 박태기, 벚나무, 매화나무 등	
여름에 꽃 피는 수종	산딸나무, 목백합, 자귀나무, 능소화, 배롱나무 등	

2) 수목 외 식물 및 잡초

① 복수초

㉮ 여러해살이 풀로써 우리나라 1속 1종이다.

㉯ 꽃은 4월에 노랑색으로 개화 하지만, 눈속에서도 핀다고 하여 설연화(雪蓮花)라고도 불린다.

㉰ 씨앗이 싹을 틔우고 나서 6년 정도 지나야 꽃을 볼 수 있다.

사. 지피식물

1) 지피식물의 분류

분류	주요 식물
한국잔디류	들잔디, 금잔디, 빌로드잔디 등

분류	주요 식물
서양잔디류	버뮤다그래스, 캔터키블루그래스, 라이그래스, 톨 페스큐, 밴트그래스 등
소관목류	회양목, 눈향나무, 눈주목, 둥근향나무, 철쭉 등
초본류	맥문동, 비비추, 원추리, 꽃잔디 등
덩굴성식물류	송악, 칡 등

① 한국잔디

구분	내용
특성	• 주로 난지형 잔디로 답압, 공해, 병충해에 강하며, 유지관리가 용이하다. • 하루 일조시간 5시간 이상의 햇빛이 드는 양지가 생육지로 적합하다. • 습지에 약하므로 토양은 배수가 잘 되는 양토나 사질양토가 적합하다. • 여름용 잔디로 키는 15cm 이하로 완전 포복형이다. • 산성 토양에 강하다. • 잔디밭 조성 시 많은 시간이 소요되고 회복 속도가 느리다.
번식	• 주로 떳장 번식을 하나 종자 번식을 할 경우 수산화칼륨(KOH) 20~25% 용액에 종자를 30~40분 정도 침지 후 파종한다.
종류	• 들잔디 : 한국 잔디 중 가장 많이 이용하는 잔디로 성질이 강하고, 답압에 잘 견딘다. • 금잔디 : 고려잔디, 마닐라잔디라고도 하며 섬세하고 유연한 것이 특징이다. 빌로드잔디 보다는 내한성이 강하지만 들잔디 보다는 약하다. • 빌로드잔디 : 남해안 지역에서 자생하는 잔디로 작고 잎은 섬세하나 내한성과 번식력이 약하다.

② 서양잔디

구분	내용
특성	• 서양에서 사료용 목초로 재배하던 것을 지피식물로 사용하는 것이다. • 한국잔디에 비해 자주 깎아 주어야 하고, 더위와 병에 약하다.
번식	• 대부분 종자 번식을 한다.

종류	① 난지형잔디 : 겨울에 잎이 말라 죽는 하록형 잔디로 버뮤다그래스가 대표적이다.
	  • 버뮤다그래스 : 내한성이 약하고 남해안 지역에 자생하는 잔디로 내 답압성이 크며 관리하기가 가장 용이하다.
	② 한지형잔디 : 사철푸른 잔디로 밴트그래스(골프장 많이 이용), 캔터키블루그래스, 라이그래스 등이 있다.
	  • 톨훼스큐
	    - 잎 표면에 도드라진 줄이 있고 고온과 건조에 가장 강하며 질감이 거칠다.
	    - 척박한 토양에서 잘 견디며 비탈면 녹화에 적합하다.
	    - 주형(株型)으로 분얼로만 퍼져 자주 깎아 주지 않으면 안된다.
	  • 캔터키블루그래스
	    - 경기장에서 가장 많이 사용하는 잔디로 답압에는 강하지만 짧게 깎으면 생육이 위축되고 잔디 깎기에 가장 약하다. 건조에 약해 자주 관수를 해야 한다.
	  • 밴트그래스
	    - 가장 품질이 좋은 잔디, 골프장의 그린용
	    - 추위와 짧은 예취에 강한 한지형 잔디로 3~12월간 푸른 상태를 유지한다.
	    - 그늘, 건조에는 약함. 자주 깎아 줄 것. 병충해에 약함

③ 초본류

구분	내용
맥문동	• 초여름에 연보라색 꽃을 피우며, 가을에 검정 열매를 맺는다. • 음지에서 잘 견디고 겨울철에도 노지에서 월동할 수 있는 상록 다년생 식물
비비추	• 7~8월에 담홍색 꽃이 소박하고 아름답게 피는 다년생 초화류 정원이나 공원의 반음지에서 잘 자란다.

▲ 맥문동

▲ 원추리

▲ 비비추

▲ 꽃잔디

2) 지피식물의 조건
① 답압에 대한 저항성이 크며 키가 작고 다년생일 것
② 번식과 생장이 빠르며 치밀한 지표 피복을 할 것
③ 환경에 대한 적응성과 병충해에 대한 저항성이 강할 것

3) 지피식물의 효과
① 운동 및 휴식 공간 제공　② 미적인 효과　③ 흙먼지 방지
④ 토양 유실 방지　⑤ 강우로 인한 진땅 방지

아. 초화류

1) 초화류의 분류

분류	구분	주요 식물
1년생초화	봄뿌림 (가을화단용)	코스모스, 채송화, 봉숭아, 과꽃, 매리골드, 피튜니아, 샐비어, 맨드라미, 아게라툼, 색비름, 분꽃, 백일홍 등
	가을뿌림 (봄화단용)	팬지, 금어초, 금잔화, 데이지, 패랭이꽃, 안개초 등
다년생초화		국화, 베고니아, 부용, 꽃창포, 옥잠화, 작약 등
알뿌리초화 (구근초화)	봄심기 (가을화단용)	칸나, 달리아, 아마릴리스, 글라디올러스 등
	가을심기 (봄화단용)	튤립, 수선화, 백합, 히아신스, 크로커스 등
수생초화		연, 붕어마름 등
겨울 화단용		꽃양배추

① 봄 화단용 1년생 초화

▲팬지　　　　　　　▲금어초　　　　　　　▲금잔화

▲데이지　　　　　　▲패랭이꽃　　　　　　▲안개초

② 봄 화단용 알뿌리(구근류) 초화

▲튤립　　　　　　　▲수선화　　　　　　　▲백합

▲히아신스　　　　　▲크로커스　　　　　　▲꽃양배추(겨울화단용)

③ 가을 화단용 1년생 초화

▲코스모스　　　　　▲채송화　　　　　　　▲봉숭아

④ 가을 화단용 알뿌리(구근류) 초화

- **피튜니아**

여러해살이 다년생 초화지만 한국에서만 1년생으로 분류한다.

- **칸나**
  - 홍초과에 해당하며 식과는 둥글고 잔돌기가 있다.
  - 잎은 넓은 타원형이며 길이 30~40cm로서 양끝이 좁고 밑부분이 엽초로 되어 원줄기를 감싸며 측맥이 평행하다.
  - 뿌리는 고구마 같은 굵은 근경이 있다.

2) 화단의 종류

구분		특징
평면화단	화문화단	• 양탄자 무늬와 같다하여 양탄자화단 또는 자수화단, 모전화단이라 함
	리본화단	• 통로, 산울타리, 담장, 건물 주변에 좁고 길게 만든 화단으로 대상화단이라고도 함
	포석화단	• 통로, 연못 주위에 돌을 깔고 돌 사이에 키 작은 초화류를 식재하여 돌과 조화시켜 관상하는 화단
입체화단	기식화단 (모둠화단)	• 잔디밭 중앙, 광장의 중앙, 축의 교차점에 조성되는 화단 • 중앙에는 키 큰 직립성의 초화를 심고 주변부로 갈수록 키 작은 종류를 심어 사방에서 관상할 수 있게 만든 화단
	경재화단	• 도로, 건물, 산울타리, 담장을 배경으로 폭이 좁고 길게 만듦 • 전면 한쪽에서만 관상: 앞쪽은 키 작은 것, 뒤쪽은 키 큰 것을 배치하여 입체적으로 구성
	노단화단	• 경사지를 계단 모양으로 돌을 쌓고 축대 위에 초화를 심은 테라스 화단

▲ 화문화단

▲ 리본화단

▲ 기식화단

▲ 경재화단

3) 화단용 초화류 구비 조건

① 키가 되도록 작으며 개화기간이 길어야 할 것
② 외모가 아름다우며 꽃이 많이 달릴 것
③ 건조와 병해충에 강하며 환경에 대한 적응성이 클 것

4) 초화류 식재 방법

① 1㎡당 퇴비 1~2kg, 복합비료 80~120g을 밑거름으로 뿌리고 20~30cm 깊이로 갈아준다.
② 큰 면적의 화단은 중앙에서 시작하여 바깥 부위로 심어 나가는 것이 좋다.
③ 식재하는 줄이 바뀔 때마다 서로 어긋나게 심는 것이 보기에 좋고 생장에 유리하다.
④ 심기 한나절 전에 관수해 주면 캐낼 때 뿌리에 흙이 많이 붙어 활착에 좋다.

자. 참나무

1) 참나무 6형제

깍정이모양	수종명	잎의모양	수피모양	도토리모양	
그릇형 깍정이	갈참나무				
	졸참나무				
	신갈나무				
털달린 깍정이	굴참나무				
	상수리나무				
	떡갈나무				

2) 외래 수종(북미원산)

 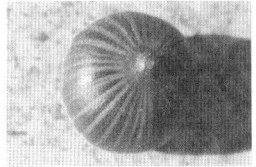  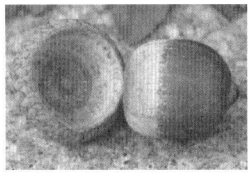

▲ 대왕참나무(pin oak)   ▲ 루브라참나무(red oak)

출제예상문제

01 다음 중 생물재료의 특성이라고 볼 수 없는 것은?
① 생장과 번식을 계속하는 연속성이 있다.
② 형태가 다양하게 변화함으로써 주변과의 조화성을 가진다.
③ 개체마다 각기 다른 개성미와 다양성을 가지고 있다.
④ 변화하지 않는 불변성과 가공이 가능한 가공성이 있다.

02 다음 조경재료 중에서 자연재료가 아닌 것은?
① 자연석 ② 지피식물
③ 초화류 ④ 식생매트

03 정원 수목으로 적합하지 않다고 생각되는 것은?
① 잎이 아름다운 것
② 값이 비싸고 희귀한 것
③ 이식과 재배가 쉬운 것
④ 꽃과 열매가 아름다운 것

04 다음 중 수목의 용도에 따르는 설명이 틀린 것은?
① 가로수는 병충해 및 공해에 강해야한다.
② 녹음수는 낙엽활엽수가 좋으며, 가지 다듬기를 할 수 있어야 한다.
③ 방풍수는 심근성이고, 가급적 낙엽수 이어야 한다.
④ 방화수는 상록활엽수이고, 잎이 두꺼워야 한다.

05 곧은 줄기가 있고, 줄기와 가지의 구별이 명확하며, 키가 큰 나무(보통 3~4m 정도) 를 가리키는 것은?
① 교목 ② 관목 ③ 만경목 ④ 지피식물

06 다음 중 수형은 무엇에 의해 이루어지는가?
① 줄기 + 뿌리 ② 잎 + 가지 ③ 수관 + 줄기 ④ 흉고직경

정답 01 ④ 02 ④ 03 ② 04 ③ 05 ① 06 ③

07 다음 중 조경 수목의 규격을 표시할 때 수고와 수관폭으로 표시하는 것은?

① 느티나무 ② 주목
③ 은사시나무 ④ 벚나무

08 조경에서 수목의 규격 표시와 기호 및 단위가 알맞게 짝지어진 것은?

① 수관 폭-R-cm ② 수고-D-m
③ 흉고직경-B-cm ④ 지하고-BH-m

09 다음 중 흉고직경을 측정할 때 지상으로부터 얼마 높이의 부분을 측정하는 것이 가장 이상적인가?

① 60cm ② 90cm
③ 120cm ④ 200cm

10 산울타리를 조성 하려한다. 맹아력이 가장 강한 나무는 어느 것인가?

① 녹나무 ② 이팝나무 ③ 소나무 ④ 개나리

11 다음 중 가시 산울타리용으로 사용하기 부적합한 수종은?

① 탱자나무 ② 호랑가시나무
③ 가시나무 ④ 찔레나무

12 다음 중 맹아력이 가장 약한 수종은?

① 리기다소나무 ② 쥐똥나무
③ 벚나무 ④ 히말라야시이다

13 산울타리용 수종의 조건이라고 할 수 없는 것은?

① 성질이 강하고 아름다울 것
② 적당한 높이의 아랫 가지가 쉽게 마를 것
③ 가급적 상록수로서 잎과 가지가 치밀할 것
④ 맹아력이 커서 다듬기 작업에 잘 견딜 것

정답 07 ② 08 ③ 09 ③ 10 ④ 11 ③ 12 ② 13 ②

14 울타리용으로 적당치 않은 나무는?

① 쪽쪽나무 ② 탱자나무 ③ 후박나무 ④ 측백나무

15 여름 햇볕을 가리기 위하여 녹음용 수목을 심으려 한다. 알맞은 나무는?

① 플라타너스 ② 향나무
③ 주목 ④ 명자나무

16 다음 중 녹음용 수종에 관한 설명으로 가장 거리가 먼 것은?

① 여름철 강한 햇빛을 차단하기 위해 식재되는 나무를 말한다.
② 잎이 크고 치밀하며 겨울에는 낙엽이 지는 나무가 녹음수로 적당하다.
③ 지하고가 낮은 교목으로 가로수로 쓰이는 나무가 많다.
④ 녹음용 수종으로는 느티나무, 회화나무, 칠엽수, 플라타너스 등이 있다.

17 다음 수종 중 가로수로 적당하지 않은 나무는?

① 은행나무 ② 무궁화 ③ 느티나무 ④ 벚나무

18 조경 수목의 선정시에 꽃의 향기가 주가 되는 나무가 아닌 것은?

① 함박꽃나무 ② 서향 ③ 자귀나무 ④ 목서

19 다음 수종 중 맹아력이 가장 약한 것은?

① 라일락 ② 소나무 ③ 쥐똥나무 ④ 무궁화

20 다음 중 척박지에 잘 견디는 수종으로만 짝지워진 것은?

① 왕벚나무, 가중나무 ② 물푸레나무, 버드나무
③ 느티나무, 향나무 ④ 소나무, 자작나무

21 다음 중 척박지 에서도 잘 자라는 수종은?

① 가시나무 ② 졸참나무 ③ 팽나무 ④ 피나무

정답 14 ③ 15 ① 16 ③ 17 ② 18 ③ 19 ② 20 ④ 21 ②

22 다음 중 토양의 비옥도에 따라 수종이 영향을 받는데, 척박지에서 생육이 가능한 수종은?

① 가시나무 ② 자귀나무
③ 녹나무 ④ 은행나무

23 이식하기 가장 어려운 나무는?

① 가이즈까 향나무 ② 쥐똥나무
③ 목련 ④ 명자나무

24 전체적인 수목의 질감이 거친 느낌을 가지고 있는 것은?

① 버즘나무 ② 철쭉 ③ 향나무 ④ 회양목

25 아황산가스(SO_2)에 잘 견디는 낙엽교목은?

① 플라타너스 ② 독일가문비
③ 소나무 ④ 히말라야시다

26 다음 중 아황산가스에 대한 수종별 내성이 가장 약한 것은?

① 낙엽송 ② 튤립나무
③ 층층나무 ④ 가이즈까향나무

27 다음 중 차량 소통이 많은 곳에 녹지를 조성하려고 할 때 가장 적당한 수종은?

① 조팝나무 ② 향나무
③ 왕벚나무 ④ 소나무

28 다음 중 대기오염에 강한 수목은?

① 은행나무 ② 단풍나무 ③ 백합나무 ④ 개오동나무

29 도시 내 도로주변의 녹지에 수목을 식재하고자 할 때 적당하지 않은 수종은?

① 쥐똥나무 ② 벽오동나무 ③ 향나무 ④ 전나무

정답 22 ② 23 ③ 24 ① 25 ① 26 ① 27 ② 28 ① 29 ④

30 공해 중 아황산가스(SO_2)에 의한 수목의 피해를 설명한 것으로 가장 알맞은 것은?

① 한낮이나 생육이 왕성한 봄, 여름에 피해를 입기 쉽다.
② 밤이나 가을에 피해가 심하다.
③ 공기 중의 습도가 낮을 때 피해가 심하다.
④ 겨울에 피해가 심하다.

31 다음 중 임해공업단지에 공장조경을 하려 할 때 가장 적합한 수종은?

① 광나무   ② 히말라야시다   ③ 감나무   ④ 왕벚나무

32 개화기가 가장 빠른 것 끼리 나열된 것은?

① 풍년화, 꽃사과, 황매화
② 조팝나무, 미선나무, 배롱나무
③ 진달래, 낙상홍, 수수꽃다리
④ 생강나무, 산수유, 풍년화

33 여름철에 꽃을 볼 수 있는 나무로 짝지어진 것은?

① 금목서, 백목련
② 배롱나무, 능소화
③ 병꽃나무, 매화
④ 미선나무, 수수꽃다리

34 다음 중 백색 계통 꽃이 피는 수종들로 짝지어진 것은?

① 박태기나무, 개나리, 생강나무
② 쥐똥나무, 이팝나무, 층층나무
③ 목련, 조팝나무, 산수유
④ 무궁화, 매화나무, 진달래

35 다음 중 여름에서 가을까지 꽃을 피우는 수종으로 틀린 것은?

① 호랑가시나무   ② 박태기나무   ③ 은목서   ④ 협죽도

36 교목으로 꽃이 화려하고, 공해에 약하나 열식 또는 강변 가로수로 많이 심는 나무는?

① 왕벚나무   ② 수양버들   ③ 전나무   ④ 벽오동

정답 30 ① 31 ① 32 ④ 33 ② 34 ② 35 ② 36 ①

37 노란색 단풍이 아름다운 수종으로 짝지어진 것은?

① 은행나무, 붉나무
② 백합나무, 고로쇠나무
③ 담쟁이, 감나무
④ 검양옻나무, 매자나무

38 다음 중 붉은 색의 단풍이 드는 수목들로 구성된 것은?

① 낙우송, 느티나무, 백합나무
② 칠엽수, 참느릅나무, 졸참나무
③ 감나무, 화살나무, 붉나무
④ 이깔나무, 메타세콰이아, 은행나무

39 다음 중 봄철에 꽃을 가장 빨리 보려면 어떤 수종을 식재해야 하는가?

① 말발도리 ② 자귀나무 ③ 매화나무 ④ 배롱나무

40 황색 꽃을 갖는 나무는?

① 모감주나무 ② 조팝나무
③ 박태기나무 ④ 산철쭉

41 다음 중 봄에 노란색으로 개화하지 않는 수종은?

① 개나리 ② 산수유
③ 산딸나무 ④ 생강나무

42 다음 수종들 중 단풍이 황색인 것은?

① 홍단풍나무 ② 감나무 ③ 붉나무 ④ 고로쇠나무

43 다음 중 열매를 감상하기 위하여 식재하는 수종이 아닌 것은?

① 피라칸사스 ② 석류나무 ③ 조팝나무 ④ 팥배나무

정답 37 ② 38 ③ 39 ③ 40 ① 41 ③ 42 ④ 43 ③

44 빨간색의 열매를 볼 수 없는 수목은?

① 은행나무　　② 남천　　③ 피라칸사　　④ 자금우

45 관상적인 측면에서 본 분류 중 열매를 감상하기 위한 수종으로 가장 적합한 것은?

① 은행나무　　② 모과나무　　③ 반송　　④ 낙우송

46 양수이며 천근성 수종에 속하는 것은?

① 자작나무　　② 느티나무　　③ 백합나무　　④ 은행나무

47 다음 중 양수만으로 짝지어진 것은?

① 향나무, 가중나무
② 가시나무, 아왜나무
③ 회양목, 주목
④ 사철나무, 독일가문비나무

48 다음 수종 중 음수가 아닌 것은?

① 주목
② 독일가문비
③ 팔손이나무
④ 석류나무

49 다음 중 음수에 해당하는 수종은?

① 낙엽송
② 무궁화
③ 식나무
④ 해송

50 습한 땅에서 견디는 나무가 아닌 것은?

① 낙우송　　② 소나무　　③ 수국　　④ 주엽나무

51 연못가나 습지 등에 가장 잘 견디는 수목은?

① 낙우송　　② 향나무　　③ 해송　　④ 가중나무

정답 44 ①　45 ②　46 ①　47 ①　48 ④　49 ③　50 ②　51 ①

52 배수가 잘 안되는 저습지대에 식재를 하려 한다. 적합하지 않은 나무는?

① 메타세콰이아   ② 매자나무
③ 낙우송   ④ 버드나무

53 생육환경 중 건조한 지역에 잘 견디는 수종은?

① 삼나무   ② 가중나무   ③ 수국   ④ 주엽나무

54 질감(texture)이 가장 부드럽게 느껴지는 나무는?

① 태산목   ② 칠엽수   ③ 회양목   ④ 팔손이나무

55 다음 수종 중 질감이 가장 거친 것은?

① 칠엽수   ② 소나무   ③ 회양목   ④ 영산홍

56 방풍림을 설치하려고 할 때 가장 알맞는 수종은 어느 것인가?

① 구실잣밤나무   ② 자작나무   ③ 버드나무   ④ 사시나무

57 수림대가 바람의 속도를 줄이는데 수림대 아래로는 어느 정도까지 바람의 속도를 줄이는 효과가 있는가?

① 수고의 6배 내외의 거리   ② 수고의 10배 거리
③ 수고의 15~20배 거리   ④ 수고의 25~30배 거리

58 다음 식물 중 활엽수가 아닌 것은?

① 은행나무   ② 구실잣 밤나무
③ 가시나무   ④ 수수꽃다리

59 다음 중 천근성(淺根性)수종으로 짝지어진 것은?

① 독일가문비나무, 자작나무   ② 젓나무, 백합나무
③ 느티나무, 은행나무   ④ 백목련, 가시나무

정답 52 ② 53 ② 54 ③ 55 ① 56 ① 57 ④ 58 ① 59 ①

60 낙엽활엽교목이며, 천근성으로 바람에 의해 잘 넘어지고 전정시 수형의 미가 깨지기 쉬우므로 주의해야 하는 조경수목은?

① 향나무   ② 쥐똥나무   ③ 수양버들   ④ 주목

61 산성토양에서 가장 잘 견디는 나무는?

① 조팝나무   ② 진달래   ③ 낙우송   ④ 회양목

62 정원 내에 향기가 가장 많이 나게 하기 위하여 식재하는 수종은?

① 담쟁이덩굴   ② 피라칸사   ③ 식나무   ④ 목서

63 조경 수목의 선정시 꽃의 향기가 주가 되는 나무가 아닌 것은?

① 함박꽃나무   ② 서향   ③ 태산목   ④ 목서류

64 다음 중 수목의 수피가 흰색을 갖는 수종은

① 배롱나무   ② 자작나무   ③ 흰말채나무   ④ 노각나무

65 낙엽 침엽수에 해당하는 나무가 아닌 것은?

① 낙우송   ② 낙엽송   ③ 위성류   ④ 은행나무

66 다음 중 1속에서 잎이 5개 나오는 수종은?

① 백송   ② 소나무
③ 리기다소나무   ④ 잣나무

67 다음 [보기]와 같은 특성을 지닌 정원수는?

- 형상수로 많이 이용되고, 가을에 열매가 붉게 된다.
- 내음성이 강하며, 비옥지에서 잘 자란다.

① 주목   ② 쥐똥나무   ③ 화살나무   ④ 산수유

정답 60 ③ 61 ② 62 ④ 63 ③ 64 ② 65 ③ 66 ④ 67 ①

68 다음 설명하고 있는 수종으로 가장 적합한 것은?

- 꽃은 지난해에 형성되었다가 3월에 잎보다 먼저 총상 꽃차례로 달린다.
- 물푸레나무과로 원산지는 한국이며, 세계적으로 1속1종 뿐이다.
- 열매의 모양이 둥근 부채를 닮았다.

① 미선나무 ② 조록나무 ③ 비파나무 ④ 명자나무

69 수목의 생태 특성과 수종들의 연결이 옳지 않은 것은?

① 습한 땅에 잘 견디는 수종으로는 메타세콰이아, 낙우송, 왕버들 등이 있다.
② 메마른 땅에 잘 견디는 수종으로는 소나무, 향나무, 아카시아 등이 있다.
③ 산성토양에 잘 견디는 수종으로는 느릅나무, 서어나무, 보리수나무등이 있다.
④ 식재토양의 토심이 깊은 것(심근성)은 호두나무, 후박나무, 가시나무 등이 있다.

70 다음 중 상록 침엽 관목에 속하는 나무는?

① 영산홍 ② 섬잣나무 ③ 회양목 ④ 눈향나무

71 다음 중에서 관목끼리 짝지어진 것은?

① 주목, 느티나무, 단풍나무
② 진달래, 회양목, 꽝꽝나무
③ 등나무, 잣나무, 은행나무
④ 매실나무, 명자나무, 칠엽수

72 잎의 모양과 착생 상태에 따른 조경 수목의 분류로 맞는 것은?

① 상록 침엽수 – 후박나무
② 낙엽 침엽수 – 잎갈나무
③ 상록 활엽수 – 독일가문비나무
④ 낙엽 활엽수 – 감탕나무

73 다음 수종 중 관목에 해당하는 것은?

① 백목련
② 위성류
③ 층층나무
④ 매자나무

정답 68 ① 69 ③ 70 ④ 71 ② 72 ② 73 ④

74 다음 중 꽃이 먼저 피고, 잎이 나중에 나는 특성을 갖는 수목이 아닌 것은?

① 개나리   ② 산수유   ③ 수수꽃다리   ④ 백목련

75 다음 중 뿌리 뻗음이 가장 웅장한 느낌을 주고 광범위하게 뻗어가는 수종은?

① 소나무   ② 느티나무   ③ 목련   ④ 수양버들

76 덩굴성 식물로만 짝지어진 것은?

① 으름, 수국   ② 등나무, 금목서
③ 송악, 담쟁이덩굴   ④ 치자나무, 멀꿀

77 다음 중 단풍나무류에 속하는 수종은?

① 신나무   ② 낙상홍   ③ 계수나무   ④ 화살나무

78 다음 중 일반적으로 수종의 수명이 가장 긴 것은?

① 왕벚나무   ② 수양버들   ③ 능수버들   ④ 느티나무

79 다음 중 참나무 등에 기생하는 기생목이면서 덩굴 식물이 아닌 것은?

① 등나무   ② 인동   ③ 송악   ④ 겨우살이

80 겨울철 흰눈을 배경으로 줄기를 감상하려고 한다. 다음 중 어느 나무가 가장 적당한가?

① 백송   ② 자작나무
③ 플라타너스   ④ 흰말채나무

81 다음 중 옻나무와 관련된 설명 중 가장 거리가 먼 것은?

① 열매는 핵과로 편 원형이며 연한 황색으로 10월에 익는다.
② 주로 숫나무가 암나무 보다 옻액이 많이 생산된다.
③ 독립 생장한 나무가 밀집 생장한 나무보다 옻액이 많이 생산된다.
④ 표피가 울퉁불퉁한 나무가 부드러운 나무 보다 옻액이 많이 생산된다.

정답 74 ③ 75 ② 76 ③ 77 ① 78 ④ 79 ④ 80 ④ 81 ④

82 은행나무 같이 열매의 과육을 주물러 물로 씻은 후 종자를 추출하는 방법은?

① 부숙법 ② 타작법
③ 풍선법 ④ 유궤법

83 다음 조경수 중 '주목'에 관한 설명으로 틀린 것은?

① 9~10월 붉은 색의 열매가 열린다.
② 수피가 적갈색으로 관상가치가 높다.
③ 맹아력이 강하며, 음수이나 양지에서 생육이 가능하다.
④ 생장속도가 매우 빠르다.

84 지피 식물의 조건으로 틀린 것은?

① 키가 크고 1년생 일 것
② 번식력과 생장이 빠를 것
③ 내 답압성이 클 것
④ 치밀한 지표 피복력

85 지피용 식물로서 쓸 수 있는 것은?

① 맥문동 ② 등나무 ③ 으름덩굴 ④ 멀꿀

86 다음 중 우리나라에서 가장 많이 이용되는 잔디는?

① 들잔디 ② 고려잔디 ③ 빌로드잔디 ④ 갯잔디

87 들잔디의 발아 촉진에 쓰이는 약품은?

① 염화칼슘 ② 수산화칼슘 ③ 수산화칼륨 ④ 염화칼륨

88 재래종 잔디의 특성이 아닌 것은?

① 양지를 좋아한다. ② 병해에 강하다.
③ 뗏장으로 번식한다. ④ 자주 깎아 주어야 한다.

정답 82 ④ 83 ④ 84 ① 85 ① 86 ① 87 ③ 88 ④

89 한국형 잔디의 특징을 잘못 설명한 것은?

① 포복성이어서 밟힘에 강하다.   ② 그늘에서도 잘 자란다.
③ 손상을 받으면 회복속도가 느리다.   ④ 병해충과 공해에 비교적 강하다.

90 다음 한국 잔디 중 가장 작고 섬세하며 남해안에 자생하는 잔디는?

① 고려잔디   ② 들잔디   ③ 빌로드 잔디   ④ 금잔디

91 서양 잔디의 설명으로 틀린 것은?

① 그늘에서도 견디는 성질이 있다.
② 주로 떼장 붙이기에 의해 시공한다.
③ 벤트 그라스는 일반적으로 겨울철에 푸르다.
④ 자주 깎아 주어야 한다.

92 서양 잔디에서 난지형으로 겨울에 잎이 말라 죽는 하록형(夏綠型)은?

① 벤트 그래스   ② 버뮤다 그래스
③ 페스큐류   ④ 켄터키 블루 그래스

93 우리나라 골프장 그린에 가장 많이 이용되는 잔디는?

① 블루그래스   ② 벤트그래스   ③ 라이그래스   ④ 버뮤다그래스

94 서양 잔디 중 가장 양질의 잔디면을 만들 수 있어 그린용으로 폭넓게 이용되고, 초장을 4~7mm로 짧게 깎아 관리하는 잔디로 가장 적당한 것은?

① 한국잔디류   ② 버뮤다그라스류
③ 라이크라스류   ④ 벤트그라스류

95 화단 식재용 초화류의 조건으로 틀린 것은?

① 꽃이 많이 달릴 것   ② 개화기간이 길 것
③ 키가 되도록 클 것   ④ 병해충에 강할 것

정답 89 ② 90 ③ 91 ② 92 ② 93 ② 94 ④ 95 ③

96 가을에 씨뿌림 해야 하는 1년 초화류로 가장 적당한 것은?

① 팬지 ② 매리골드
③ 샐비어 ④ 채송화

97 봄 화단용 꽃으로만 짝지어진 것은?

① 팬지, 국화 ② 데이지, 금잔화
③ 샐비어, 색비름 ④ 칸나, 매리골드

98 봄 화단용에 쓰이는 식물이 아닌 것은?

① 팬지 ② 데이지
③ 금잔화 ④ 샐비어

99 봄 화단에 알맞은 알뿌리 화초는?

① 리아트리스 ② 수선화 ③ 샐비어 ④ 데이지

100 다음 중 봄뿌림의 1, 2년생 초화류로 틀린 것은?

① 팬지 ② 맨드라미 ③ 샐비어 ④ 매리골드

101 알뿌리로 짝지어진 초화류는?

① 패랭이꽃, 칸나 ② 금붕어꽃, 라넌큘러스
③ 튤립, 데이지 ④ 다알리아, 수선화

102 다음 중 구근 초화로 봄심기를 하는 것은?

① 히아신스 ② 달리아
③ 아네모네 ④ 수선화

103 다음 중 구근 초화로 가을심기를 하는 것은?

① 크로커스 ② 아마릴리스 ③ 글라디올러스 ④ 칸나

정답 96 ① 97 ② 98 ④ 99 ② 100 ① 101 ④ 102 ② 103 ①

104 다음 화훼류 중 알뿌리가 아닌 것은?

① 튤립 ② 수선화
③ 칸나 ④ 스위트 앨리섬

105 겨울화단에 알맞은 꽃은?

① 팬지 ② 피튜니아 ③ 샐비어 ④ 꽃양배추

106 다음 화단의 형식 중 평면화단으로 가장 적당한 것은?

① 기식화단 ② 경재화단
③ 화문화단 ④ 노단화단

107 다음 중 입체화단에 속하는 것은?

① 리본화단 ② 포석화단 ③ 기식화단 ④ 침상화단

108 도로나 건물, 산울타리, 담장을 배경으로 폭이 좁고 길게 만든 화단으로 전면 한쪽에서만 관상할 수 있도록 꾸미는 화단은 무엇인가?

① 기식화단 ② 경재화단 ③ 노단화단 ④ 수재화단

109 통로나 연못 주위에 돌을 깔고 돌 사이에 키 작은 초화류를 식재하여 돌과 조화시켜 관상하는 화단은 무엇인가?

① 경재화단 ② 리본화단 ③ 포석화단 ④ 노단화단

110 감상하기 편리하도록 땅을 1~2m 파내려가 그 바닥에 꾸민 화단은?

① 살피화단 ② 모둠화단 ③ 양탄자화단 ④ 침상화단

정답 104 ④ 105 ④ 106 ③ 107 ③ 108 ② 109 ③ 110 ④

03 목질재료

가. 목재의 특징

1) 목재의 일반적 성질
① 섬유 포화점 이하에서는 함수율이 낮을수록 강도가 크다.
② 비중이 높을수록 강도가 크다.
③ 열전도율은 콘크리트, 석재 등에 비하여 낮다.
④ 인장강도가 압축강도 보다 크다.
⑤ 휨강도가 전단강도 보다 크다.
⑥ 목재 강도 크기 순서는 섬유 방향에 평행한 강도가 그 직각 방향보다 크다.

2) 목재의 역학적 성질
① 옹이로 인하여 인장 강도는 감소한다.
② 목재의 비중이 증가하면 외력에 대한 저항성과 탄성계수가 커진다.
③ 일반적으로 응력의 방향이 섬유 방향에 평행한 경우 강도(전단강도 제외)가 최대가 된다.

3) 목재의 장·단점

목재의 장점	목재의 단점
• 색깔, 무늬 등 외관이 아름답다. • 재질이 부드럽고 촉감이 좋다. • 무게가 가벼워서 다루기 좋다. • 무게에 비해 강도가 크다. • 가공이 쉽고 열전도율이 낮다.	• 부패성이 크다.(20~30℃의 온도와 20% 이상의 함수율에서 최적) • 함수율에 따라 변형된다. • 부위에 따라 재질이 불균질하다. • 불에 타기 쉽다. • 구부러지고 옹이가 있다.

■ 옹이
• 죽은 옹이는 산 옹이보다 일반적으로 기계적 성질에 미치는 영향은 적다.
• 같은 크기의 옹이가 한 곳에 많이 모인 집중 옹이가, 고루 분포된 경우 보다 강도 감소에 끼치는 영향은 더욱 크다.

■ 섬유포화점
• 세포막 속에 포함되는 수분량 30% 일때의 점으로 유리수(자유수)가 증발하고, 세포가 최대 한도로 수분을 흡착한 상태를 말한다.
• 목재 수분은 결합수와 자유수로 구분되며 결합수는 세포내 단백질 분자와 결합되어 쉽게 제거할 수 없는 물이고 자유수는 세포 간극간 함유되어 있는, 자유롭게 이동될 수 있는 수분이다.

4) 춘재와 추재
   ① 춘재 : 봄과 여름에 생긴 세포로 빛깔이 엷고 크며 세포막이 얇고 유연하다.
   ② 추재 : 가을과 겨울에 생긴 세포로 빛깔이 진하고 작으며, 세포막이 두껍고 견고하다.

5) 나이테 : 수심을 중심으로 춘재와 추재가 합쳐진 것을 말하며 동심원으로 나타나는 것, 목재 강도의 기준이 되고 생장 연수를 나타낸다.

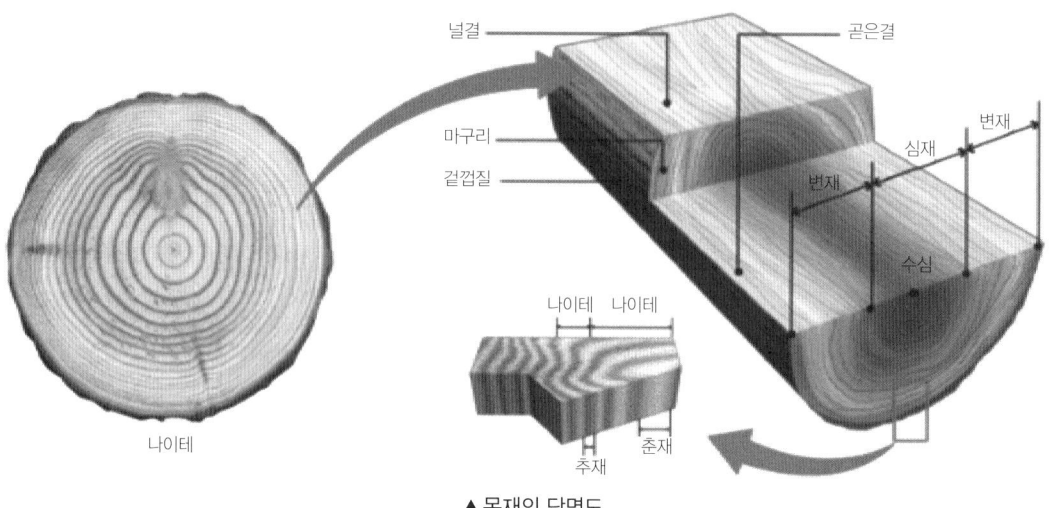

▲ 목재의 단면도

6) 심재와 변재
   ① 심재
      ㉮ 목재의 수심 가까이에 있는 적갈색 부분, 단단하며 강도와 내구성이 크다.
      ㉯ 세포들은 거의 죽어서 원형질이 파괴되고 광물질만 고착되어 목질부가 단단하다.
   ② 변재
      ㉮ 목재 표면 위치, 수액의 이동과 양분의 저장, 무르고 강도나 내구성이 심재보다 작다.
      ㉯ 세포가 살아 있으므로 원형질에 수분이 많이 포함되어 목질부가 무르고, 함수율 높다.

7) 부름켜
   식물의 물관부와 체관부 사이에 있는 분열 세포층으로 형성층이라고도 한다.

나. 목재의 비중

1) 비중 : 목재의 비중은 함수율에 따라 목재의 무게를 측정한 것으로서, 비중이 클수록 강도가 높다. 즉, 조직이 치밀할수록, 나이테 폭이 좁을수록 비중이 크며, 변재보다는 심재가, 춘재보다는 추재가 더 비중이 크다.

2) 함수율

목재의 부피에서 물의 양을 백분율로 계산한 것으로 목재 함수율에 따라 전건재, 기건재로 구분한다.

① 전건재 : 목재의 함수율이 0%로 완전 건조한 상태를 말한다.
② 기건재 : 공기 중의 습도와 목재의 습도가 평행 상태로 함수율 15% 정도이다.
③ 섬유포화점 : 목재의 유리수가 모두 증발하고 결합수만 있을 때를 말하며 함수율은 30% 정도이다.

다. 목재의 건조와 방부

1) 건조의 목적(함수율 15%)

① 갈라짐, 뒤틀림을 방지한다.
② 탄성, 강도를 높이고 변색, 부패를 방지한다.
③ 가공, 접착, 칠이 잘된다.
④ 단열과 전기절연 효과가 높아진다.
⑤ 중량경감 및 강도, 내구성이 증진된다.

2) 목재의 건조법

① 자연건조법
  ㉮ 공기건조법 : 목재를 자연 기상조건에 의해 건조하는 것으로, 통풍이 잘 되는 음지에 쌓아서 건조시키는 방법으로 침엽수는 3~6개월, 활엽수는 6~12개월 소요된다.
  ㉯ 침수(수침)법 : 3~4주 물에 담갔다가 2~3주 공기 중에 건조시키는 과정을 반복한다.
② 인공건조법
  ㉮ 건조실 내에서 열원을 사용하여 건조시키는 방법으로 단시간에 건조를 시킬 수 있다는 장점이 있다.
  ㉯ 열을 가하는 방법, 찌는 방법, 훈연 건조하는 방법이 있다.
    • 열기법 : 가열 공기를 이용한 건조실에서 건조하는 방법
    • 증기법 : 고온, 다습한 공기를 주입하여 서서히 건조시키는 방법
    • 훈연법 : 배기 및 연소가스를 건조실에 주입하여 건조시키는 방법으로 목재의 변형이 없는 것이 장점이지만, 외관상 검어지는 현상이 발생할 수 있는 단점이 있다.

■ **건조된 목재 단위 중량** : 소나무 580kg/㎥, 미송 420~700kg/㎥이다.
■ **나왕** : 말레이시아, 필리핀 등에 분포하는 상록 교목으로 재질이 무르고 내구성이 떨어져 실외보다는 실내용재로 사용된다.

3) 목재의 방부

① 방부제 종류

구분	내용
수용성방부제 (실내용)	• CCA방부제 : 크롬, 구리, 비소의 화합물. 가장 많이 쓰였지만 현재는 맹독성 때문에 사용하지 않고 있다. • ACC방부제 : 구리와 크롬의 화합물. 광산의 갱목에만 사용
유용성방부제 (실외용)	• 클레오소트유 : 석탄을 235~315℃ 고온 건조시켜 얻은 타르 제품. 비휘발성 흑갈색 용액으로 페인트 도장이 곤란하며 방부력이 우수하나, 냄새가 심해서 실내 사용이 곤란하므로 미관을 고려하지 않은 외관(철도 임목 등)에 사용한다. • 유성페인트 : 보일드유와 안료를 혼합한 것으로 내후성과 내마모성이 우수하나 내알칼리성은 떨어진다. • 콜타르 : 흑색이고 침투가 약하므로 도포용으로 사용된다. • PCP(펜타클로로페놀) : 열이나 약제에 안정적인 무색 제품으로 방부력이 가장 우수하지만 가격이 비싸다. • 유성페인트, 아스팔트, 오일스테인 등은 기름에 녹여서 사용한다.

- **아스팔트** : 아스팔트는 검은 기름 성분으로서 물에 용해되지 않고 방수 용도와 도로 포장 시 역청 재료로 사용되며, 천연적으로 산출된 것과 석유에서 인위적으로 생산된 것으로 분류된다.
- **목재의 할렬(checks)** : 건조응력 〉 횡인장강도 (건조응력 : 덜마른층에 의한 내부 응력, 횡인장강도 : 섬유방향에 대한 직각 강도)

② 목재의 방부 처리법

구분	내용
도장법	• 목재를 충분히 건조시킨 다음 방부제를 도포하는 가장 일반적인 방법
주입법	• 상압주입법 : 방부제 용액에 목재를 침지 • 가압주입법: 압력용기 속에 목재를 넣어 7~12기압의 고압에서 방부제를 주입하는 방법으로 방부력 가장 우수하며 크레오스트를 이용하여 철도 침목등의 방부처리에 이용한다. 로우리법(공세포법), 루핑법(공세포법), 베델법(충세포법)이 있다.
침지법	• 상온에서 CCA, 크레오소트 등에 목재를 몇 시간 또는 며칠 동안 침지하는 방법
표면탄화법	• 목재의 표면을 3~10mm정도 태워서 탄화시키는 방법으로 흡수성이 증가하는 단점이 있음

③ 방부제 요구조건
㉮ 목재에 침투가 잘 되고 방부성이 큰 것
㉯ 목재에 접촉되는 금속이나 인체에 피해가 없을 것
㉰ 목재의 인화성, 흡수성에 증가가 없을 것
㉱ 목재의 강도가 커지고 중량에 영향을 끼치지 않을 것

④ 목재 방화제(防火劑) 종류 : 염화암모늄, 황산암모늄, 인산암모늄, 붕산암모늄

라. 목재의 가공

1) 합판의 제조 방법
① 로타리 베니어 : 원목을 회전하여 넓은 대팻날로 두루마리 휴지처럼 연속으로 벗기는 방식으로 목재의 이용 효율이 높고 가장 널리 사용하는 방식
② 슬라이스 베니어 : 상·하로 이동하면서 얇게 절단하는 방식
③ 쏘드 베니어 : 띠톱으로 얇게 쪼개어 단면을 만드는 방식

> **플라이우드**
> 홀수장의 단판을 서로 이웃하는 단판의 섬유 방향이 직각이 되도록 서로 겹친 판. 속칭 베니어 또는 베니어판이라 불리고, 3장이 최저 매수이고, 5, 7장 등 여러 가지 있다.

2) 합판 압착 방법
① 압체 : 접착제를 도부한 단판을 목적하는 합판의 사양에 따라 구성한 다음 위로 차곡차곡 쌓아서 일정 수량에 이를때까지 퇴적하여 조합한다. 일정량에 도달하도록 퇴적한 것을 압체시켜 접착제가 굳도록 해 줌으로써 접착이 완료된다
② 열압법 : 카제인접착제나 대두 접착제 등으로 접착하는 방식
③ 냉압법 : 요소수지접착제나 석탄산수지접착제 등으로 접착하는 방식
④ 냉압 후 열압법 : 열압기에 용이하게 넣고 빼거나 단판 취급시의 손상을 최소화하려는 목적으로 상온 또는 30~40℃의 보온실에서 냉압기를 사용해 미리 10~30분 동안 $2kg/cm^2$ 이상의 압력으로 예비 압체 한 다음 열압기의 열판 사이에 넣어 접착제를 완전히 경화시키는 방식으로 가장 많이 이용하고 있다.

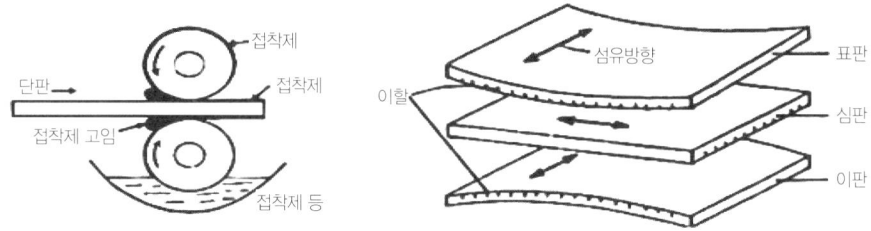

▲ 롤러 접착제 도부기와 합판 조합 방식

3) 목재의 가공
① 소지조정 : 녹이나 기름을 제거하기 위한 준비작업
② 눈막이(눈메꿈) : 목재의 떨어지거나 갈라진 틈을 우드필러 또는 버티 등으로 메워주는 작업

4) 목재의 치수 표시 방법
① 제재치수 : 제재소에서 제재한 치수
② 제재 정치수 : 제제목을 지정 치수대로 한 것
③ 마무리치수 : 절삭과 가공을 하여 조립이 완료된 상태의 치수

마. 목재의 종류

1) 제재목
① 각재류 : 폭이 두께의 3배 미만인 제재목으로 규격에 따라 소각재와 각재로 구분한다.
　㉮ 소각재 : 두께가 6cm 미만이며, 폭이 두께의 3배 미만인 각재
　㉯ 각재 : 두께와 폭이 모두 6cm 이상인 각재
② 판재류 : 두께가 7.5cm 미만이고 폭이 두께의 4배 이상
　㉮ 후판재 : 두께가 3cm 이상인 것
　㉯ 판재 : 두께가 3cm 미만이고, 폭이 12cm 이상인 것

▲ 합판

▲ MDF

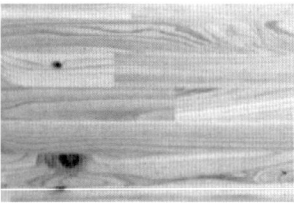
▲ 집성재

2) 가공재
① 힙판
　㉮ 합판을 베니어판이라 하고 베니어란 원래 목재를 얇게 한 것을 말하며, 이것을 단판이라고도 한다.
　㉯ 목재가 지닌 휨과 수축 등 결점을 보완한 가공재로 보통합판과 특수합판으로 나뉜다.
　　• 보통합판 : 홀수 개의 단판을 직교하여 구성하며 보통 베니어 코어 합판이라고 함
　　• 특수합판 : 구성특수합판, 표면특수합판, 약액처리합판 등
② 합판의 특징
　㉮ 나뭇결이 아름답고 수축 팽창의 변형이 없다.
　㉯ 고른 강도를 유지하며 넓은 판을 이용할 수 있다.
　㉰ 내구성과 내습성이 크다.
③ 합판의 종류 : 내수합판, 테고합판, 미송합판, 코아합판 등

출제예상문제

01 조경재료는 식물재료와 인공재료로 크게 구분되는데 다음 중 인공재료의 특성으로 옳은 것은?

① 자연성　　　　　　　② 연속성
③ 불변성　　　　　　　④ 조화성

02 목재의 특성 중 장점은?

① 충격, 진동에 대한 저항성이 작다.
② 열전도율이 낮다.
③ 흡수성이 크고 이것에 의한 변형이 크다.
④ 가연성이며 인화점이 낮다.

03 조경에서 목재를 많이 이용하는 이유 중 틀린 것은?

① 무늬가 좋다.　　　　② 가공이 쉽다.
③ 구부러진 모양을 만들기 쉽다.　　　　④ 운반이 용이하다.

04 춘재의 설명으로 틀린 것은?

① 세포막이 두껍다.　　　　② 생장이 왕성하다.
③ 빛깔이 엷다.　　　　　　④ 재질이 연하다.

05 추재의 설명으로 틀린 것은?

① 치밀하고 단단하다.　　　　② 봄에서 여름에 성장
③ 이때 자란 부분은 세포가 작다.　　　　④ 빛깔이 짙다.

06 목재의 구조에서 목질부의 안쪽 부분으로 색깔이 진하며, 세포의 생리 기능이 상실되어 목질이 단단한 부분은?

① 변재　　　　　　　　② 심재
③ 부름켜　　　　　　　④ 수피부

정답 01 ③　02 ②　03 ③　04 ①　05 ②　06 ②

07 나이테에 대한 설명으로 틀린 것은?

① 수목의 생장 연수를 나타낸다.
② 목재의 강도를 나타내는 기준이다.
③ 활엽수의 단풍나무는 나이테가 뚜렷하게 나온다.
④ 춘재와 추재를 합친 것이다.

08 목재의 비중이라 함은 다음 중 무엇을 말하는 것인가?

① 생목 비중
② 기건 비중
③ 절대 건조 비중
④ 함수 비중

09 목재 건조시의 함수율로 가장 적당한 것은?

① 15%
② 25%
③ 35%
④ 45%

10 목재의 건조 방법 중 자연 건조법에 해당되는 것은?

① 찌는 법
② 증기법
③ 훈연법
④ 공기건조법

11 목재를 건조하는 목적에 관한 설명으로 가장 거리가 먼 것은?

① 변색, 부패 방지하기 위하여
② 탄성과 강도를 낮추기 위하여
③ 가공하기 쉽게 하기 위하여
④ 접착이나 칠이 잘 되게 하기 위하여

12 다음 중 목재의 건조에 관한 설명으로 틀린 것은?

① 건조기간은 자연 건조시는 인공건조에 비해 길고, 수종에 따라 차이가 있다.
② 인공건조 방법에는 증기건조, 공기가열건조, 고주파건조법 등이 있다.
③ 자연건조시 두께 3cm의 침엽수는 약 2~6개월 정도 걸리고 활엽수는 그보다 짧게 걸린다.
④ 목재의 두꺼운 판을 급속히 건조할 경우에는 고주파 건조법이 효과적이다.

정답 ▶ 07 ③ 08 ② 09 ① 10 ④ 11 ② 12 ③

13 목재의 부식에 관계되는 요인 중 틀린 것은?

① 부패　　② 풍화　　③ 충해　　④ 방부

14 목재를 부식시키는 충해는 주로 어느 곤충이 가장 큰 피해를 주는가?

① 하늘소　　② 흰개미
③ 왕바구미　　④ 가루나무좀

15 다음 중 수용성 방부제에 속하는 것은?

① 크레오소트류　　② 콜타르　　③ CCA　　④ 오일스테인

16 C.C.A 방부제의 성분이 아닌 것은?

① 크롬　　② 구리　　③ 아연　　④ 비소

17 다음 중 목재의 방부제 처리법이 아닌 것은?

① 풍화법　　② 도포법
③ 침전법　　④ 가압주입법

18 목재의 표면에 방수제나 살균제를 처리하는 방법으로 작업이 쉽고 비용이 적게 드는 방부처리 방법은?

① 표면탄화법　　② 도장법　　③ 침투법　　④ 주입법

19 방부제의 처리방법 중 흡수성이 증가하는 단점을 가진 방법은?

① 도장법　　② 표면탄화법
③ 침투법　　④ 주입법

20 다음 중 분말 도료를 스프레이로 뿜어서 칠하는 도장 방법으로 도막 형성 때 주름현상, 흐름 현상 등이 없어 점도 조절이 필요 없으며 도정작업이 간편한 무정전 스프레이법이 대표적인 도장은?

① 분체도장　　② 소부도장
③ 침적도장　　④ 합성수지 피막도장

정답 13 ④　14 ②　15 ③　16 ③　17 ①　18 ②　19 ②　20 ①

21 원목의 4면을 따낸 목재를 무엇이라 부르는가?

① 통나무　　　② 가공재　　　③ 조각재　　　④ 판재

22 다음 중 대나무에 대한 설명으로 틀린 것은?

① 외관이 아름답다.　　　② 탄력이 있다.
③ 잘 썩지 않는다.　　　④ 벌레 피해를 쉽게 받는다.

23 다음 중 목재공사에서 구멍 뚫기, 홈파기, 자르기, 기타 다듬질하는 일을 가리키는 것은?

① 마름질　　　② 먹매김　　　③ 모접기　　　④ 바심질

24 다음 중 목재가 대기 중의 온도와 습도에 대해 평형상태를 이루고 있을 때의 함수율로 가장 적당한 것은?

① 평행함수율　　　② 표준함수율
③ 기건함수율　　　④ 법정함수율

25 목재의 두께가 7.5cm 미만에 폭이 두께의 4배 이상인 제재목은?

① 판재　　　② 각재　　　③ 원목　　　④ 합판

26 곧은결 판재에 대한 설명으로 옳은 것은?

① 뒤틀림이 심하다.
② 판재 너비의 수축률이 크다.
③ 마멸이 불균일하고 수명이 짧다.
④ 건조 중에 표면 할렬이 덜 생긴다.

27 합판의 특징으로 틀린 것은?

① 고른 강도 유지　　　② 수축과 팽창의 변형이 없다.
③ 넓은 판을 이용할 수 있다.　　　④ 내구성과 내습성이 작다.

정답 ▶ 21 ③　22 ③　23 ④　24 ③　25 ①　26 ④　27 ④

28 합판(合板)에 관한 설명으로 틀린 것은?

① 보통합판은 얇은 판을 2, 4, 6매 등의 짝수로 교차 하도록 접착제로 접합한 것이다.
② 특수합판은 사용목적에 따라 여러 종류가 있으나 형식적으로는 보통합판과 다르지 않다.
③ 합판은 함수율 변화에 의한 신축변형이 적고, 방향성이 없다.
④ 합판의 단판 제법에는 로터리베니어, 소드 베니어, 슬라이스드 베니어 등이 있다.

29 합판의 특징이 아닌 것은?

① 수축·팽창의 변형이 적다.
② 균일한 크기로 제작 가능하다.
③ 균일한 강도를 얻을 수 있다.
④ 내화성을 높일 수 있다.

30 다음 중 합판에 관한 설명으로 틀린 것은?

① 합판을 베니어판이라 하고 베니어란 원래 목재를 얇게 한 것을 말하며, 이것을 단판이라고도 한다.
② 슬라이스트 베니어(Sliced veneer)는 끌로서 각목을 얇게 절단한 것으로 아름다운 결을 장식용으로 이용하기에 좋은 특징이 있다.
③ 합판의 종류에는 섬유판, 조각판, 적층판 및 강화적층재 등이 있다.
④ 합판의 특징은 동일한 원재로부터 많은 장목판과 나무결 무늬판이 제조되며, 팽창 수축 등에 의한 결점이 없고 방향에 따른 강도 차이가 없다.

 28 ① 29 ④ 30 ③

04 석질재료

가. 석재의 특징

1) 석재의 개요
① 조경 재료로 사용되는 석재는 가공석과 자연석으로 구분된다.
② 석재의 보통 비중은 2.0~2.7정도, 압축강도는 화강암 〉 대리석 〉 안산암 〉 사암 〉 응회암 순이다.

③ 화강암은 압축강도가 크지만 내화성은 떨어지고 응회암은 반대로 내화성이 가장 크다.

2) 석재의 장·단점

장점	단점
• 외관이 매우 아름답다. • 내구성과 강도가 크다. • 가공성이 있으며, 변형되지 않는다.	• 무거워서 다루기 불편하다. • 가공하기가 어렵다. • 가격이 비싸다.

석재의 중량과 비중
- 석재의 중량 : 부피 × 비중
- 석재의 비중 : $\dfrac{건조무게}{표면건조포화상태무게 - 수중무게}$ = 약 2.6

나. 암석의 분류

1) 성인에 의한 천연 암석의 분류

분류	종류	비고
화성암	화강암, 안산암, 현무암, 섬록암 등	심성암/화산암으로 분류
퇴적암	응회암, 사암, 점판암, 혈암, 석회암 등	-
변성암	편마암, 대리석, 사문암 등	-

2) 화성암의 냉각 장소에 따른 분류

분류	종류	비고
심성암	화강암, 반려암, 섬록암 등	천천히 굳어서 광물 결정 크기 큼
반심성암	휘록암 등	-
화산암	현무암, 안산암, 유문암 등	빨리 식어서 광물 결정 크기 작음

3) 화성암
① 화강암
㉮ 한국 돌의 70% 차지하며 암석 중 압축강도 가장 크다.
㉯ 단단하여 내구성은 크지만, 내화성이 작다.
㉰ 주요 구성 광물 : 석영, 장석, 운모
㉱ 규산의 함유량에 따라 산성암(66% 이상), 중성암, 염기성암(52% 이하)으로 분류된다.

㉰ 용도 : 바닥포장용, 계단용, 경계석 등의 시설물
② 안산암
　㉮ 마그마가 지표로 분출하여 급격히 굳어진 암석
　㉯ 담회색, 담적갈색, 암회색이 많다.
③ 현무암
　㉮ 세립이고 치밀하여 단단하나 다공질인 것도 있음
　㉯ 주상절리가 있어 기둥모양으로 갈라지는 것이 많음

▲ 화강암　　　▲ 안산암　　　▲ 현무암

4) 퇴적암

암석의 분쇄물 등이 물속에 침전되어 지열과 지압으로 다시 굳어진 것으로(수성암) 응회암, 사암, 점판암, 석회암 등이 있다.

① 응회암 : 질이 부드러워 가공이 쉽고, 열에 강하고 가벼우며, 흡수성이 높고 내수성이 크지만 강도가 높지 못해 건축용으로 부적합
② 점판암 : 판 모양으로 떼어내어 디딤돌, 포장용, 계단설치용, 지붕재, 천연슬레이트 등에 쓰임

▲ 응회암　　　▲ 점판암

5) 변성암

① 화성암, 퇴적암이 지각변동, 지열에 의해 화학적·물리적으로 성질이 변한 것으로 편마암, 대리석, 사문암 등이 있다.
② 화성암 : 화강암, 셰일 → 편마암 / 현무암 → 결정편암
③ 퇴적암 : 혈암 → 점판암 → 천매암 / 석회암 → 대리석 / 사암 → 규암
　㉮ 대리석
　　• 석회암이 변성된 것으로 무늬가 화려하고 석질이 연해 가공이 용이함
　　• 산과 열에 약하고 풍화 및 마멸이 잘 되기 때문에 외장용보다는 내장용 및 붙임용에 적합하며, 공극률이 작다.

㉰ 사문암
- 감람석, 섬록암 등의 심성암이 변질된 것으로 암녹색 바탕에 흑백색의 아름다운 무늬가 있다.
- 경질이나 풍화성이 있어 외장재 보다는 내장 마감용 석재로 이용

▲석회암

▲대리석

- **트래버틴(travertin)** : 탄산칼슘이 가라앉아 생긴 석회암의 일종
- **후크(Hooke)의 법칙** : 물체에 하중을 가하면 하중과 변형이 정비례 한다는 이론이다.

다. 석재의 가공

공정	작업 내용	망치모양
혹두기	쇠망치(쇠메)로 석재 표면의 큰 돌출 부분만 대강 떼어내는 정도의 거친 면을 마무리 하는 작업	
정다듬	혹두기한 면을 정으로 비교적 고르고 곱게 다듬는 것으로 거친 정도에 따라 거친다듬, 중다듬, 고운다듬으로 구분	
도두락다듬	정다듬한 표면을 도드락 망치를 이용하여 1~3회 정도로 곱게 다듬는 작업	
잔다듬	외날망치나 양날망치로 정다듬면 또는 도드락 다듬면을 일정 방향이나 평행선으로 다듬어 평탄하게 마무리 하는 작업	
물갈기	연마기나 숫돌로 매끈하게 갈아내는 방법으로 화강암, 대리석 등을 최종적으로 마무리 할 때 이용	—

라. 석재판 붙이기 공법

구분	습식공법	건식공법	GPC공법
정의	몰탈을 고르고 그 위에 시멘트 물을 뿌려서 판석 붙임	벽에는 앙카 고정하고 석재에 에폭시로 앵글을 부착하여 볼트로 연결	석재 뒷면에 고정 철물을 고정 시킨 후 콘크리트를 타설하여 양생한 패널을 붙이는 공법
장점	시공용이 공사비 저렴	공기 단축가능 백화현상 없음	재료손실이 적음
단점	백화현상	부자재비가 많이 소요	소규모 공사에 부적합

마. 규격재

1) **각석** : 폭이 두께의 3배 미만이고 폭보다 길이가 긴 직육면체의 석재
2) **판석** : 두께가 15cm 미만이고 폭이 두께의 3배 이상인 판 모양의 석재
3) **마름돌** : 지정된 규격에 따라 직육면체가 되도록 각 면을 다듬은 석재
4) **견칫돌(견치석)** : 형상은 절두각주체에 가깝고 뒷길이 접촉면 폭, 뒷면 등이 규격화된 돌로써 4방락(四方落) 또는 2방락(二方落)의 것이 있다. 뒷길이는 앞면 길이의 1.5배 이상이고, 1개의 무게 70~100kg으로 옹벽 쌓기에서 메쌓기 또는 찰쌓기 용으로 사용

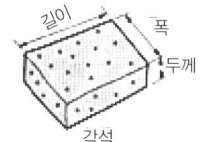  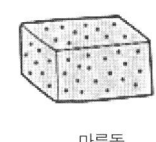 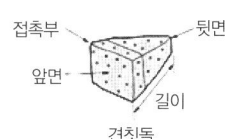 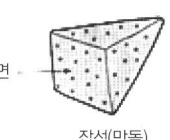

▲ 여러 가지 규격재 모양

5) **골재**
   ① 잔골재 : 10mm 체를 전부 통과하고 No 4체에는 85% 이상 통과하며, No 200체에 거의 남는 골재이다.
   ② 굵은골재 : No 4체에 85% 이상 거의 남는 골재로 입경 5mm 이상의 골재이다.

바. 자연석

1) **돌의 절리** : 구성 광물의 배열상태, 석리라고도 함, 돌에 선이나 무늬가 생기므로 방향감을 주며 예술적 가치 높음
2) **층리** : 퇴적암에서 볼 수 있는 암석의 층상 배열 상태
3) **석리** : 암석을 구성하고 있는 조합 광물질의 집합 상태에 따라 생기는 눈 모양
4) **석목** : 석재의 절리 등으로 인해 결정의 병행 상태에 따라 절단이 용이한 방향성

5) 자연석의 모양

입석	횡석	평석	환석	각석	사석	와석	괴석

05 점토제품

가. 벽돌

1) 벽돌의 규격
   ① 표준형 : 190mm × 90mm × 57mm
   ② 기존형 : 210mm × 100mm × 60mm

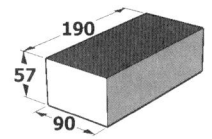

▲ 표준형 벽돌   ▲ 기존형 벽돌

나. 도관과 토관

1) **도관** : 양질의 점토 이용, 유약을 발라 굽고 흡수성, 투수성이 없어 배수관, 상하수관, 전선 및 케이블관 등에 사용된다.

2) **토관** : 저급 점토를 이용하여 그대로 구운 제품이다. 표면이 거칠고 투수율이 크므로 연기, 공기 등의 환기관으로 사용된다.

다. 이형관

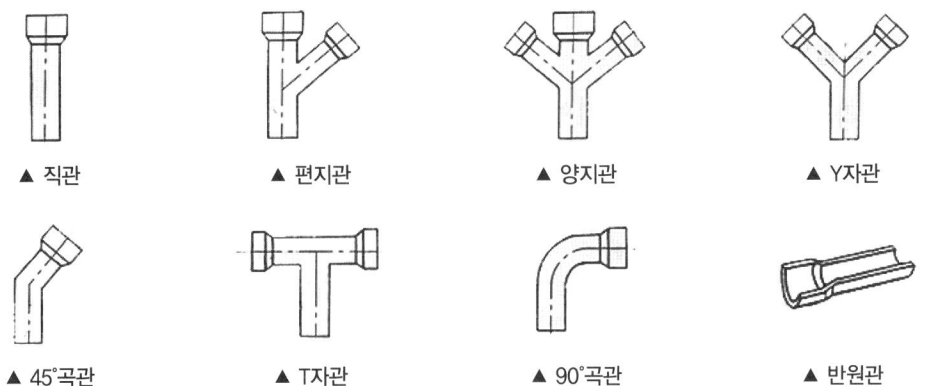

▲ 직관   ▲ 편지관   ▲ 양지관   ▲ Y자관

▲ 45°곡관   ▲ T자관   ▲ 90°곡관   ▲ 반원관

라. 도자기제품

돌을 빻아 빚은 것을 1,300℃로 구워 물을 빨아들이지 않음

구분	내용	예
도기	1100℃~1200℃에서 소성을 하며 기계적 강도가 크지 않고 때리면 둔탁한 소리가 난다.	세면대, 변기 등
자기	점토, 석영, 장석, 도석 등을 원료로 하여 적당한 비율로 배합한 다음 1300℃ 이상의 높은 온도로 가열하여 유리화 될 때까지 충분히 구워 굳힌 제품으로서 때리면 맑은 소리가 난다.	커피잔, 밥그릇 등

마. 점토의 성질

① 암석이 오랜 기간에 걸쳐 풍화 또는 분해되어 생긴 세립자 물질이다.
② 가소성은 점토 입자가 미세할수록 좋고 또한 미세 부분은 콜로이드로서의 특성을 가지고 있다.
③ 화학 성분에 따라 내화성, 소성시 비틀림정도, 색채의 변화 등의 차이로 인해 용도에 맞게 선택된다.

> **점토 제품 소성 공정**
> ① 예비처리 → ② 원료조합 → ③ 반죽 → ④ 숙성 → ⑤ 성형 → ⑥ 시유 → ⑦ 소성

출제예상문제

01 석질 재료의 장점이 아닌 것은?

① 외관이 매우 아름답다.
② 내구성과 강도가 크다.
③ 가격이 저렴하고 시공이 용이하다.
④ 변형되지 않으며 가공성이 있다.

02 석재의 비중에 대한 설명으로 틀린 것은?

① 비중이 클수록 조직이 치밀하다.
② 비중이 클수록 흡수율이 크다.
③ 비중이 클수록 압축 강도가 크다.
④ 석재의 비중은 일반적으로 2.0~2.7이다.

정답 01 ③ 02 ②

03 다음 그림과 같은 돌을 무엇이라 부르는가?

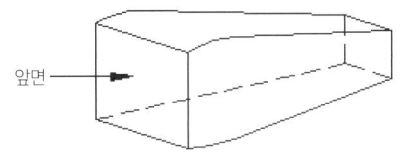

① 견칫돌　　② 경관석　　③ 호박돌　　④ 사괴석

04 앞면은 정사각형 또는 직사각형으로 1개의 무게는 보통 70~100kg으로, 주로 옹벽 등의 쌓기용으로 메쌓기나 찰쌓기 등에 사용되는 돌은?

① 마름돌　　② 견치돌　　③ 깬돌　　④ 호박돌

05 석재 중에서 가장 고급품으로 주로 미관을 요구하는 돌쌓기 등에 쓰이는 것은?

① 마름돌　　② 견치돌　　③ 깬돌　　④ 호박돌

06 다음 여러 가지 규격재 모양 중 마름돌에 해당하는 것은?

① 　② 　③ 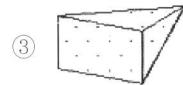　④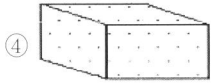

07 다음 중 화성암이 아닌 것은?

① 대리석　　② 화강암
③ 안산암　　④ 섬록암

08 석재 중 석회암이 변질한 것으로 무늬가 화려하고 아름다우며 석질이 치밀하고, 비교적 가공이 쉬우나 산과 열에 약한 것은?

① 화강암　　② 안산암　　③ 대리석　　④ 점판암

09 석재의 성인에 의해 암석학적 분류는 화성암, 수성암, 변성암 등으로 분류한다. 다음 중 변성암에 해당되는 석재는?

① 화강암　　② 사암　　③ 안산암　　④ 대리석

10 다음 중 수성암(퇴적암)계통의 석재가 아닌 것은?

① 점판암　　　② 사암　　　③ 석회암　　　④ 안산암

11 조경용으로 사용되는 석재 중 압축강도가 가장 큰 것은?

① 화강암　　　② 응회암　　　③ 안산암　　　④ 사문암

12 다음 중 내화성이 가장 약한 암석은?

① 안산암　　　② 화강암　　　③ 사암　　　④ 응회암

13 퇴적암의 일종으로 판 모양으로 떼어낼 수 있어 디딤돌, 바닥포장재 등으로 쓸 수 있는 것은?

① 화강암　　　② 안산암
③ 현무암　　　④ 점판암

14 다음 조경용 포장 재료로 사용되는 판석의 최대 두께로 가장 적당한 것은?

① 15cm 미만　　　② 20cm 미만　　　③ 25cm 미만　　　④ 35cm 미만

15 형태가 정형적인 곳에 사용하나, 시공비가 많이 드는 돌은?

① 산석　　　② 강석(하천석)　　　③ 호박돌　　　④ 마름돌

16 돌이 풍화, 침식되어 표면이 자연적으로 거칠어진 상태를 뜻하는 것은?

① 돌의 뜰 녹　　　② 돌의 절리
③ 돌의 조면　　　④ 돌의 이끼바탕

17 석재의 가공 방법 순서로 적합한 것은?

① 혹두기 – 정다듬 – 잔다듬 – 도드락다듬 – 물갈기
② 혹두기 – 정다듬 – 도드락다듬 – 잔다듬 – 물갈기
③ 혹두기 – 잔다듬 – 정다듬 – 도드락다듬 – 물갈기
④ 혹두기 – 잔다듬 – 도드락다듬 – 정다듬 – 물갈기

정답 10 ④　11 ①　12 ②　13 ④　14 ①　15 ④　16 ③　17 ②

18 다음 돌의 가공방법에 대한 설명으로 잘못된 것은?

① 혹두기 : 표면의 큰 돌출부분만 떼어 내는 정도의 다듬기
② 정다듬 : 정으로 비교적 고르고 곱게 다듬는 정도의 다듬기
③ 잔다듬 : 도드락 다듬면을 일정 방향이나 평행선으로 나란히 찍은 다음에 평탄하게 마무리 하는 다듬기
④ 도드락다듬 : 혹두기한 면을 연마기나 숫돌로 매끈하게 갈아내는 다듬기

19 다음 석재의 가공방법 중 표면을 가장 매끈하게 가공 할 수 있는 방법은?

① 혹두기　　　　　　　　　　② 정다듬
③ 잔다듬　　　　　　　　　　④ 도드락다듬

20 데발 시험기(Deval abrasion tester)란?

① 석재의 휨강도 시험기
② 석재의 인장강도 시험기
③ 석재의 압축강도 시험기
④ 석재의 마모에 대한 저항성 측정시험기

21 화강석의 크기가 20cm×20cm×100cm일 때 중량은?(단. 화강석의 비중은 평균 2.60이다.)

① 약 50kg　　　　　　　　　　② 약 100kg
③ 약 150kg　　　　　　　　　 ④ 약 200kg

22 지름이 2~3cm되는 것으로 콘크리트의 골재, 작은 면적의 포장용, 미장용으로 사용되는 돌은?

① 왕모래　　　② 자갈　　　③ 호박돌　　　④ 산석

23 콘크리트의 구성재료 중 품질이 우수한 골재의 설명으로 틀린 것은?

① 단단하고 둥근 모양을 가지는 골재가 좋다.
② 내화성과 내구성을 가진 것이 좋다.
③ 골재에는 흙, 기름, 푸석돌 등이 없어야 좋다.
④ 납작하고 길죽한 모양을 가지는 골재가 강도를 높이는데 좋다.

정답 ▶ 18 ④　19 ③　20 ④　21 ②　22 ②　23 ④

24 석가산을 만들고자 한다. 적당한 돌은?

① 잡석　　　　② 산석　　　　③ 호박돌　　　　④ 자갈

25 다음 정원석의 모양 중 입석은?

① 　② 　③ 　④

26 자연석을 모양으로 지칭할 때 사석에 해당되는 것은?

① 　② 　③ 　④

27 포장용으로 주로 쓰이는 가공석은?

① 견치돌(간지석)　　　　② 각석
③ 판석　　　　　　　　　④ 강석(하천석)

28 점토제품 중 돌을 빻아 빚은 것을 1,300℃ 정도의 온도로 구웠기 때문에 거의 물을 빨아들이지 않으며, 마찰이나 충격에 견디는 힘이 강한 것은?

① 벽돌제품　　　　　　　② 토관제품
③ 타일제품　　　　　　　④ 도자기 제품

29 도자기 제품은 어떤 것인가?

① 내화 벽돌　　　　　　　② 외장 타일
③ 보도블록　　　　　　　④ 토관

30 흡수성과 투수성이 거의 없으므로 배수관, 상·하수도관, 전선 및 케이블관 등에 쓰이는 점토 제품은?

① 벽돌　　　　② 도관　　　　③ 플라스틱　　　　④ 타일

정답　24 ②　25 ①　26 ②　27 ③　28 ④　29 ②　30 ②

06 시멘트와 콘크리트

가. 시멘트 종류

1) 포틀랜드시멘트
   ① 보통 포틀랜드시멘트 : 제조공정이 간단하고 저렴하여 가장 많이 이용
   ② 중용열 포틀랜드시멘트 : 수화열이 적어 균열이 방지되며 댐이나 큰 구조물에 사용
   ③ 조강 포틀랜드시멘트
      ㉮ 조기에 높은 강도, 급한 공사, 추운 때의 공사, 물 속 공사, 수화열이 커 균열의 위험성이 높다.
      ㉯ 재령이 3일이면 215kg/cm² 이상
   ④ 백색 포틀랜드시멘트
      ㉮ 철분, 마그네시아가 적은 백색 점토와 석회석을 원료로 하고 소성연료는 중유를 사용하여 만들어지는 시멘트
      ㉯ 치장용, 컬러 시멘트 가능

2) 혼합시멘트
   ① 슬래그 시멘트(고로 시멘트)
      ㉮ 용광로에서 생성된 광재(slag)로 내화학성 강하고 장기강도 증진
      ㉯ 콘크리트 내부의 세공경이 작아져 수밀성이 향상 된다.
      ㉰ 포틀랜드시멘트와 비중차가 작아 혼합 및 분산성이 우수하다.
      ㉱ 철근의 부식을 억제 시키는 효과가 있다.
      ㉲ 중성화 속도가 빨라진다.
      ㉳ 내구성과 화학적 저항성 큼
      ㉴ 폐수시설, 하수도, 항만 등에 사용
   ② 플라이애시 시멘트(fly ash)
      ㉮ 분탄을 연료로 하는 보일러 연통에서 채집한 재(fly ash)를 넣어서 만듦
      ㉯ 수화열이 적고 장기 강도가 매우 크다.
      ㉰ 건조 수축도 보통 포틀랜드 보다 적다.
      ㉱ 화학 저항성이 강하고 수밀성이 우수하다.
   ③ 포졸란 시멘트(실리카시멘트)
      ㉮ 실리카질의 포졸란을 넣어서 만듦
      ㉯ 콘크리트의 수밀성, 내구성, 강도 등을 높이고 수화열을 저하
      ㉰ 경화속도가 느려지면서 장기 강도가 증가한다.
      ㉱ 건조 수축이 큰 것이 단점이다.
      ㉲ 화학적 저항성 및 수밀성이 크다.

3) 특수시멘트
  ① 알루미나 시멘트
    ㉮ 황산에 침식이 잘 되는 포틀랜드 시멘트의 결점을 보완하기 위해 만들어진다.(알루미나 + 생석회)
    ㉯ 초기 강도가 매우 크고(재령 1일에 보통 포틀랜드 28일 강도) 해수 및 기타 화학적 저항성이 크다.
    ㉰ 열분해 온도가 높아 내화용 콘크리트에 적합하나 가격이 비싼 것이 단점이다.

나. 시멘트의 성질과 저장
  1) 시멘트의 성질
    ① 단위와 무게 : 시멘트 단위는 '포대'이고, 1포당 무게는 40kg이다.
    ② 분말도 : 시멘트 입자의 굵고 가는 정도, 분말도가 높으면 수화작용이 빠르고 조기강도는 크지만 풍화, 수화열이 많아 균열의 위험성이 있다.
    ③ 응결
      ㉮ 응결 : 물과 접촉하여 유동성을 잃고 굳어지며 자력으로 모양이 유지되어 고체상태
      ㉯ 수량, 온도, 분말도에 따라 응결 시간이 달라진다.
    ④ 강도 : 풍화가 강도를 떨어뜨리는 요인이며, KS는 재령 28일 압축강도 보통 245kg/cm²로 규정
    ⑤ 풍화 : 저장 중에 수분을 흡수하여 생긴 수산화칼슘이 공기 중의 이산화탄소와 결합하여 탄산칼슘을 만드는 작용
    ⑥ 비중 : 콘크리트 단위중량 계산, 배합설계 및 시멘트의 품질 판정에 주로 이용되는 시멘트의 성질로 보통 3.14이다.
    ⑦ 시멘트 비표면적 : 시멘트 분말 알갱이들의 겉넓이로서 비표면적이 커지면 수화작용이 활발해져 빨리 경화가 이루어진다.

  2) 시멘트의 저장
    ① 지표에서 30cm 이상 이격시킨다.
    ② 13포 이상 쌓지 않으며, 장기 저장할 경우 7포 이내로 한다.
    ③ 출입문을 제외한 환기창을 두지 않는다.
    ④ 3개월 이상 저장하지 않는다.
    ⑤ 습기를 받거나 풍화가 의심되면 반드시 테스트 후 사용한다.
    ⑥ 선입선출(先入先出)
    ⑦ 보관 시 1m²당 30~35포대 정도로 한다.
    ⑧ 창고면적 : $0.4 \times \dfrac{N}{n}$ (N : 총포대수, n : 쌓는 단수(13포))

3) 시멘트 시험
    ① 비중시험 : 시멘트 비중을 알기 위해 류샤델리병에 시멘트를 넣어서 부피를 측정하는 시험
    ② 분말도시험 : 단위 중량에 대한 표면적으로 미세할수록 분말도가 커지게 되며, 블레인시험에 의해 분말도를 구한다.
    ③ 응결시험 : 길모아장치를 이용한 응결도 시험

4) 시멘트 제조방법
    ① 건식법, ② 습식법, ③ 반습식법

5) 시멘트 액체 방수
    ① 무기질계 : 염화칼슘계, 규산소다계, 규산질분말계
    ② 유기질계 : 파라핀계, 지방산계, 고분자에멀션계

6) 시멘트 성분
    ① C_3A(알루미네이트) : 발열량이 가장 높다.
    ② C_3S(규산 3석회) : 발열량이 중간이다.
    ③ C_4AF(알민산철 4석회) : 발열량이 낮다.
    ④ C_2S(규산 2석회) : 발열량이 낮다.

다. 콘크리트

1) 콘크리트의 장·단점

장점	단점
• 임의의 형상대로 구조물을 만든다. • 재료를 구하기 쉽고 운반이 양호하다. • 압축강도, 내구성, 내화성, 내수성 등이 크다. • 철근을 피복하여 녹을 방지한다. • 철근과의 부착력이 크다. • 시공이 용이하고 유지비가 적게 든다.	• 자체 중량이 무겁다. • 균열의 위험성이 있다. • 개조 및 파괴가 어렵다. • 품질유지 및 시공 관리가 쉽지 않다. • 경화에 시간이 걸려 시공 일수가 길다. • 인장강도 휨강도가 작고, 이를 보강하기 위해 철근을 배근한다.

2) 콘크리트에 사용되는 재료의 저장
    ① 시멘트의 온도가 너무 높을 때는 그 온도를 50℃ 정도 이하로 낮춘 다음 사용한다.
    ② 잔골재 및 굵은 골재에 있어 종류와 입도가 다른 골재는 각각 구분하여 따로따로 저장한다.
    ③ 혼화재는 방습적인 사일로 또는 창고 등에 품종별로 구분하여 저장하고, 입하된 순서대로 사용하여야 한다.
    ④ 혼화제는 먼지, 기타의 불순물이 혼입되지 않도록, 액상의 혼화제는 분리되거나 변질되거나 동결되지 않도록, 또 분말상의 혼화제는 습기를 흡수하거나 굳어지는 일이 없도록 저장하여야 한다.

- **시멘트 풀(시멘트 페이스트)** : 시멘트 + 물
- **모르타르** : 시멘트 + 물 + 모래
- **콘크리트** : 시멘트 + 물 + 모래 + 자갈

출제예상문제

01 시멘트의 주재료에 속하지 않는 것은?

① 화강암 ② 석회암
③ 질흙 ④ 광석찌꺼기

02 다음 중 모르타르의 구성 성분이 아닌 것은?

① 물 ② 모래
③ 자갈 ④ 시멘트

03 일반적인 시멘트의 설명으로 옳은 것은?

① 일반적으로 시멘트라고 불리는 것은 보통 포틀랜드 시멘트를 말한다.
② 포틀랜드 시멘트의 비중은 4.05 이상이다.
③ 28일 강도를 초기 강도라 한다.
④ 시멘트의 수화반응 또는 발열반응에서의 발생열을 응고열이라 한다.

04 시멘트의 성질을 잘못 설명한 것은 어느 것인가?

① 풍화된 것이나 혼화재를 넣은 것이 비중이 커진다.
② 분말도가 높으면 수화작용 빠르고 조기강도 크다.
③ 분말도가 높으면 풍화작용과 수화열이 많아 균열된다.
④ 풍화는 강도를 떨어 뜨리는 요인이다.

정답 ▶ 01 ① 02 ③ 03 ① 04 ①

05 시멘트의 저장법으로 가장 옳은 것은?

① 방습 창고에 통풍이 잘 되도록 한다.
② 땅바닥에서 10cm 이상 떨어진 마루에서 쌓는다.
③ 13포 이상 쌓지 않는다.
④ 5개월 이상 저장하지 않는다.

06 시멘트의 풍화를 방지하기 위해 가설창고에 저장시 고려해야 할 사항 중 틀린 것은?

① 출입구 채광창 이외의 환기창은 두지 않는다.
② 창고의 바닥높이는 지면에서 30cm 이상 떨어진 위치에 쌓는다.
③ 15포 이상 저장한 시멘트나 습기를 받았다고 판단되는 시멘트는 사용전에 시험을 한다.
④ 3개월 이상 저장한 시멘트나 습기를 받았다고 판단되는 시멘트는 사용 전에 시험을 한다

07 시멘트 중 간단한 구조물에 가장 많이 사용되는 것은?

① 보통 포틀랜드시멘트
② 중용열 포틀랜드시멘트
③ 조강 포틀랜드시멘트
④ 고로시멘트

08 시멘트의 종류와 특성에서 높은 강도가 요구되는 공사, 급한 공사, 추운 때의 공사, 물속이나 바다의 공사에 적합한 시멘트는?

① 조강 포틀랜드시멘트
② 보통 포틀랜드시멘트
③ 슬래그시멘트
④ 중용열 포틀랜드시멘트

09 용광로에서 선철을 제조할 때 나온 광석찌꺼기를 석고와 함께 시멘트에 섞은 것으로서 수화열이 낮고, 내구성이 높으며, 화학적 저항성이 큰 한편, 투수가 적은 특징을 갖는 것은?

① 실리카시멘트
② 고로시멘트
③ 중용열 포틀랜드시멘트
④ 조강 포틀랜드시멘트

정답 05 ③ 06 ③ 07 ① 08 ① 09 ②

10 콘크리트의 혼화재료 중 혼화재에 해당하는 것은?

① AE제(공기 연행제) ② 분산제(감수제)
③ 응결촉진제 ④ 슬래그

11 한국공업규격에서 정한 시멘트의 재령 28일의 압축강도는 얼마인가?

① 145kg/cm² ② 245kg/cm² ③ 345kg/cm² ④ 445kg/cm²

12 운반 거리가 먼 레미콘이나 무더운 여름철 콘크리트의 시공에 사용하는 혼화제는 어느 것인가?

① 지연제 ② 감수제 ③ 방수제 ④ 경화촉진제

13 다음 중 콘크리트의 장점이 아닌 것은?

① 재료의 획득 및 운반이 용이하다.
② 인장강도와 휨 강도가 크다.
③ 압축강도가 크다.
④ 내구성, 내화성, 내수성이 크다.

14 콘크리트 소재의 벽돌 검사방법(KS) 중 항목에 해당되지 않는 것은?

① 치수 ② 흡수율 ③ 압축강도 ④ 인장강도

15 보·차도용 콘크리트 제품 중 일정한 크기의 골재와 시멘트를 배합하여 높은 압력과 열로 처리한 보도 블록은?

① 측구용블록 ② 보도블록 ③ 소형고압블록 ④ 경계블록

16 다음 중 일반적인 콘크리트의 특징이 아닌 것은?

① 모양을 임의로 만들 수 있다.
② 임의대로 강도를 얻을 수 있다.
③ 내화, 내구성이 강한 구조물을 만들 수 있다.
④ 경화시 수축균열이 발생하지 않는다.

정답 10 ④ 11 ② 12 ① 13 ② 14 ④ 15 ③ 16 ④

17 콘크리트 슬럼프시험에 대한 설명 가운데 옳지 않은 것은?

① 반죽질기를 측정하는 것이다.
② 슬럼프값이 높은 수치일수록 좋은 것이다.
③ 슬럼프값의 단위는 cm이다.
④ 콘크리트 치기작업의 난이도를 판단할 수 있다.

18 슬럼프 시험(slump test)으로 측정할 수 있는 것은?

① 수밀성　　② 강도　　③ 반죽질기　　④ 배합비율

19 다음 중 콘크리트의 보강용으로 이용되는 것은?

① 컬러 철선　　② 와이어 로프　　③ 볼트와 너트　　④ 용접철망

20 굳지 않은 모르타르나 콘크리트에서 물이 분리되어 위로 올라오는 현상은?

① 워커빌리티(workability)　　② 블리딩(bleeding)
③ 피니셔빌리티(finishability)　　④ 레이턴스(laitance)

21 다음 일반적인 콘크리트의 특징을 설명한 내용 중 잘못된 것은?

① 형상 및 치수의 제한이 없고 임의의 형상, 크기의 부재나 구조물을 만들 수 있다.
② 재료의 입수 및 운반이 용이하다.
③ 압축강도가 크고 내구성, 내화성, 내수성 및 내진성이 우수하다.
④ 압축강도에 비하여 인장강도, 휨강도가 크기 때문에 취성적 성질은 없다.

22 시멘트의 성질 및 특성에 대한 설명으로 틀린 것은?

① 분말도는 일반적으로 비표면적으로 표시한다.
② 강도 시험은 시멘트 페이스트 강도시험으로 측정한다.
③ 응결이란 시멘트 풀이 유동성과 점성을 상실하고 고화하는 현상을 말한다.
④ 풍화란 시멘트가 공기 중의 수분 및 이산화탄소와 반응하여 가벼운 수화반응을 일으키는 것을 말한다.

정답 ▶ 17 ② 18 ③ 19 ④ 20 ② 21 ④ 22 ②

23 다음 중 시멘트의 응결 시간에 가장 영향이 적은 것은?

① 수량 ② 온도 ③ 분말도 ④ 골재의 입도

24 콘크리트 혼화제 중 내구성 및 워커빌리티(workability)를 향상시키는 것은?

① 감수제 ② 경화촉진제 ③ 지연제 ④ 방수제

25 콘크리트 표준 배합비가 1:3:6일 때 이 배합비의 순서에 맞는 각자의 재료를 바르게 나열한 것은?

① 모래 : 자갈 : 시멘트 ② 자갈 : 시멘트 : 모래
③ 자갈 : 모래 : 시멘트 ④ 시멘트 : 모래 : 자갈

 23 ④ 24 ① 25 ④

07 기타

가. 플라스틱

1) 플라스틱의 장·단점

장점	단점
• 성형이 자유롭다. • 강도와 탄력성이 크다. • 착색이 자유롭고 광택이 좋다. • 내산성과 내알칼리성이 크다. • 투광성 및 접착성이 있다. • 전기와 열에 대한 절연성이 있다.	• 열전도율이 높고 불에 타기 쉽다. • 내열성, 내후성, 내광성이 부족하다. • 변색이 잘 된다. • 저온 및 자외선에 약하다. • 표면의 경도가 낮다. • 정전기 발생량이 크다.

2) 열경화성/열가소성 수지

구분	특징	종류
열경화성 수지	• 축합반응에 의해서 고분자로 된 것 • 한번 경화되면 열을 가해도 소성이 되지 않음	멜라민, 페놀, 요소, 에폭시, 푸란, FRP 등
열가소성 수지	• 중합반응에 의해 고분자로 된 것 • 경화된 후 다시 열을 가하면 다시 소성을 가짐 • 수장재로 이용	폴리에틸렌, 폴리염화비닐, 아크릴 등

3) 수지별 특징

종류	특징
실리콘	• 내수성, 내열성이 우수하다. • 내연성, 전기적 절연성이 있고 유리 섬유판, 텍스, 피혁류 등 모든 접착이 가능하다. • 방수제로도 사용한다. • 500℃ 이상 견디는 수지이다. • 용도는 방수제, 도료, 접착제로 사용된다.
에폭시	• 액체 상태나 용융 상태의 수지에 경화제를 넣어 사용한다. • 내산성, 내알칼리성 등이 우수하여 콘크리트 접착 등에 사용한다. • 접착 효과가 매우 우수하여 방수와 포장재로도 이용한다.
폴리에틸렌	• 상온에서 유백색의 탄성이 있는 열가소성 수지이다. • 얇은 시트, 벽체 발포온판 및 건축용 성형품으로 이용된다.
멜라민수지	• 내수성이 크고 열탕에서도 침식되지 않는다. • 무색 투명하고 착색이 자유로우며 내수성, 내약품성, 내용제성이 뛰어나다. • 알키드수지로 변성하여 도료, 내수베니어합판의 접착제 등에 이용된다.
아크릴	• 투명도가 높으므로 유기유리라는 명칭이 있고 착색이 자유로워 채광판, 도어 판, 칸막이판 등에 이용된다.
염화비닐수지	• 파이프, 튜브, 물받이통 등의 제품에 가장 많이 사용되는 열가소성 수지이다.
페놀	• 강도, 전기 절연성, 내산성, 내수성 모두 양호하나 내알칼리성이 약하다. • 내수합판, 접착제 용도로 사용하며 베이클라이트를 만든다.
석탄산수지	• 페놀과 알데히드를 중합(단위체가 결합하여 큰 화합물이 됨)반응하여 만든 수지이다.
프탈산수지	• 프탈산과 글리세린으로 만든 수지로서 연한 노랑색을 띠며 지방유를 섞어 유성 니스로 쓴다.

플라스틱 첨가제
• 가소제 : 소성(塑性)을 향상 시키기 위해 첨가함
• 안정제 : 기후나 환경에 의해 성질이 변하지 않도록 첨가함. 열안정제, 광안정제 등
• 충진제 : 플라스틱의 제품의 노화방지나 증량(增量)의 목적으로 첨가함

나. 금속재료

1) 금속재료 장·단점

장점	단점
• 인장강도가 크다. • 강도에 비해 가볍고 균일하다. • 불에 타지 않는다.	• 가열하면 역학적 성질이 저하된다. • 녹이 슬며 부식이 되는 결함이 있다. • 내산성, 내알칼리성이 작다.

2) **철** : 일반적인 철은 탄소 함유량이 1.7% 이상이며 융용점은 1100~1200℃이다.
   ① 선철 : 용광로에서 철광석을 녹여 나온 재료
   ② 순철 : 불순물이 없는 순도 100% 철
   ③ 주철 : 탄소량 3~3.6%, 철은 92~96% 함유하고 나머지는 크롬·규소·망간·유황·인 등으로 구성되며 내식성이 뛰어나다.
   ④ 긴결철물 : 볼트, 너트, 못, 앵커볼트 등

▲볼트와 너트　　▲고장력 볼트　　▲와셔　　▲듀벨　　▲꺽쇠

3) **방청도료** : 녹이 나는 것을 막기 위해 칠하는 도료
   ① 철재 방청도료 : 광명단
   ② 알루미늄 방청도료 : 징크로메이트(크롬산아연을 안료로 하고 알키드 수지를 전색료로 한 것)

4) **부식**
   ① 온도가 높을수록 녹의 양은 증가한다.
   ② 습도가 높을수록 부식속도가 빨리 진행된다.
   ③ 도장이나 수선 시기는 여름보다 겨울이 좋다
   ④ 자외선에 노출되면 부식이 빨라진다.

> ■ **내식성** : 부식이 일어나기 어려운 성질을 말하며 티탄이 가장 높다.
> ■ **내수성이 큰 접착제 순서** : 페놀수지 > 요소수지 > 아교

5) **금속재료 열처리와 관련된 용어**
   ① 풀림 : 적당한 온도(800~1000℃)로 가열하여 소정의 시간까지 유지한 후에 로(爐) 내부에서 천천히 냉각
   ② 불림 : 공기 중 상온에서 서서히 냉각
   ③ 뜨임질 : 담금질 후 취성을 보완하기 위해 가열 후 공기 중에서 서서히 냉각
   ④ 담금질 : 금속 재료의 열을 식히기 위해 기름이나 물에 담그는 작업

다. 비철금속 재료

1) **알루미늄**
   ① 전성과 연성, 전기 전도성이 뛰어나다.

② 비중이 작고 가볍다.
③ 부식이 잘 되지 않으며 열 팽창률이 크다.

2) 납
① 비중이 크고 연질이다.
② 전성, 연성이 풍부하다.

3) 아연
① 철, 알루미늄, 구리 다음으로 많이 생산
② 산 및 알카리에 약하고 수중에서 내식성이 크다.

4) 동
① 상온의 건조 공기 중에서 변화하지 않는다.
② 습기가 많으면 광택을 소실하고 녹청색이 된다.

5) 유리
① 열전도율 및 열팽창률이 작다.
② 굴절율은 1.45~1.96 정도이고, 납을 함유하면 높아지고 철을 함유하면 낮아 진다.
③ 약한 산에는 침식되지 않지만 염산·황산·질산 등에는 서서히 침식된다.
④ 광선에 대한 성질은 유리의 성분, 두께등에 따라 다르다.
⑤ 특정한 융점을 갖지 않는 열 가소성 재료로 규산(석영), 탄산소다, 석회암이 주 성분이다.

- **이온화 경향이 강한 원소 및 금속** : H, Al, Mg, Ca
- **연성이 가장 큰 금속** : 금은 1g으로 3.6km까지 늘일 수 있다.

라. 도장재료

1) 도장재료 종류
① 수성페인트 : 안료 + 물 + 수용성교착제
② 유성페인트 : 안료 + 보일드유
③ 유성바니시 : 수지 + 건성유 + 희석제
④ 합성수지도료 : 합성수지 + 용제 + 안료
⑤ 클리어래커 : 안료를 가하지 않은 투명 래커로 내후성, 내산성 및 내알카리성이 강하다.

2) 유성페인트 특징
① 내후성, 내마모성이 좋으나 내 알카리성이 약하다.

② 건성유 자체로도 도막을 형성할 수 있으나 건성유를 가열 처리하여 점도, 건조성, 색채 등을 개량한 것이 보일드유이다.

3) 페인트 칠하기
① 철재의 바탕칠을 할 때에는 불순물을 제거한 후 방청도료(광명단)를 처리한다.
② 목재의 갈라진 구멍, 홈, 틈은 퍼티로 땜질하여 24시간 후 초벌칠을 한다.
③ 콘크리트, 모르타르면의 틈은 석고로 땜질하고 유성 또는 수성페인트를 칠한다.

마. 미장재료

1) 시멘트모르타르
① 시멘트와 잔골재인 모래를 적당한 비율로 섞어 물로 갠 것을 말하며 벽돌쌓기, 돌쌓기 등의 접착 재료로 쓰인다.
② 보통 배합비는 1:2~1:3 정도로 한다.

2) 회반죽
① 소석회에 모래, 해초풀(교착력 증진) 등을 물에 섞어 이긴 것이다.
② 흔히 소석회 반죽이라고도 한다.

3) 벽토
① 진흙에 고운모래, 짚여물, 착색안료와 물을 혼합한 다음 반죽하여 만든 것이다.
② 자연스러운 분위기와 목조 주택의 외벽, 토담집 흙벽 등 전통성을 강조하는 구조물에 쓰인다.

바. 섬유재료

식물의 섬유질 부분을 이용하는 것으로 볏짚, 새끼줄, 밧줄, 녹화마대 등이 있다.

재료	설명	사진
볏집	줄기를 감싸 해충의 잠복소를 만드는데 사용	
새끼줄	뿌리분이 깨지지 않도록 감는데 사용	
밧줄	마섬유로 만든 섬유로프가 많이 쓰임	

재료	설명	사진
녹화마대	천연식물 섬유인 황마를 사용하여 만든 것으로 수목 이식후에 수간 보호용 자재로 사용하는 도시미관 조성에 적합한 친환경 재료이다.	

- 섬유재료 중 새끼줄 10타래를 1속이라고 한다.
- **잠복소** : 월동을 하는 벌레를 유살하기 위해 가을에 수목 수간에 설치하는 볏집 재료

사. 물

1) **정적인 상태** : 호수, 연못, 풀(pool) 등은 고요하고 평온한 느낌을 준다.
2) **동적인 상태** : 폭포, 벽천, 분수 등은 활동적이어서 생동감과 신선함을 준다.

아. 재료 성질과 관련된 용어

용어	설명
강도(强度)	재료에 하중이 걸린 경우, 재료가 파괴되기까지의 변형 저항 성질
경도(硬度)	재료의 긁기, 절단, 마모 등에 저항하는 성질
강성(剛性)	물체가 외력을 받아도 모양이나 부피가 변하지 않는 단단한 성질
전성(展性)	압축력이 가해질 때 재료가 파괴되지 않고 펴지는 성질
취성(脆性)	외력에 의하여 영구 변형을 하지 않고 파괴되는 성질로 인성(靭性)과 반대이다.
인성(靭性)	깨지거나 파괴하려는 힘에 대한 저항도를 말하며, 인성이 높다는 것은 잘 파괴되지 않는다 라는 뜻이다.
연성(延性)	탄성 한계를 넘어서 파괴되지 않고 늘어나는 성질로 가장 큰 것은 금으로써 1g으로 3.6km까지 늘릴 수 있다.
크리프	하중이 가해진 후, 하중의 증가가 없는데도 시간이 지나면서 콘크리트의 변형이 증가하는 현상으로, W/C값이 크고 양생이 나쁠수록, 대기 습도가 적고 강도가 낮을수록 증가한다.
릴랙세이션	시간이 지나면서 응력이 감소되는 현상

출제예상문제

01 다음 중 금속 재료의 특성이 바르게 설명된 것은?

① 소재 고유의 광택이 우수하다.
② 소재의 재질이 균일하지 않다.
③ 재료의 질감이 따뜻하게 느껴진다.
④ 일반적으로 산에 부식되지 않는다.

02 다음 금속재료의 특성 중 장점이 아닌 것은?

① 다양한 형상의 제품을 만들 수 있고 대규모의 공업생산품을 공급할 수 있다.
② 각기 고유의 광택을 가지고 있다.
③ 재질이 균일하고, 불에 타지 않는 불연재이다.
④ 내산성과 내알카리성이 크다.

03 다음 중 소형고압블록의 종류 중 S블록으로 가장 적당한 것은?

①  ②  ③ 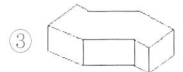 ④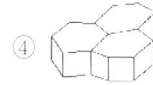

04 소형 고압 블록 시공시 하중, 강도 등을 고려하여 보도용으로 설치되는 블록의 두께로 가장 적합한 것은?

① 2cm   ② 4cm   ③ 6cm   ④ 8cm

05 다음 중 벽돌의 마름질에 따른 분류 명칭이 아닌 것은?

① 반절벽돌   ② 칠오토막벽돌
③ 온장벽돌   ④ 인방벽돌

06 다음 중 열가소성 수지는 어느 것인가?

① 페놀수지   ② 멜라민수지
③ 폴리에틸렌수지   ④ 요소수지

정답 01 ① 02 ④ 03 ③ 04 ③ 05 ④ 06 ③

07 플라스틱 제품의 특성이라고 할 수 있는 것은 어느 것인가?

① 콘크리트, 알루미늄보다 가볍고, 강도와 탄력성이 크다.
② 내열성이 크고 내후성, 내광성이 좋다.
③ 불에 타지 않으며 부식이 된다.
④ 내화성, 내산성, 내충격성 등의 특성이 있다.

08 다음과 같은 특징을 가진 것은?

- 내화성이 없다.
- 성형, 가공이 용이하다.
- 온도의 변화에 약하다.
- 가벼운데 비하여 강하다.

① 목질재료 ② 플라스틱제품
③ 금속재료 ④ 흙

09 일반적인 플라스틱 제품에 대한 설명이다. 잘못된 것은?

① 가볍고 견고하다. ② 내화성이 크다.
③ 투광성, 접착성, 절연성이 있다. ④ 산과 알칼리에 견디는 힘이 크다.

10 인공 폭포, 수목 보호판을 만드는데 가장 많이 이용되는 제품은?

① 시생 호안 블록 ② 유리블록 제품
③ 콘크리트 격자 블록 ④ 유리섬유 강화 플라스틱

11 다음 중 인공폭포, 인공바위 등의 조경시설에 쓰이는 일반적인 재료로 가장 적당한 것은?

① PVC ② 비닐 ③ 합성수지 ④ FRP

12 다음 그림과 같은 토관 중 45° 곡관은?

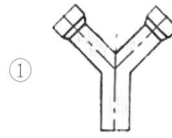 ①　　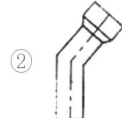 ②　　 ③　　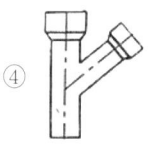 ④

정답 07 ① 08 ② 09 ② 10 ④ 11 ④ 12 ②

13 토관 중 관의 지름이 한쪽 끝은 크고 다른 쪽으로 갈수록 점차 작아지는 관은 어느 것인가?

① 도장집관
② 점축관
③ 굽은관
④ 가지관

14 다음 포장재료 중 광장 등 넓은 지역에 포장하며, 바닥에 색채 및 자연스런 문양을 다양하게 할 수 있는 소재는?

① 벽돌
② 우레탄
③ 자기타일
④ 고압블럭

15 다음 중 조경공사에 사용되는 섬유재에 관한 설명으로 틀린 것은?

① 볏짚은 줄기를 감싸 해충의 잠복소를 만드는데 쓰인다.
② 새끼줄은 뿌리분이 깨지지 않도록 감는데 사용한다.
③ 밧줄은 마섬유로 만든 섬유로프가 많이 쓰인다.
④ 새끼줄은 5타래를 1속이라 한다.

16 물에 대한 설명이 틀린 것은?

① 호수, 연못, 풀 등은 정적으로 이용된다.
② 분수, 폭포, 벽천, 계단폭포 등은 동적으로 이용된다.
③ 조경에서 물의 이용은 동, 서양 모두 즐겨 했다.
④ 벽천은 다른 수경에 비해 대규모 지역에 어울리는 방법이다.

17 녹막이 페인트가 갖추어야 할 성질에 해당하는 것은?

① 탄력성이 가급적 적을 것
② 내구성이 작을 것
③ 투수성일 것
④ 마찰 충격에 견딜 수 있을 것

정답 13 ② 14 ② 15 ④ 16 ④ 17 ④

18 다음 [보기]가 설명하는 것은?

- 자연 건조방법에 의해 상온(常溫)에서 경화된다.
- 도막은 단단하고 불 점착성이다.
- 셀룰로오스 도료라고도 한다.
- 도막의 건조시간이 빨라 백화를 일으킨다.
- 내마모성·내수성·내유성 등이 우수하다.

① 래커   ② 에폭시 수지   ③ 페놀 수지   ④ 아미노 알키드 수지

19 바탕재료의 부식을 방지하고 아름다움을 증대시키기 위한 목적으로 사용하는 도막형성 도료는?

① 바니시(니스)   ② 피치   ③ 벽토   ④ 회반죽

20 다음 중 칠 공사에 사용되는 방청용 도료에 해당하지 않는 것은?

① 에멀션페인트
② 광명단
③ 징크로메이트계
④ 위시프라이머

21 크롬산 아연을 안료로 하고, 알키드 수지를 전색료로 한 것으로서 알루미늄 녹막이 초벌칠에 적당한 도료는?

① 광명단
② 파커라이징
③ 그라파이트
④ 징크로메이트

22 거푸집 판의 콘크리트 접촉면에 바르는 박리제로 적당한 것은?

① 모빌유   ② 석유   ③ 폐유   ④ 타르

23 철재의 일반 성질 중 재료가 파괴되기까지 높은 응력에 잘 견딜 수 있고, 동시에 큰 변형이 되는 성질은?

① 탄성   ② 강도   ③ 인성   ④ 내구성

정답 18 ① 19 ① 20 ① 21 ④ 22 ③ 23 ③

03 조경시공 및 관리

01 조경시공의 기본사항

가. 시공 및 재료 성질과 관련된 용어

1) 시공용어
   ① 시공주 : 공사의 시공을 의뢰하는 주문자, 발주자
   ② 시공자 : 시공주와 계약을 체결하여 공사를 완성하고 그 대가를 받는 자
   ③ 감독관 : 재료, 공작물 검사, 시험, 현장지휘 등 감독 업무에 종사할 것을 발주자가 도급자에게 통고한 자
   ④ 감리자
      ㉮ 시공주 측의 자문에 응하고 시공 과정에서 전문 기술자의 지식, 기술, 경험을 활용
      ㉯ 설계감리, 시공감리, 책임감리
   ⑤ 현장대리인 : 현장 소장이라고 하며 공사 업자를 대리하여 현장에 상주하는 책임시공 기술자

나. 공사 방식 및 공사비 정산

1) 공사 실시 방식
   ① 직영방식
      ㉮ 발주자 자신이 계획, 재료구입, 고용하여 일체 공사를 자기 책임으로 시행하는 방식
      ㉯ 입찰과 계약의 수속, 감독 곤란, 경쟁의 폐단을 피할 수 있음
      ㉰ 경험부족, 사무 복잡, 공사 지연의 결점이 있음
   ② 도급방식
      ㉮ 일식도급 : 공사 전체를 한 도급자에게 위탁
      ㉯ 분할도급 : 공정별, 공구별로 전문 업자에게 도급 위탁

2) 공사비 정산 방법
   ① 정액도급계약 : 총 공사비를 결정한 후 추가 공사비 불인정

② 단가도급계약 : 재료, 노임 등 단가를 확정하고 공사 완료 후 실시 수량을 결정된 단가에 의해 정산
③ 실비정산도급계약 : 공사의 실비를 기업주와 도급자가 확인·정산하고 시공주는 미리 정한 보수율에 따라 도급자에게 그 보수액을 지불하는 방법

다. 시공자 선정 방법

1) 경쟁입찰 방식
① 일반경쟁입찰 : 관보나 신문 및 게시 등의 방법을 통하여 다수의 희망자를 경쟁에 참가하도록 하고, 그 중 가장 유리한 조건을 제시한 자를 선정하여 계약 체결
② 지명경쟁입찰 : 경쟁 참가자를 지명하는 것
③ 제한경쟁입찰 : 계약의 목적, 성질 등에 따라 참가의 자격을 제한
④ 일괄입찰 : 공사 설계서와 시공 도서를 작성하여 입찰서와 함께 제출하는 입찰방식으로 턴키(Turnkey base)라고 한다.

■ **실비정산도급계약**
- 장점 : 보수 보장되어 양심적 시공, 기업주의 업자 신뢰
- 단점 : 공사비 절감 노력 부족, 공사기일 연체 우려

■ **조경공사의 특징**
- 최종 마무리 공정
- 공종의 다양성
- 공종의 소규모성
- 지방성
- 잠재성
- 환경적응성
- 작품성

---

2) 수의계약
① 특수한 사정으로 인정될 때 체결
② 예정 가격을 비공개하고 견적서를 제출하게 함으로써 경쟁 입찰에 단독으로 참가하는 형식
③ 수의 계약을 하는 특별한 경우
   ㉮ 일반 경쟁 계약이 불리하다고 인정되는 경우
   ㉯ 계약의 목적 및 성질이 경쟁에 적합하지 아니한 경우
   ㉰ 경매, 입찰이 성립되지 아니한 경우
   ㉱ 계약 목적의 가격이 소액인 경우
   ㉲ 빠른 공사 시행이 요구되거나 공사 금액이 소액인 경우

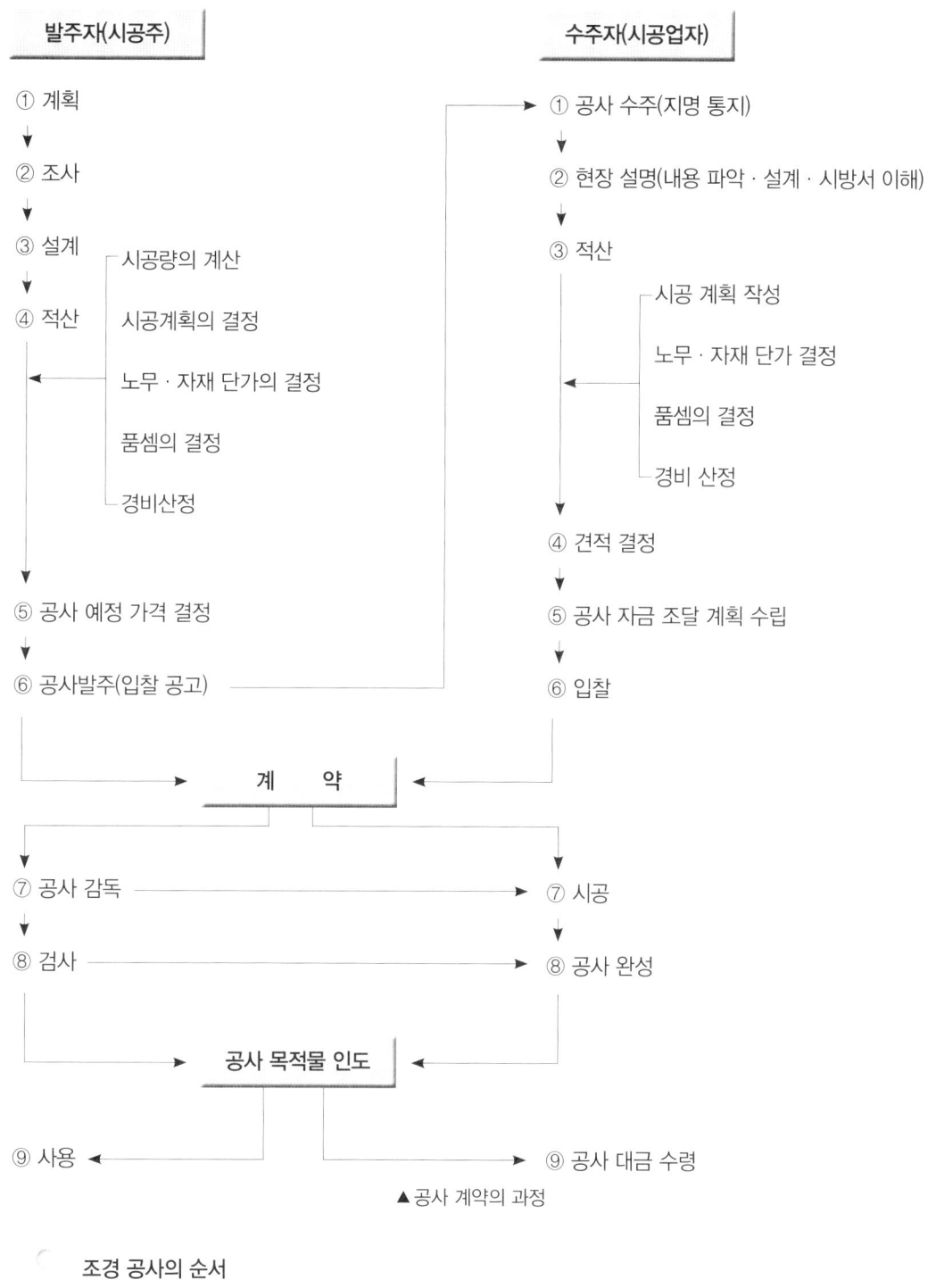

▲공사 계약의 과정

조경 공사의 순서

① 도로정비 ▶ ② 지반조성 ▶ ③ 지하매설물 설치 ▶ ④ 조경시설물 공사 ▶ ⑤ 조경 식재 공사

라. 조경시공계획

1) 시공계획

① 1일 평균 시공량 : $\dfrac{\text{공사량}}{\text{작업가능 일수}}$

② 시공계획 종류 및 목표
  ㉮ 시공계획의 종류 : 사전조사, 현장원 파견, 노무계획, 자재계획, 기계사용계획
  ㉯ 시공의 4대 목표 : 품질(좋게), 공정(빠르게), 원가(저렴하게), 안전(안전하게)

2) 공정계획

① 현대적인 공정 관리
  ㉮ 품질과 공기는 반비례한다.
  ㉯ 공기를 서두르거나 지연되면 원가가 올라간다.
  ㉰ 공사 관리의 목적은 경제성 향상, 품질향상, 공기내 공사 완성이다.

② 공정표 : 공사를 우수하게, 값싸게, 빨리, 안전하게 완공할 수 있도록 공사의 순서를 정하여 각 단위 공종별로 일정을 계획하는 것

구분	막대 공정표	네트워크 공정표
장점	• 공정별 공사와 전체의 공정시기 등이 일목요연 • 착공일과 완료일이 명료함	• 상호간의 작업관계가 명확 • 작업의 문제점 예측 가능 • 신뢰도가 높고 편리(계산기 사용가능)
단점	• 작업간의 관계가 명확하지 않다. • 작업상황이 변동되었을 때 탄력성이 없다.	• 공정표 작성에 숙련을 요한다. • 수정 및 변경에 많은 시간이 요구된다.
용도	• 소규모공시, 시급을 요하는 공사에 사용	• 대형공사, 복잡하고 중요한 공사에 사용

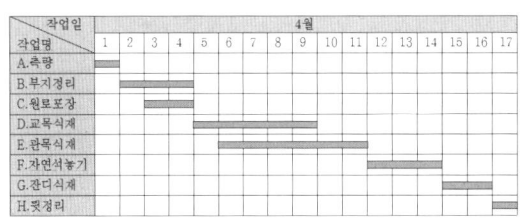

▲ 막대공정표

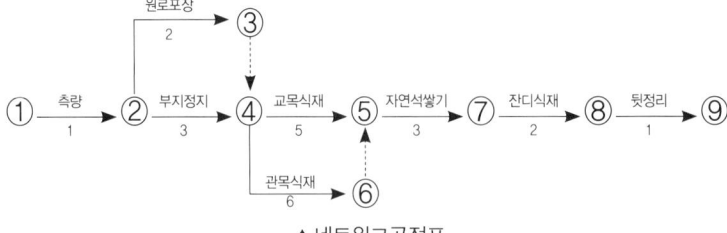

▲ 네트워크공정표

출제예상문제

01 다음 중 조경시공의 특성이 아닌 것은?

① 생명력이 있는 식물재료를 많이 사용한다.
② 시설물은 미적이고 기능적이며 안전성과 편의성 등이 요구된다.
③ 조경 수목은 정형화된 규격표시가 있기 때문에 규격이 다른 나무들은 현장 검수에서 문제의 소지가 있다.
④ 조경 수목의 단가 적용은 정형화된 규격에 의해서 시행되고 있으며, 수목의 조건에 따라 단가 및 품셈을 증감하여 사용하고 있다.

02 다음 중 시공관리 내용이 아닌 것은?

① 공정관리 ② 품질관리
③ 원가관리 ④ 하자관리

03 다음 중 조경 시공 순서로 가장 알맞은 것은?

① 터닦기 → 급, 배수 및 호안공 → 콘크리트 공사 → 정원 시설물 설치 → 식재공사
② 식재공사 → 터닦기 → 정원 시설물 설치 → 콘크리트 공사 → 급, 배수 및 호안공
③ 급, 배수 및 호안공 → 정원시설물 설치 → 콘크리트 공사 → 식재공사 → 터닦기
④ 정원시설물 설치 → 급, 배수 및 호안공 → 식재공사 → 터닦기 → 콘크리트공사

04 공사의 시공을 의뢰하는 사람을 무엇이라 하는가?

① 시공주 ② 시공자
③ 도급자 ④ 감독관

05 다음 중 조경 시공에서 현장 소장을 무엇이라 부르는가?

① 감독관 ② 관리자 ③ 현장대리인 ④ 수급인

06 시공주 측의 자문에 응하고 설계도와 시방서와의 일치 여부를 확인하는 자를 무엇이라 하는가?

① 감독관 ② 감리자 ③ 현장대리인 ④ 시공주

 01 ④ 02 ④ 03 ① 04 ① 05 ③ 06 ②

07 다음 중 유자격자는 모두 입찰에 참여할 수 있으며, 균등한 기회를 제공하고 공사비 등을 절감할 수 있으나 부적격자에게 낙찰될 우려가 있는 입찰 방식은?

① 특명입찰　　② 일반경쟁입찰　　③ 지명경쟁입찰　　④ 수의계약

08 공사의 실시방식 중 도급방식의 특징으로 옳은 것은?

① 발주자의 업무가 번잡하다.
② 도급자에게는 경쟁 입찰을 시켜 비교적 경제적일 수 있다.
③ 공사의 설계변경 업무가 단순하다.
④ 발주자는 임기응변의 조치를 취하기 쉽다.

09 설계와 시공을 함께 하는 입찰 방식은?

① 수의계약
③ 공동입찰
② 특명입찰
④ 일괄입찰(turn key base)

10 건설업자가 대상 계획의 기업·금융·토지조달·설계·시공·기계기구설치·시운전 및 조업지도 까지 주문자가 필요로 하는 모든 것을 조달하여 주문자에게 인도하는 도급계약 방식은?

① 지명경쟁입찰
② 수의계약
③ 턴키(Turn-key)입찰
④ 제한경쟁입찰

11 실비정산 도급계약의 장단점으로 틀린 것은?

① 보수가 보장되어 양심적 시공이 이루어짐
② 기업주가 업자를 신뢰 할 수 있음
③ 공사비 절감의 노력이 이루어짐
④ 공사 기일이 늦어질 우려가 있음

12 공사를 우수하고 안전하게 완공할 수 있도록 공사의 순서를 정하는 계획 단계를 무엇이라 하는가?

① 노무계획　　② 자재계획　　③ 기계계획　　④ 공정계획

정답 ▶ 07 ②　08 ②　09 ④　10 ③　11 ③　12 ④

13 작성이 간단하며 공사 진행 결과나 전체 공정 중 현재 작업의 상황을 명확히 알 수 있어 공사규모가 작은 경우에 많이 사용되고, 시급한 공사도 많이 적용 되는 공정표의 표시 방법은?

① 막대그래프　　　② 곡선그래프　　　③ 네트워크 방식　　　④ 대수도표

14 횡선식 공정표와 비교한 네트워크 공정표의 설명으로 가장 거리가 먼 것은?

① 일정의 변화를 탄력적으로 대처할 수 있다.
② 문제점의 사전 예측이 용이하다.
③ 공사 통제 기능이 좋다.
④ 간단한 공사 및 시급한 공사, 개략적인 공정에 사용된다.

15 조경에서 이상적인 시공을 설명한 것 중 가장 알맞은 것은?

① 설계도면과는 무관하게 임의로 적합한 시공을 하는데 있다.
② 설계에 의해서 정해진 방침에 따라 경제적, 능률적으로 목적을 달성 하는데 있다.
③ 경제적인 것은 관계없이 보기 좋게 하면 된다.
④ 재료를 최고급으로 써서라도 목적을 달성하는데 있다.

 정답 ▶ 13 ① 14 ④ 15 ②

02 토공사

가. 토공과 관련된 용어

1) 흙깎기(切土)

① 흙을 파내거나 깎아내는 일, 땅깎기, 굴삭, 굴착이라고도 함
② 절취 : 시설물 기초 위에 지표면의 흙을 약간(20cm) 걷어내는 일
③ 준설(수중굴착) : 물 밑의 토사, 암반을 굴착

2) 흙쌓기(盛土)
    ① 마운딩(造山, 築山작업) : 조경에서 경관의 변화, 방음, 방풍, 방설을 목적으로 작은 동산을 만드는 것

▲ 마운딩

    ② 다짐
        ㉮ 전압 – 흙이나 포장 재료를 롤러로 굳게 다지는 작업
    ③ 사토
        ㉮ 불량토사 혹은 잔여 토사를 갖다 버리는 일
        ㉯ 사토장 – 버리는 장소
    ④ 토공량의 계산
        ㉮ 터파기량 : 구조물 체적 + 되메우기량
        ㉯ 구조물 체적(잔토량) : 터파기량 – 되메우기량
        ㉰ 되메우기량 : 터파기량 – 구조물 체적(잔토량)

나. 흙의 성질

1) **토량 변화와 더돋기**
    ① 토량변화
        ㉮ 자연 상태에서 흙을 파내면 공극으로 토량이 증가한다.
        ㉯ 다짐을 실시하면 토양은 줄어든다.
    ② 체적 변화율
        ㉮ 흙은 토성(土性)에 따라 일정 비율의 공극이 있어 자연상태와 흐트러진 상태, 다진 상태에 따라 부피가 다르다. 이와 같이 변하는 상태를 체적 변화율이라고 하며 그 값을 각각 L값, C값으로 표시한다.

$$L값 = \frac{\text{흐트러진 상태의 토량(파헤쳐진 상태의 토량) (m}^3\text{)}}{\text{자연 상태의 토량(원상태의 토량) (m}^3\text{)}}$$

$$C값 = \frac{\text{다져진 상태의 토량(다져진 뒤의 토량) (m}^3\text{)}}{\text{자연 상태의 토량(원상태의 토량) (m}^3\text{)}}$$

④ 체적 환산 계수(f)

바꾸려는 상태 현재 상태	자연 상태(1)	흐트러진 상태(L)	다져진 상태(C)
자연 상태(1)	$\frac{1}{1} = 1$	$\frac{L}{1} = L$	$\frac{C}{1} = C$
흐트러진 상태(L)	$\frac{1}{L}$	$\frac{L}{L} = 1$	$\frac{C}{L}$
다져진 상태(C)	$\frac{1}{C}$	$\frac{L}{C}$	$\frac{C}{C} = 1$

③ 체적 산출 공식

㉮ 면적과 길이를 이용한 체적 산출

- 양단면 평균법 : $V = \frac{A1 + A2}{2} \times L$
- 중앙 단면법 : $A_m \times L$
- 각주공식 : $\frac{L}{6}\{A_1 + 4A_m + A_2\}$

㉯ 체적(토량) 산출을 위한 점고법

- 구형분할 : $\frac{A}{4}(\Sigma h_1 + 2\Sigma h_2 + \cdots\cdots 4\Sigma h_4)$
- 삼각분할 : $\frac{A}{6}(\Sigma h_1 + 2\Sigma h_2 + \cdots\cdots 8\Sigma h_8)$

㉰ 헤론공식

ex) 삼각형의 세변의 길이가 각각 5m, 4m, 5m라고 하면 면적은 약 얼마인가?

풀이) $p = \frac{5+4+5}{2} = 7$

$\sqrt{7(7-5) \times (7-4) \times (7-5)} = \sqrt{84}$

약 9.17m^2

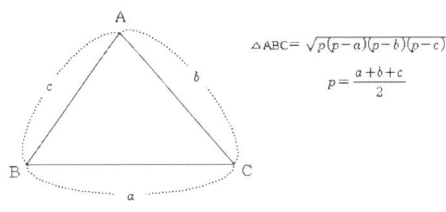

㉱ 피타고라스 정리

ex) 경사도(句配, slope)가 15%인 도로변상의 경사거리 135m에 대한 수평거리는?

풀이) 수평거리 – a, 수직거리 – b, 경사거리 – c로 놓았을 때

$\frac{b}{a} \times 100 = 15\%$, $b = 0.15a$를 구할 수 있다.

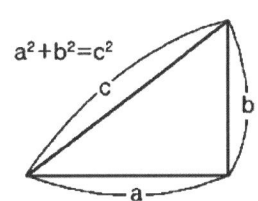

피타고라스 정리
$a^2+b^2=c^2$에서 $a^2+(0.15a \times 0.15a) = c^2$
$a^2+0.0225a^2=c^2$
$1.0225a^2 = c^2$에서 경사거리 c는 135m이므로....
$1.0225a^2 = 135 \times 135$ $1.0225a^2 = 18225$

- **점토와 사질토**
  - 투수계수는 사질토가 점토보다 크다.
  - 압밀속도는 사질토가 점토보다 빠르다.
  - 동결피해는 점토가 사질토보다 크다.
  - 내부 마찰각은 사질토가 점토보다 크다.

- **내부 마찰각** : 흙의 전단 강도를 지배하는 성분의 하나이며, 전단응력과 수직 응력 사이에 발생하는 (수직응력과 평행인)각을 말한다.

④ 더돋기(餘盛)

㉮ 압축 및 침하에 의한 줄어듦을 방지하고 계획 높이 유지하고자 흙을 더돋기한다.

㉯ 토질, 성토높이, 시공방법 등에 따라 다르나 대개는 높이의 10% 미만이다.

2) 안식각과 비탈경사

① 안식각(∅) : 절·성토 후 일정기간이 지나 자연 경사를 유지하며 안정된 상태를 이루게 되는 각도

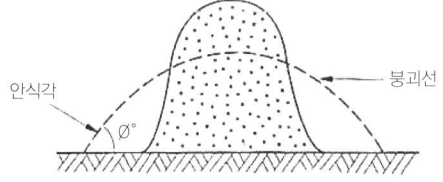 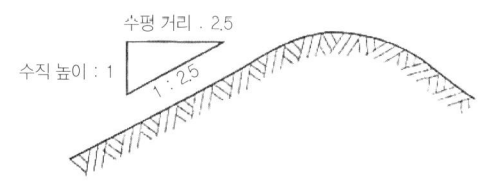

② 비탈면 경사

㉮ 수직고 1로 보고 수평 거리의 비율

㉯ 보통 토질의 성토경사는 1:1.5, 절토경사는 1:1을 기준으로 한다.

3) 사면(slope)의 안정 계산 시 고려해야 할 요소

① 흙의 내부 마찰각 : 전단 응력과 수직 응력 사이에 발생하는 각

② 흙의 점착력

③ 흙의 단위 중량

다. 지형

1) 등고선

① 등고선의 종류와 간격

㉮ 등고선 간격 : 두 등고선 사이의 연직거리(높이차)

㉯ 주곡선 : 지형도 전체에 일정 높이의 간격으로 그려진 곡선

㉰ 계곡선 : 주곡선의 다섯줄마다 굵은 선으로 그어진 것

㉱ 간곡선 : 주곡선의 간격의 1/2 거리의 가는 파선으로 표시

㉲ 보조곡선 : 간곡선 간격의 1/2 거리의 가는 점선으로 표시

종류	1:5,000	1:25,000	1:50,000	등고선의 기호
계곡선	25m	50m	100m	━━━━━
주곡선	5m	10m	20m	─────
간곡선	2.5m	5m	10m	─ ─ ─ ─
조곡선	1.25m	2.5m	5m	·········

▲ 등고선의 종류와 간격

② 등고선의 성질

㉮ 등고선상의 모든 점은 같은 높이이다.

㉯ 등고선은 도면 안 또는 밖에서 서로 만나며, 없어지지 않는다.

㉰ 등고선이 도면 안에서 만나는 경우는 산꼭대기이거나 요지(凹地)이다.

㉱ 높이가 다른 등고선은 절벽이나 동굴에서 교차한다.

㉲ 급경사지에서 간격이 좁고, 완만한 경사지에서 간격이 넓다.

㉳ 경사가 같으면 같은 간격이다.

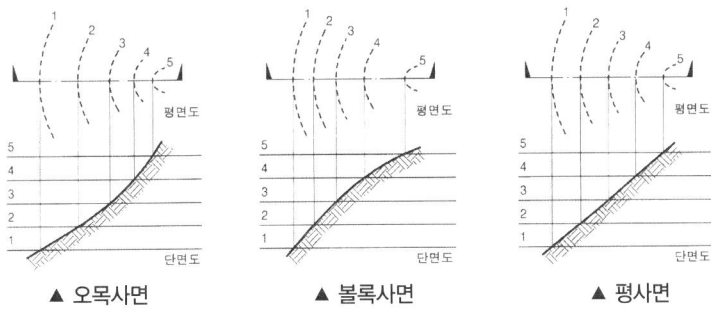

▲ 오목사면   ▲ 볼록사면   ▲ 평사면

2) 지형도 읽기
    ① 능선과 계곡 : 능선은 U자형 바닥의 높이가 점점 낮은 높이의 등고선을 향하고, 계곡은 반대로 U자형 바닥의 높이가 높은 높이의 등고선을 향한다.
    ② 급경사와 완경사 : 등고선 간격이 가까울수록 급경사, 넓은 간격의 등고선은 완경사나 평탄한 지형
    ③ 요사면, 철사면, 평사면
        ㉮ 요사면(凹斜面) : 표고가 높은 곳의 등고선 간격이 가깝고, 낮은 곳의 간격이 멀어지는 지형
        ㉯ 철사면(凸斜面) : 표고가 높은 곳의 등고선 간격이 멀고, 낮은 곳의 간격이 가까워지는 지형
        ㉰ 평사면(平斜面) : 전체적으로 동일한 간격을 가지는 등고선

라. 흙깎기와 흙쌓기
    1) 흙깎기
        식재 공사가 포함된 경우에는 부식질이 풍부한 지표면 30~50cm 정도의 표토를 한 곳에 따로 모아서 미끄럼을 방지하고, 후에 식재 작업에 활용한다.

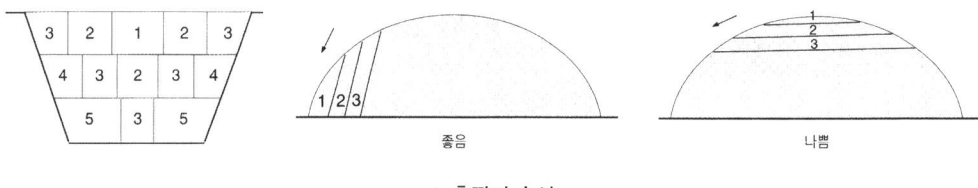

▲ 흙깎기 순서

    2) 흙쌓기 유의사항
        ① 풀, 나무뿌리 제거 : 썩으면 내려앉음
        ② 층따기 : 경사지 흙쌓기

마. 비탈면의 조성과 보호
    1) 비탈면의 보호
        ① 식물 식재에 의한 보호
            ㉮ 종자 뿜어 붙이기(Hydroseeding) : 종자와 비료를 섞어 기계로 분사·파종하는 방법, 급경사, 짧은 시간, 절·성토 모두 사용
            ㉯ 식수공(植樹空) : 초기 효과보다 연속적인 효과 위함, 개나리, 눈향나무 등을 식재

> **식물에 의한 비탈면 보호공법**
> 떼심기 공법, 종자뿜어 붙이기, 식생자루공법, 식생매트공법 등이 있다.

㉰ 상단부에는 칡으로 하향식재, 하단부에는 등나무, 담쟁이덩굴로 상향식재

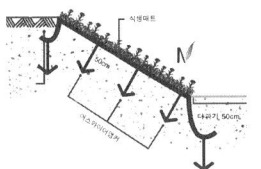
▲ 식생 매트 공법

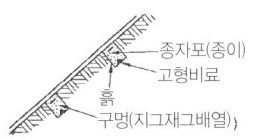
▲ 식생 구멍 공법

▲ 식생 자루 공법

② 구축물에 의한 보호
㉮ 콘크리트 격자틀 공법
- 정방형 콘크리트 틀 블록을 격자상으로 조립 후 그 교차점에 콘크리트 말뚝이나 철침을 박아 고정한다.

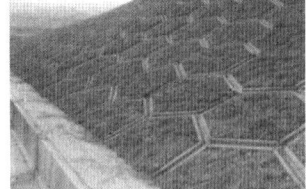
▲ 콘크리트격자틀 공법

▲ 콘크리트 블록

- 틀 안쪽은 조약돌, 콘크리트를 채우거나 잔디, 맥문동 등 식물을 식재하기도 한다.
㉯ 콘크리트블록공법 : 비탈면 경사 1:0.5 이상인 급경사면에 사용하며 자연과 이질감이 생기는 단점이 있다.

2) 옹벽의 종류

① 중력식 & 반중력식옹벽 : 흙의 압력을 자체의 무게로 지지하는 3m 내외의 낮은 옹벽으로 무근 콘크리트 사용
② T자형 & L자형 옹벽 : 캔틸레버를 이용하여 재료를 절약한 것으로 자체 무게와 뒤채움한 토사의 무게를 지지하여 안전도를 높인 옹벽으로 주로 5m 내외의 높지 않은 곳에 철근 콘크리트를 사용
③ 부벽식옹벽 : 토압을 받는 반대쪽에 부벽을 만드는 것으로 안정성을 중시하는 6m 이상의 높은 옹벽에 사용

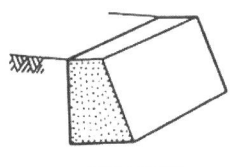
▲ 중력식옹벽

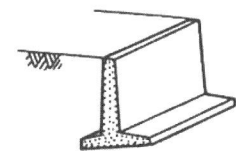
▲ T자형옹벽

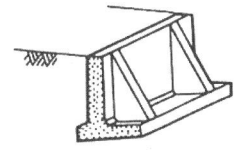
▲ 부벽식옹벽

바. 토공용기계

구분	명칭	용도
굴착기계	파워셔블	굳은 점토나 경질의 흙을 굴착하는 작업을 하며, 기계가 놓인 지면보다 높은 곳을 굴착할 때 사용
	백호우(Back hoe)	드래그셔블이라고도 하며 360° 회전이 가능하고, 기계가 놓인 지면보다 낮은 곳을 굴착할 때 사용
	드래그라인	기계가 서있는 곳보다 낮은 곳의 연약지반이나 수중 굴착에 사용
적재기계	로더	연약 지반의 흙을 깍아 싣거나 모아놓은 흙, 골재 등의 적재에 적합
운반기계	크레인	무거운 물건을 수직으로 들어 올려 운반하는 기계
	트럭크레인	적재함이 있는 트럭에 크레인을 설치한 장비
	덤프트럭	흙의 장거리 운반에 사용되며, 적재 용량은 8~15ton
	지게차	무거운 자재나 기계를 들어 올려 실어주거나 소형 자재 운반에 사용
	체인블럭	도르래, 톱니바퀴, 쇠사슬 등을 조합시켜 무거운 물건을 달아 올리는 기계로 돌쌓기에 많이 사용
정지기계	모터그레이더	운동장 같은 넓은 대지나 노면을 광활하게 고르거나 필요한 흙쌓기 높이를 조절하는 데 사용되는 기계
다짐기계	컴팩터	기계의 몸체가 충격을 주어서 평판을 다지는 기계이다. 벽돌 포장시 정지용으로 많이 사용
	진동롤러	롤러에 진동기를 달아서 진동을 하면서 다짐을 하는 기계

▲파워셔블 ▲백호우 ▲드래그라인 ▲로더 ▲트럭크레인

▲체인블럭 ▲모터그레이더 ▲컴팩터 ▲진동롤러

사. 측량

1) 평판측량 3요소
  ① 정준 : 평판을 평평하게 함
  ② 구심 : 도상기계점과 지상기계점을 일치시킴
  ③ 표정 : 방향을 일치시킴

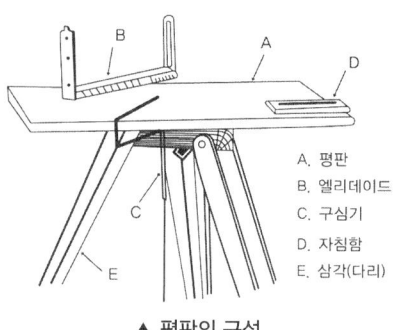

A. 평판
B. 엘리데이드
C. 구심기
D. 자침함
E. 삼각(다리)

▲ 평판의 구성

2) 평판측량 방법
　① 방사법 : 장애물이 없는 탁 트인 공간에서 하나의 중심점을 이용하여 사방의 측점을 측량하는 방법으로 비교적 좁은 구역에 적합하다.
　② 전진법 : 장애물의 있는 경우에 기계를 이동하면서 측점을 측량하는 방법(방사법이 불가능한 경우)이다.

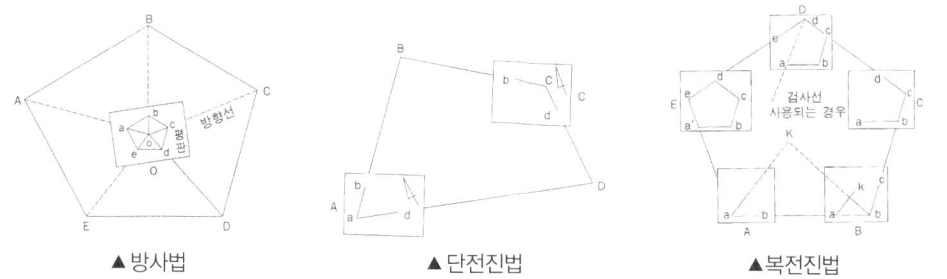

▲ 방사법　　　　　　　▲ 단전진법　　　　　　　▲ 복전진법

　③ 교회법 : 기지점에서 미지점의 위치를 결정하는 방법으로 전방교회법, 후방교회법, 측방교회법이 있다.

3) 수준측량
　① 레벨 : 수준 측량에서 수평면을 시준할 때 쓰는 광학기기
　② 표척 : 수준 측량에서 높이를 재는 자
　③ 야장 : 측량값을 기록하는 수첩
　④ 측량 핀 : 테이프의 길이마다 그 측점을 땅 위에 표시하기 위하여 사용되는 핀
　⑤ 폴(pole) : 일정한 지점이 멀리서도 잘 보이도록 곧은 장대에 빨간색과 흰색을 교대로 칠하여 만든 기구
　⑥ 후시 : 기지점에 세운 표척의 읽음값(Back Sight)
　⑦ 전시 : 표고를 구하려는 점에 세운 표척의 읽음값(Fore Sight)
　⑧ 전환점(이기점) : 전시와 후시를 연결하는 점(Turning Point)
　⑨ 중간점 : 전시만을 취하는 점(Intermediate Point)

▲ 레벨

▲ 표척

▲ 야장

■ **측량의 3대 요소** : 거리, 방향, 높이를 측량의 3요소라 한다.
■ **지오이드면** : 정지된 평균 해수면을 육지까지 연장하여 지구 전체를 둘러쌌다고 가상한 곡면으로 지구의 모양을 나타내는 데는 지표면을 그대로 나타내는 방법과 지구를 단순히 회전타원체로 나타내는 방법이 있다. 그러나 지표면을 실제로 나타내기란 매우 어렵고, 지구타원체를 이용하는 방법은 지표면의 요철(凹·凸)을 전혀 나타낼 수 없다는 단점이 있다.

출제예상문제

01 흙 쌓기 시에는 일정 높이마다 다짐을 실시하며 성토해 나가야 하는데, 그렇지 않을 경우에는 나중에 압축과 침하에 의해 계획 높이보다 줄어들게 된다. 그러한 것을 방지하고자 하는 행위를 무엇이라 하는가?

① 정지(grading)
② 취토(borrow-pit)
③ 흙쌓기(filling)
④ 더돋기(extra banking)

02 절토나 성토 후 일정기간이 지나면 자연경사를 유지하여 안정된 상태를 이루게 되는 각도를 무엇이라 하는가?

① 안식각
② 비탈각
③ 경사각
④ 절취각

03 압축 및 침하에 의한 줄어듦을 방지하고 계획 높이를 유지하고자 실시하는 토공 방법은?

① 굴삭
② 마운딩
③ 전압
④ 더돋기

04 보통 토질의 성토경사는 어느 정도가 적당한가?

① 1:1.5
② 2:1
③ 1:2.5
④ 2:2.5

05 다음 중 보통 흙의 안식각은 얼마 정도인가?

① 20~25°
② 25~30°
③ 30~35°
④ 35~40°

06 흙깎기에서 유의하여야 할 사항이 아닌 것은?

① 표토는 깨끗하지 않은 흙이므로 버린다.
② 작업 중에 배수 관계를 고려하여 시공한다.
③ 토양 침식을 예방 하는데 노력 하여야 한다.
④ 중력을 이용하여 흙깎기 하는 것이 좋다.

정답 01 ④ 02 ① 03 ④ 04 ① 05 ③ 06 ①

07 흙쌓기에서 유의하여야 할 사항이 아닌 것은?

① 풀이나 나무뿌리 등은 흙을 단단하게 하여 주므로 보존한다.
② 흙의 변형을 막기 위해 수분을 건조시켜 사용한다.
③ 경사지 흙쌓기에는 층따기 방법을 사용한다.
④ 다짐을 하지 않을 경우에는 더돋기를 실시한다.

08 일반적으로 상단이 좁고 하단이 넓은 형태의 옹벽으로 자중(自重)으로 토압에 저항하며, 높이 4m 내외의 낮은 옹벽에 많이 쓰이는 종류는?

① 중력식 옹벽
② 캔틸레버 옹벽
③ 부축벽 옹벽
④ 조립식 옹벽

09 다음과 같은 비탈경사가 1 : 0.3의 절토(切土)면에 맞추어서 거푸집을 만들고자 할 때에 말뚝의 높이를 1.5m로 한다면 지표 AB간의 거리는 어느 정도로 하면 좋은가?

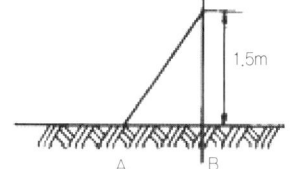

① 0.37m
② 0.45m
③ 0.5m
④ 0.6m

10 지형도에서 등고선 간격(수직거리)이 20m이고, 등고선에 직각인 두 등고선의 평면거리(수평거리)가 100m인 경우 경사도(%)는?

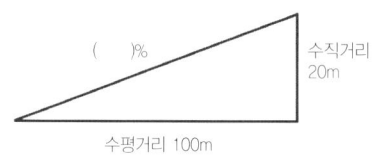

① 10 %
② 20 %
③ 50 %
④ 80 %

11 다음 중 경사도가 가장 큰 것은?

① 100% 경사
② 45° 경사
③ 1할 경사
④ 1:0.7

정답 07 ① 08 ① 09 ② 10 ② 11 ④

12 파낸 흙을 쌓아올렸을 때 중요한 "안식각"에 관한 설명으로 부적합한 것은?

① 흙을 높게 쌓아올렸을 때 잠시 동안은 모아 둔 그대로 형태가 유지되는 것은 흙의 점착력 때문이다.
② 높이 쌓아놓은 뒤 시간이 지나면서 허물어져 내리고 안정된 비탈면을 형성했을 때 수평면에 대하여 비탈면이 이루는 각을 안식각이라 한다.
③ 흙깎기 또는 흙쌓기의 안정된 비탈을 위해서는 그 토질의 안식각보다 작은 경사를 가지게 하는 것이 중요 하다.
④ 토질이 건조 했을 때 안식각이 큰 것부터의 순서는 점토 〉 보통흙 〉 모래 〉 자갈 의 순이다.

13 다음 장비 중 조경공사의 운반용 기계가 아닌 것은?

① 덤프트럭(dump truck)
② 크레인(crane)
③ 백호우(back hoe)
④ 지게차(forkli)

14 흙은 같은 양이라 하더라도 자연상태(N)와 흐트러진 상태(S), 인공적으로 다져진 상태(H)에 따라 각각 그 부피가 달라진다. 자연상태의 흙의 부피(N)를 1.0으로 할 경우 부피가 많은 순서로 적당한 것은?

① N 〉 S 〉 H   ② N 〉 H 〉 S   ③ S 〉 N 〉 H   ④ S 〉 H 〉 N

15 자연 상태의 흙을 파내면 공극으로 인하여 그 부피가 늘어나게 되는데 가장 크게 늘어나는 것은?

① 모래   ② 진흙   ③ 보통흙   ④ 암석

16 흐트러진 상태의 토량이 120㎥, 자연 상태의 토량이 100㎥, 다져진 상태의 토량이 80㎥일 경우, 자연 상태의 흙이 흐트러진 상태로 변할 때 토량의 변화율(L)값은?

① 0.6   ② 0.8   ③ 1.0   ④ 1.2

17 자연 상태의 토량 1,000㎥을 굴착하면 그 토량은 얼마가 되는가?(단, 토량의 변화율은 L=1.25, C=0.9 이다.)

① 900㎥   ② 1,000㎥   ③ 1,125㎥   ④ 1,250㎥

정답 12 ④ 13 ③ 14 ③ 15 ④ 16 ④ 17 ④

18 토공사에서 흐트러진 상태의 토양변화율이 1.1일 때 토공사에서 터파기량이 10㎥, 되메우기량이 7㎥일 때 잔토처리량은?

① 3㎥
② 3.3㎥
③ 7㎥
④ 17㎥

19 성토 4500㎥ 를 축조하려 한다. 토취장의 토질은 점성토로 토량변화율은 L=1.0, C=0.90이다. 자연 상태의 토량을 어느 정도 굴착하여야 하는가?

① 5000㎥ ② 5400㎥ ③ 6000㎥ ④ 4860㎥

20 다음 중 굴착용 기계에 해당하지 않는 것은?

① 클램쉘 ② 파워쇼벨 ③ 불도저 ④ 스크레이퍼

21 흙을 굴착하는데 사용하는 것으로 기계가 서 있는 위치보다 높은 곳의 굴삭을 하는데 효과적인 토공기계는?

① 모터그레이더
② 파워서블
③ 드래그라인
④ 크램셜

22 토공 작업시 지반면보다 낮은 면의 굴착에 사용하는 기계로 깊이 6m 정도의 굴착에 적당하며, 백호우(back hoe)라고도 불리는 기계는?

① 클램 쉘 ② 드랙 라인
③ 파워 쇼벨 ④ 드래그 쇼벨

23 등고선에 관한 설명 중 틀린 것은?

① 등고선 상에 있는 모든 점들은 같은 높이로서 등고선은 같은 높이의 점들을 연결한다.
② 등고선은 급경사지에서는 간격이 좁고, 완경사지에서는 넓다.
③ 높이가 다른 등고선이라도 절벽, 동굴에서는 교차한다.
④ 모든 등고선은 도면 안 또는 밖에서 만나지 않고, 도중에서 소실된다.

정답 ▶ 18 ② 19 ① 20 ④ 21 ② 22 ④ 23 ④

24 다음 중 등고선의 성질을 바르게 설명하지 않은 것은?

① 등고선상의 모든 점은 같은 높이
② 높이가 서로 다른 등고선은 절벽이나 동굴에서 교차
③ 급경사지에서 간격이 넓고 완만한 경사지에서 간격이 좁음
④ 경사가 같으면 같은 간격임

25 계곡선이란 무엇인가?

① 지형도 전체에 일정 높이 간격으로 그려진 곡선
② 주곡선의 다섯줄마다 굵은 선으로 그어진 것
③ 주곡선의 간격의 1/2 거리의 가는 파선으로 표시된 것
④ 간곡선 간격의 1/2 거리의 가는 점선으로 표시된 것

26 능선과 계곡의 등고선에 대한 설명으로 틀린 것은?

① 능선과 계곡은 U자형 곡선을 이룬다.
② 능선은 U자형 바닥의 높이가 점점 낮은 높이의 등고선을 향한다.
③ 계곡은 U자형 바닥의 높이가 점점 높은 높이의 등고선을 향한다.
④ U자형 곡선은 능선이 계곡보다 더 좁은 각을 유지한다.

27 양단면 모양과 양단면의 거리가 아래 그림과 같을 때, 양단면 평균법에 의해 토량을 산출한 값은?

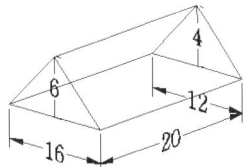

① 480m³
② 520m³
③ 640m³
④ 720m³

28 아래 그림에서 (A)점과 (B)점의 차는 얼마인가?(단, 등고선 간격은 5m이다.)

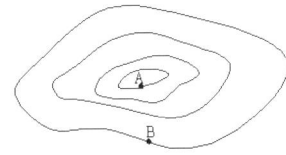

① 10m
② 15m
③ 20m
④ 25m

29 표고가 높은 곳의 등고선 간격이 가깝고 낮은 곳의 간격이 멀어지는 지형은 다음 중 어느 것인가?

① 요사면(凹斜面)　　　　　　　② 철사면(凸斜面)
③ 평사면(平斜面)　　　　　　　④ 급경사

30 1㎥ 토량에 대한 운반 품셈을 1일당 0.2인으로 할 때 2인의 인부가 100㎥ 흙을 운반하려면 얼마나 필요한가?

① 5일　　　　② 10일　　　　③ 40일　　　　④ 50일

31 다음 중 규준틀에 관한 설명으로 틀린 것은?

① 공사가 완료된 후에 설치한다.
② 토공의 높이, 나비 등의 기준을 표시한 것이다.
③ 건물의 모서리에 설치한 규준틀을 귀규준틀 이라고 한다.
④ 건물 벽에서 1~2m 정도 떨어져 설치한다.

32 다음 중 측량 목적에 따른 분류와 거리가 먼 것은?

① GPS 측량　　② 지형 측량　　③ 노선 측량　　④ 항만 측량

33 다음 중 초류종자 살포(종자 뿜어 붙이기)와 관계없는 것은?

① 종자　　　　② 피복제(파이버)　　③ 비료　　　　④ 농약

34 비탈면을 보호하는 방법으로 짧은 시간과 급경사 지역에 사용하는 시공방법은 무엇인가?

① 떼심기　　　　　　　　　　　② 종자 뿜어 붙이기
③ 식수공　　　　　　　　　　　④ 콘크리트 격자틀공법

35 비탈면 경사가 1:0.5 이상인 급경사면에 시공하는 비탈면 보호공법으로 자연경관과 이질감을 주는 방법은?

① 떼심기　　　　　　　　　　　② 종자 뿜어 붙이기
③ 콘크리트 격자틀공법　　　　　④ 콘크리트 블록공법

정답 ▶ 29 ① 30 ② 31 ① 32 ① 33 ④ 34 ② 35 ④

03 콘크리트 공사

가. 개요

1) 혼합에 따른 명칭
① 콘크리트 : 시멘트, 잔골재(모래), 굵은 골재(자갈)를 물로 비벼 만든 혼합 재료로 혼화재를 넣기도 함
② 시멘트풀(시멘트페이스트) : 시멘트와 물을 혼합한 것
③ 모르타르 : 시멘트와 잔골재(모래)를 물로 비벼 혼합

2) 콘크리트 장·단점

장점	단점
• 임의 형상대로 구조물을 만들 수 있다. • 재료 획득 및 운반이 용이하다. • 압축강도, 내구성, 내화성, 내수성이 크다. • 철근을 피복하여 녹을 방지하며, 철근과 부착력이 크다. • 시공이 용이하고 유지비가 적게 든다.	• 자체 무게가 크다. • 균열의 위험성이 있다. • 개조, 파괴가 힘들다. • 품질 유지 및 시공 관리가 쉽지 않다. • 인장강도, 휨강도가 작다. – 보강 위해 철근 사용

3) 콘크리트 제품
① 보차도용 콘크리트 제품 : 경계블럭, 보도블럭, 측구용 블록, 소형 고압블럭
② 쌓기용 콘크리트 제품 : 시멘트벽돌, 속빈시멘트 블록, 콘크리트 인조목

▲경계블럭 시공

▲보도블럭 시공

▲L형 측구

▲U형 측구

나. 콘크리트 구성 재료

1) 골재의 구분
① 잔골재 : KS A 5101(표준체)에 규정되어 있는 10mm체를 모두 통과, No.4체를 90~100% 통과하는 골재로 보통 모래를 말한다.
② 굵은 골재 : No.4체에 거의 다 남고 0~10% 통과하는 골재로 자갈에 해당된다. 콘크리트의 굵은 골재 최대 치수는 40mm이다.

2) 골재의 일반적 성질
① 비중 : 비중이 크면 치밀하고, 흡수량이 적고, 내구성이 커 좋음

② 단위용적 무게 : 잔골재 1,450~1,700kg/m³, 굵은 골재 1,550~1,850kg/m³
③ 공극률 : 골재의 단위용적 중 공간의 비율을 백분율로 표시
④ 실적률 : 골재의 실제 공간 차지 비율

2) 골재의 입도
① 크고 작은 골재가 적절하게 섞여 있는 비율을 말한다.
② 입도가 나쁘거나 아스팔트 양이 많아지면 포장이 무르게 되고 결과적으로 파상요철이 생긴다.
③ 입도 시험을 위한 골재는 4분법(四分法)이나 시료 분취기에 의하여 필요한 양을 채취한다.
④ 입도곡선이란 골재의 체가름 시험 결과를 곡선으로 표시한 것이며 입도곡선이 표준입도곡선 내에 들어가야 한다.

> **아스팔트 양부 (좋고 나쁨)**
> 아스팔트 양부란 시공 후 좋고 나쁨을 뜻하는 말로 침입도(=경도)로 판단한다. 100g추로 5초 동안 바늘로 누를 때 0.1mm는 침입도 1이다.

3) 골재의 실적율과 공극률
① 실적률 = $\dfrac{중량}{비중} \times 100$, 공극률 = 100−실적률
② 공극률 = $(1 - \dfrac{가비중}{진비중}) \times 100$

4) 수분 함유량에 따른 구분
① 절대건조상태 : 골재 외부와 내부 공극에 포함되어 있는 물이 전부 제거된 상태
② 기건상태 : 골재의 수분 함유량이 대기 중 습도와 평행을 이룬 상태
③ 표면건조내부 포화상태 : 골재의 표면수는 없고, 골재 내부에 빈틈이 없도록 물로 차 있는 상태
④ 습윤상태 : 골재의 내부가 완전히 수분으로 채워져 있고 표면에도 여분의 물을 포함하고 있는 상태

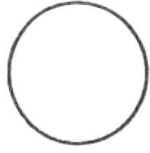
▲ 절대건조상태

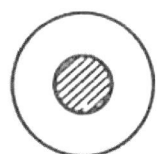
▲ 기건(공기중건조)상태

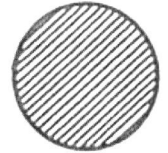
▲ 표면건조내부포화상태

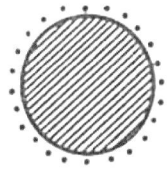
▲ 습윤상태

⑤ 함수율 및 흡수율
㉮ 함수율 = $\dfrac{습윤상태 - 절대건조상태}{절대건조상태} \times 100$

㉯ 표면수율 = $\dfrac{\text{습윤상태} - \text{표면건조내부포화상태}}{\text{표면건조내부포화상태}} \times 100$

㉰ 흡수율 = $\dfrac{\text{표면건조내부포화상태} - \text{절대건조상태}}{\text{절대건조상태}} \times 100$

㉱ 유효흡수율 = $\dfrac{\text{표면건조내부포화상태} - \text{공기중건조상태}}{\text{공기중건조상태}} \times 100$

5) 혼화재료

콘크리트의 성질을 개선하고 공사비 절약을 목적으로 사용하며 혼화재료에는 혼화재(混和材)와 혼화제(混和劑)가 있다.

① 혼화재(混和材) : 혼화재료 중 사용량이 비교적 많아 부피가 콘크리트 배합 계산에 관계되며 콘크리트 성질을 개량하기 위해서 사용된다.

구분	내용
포졸란(pozzolan)	• 실리카질의 포졸란을 넣어서 만듦 • 콘크리트의 수밀성, 내구성, 강도 등을 높이고 수화열을 저하시킨다. • 경화속도가 느려지면서 장기 강도가 증가 한다. • 건조 수축이 큰 것이 단점이다. • 화학적 저항성 및 수밀성이 크다.
플라이애쉬(fly ash)	• 분탄을 연료로 하는 보일러 연통에서 채집한 재(fly ash)를 넣어서 만듦 • 포졸란 반응에 의해서 중성화 속도가 증가 한다. • 비중 및 건조 수축도 보통 포틀랜드 시멘트에 비해 적다. • 이산화규소(SiO_2)의 함유율이 가장 많은 비결정질 재료이다. • 조기강도 낮으나 수화열 낮으므로 장기강도 커진다.(매스콘크리트용) • 수밀성이 커지면서 단위수량(콘크리트 1㎥당 물양)을 줄일 수 있다. • 워커빌리티가 좋아짐 • 모르타르 및 콘크리트 등의 화학 저항성이 강하고 수밀성이 우수하다.
슬래그(slag)	• 용광로에서 생성된 광재(slag)로 내화학성 강하고 장기강도 증진 시킨다. • 콘크리트 내부의 세공경이 작아져 수밀성이 향상 된다. • 포틀랜드시멘트와 비중차가 작아 혼합 및 분산성이 우수하다. • 철근의 부식을 억제 시키는 효과가 있다. • 중성화 속도가 빨라진다. • 내구성과 화학적 저항성 큼 • 폐수시설, 하수도 항만등에 사용
실리카흄	• 실리카 미립자를 말하며 콘크리트 강도 증가 • 단위수량을 증가 시킬 수 있으므로 감수제와 함께 사용 • 중성화 속도가 빨라진다. • 내화학약품성이 증가 된다. • 알칼리 골재 반응의 억제 효과가 있다.

② 혼화제(混和劑) : 혼화제는 사용량이 적고 배합 계산에서 용적을 무시하는 소량의 재료로 AE제, 급결제, 지연제, 방수제 등이 있다.

구분		내용
표면활성제	AE제 (空氣蓮行劑)	• 독립 기포를 형성하여 콘크리트의 유동성을 양호하게 하고 재료의 분리를 막는다. • 단위 물량을 적게 하고 동결, 융해에 저항성이 커진다. • 압축 강도와 철근과의 부착 강도가 감소하는 단점이 있다.
	분산제 (감수제)	• 내약품성이 커진다. • 수밀성이 향상되고 투수성이 감소된다. • 시멘트량과 단위 수량을 줄일 수 있다. • 시멘트 입자를 분산시켜 워커빌리티를 좋게한다. • 물과 접촉하는 면적 증가 → 수화작용이 촉진되고 강도가 높아진다.
	급결제 (응결 경화 촉진제)	• 물 속 공사, 겨울철 공사, 콘크리트 뿜어 올리기 등에 필요한 조기 강도의 발생 촉진을 위하여 넣는 것이다. • 염화칼슘, 염화마그네슘, 규산나트륨, 식염 등이 있다.
	지연제	• 수화작용을 지연시켜 응결 시간을 길게 하는 혼화재료이다. • 뜨거운 여름철(고온 시공), 장시간 시공시, 운반 시간이 길 경우에 사용된다.

- **표면활성제** : 계면활성작용에 의해 콘크리트의 워커빌리티, 동결 융해에 대한 저항성 등을 개선 시키는 역할을 한다.
- **석고** : 시멘트의 급결현상을 방지하기 위해 시멘트를 제조할 때 첨가 한다.
- **포졸란 반응** : 포졸란이 수산화칼슘과 상온에서 반응하는 것으로 중성화 속도가 증가 한다.
- **그라우트** : 시멘트+물+혼화재 등을 섞은 일종의 시멘트풀
- **지수공법** : 지반굴착 시 물이 들어오지 않도록 물을 차단하는 공법

다. 콘크리트 성질

1) 콘크리트 성질 관계된 용어
   ① 반죽질기(consistency) : 물 양의 다소에 따른 반죽의 되고 진 정도를 나타내는 것, 굳지 않은 콘크리트의 유동성
   ② 워커빌리티(workability)
      ㉮ 콘크리트 칠 때 적당한 유동성과 점성이 있어 시공부분에 잘 채워지고 분리를 일으키지 않는 정도, 작업난이도라고도 함
      ㉯ 재료의 분리에 저항하는 정도를 나타내는 용어
   ③ 성형성(plasticity) : 거푸집으로 쉽게 성형할 수 있으며, 풀기가 있어 거푸집 제거시 허물어지거나 재료의 분리가 없는 성질

④ 피니셔빌리티(finishability)
  ㉮ 콘크리트 표면을 마무리 할 때의 난이도 정도를 나타내는 말
  ㉯ 워커빌리티와 반드시 일치하지는 않음
  ㉰ 굵은 골재의 최대 치수, 잔골재율, 잔골재의 입도, 반죽 질기 등에 의해 난이도가 변함
⑤ 블리딩(bleeding) : 재료 선택, 배합이 부적당한 경우, 물이 분리되어 먼지와 함께 위로 올라오는 현상
⑥ 레이턴스(laitance) : 블리딩에 의해 콘크리트 표면에서 침전하고 말라붙어 표피를 형성한 것

2) 슬럼프시험
① 워커빌리티(시공성)를 측정하기 위한 하나의 수단으로 반죽 질기를 측정하는 방법
② 철재 원통 시험 기구인 몰드를 사용하여 반죽한 콘크리트를 10cm 씩 3번 나누어 3단으로 넣어 다진 후 시험기를 수직으로 들어 빼낸 다음 무너진 높이를 잰 값이 슬럼프 값
③ 유동화제에 의한 유동화 콘크리트의 슬럼프 증가량의 표준값은 10cm 이하를 원칙으로, 5~8cm를 표준으로 한다.(유동화제: 워커빌리티 향상을 목적으로 미리 비빈 콘크리트에 첨가하는 혼화제)

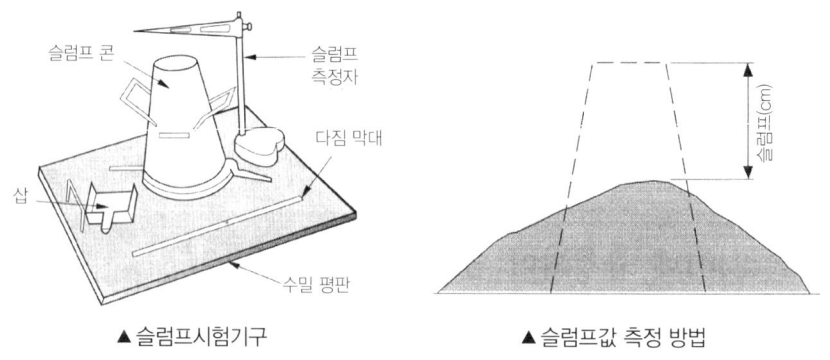

▲ 슬럼프시험기구   ▲ 슬럼프값 측정 방법

3) 워커빌리티 측정방법
  ① 구관입시험   ② 다짐계수시험   ③ 비비(Vee - Bee) 시험

4) 시공연도(워커빌리티) 영향을 미치는 요인
  ① 물 - 시멘트 비   ② 단위수량
  ③ 혼화재료   ④ 비빔 시간 및 온도
  ⑤ 잔골재율   ⑥ 굵은골재 최대치수
  ⑦ 골재 입형   ⑧ 공기량

5) 콘크리트 재료 분리 현상
  ① 원인 : 물-시멘트비 과다, 시멘트량 부족, 골재입도 불량 등

② 방지
  ㉮ 플라이애시를 적당량 사용한다.
  ㉯ 세장한 골재 보다는 둥근 골재를 사용한다.
  ㉰ 중량 골재와 경량골재 등 비중차가 큰 골재 사용을 줄인다.
  ㉱ AE제나 AE감수제 등을 사용하여 사용 수량을 감소 시킨다.

라. 콘크리트 종류

1) 서중콘크리트
① 슬럼프 저하 등 워커빌리티의 변화가 생기기 쉽다
② 동일 슬럼프를 얻기 위한 단위수량이 많아진다
③ 콜드조인트가 발생하기 쉽다
④ 초기 강도 발현은 빠른 반면에 장기강도가 저하될 수 있다
⑤ 평균 25℃, 최고 30℃ 넘을 때 타설하는 콘크리트

2) 한중콘크리트
① 평균 4℃ 이하일 때 타설하는 콘크리트
② 공기 연행제를 사용하는 것을 원칙으로 한다.
③ 물–결합재비는 60% 이하로 한다.

3) 매스콘크리트
콘크리트 구조물의 크기가 커서 수화열을 검토해야 하는 콘크리트

4) 프리팩트 콘크리트
미리 골재를 거푸집 안에 채우고 특수 탄화제를 섞은 모르타르를 주입하여 골재의 빈틈을 메워 콘크리트를 만드는 방식

5) 프리스트레스트 콘크리트
PS콘크리트라고 하며 강선 등을 이용하여 미리 부재 내에 응력을 준 콘크리트(예:철도침목)

■ **콜드조인트** : 콘크리트 시공 과정 중 휴식시간 등으로 응결하기 시작한 콘크리트에 새로운 콘크리트를 이어 칠 때 발생 되는 불량 이음부

■ **콘크리트 중성화**
• 콘크리트가 알카리성을 잃게되는 작용으로 탄산화라고도 한다.
• $Ca(OH)_2 + CO_2 \rightarrow CaCO_3 + H_2O \uparrow$

■ **콘크리트 파손 유형** : 균열(crack) / 융기(blow-up) / 단차(faulting)

라. 배합

1) 콘크리트 배합법의 표시

① 무게배합(중량배합)
  ㉮ 콘크리트 $1m^3$ 제작에 필요한 각 재료의 무게로 표시하는 방법
  ㉯ 예를 들어 시멘트 387kg : 모래 660kg : 자갈 1,040kg으로 표시한다.

② 용적배합
  ㉮ 콘크리트 $1m^3$ 제작에 필요한 재료를 부피로 표시
  ㉯ 예를 들어 1 : 2 : 4, 1 : 3 : 6 등으로 나타낸다.

용적배합비	조성방법			적용범위
	시멘트(kg)	모래(m^3)	자갈(m^3)	
1 : 2 : 4	320	0.45	0.90	철근 콘크리트
1 : 3 : 6	220	0.47	0.94	무근 콘크리트
1 : 4 : 8	170	0.48	0.96	자중만을 받는 약한 구조

③ 부배합(rich mix) : 표준 배합보다 단위시멘트 양이 많은 것
④ 빈배합(poor mix) : 표준 배합보다 단위 시멘트 양이 적은 것
⑤ 시방배합 : 시방서에서 규정하고 있는 배합
⑥ 현장배합 : 골재의 흡수량 및 입도상태 등을 고려하여 시방배합을 현장에서 보정한 배합
⑦ 질량배합 : 콘크리트 $1m^3$ 만드는데 필요한 각 재료를 중량으로 나타낸 것
⑧ 골재의 흡수량과 비중을 측정하여 콘크리트의 배합 설계에 고려한다.

2) 물 – 시멘트 비(w/c ratio)

① 콘크리트 배합에서 시멘트에 대한 물의 중량 비율
② 시멘트풀의 농도를 나타내고 콘크리트의 강도, 내구성, 수밀성을 좌우하는 가장 중요한 요소임
③ 일반적인 물 – 시멘트비는 60~70% 정도이다.

마. 치기와 양생

1) 치기

① 콘크리트를 거푸집 안에 넣는 것을 말함
② 콘크리트 칠 때 유의사항
  ㉮ 비빔장소에서 먼 곳으로부터 가까운 곳으로 이동하며 작업한다.
  ㉯ 거푸집의 견고성 등을 점검하고 거푸집에 박리제를 칠해 콘크리트가 달라붙지 않도록 한다.
  ㉰ 비비기에서 치기까지 1시간 이내로 하며, 온도가 낮거나 습할 때에도 2시간 이내로 마친다.

2) 다지기
   ① 진동 다지기를 할 때에는 내부 진동기를 콘크리트 속으로 사선으로 0.1m 정도 찔러 넣으며 삽입 간격은 0.5m 이하로 한다.
   ② 내부 진동기의 1개소당 진동 시간은 시멘트페이스트가 표면 상부로 약간 부상할 때까지 한다.
   ③ 거푸집판에 접하는 콘크리트는 되도록 평탄한 표면이 얻어지도록 타설하고 다져야 한다.
   ④ 콘크리트 다지기에는 내부 진동기의 사용을 원칙으로 하나 얇은 벽 등 내부 진동기의 사용이 곤란한 장소에서는 거푸집 진동기를 사용해도 좋다.

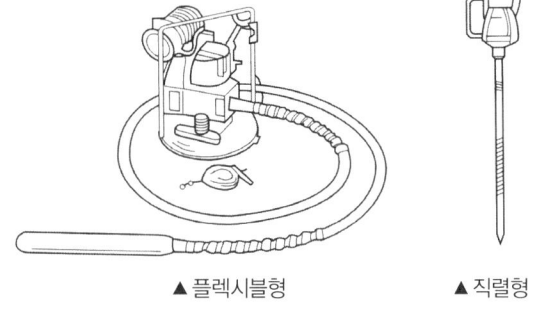

▲ 플렉시블형   ▲ 직렬형

3) 양생(보양)
   ① 콘크리트를 친 후 응결과 경화가 완전히 이루어지도록 보호하는 것
   ② 콘크리트 양생 방법
      ㉮ 습윤 양생 : 콘크리트 노출면을 가마니, 마대 등으로 덮어 자주 물을 뿌려 습윤 상태를 유지하는 것이다.
      ㉯ 피막양생 : 표면에 반수막이 생기는 피막 보양제를 뿌려 수분증발을 방지하는 것으로 넓은 지역, 물주기 곤란한 경우에 이용한다.
      ㉰ 증기양생 : 단시일 내 소요강도를 내기 위해 고온 또는 고온고압 증기로 양생시키는 방법으로 추운 곳의 시공시에 유리하다.
      ㉱ 전기양생 : 콘크리트에 저압 교류를 통하게 하여 생기는 열로 양생하는 방법이다.

4) 거푸집
   ① 콘크리트를 부어 넣어 성형을 위해 사용하는 가설물을 말함
   ② 거푸집 소요 재료
      ㉮ 격리제 : 거푸집 상호간에 간격을 유지하기 위한 재료
      ㉯ 박리제 : 콘크리트 형판에서 틀과 쉽게 분리하기 위하여 미리 안쪽에 바르는 것으로 경유, 등유제와 합성수지 등을 사용
      ㉰ 긴장재 : 콘크리트를 부었을 때 거푸집이 벌어지지 않도록 연결 고정하는 재료
      ㉱ 간격재 : 철근과 거푸집 간격을 유지하기 위해 사용하는 재료
   ③ 거푸집에 미치는 콘크리트 측압
      ㉮ 경화 속도가 빠를수록 측압이 작다.
      ㉯ 시공 연도가 좋을수록 측압은 크다.
      ㉰ 붓기 속도가 빠를수록 측압이 크다.

㉣ 수평 부재가 수직 부재보다 측압이 작다.
㉤ 부배합일수록 측압이 크다.
㉥ 비중이 클수록 측압이 크다.
㉦ 진동기 사용 시 측압이 커진다.

④ 거푸집 관련 도구 및 재료

재료	설명	사진
캠버 (camber)	높이 조절을 하기 위해 H빔 등 띠장과 흙막이 벽 사이에 끼워 넣는 쐐기모양의 나무조각(띠장: 널말뚝, 횡자재)	
긴장기(긴결재) (form tie)	거푸집 간격을 유지하며 벌어지는 것을 방지 하기 위한 것	
스페이서(간격재) (spacer)	철근 콘크리트의 기둥 등의 철근에 대한 콘크리트의 피복 두께를 정확하게 유지하기 위해 사용한다.	
세퍼레이터(격리재) (seperator)	거푸집 상호간 간격 유지 하기 위한 것	

출제예상문제

01 시멘트와 물을 혼합한 것을 무엇이라 하는가?

① 콘크리트 ② 시멘트풀
③ 모르타르 ④ 타일

정답 01 ②

02 조경시공에서 콘크리트 포장을 할 때, 와이어 매쉬(wire mesh)는 콘크리트 하면에서 어느 정도의 위치에 설치하는가?

① 콘크리트 두께의 1/4 위치
② 콘크리트 두께의 1/3 위치
③ 콘크리트 두께의 1/2 위치
④ 콘크리트의 밑바닥

03 콘크리트 표면 활성제인 A.E제의 설명으로 틀린 것은?

① 독립기포를 형성하여 콘크리트의 유동성을 양호하게 한다.
② 동결과 융해에 대한 저항성이 약해진다.
③ 단위 물량을 적게 한다.
④ 압축강도와 철근과의 부착 강도는 다소 감소한다.

04 다음 중 잡석지정 방법 중 가장 적당한 것은?

05 한중콘크리트는 기온이 얼마일 때 사용하는가?

① −1℃ 이하
② 4℃ 이하
③ 25℃ 이하
④ 30℃ 이하

06 콘크리트의 양생을 돕기 위하여 추운 지방이나 겨울에 시멘트에 섞는 재료는 어느 것인가?

① 염화칼슘
② 생석회
③ 요소
④ 암모니아

07 콘크리트 타설시 시공성을 측정하는 가장 일반적인 것은?

① 슬럼프 시험
② 압축강도 시험
③ 휨강도 시험
④ 인장강도 시험

정답 02 ② 03 ② 04 ① 05 ② 06 ① 07 ①

08 콘크리트 공사 중 콘크리트 표면에 곰보가 생기거나 콘크리트 내부에 공극이 생기지 않도록 하는 방법은?

① 콘크리트 다지기
② 콘크리트 비비기
③ 콘크리트 붓기
④ 콘크리트 양생

09 콘크리트 거푸집공사에서 격리재를 사용하는 목적으로 적합한 것은?

① 거푸집이 벌어지지 않게 하기 위하여
② 거푸집 상호간의 간격을 정확히 유지하기 위하여
③ 철근의 간격을 정확하게 유지하기 위하여
④ 거푸집 조립을 쉽게 하기 위하여

10 폭이 50cm, 높이가 60cm, 길이가 10m인 콘크리트 기초에 소요되는 재료의 양은?(단, 배합비는 1:3:6이고, 자갈은 0.90㎥/㎥, 모래는 0.45㎥/㎥, 시멘트는 226kg/㎥이다.)

① 시멘트 678 kg, 모래 1.35㎥, 자갈 2.7㎥
② 시멘트 678 kg, 모래 2.7㎥, 자갈 1.35㎥
③ 시멘트 2.7 kg, 모래 1.35㎥, 자갈 6.78㎥
④ 시멘트 1.35 kg, 모래 6.78㎥, 자갈 2.7㎥

11 시멘트 콘크리트 배합에서 부배합(rich mix) 이란?

① 표준 배합보다 단위 시멘트 용량이 많은 것
② 표준 배합보다 모래의 용량이 많은 것
③ 표준 배합보다 자갈의 용량이 많은 것
④ 표준 배합보다 모래, 자갈의 용량이 많은 것

12 서중 콘크리트는 1일 평균기온이 얼마를 초과하는 것이 예상되는 경우 시공하여야 하는가?

① 25℃   ② 20℃
③ 15℃   ④ 10℃

 정답 08 ① 09 ② 10 ① 11 ① 12 ①

13 다음 중 워커빌리티에 대한 설명으로 잘못된 것은?

① 시멘트의 종류, 분말도, 사용량이 영향을 미친다.
② 시멘트의 양이 많아지면 워커빌리티가 좋아진다.
③ 입자가 모난 것이나 납작한 것이 워커빌리티를 개선한다.
④ 재료의 분리에 저항하는 정도를 나타내는 용어이다.

14 다음 중 콘크리트의 워커빌리티에 관한 설명 중 틀린 것은?

① 콘크리트의 강도를 표시한 것이다.
② 재료의 분리에 저항하는 정도이다.
③ 콘크리트 작업에 편리할 정도의 반죽의 정도를 말한다.
④ 표시법은 슬럼프치로 나타낸다.

15 다음 중 콘크리트의 단점에 해당되는 것은?

① 임의 형상대로 구조물을 만듦
② 시공이 어렵고 유지비 많이 듦
③ 철근과 부착력이 약함
④ 인장강도, 휨강도가 작음

16 콘크리트의 성질 중 풀끼가 있어 거푸집 제거시 허물어지거나 재료의 분리가 없는 것을 무엇이라 하는가?

① 반죽질기   ② 성형성   ③ 워커빌리티   ④ 피니셔빌리티

17 콘크리트 표면을 마무리 할 때의 난이 정도를 나타내는 말은 무엇인가?

① 반죽질기   ② 성형성   ③ 피니셔빌리티   ④ 워커빌리티

18 콘크리트 표면에 물이 분리되어 먼지와 함께 위로 올라와 곰보가 생기는 현상을 무엇이라 하는가?

① 피니셔빌리티   ② 성형성   ③ 블리딩   ④ 레이턴스

19 블리딩에 의해 콘크리트 표면에서 침전하여 말라붙어 표피를 형성한 것은 무엇인가?

① 피니셔빌리티   ② 성형성   ③ 블리딩   ④ 레이턴스

정답 13 ③ 14 ① 15 ④ 16 ② 17 ③ 18 ③ 19 ④

20 콘크리트의 강도를 나타낼 때 보통 재령 몇 일째의 것으로 나타내고 있는가?

① 3일　　② 18일　　③ 28일　　④ 35일

21 슬럼프치에 대한 설명으로 바르지 못한 것은?

① 콘크리트가 내려앉은 후의 그 콘크리트의 높이를 사용한다.
② 워커빌리티를 표시한 치수이다.
③ 규격시험에 콘크리트가 내려 앉아 낮아지는 치수이다.
④ 단위는 cm로 표시한다.

22 콘크리트 배합비 1:2:4 혹은 1:3:6 등은 무슨 배합을 뜻하는가?

① 무게 배합
② 절대 용적 배합
③ 표준 계량 배합
④ 용적 배합

23 다음 중 무근 콘크리트의 굵은 골재의 지름으로 맞는 것은?

① 100mm 이하
② 50mm 이하
③ 40mm 이하
④ 10mm 이하

24 콘크리트를 친 후 응결과 경화가 완전히 이루어지도록 보호하는 것을 무엇이라 하는가?

① 운반
② 치기
③ 양생
④ 다지기

25 양생을 하기 위한 적당한 온도는 얼마가 좋은가?

① 10~20°
② 15~25°
③ 15~30°
④ 20~40°

정답 20 ③　21 ①　22 ④　23 ③　24 ③　25 ③

04 석공사 및 벽돌쌓기 공사

가. 석공사

1) 자연석 무너짐 쌓기
① 자연풍경에서 암석이 무너져 내려 안정되게 쌓여있는 것을 그대로 묘사하는 방법
② 상부로 갈수록 비교적 작은 돌 사용
③ 맨 위의 상석은 비교적 작고, 윗면을 평평하게 하거나, 자연스럽게 높낮이가 있도록 처리
④ 돌틈식재 : 돌과 돌 사이의 빈 공간에 비옥한 흙을 채워 회양목이나 철쭉 등의 관목류와 초화류를 식재

▲ 무너짐쌓기 시공사례

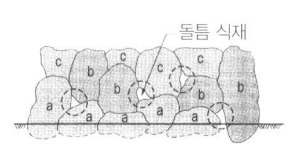
a. 기초석(밑돌) b. 중간석 c. 상석(윗돌)
▲ 입면도

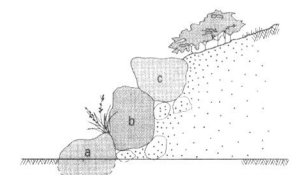
a. 기초석(밑돌) b. 중간석 c. 상석(윗돌)
▲ 단면도

2) 호박돌 쌓기
① 쌓는 방법은 무너짐 쌓기와 같음
② 둥근 형태의 자연석으로 연못의 호안정리에 많이 쓰임
③ 형태가 일률적이어서 단조로울 수 있는 단점
④ 옆의 돌과 크기 다르게, 간혹 큰 돌을 배치하여 변화 필요

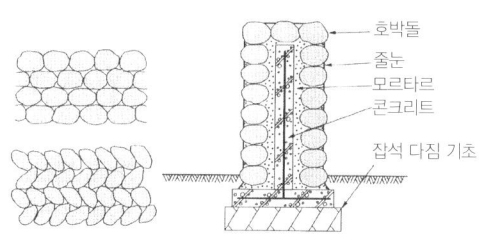
▲ 호박돌 쌓기 입면도 및 단면도

3) 경관석 놓기
① 주석과 부석을 조화롭게 하여 배치하고 삼재미(天, 地, 人)를 고려하여 놓는다.
② 일반적인 수량은 3,5,7 등의 홀수를 만들며 돌과 돌 사이의 거리나 크기 등을 고려한다.

4) 디딤돌 놓기

① 크고 작은 것을 섞어 직선보다는 어긋나게 배치한다.
② 돌 간의 간격은 보행 폭을 고려하여 돌과 돌 사이의 중심 거리로 잡는다.
③ 돌의 좁은 방향이 걸어가는 방향으로 오게 방향성을 준다.(머리 방향이 경관 쪽을 향하도록 배치)
④ 한발로 디디는 디딤돌의 크기는 지름 25~30cm가 적당하며 시작과 끝부분, 길이, 갈라지는 부분은 50cm 정도의 큰 것을 사용한다.
⑤ 높이는 지표보다 3~5cm 정도 높게 해주고 디딤돌과 디딤돌 사이의 간격은 15cm로 한다.

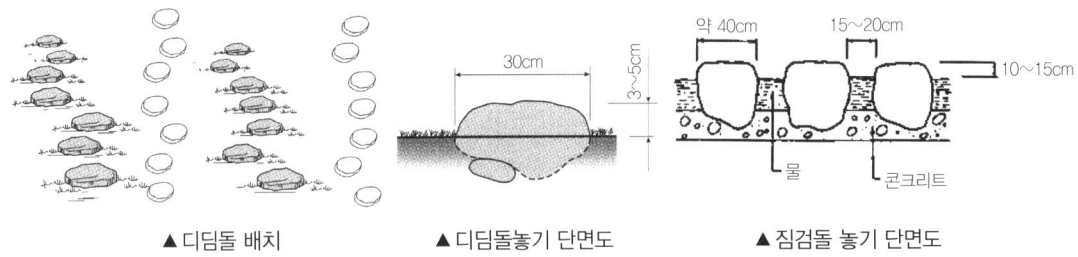

▲ 디딤돌 배치   ▲ 디딤돌놓기 단면도   ▲ 짐검돌 놓기 단면도

5) 마름돌 메쌓기

① 모르타르, 콘크리트를 사용하지 않고 쌓는 방법
② 배수가 잘 되어 붕괴 우려가 없으나 견고성이 없어 높이에 제한
③ 전면 기울기 1 : 0.3
④ 설계도면 및 공사시방서에 명시가 없을 경우 1.5m 이하로 쌓아야 한다.

6) 마름돌 찰쌓기

① 쌓아 올릴 때 줄눈에 모르타르, 뒤채움에 콘크리트 사용
② 배수관 설치 : 뒷면의 배수를 위해 2~3m^2마다 지름 3~6cm 배수관 설치
③ 견고하나 배수 불량시 토압에 붕괴 우려 있음

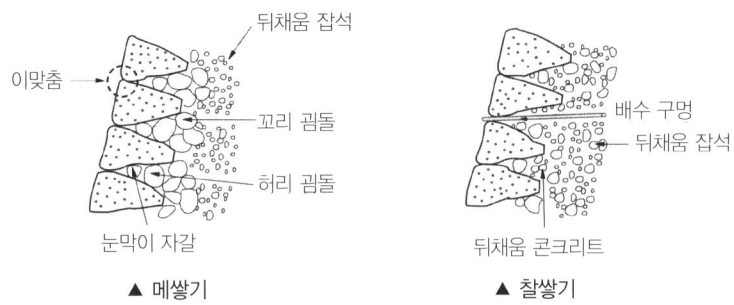

▲ 메쌓기   ▲ 찰쌓기

7) 골쌓기

① 줄눈을 물결모양으로 골을 지워가며 쌓는 방법
② 하천공사 등에 견치석을 쌓을 때 이용
③ 시간이 흐를수록 견고해지며, 일부분이 무너져도 전체에 파급되지 않는 장점이 있음

8) 켜쌓기

① 각 층을 직선으로 쌓는 방법
② 골쌓기보다 약해 높이 쌓기에는 곤란
③ 돌의 크기가 균일하고 시각적으로 좋아 조경공간에 쓰임

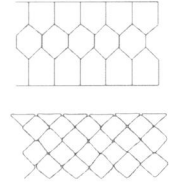  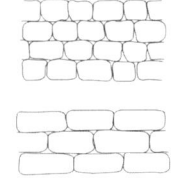 

▲ 골쌓기 입면도 및 시공 사례 　　　　　▲ 켜쌓기 입면도 및 시공 사례

9) 견치석 쌓기

① 지반이 약한 곳에 석축을 쌓을 때는 잡석이나 콘크리트로 튼튼한 기초를 만들어 놓는다.
② 경사도 1:1보다 완만한 경우를 돌붙임, 급한 경우를 돌쌓기 라고 한다.
③ 쌓아 올리고자 하는 높이가 높을 때는 군데군데 물빠짐 구멍을 뚫어 놓는다.

10) 바른층 쌓기와 허튼층 쌓기

① 바른층 쌓기 : 일정한 규격을 가지고 있는 석재의 가로 줄눈을 일직선이 되도록 쌓는 방법으로 허튼층 쌓기의 반대이다.
② 허튼층 쌓기 : 크기가 다양한 돌들을 흐트러 트리면서 줄눈을 불규칙하게 쌓는 방법으로 바른층 쌓기의 반대이다.

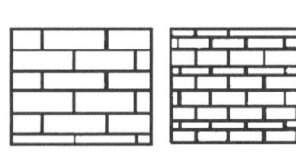 

▲ 바른층 쌓기　　　▲ 허튼층 쌓기

목도채

수목이나 자연석 등을 옮길 때 짐을 걸어서 어깨에 메는 굵은 막대기로 길이가 약 1.5m 이며 중앙의 굵기가 6~7cm, 양끝의 굵기는 4~5cm이다.

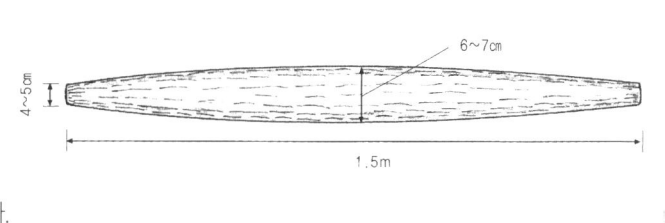

11) 돌쌓는 방법
   ① 줄눈 두께는 9~12mm 정도가 적당하다.
   ② 통줄눈이 되지 않도록 한다.
   ③ 모르타르 배합비는 보통 1:2~1:3, 중요한 곳은 1:1로 한다.
   ④ 하루 쌓는 높이는 1.2m 이상은 쌓지 않는다.
   ⑤ 경사도가 1:1보다 완만한 경우를 돌붙임이라 하고 경사도가 1:1보다 급한 경우를 돌쌓기라 한다.
   ⑥ 쌓아 올리고자 하는 높이가 높을 때는 군데군데 물빠짐 구멍을 뚫어 놓는다.

12) 자연석 쌓기 물량 및 노무비 산출
   ① 물량 : 체적 (m^3) × 단위당 중량(ton/m^3) × 실적율
   ② 노무비 : 단위당 품 × 노무단가 × 수량

나. 벽돌쌓기 공사

1) 벽돌의 종류 및 규격
벽돌의 규격은 표준형 190mm×90mm×57mm, 일반형 210mm×100mm×60mm이다.

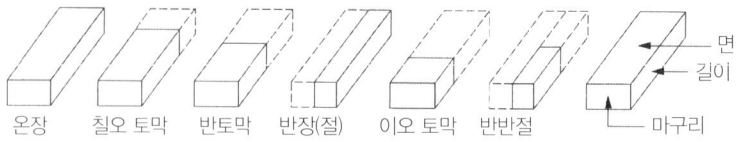

▲ 벽돌의 형상에 따른 명칭

2) 줄눈
① 벽돌 쌓기에서 가로, 세로 부분의 이음줄을 줄눈 이라고 한다.
② 줄눈의 종류
   ㉮ 통줄눈 : +자 형태로 나타나는 이음줄로 하중이 분포되지 않아 쉽게 붕괴될 수 있음
   ㉯ 막힌줄눈 : 상하의 세로줄눈이 일직선으로 이어지지 않고 서로 어긋나게 되어 있는 이음줄
   ㉰ 치장줄눈 : 줄눈을 여러 형태로 아름답게 처리하여 벽돌 쌓은 면전체가 미관상 보기 좋도록 만드는 것

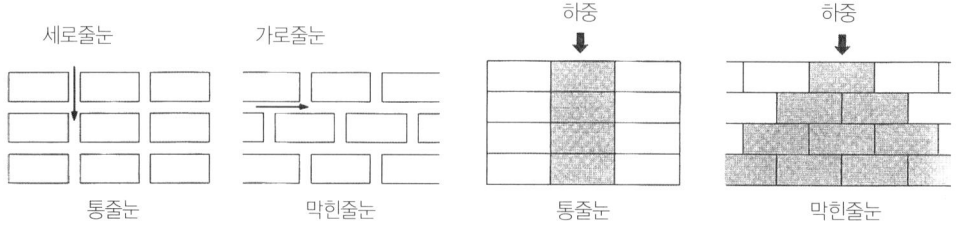

▲ 벽돌쌓기 입면도   ▲ 하중의 전달 입면도

3) 벽돌쌓기 두께

① 벽돌을 쌓는 두께는 반장쌓기(0.5B), 한장쌓기(1.0B), 한장반쌓기(1.5B), 두장쌓기(2.0B) 등으로 표시한다.

② 표준형 벽돌(190×90×57mm)을 쓰고 줄눈을 10mm로 한 경우 한 장반 두께(1.5B)라는 것은 190+90+10=290mm가 된다.

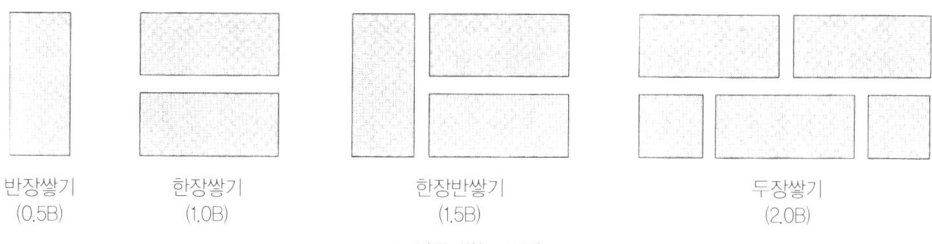

▲ 벽돌 쌓는 두께

4) 벽돌 두께에 따른 m²당 수량 산출

구분	0.5B	1.0B	1.5B	2.0B
표준형 벽돌(190×90×57)	75매	149매	224매	298매
기존형 벽돌(210×100×60)	65매	130매	195매	260매

5) 벽돌쌓는 방법

① 길이쌓기 : 벽돌의 길이 부분이 바깥쪽으로 보이게 쌓는 방법으로, 길이로 놓으면 두께가 반장쌓기(0.5B)가 되므로 치장쌓기 등에 많이 쓰인다.

벽돌쌓기

- 검사에 합격한 것으로 미리 물을 흡수시킨 후 시공(백화현상 방지)
- 모르타르 배합비는 1:2~1:3, 중요한 곳의 치장줄눈 1:1
- 굳기 시작한 모르타르는 사용하지 않는다.
- 줄눈의 폭은 10mm가 표준
- 하루에 1.5m 이하로 쌓는데 보통 1.2m 정도가 좋다.

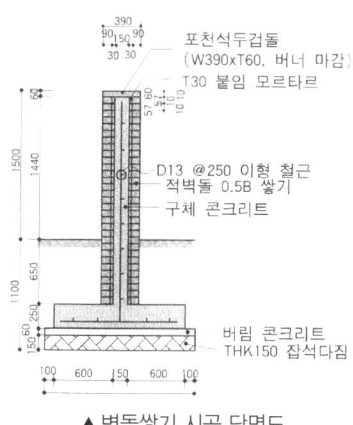

▲ 벽돌쌓기 시공 단면도

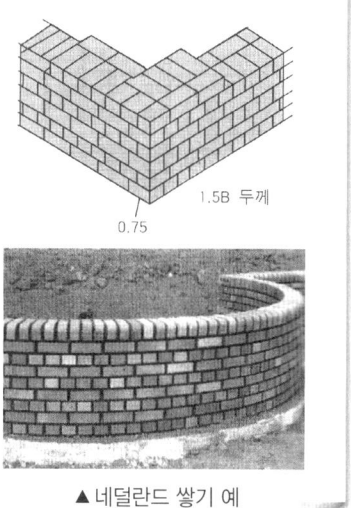

▲ 네덜란드 쌓기 예

② 마구리쌓기 : 벽돌의 마구리가 바깥쪽으로 보이게 쌓는 방법으로, 끝부분에 반절짜리 벽돌이 들어간다. 두께가 한 장 쌓기(1.0B) 두께가 된다.
③ 길이세워쌓기와 옆세워쌓기 : 길이를 세워쌓는 것을 길이세워쌓기, 마구리를 세워쌓는 것을 마구리 세워쌓기라고 한다.
④ 영국식쌓기 : 길이쌓기 켜와 마구리쌓기 켜를 반복하여 쌓는 방법으로 가장 견고하다. 모서리 벽 끝에는 2.5토막을 쓴다.
⑤ 네덜란드식쌓기(화란식 쌓기) : 영국식 쌓기와 쌓는 방법은 같으나 모서리 끝에 7.5토막을 쓴다.
⑥ 프랑스식 쌓기(불식쌓기) : 각 켜마다 길이쌓기와 마구리쌓기가 번갈아 나오는 방법으로 외관이 아름다워 치장벽으로 많이 쓰나 견고성이 떨어지는 단점이 있다.
⑦ 미국식 쌓기 : 표면의 5켜 까지는 길이쌓기를 하고, 그 다음 켜는 마구리 쌓기로 하는 방법으로 쌓는 속도는 빠르나 강도가 약하다.

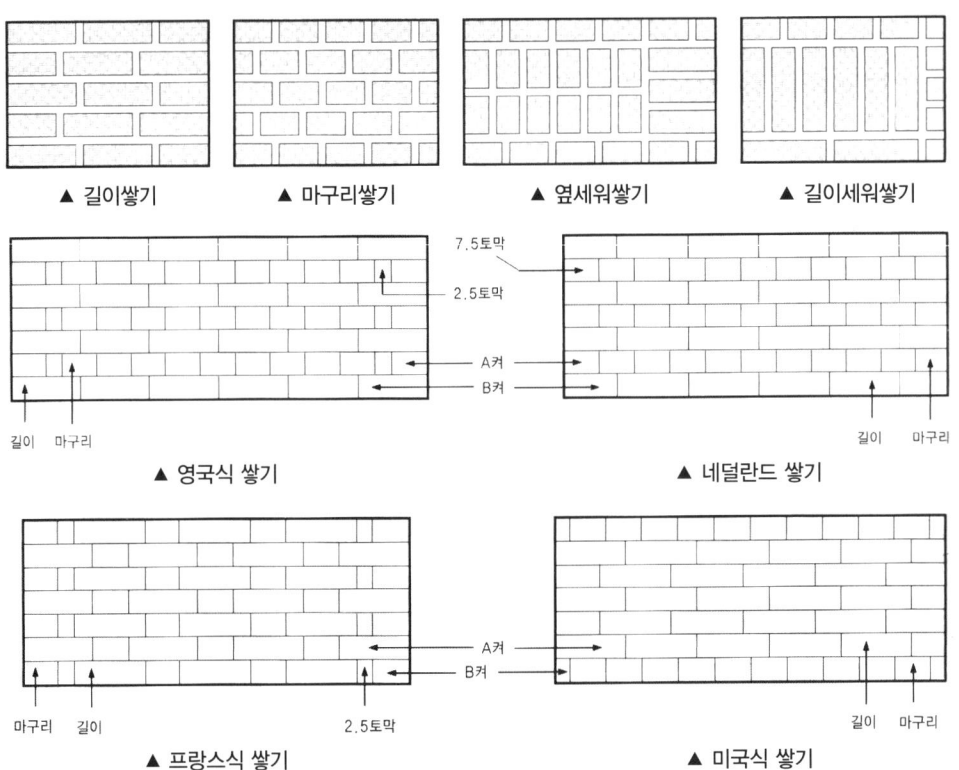

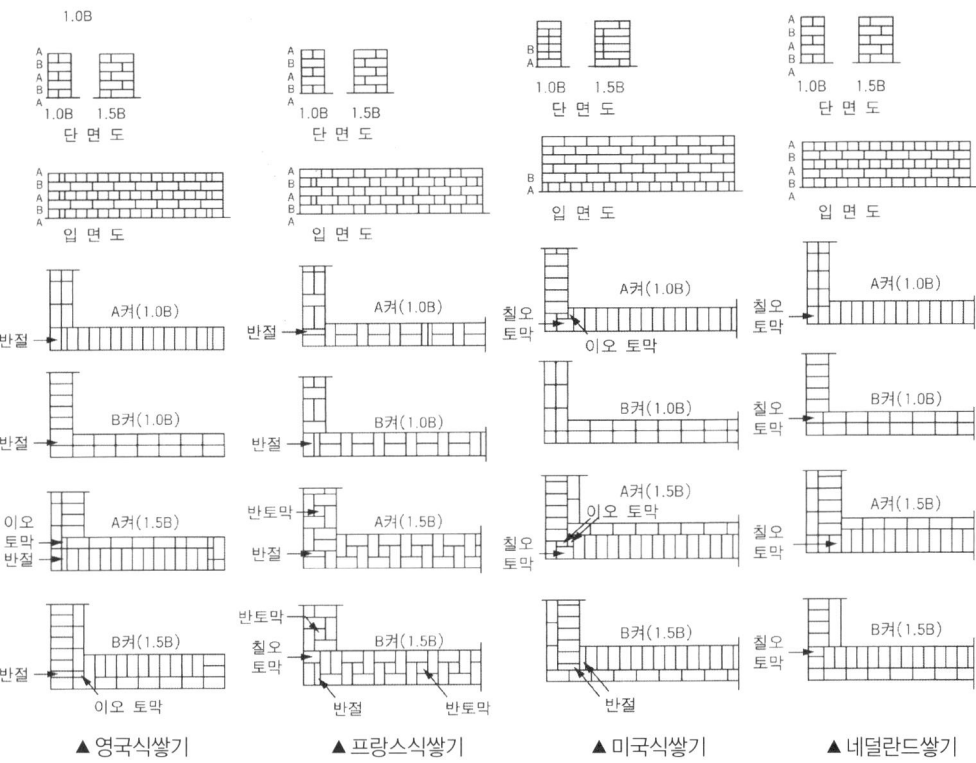

▲ 영국식쌓기　　　▲ 프랑스식쌓기　　　▲ 미국식쌓기　　　▲ 네덜란드쌓기

출제예상문제

01 크고 작은 돌을 자연 그대로의 상태가 되도록 쌓아 올리는 방법을 무엇이라 하는가?

① 견치석 쌓기　② 호박돌 쌓기　③ 자연석 무너짐 쌓기　④ 평석 쌓기

02 자연석 무너짐 쌓기 방법의 설명으로 가장 거리가 먼 것은?

① 기초가 될 밑돌은 약간 큰 돌을 사용해서 땅속에 20~30cm 정도 깊이로 묻는다.
② 제일 윗부분에 놓는 돌은 돌의 윗부분이 모두 고저차가 크게 나도록 놓는다.
③ 돌과 돌이 맞물리는 곳에는 작은 돌을 끼워 넣지 않는다.
④ 돌을 쌓고 난 후 돌과 돌 사이의 틈에는 키가 작은 관목을 식재한다

03 자연석 공사 시 돌과 돌 사이에 넣어 붙여 심는 것으로 적합하지 않는 수종은?

① 회양목　② 철쭉　③ 맥문동　④ 향나무

04 돌 쌓기 공사에서 4목도 돌이란 무게가 몇 kg 정도의 것을 말하는가?

① 약 100kg　② 약 150kg　③ 약 200kg　④ 약 300kg

05 다음 중 정원석 쌓기에 쓰이는 기구나 기계는?

① 불도저　② 탠담 로울러　③ 체인 블록　④ 덤프트럭

06 조경공사의 암석운반용으로 많이 쓰이는 것은?

① 형강　② 와이어로프　③ 철선　④ 볼트·너트

07 돌쌓기의 종류 중 찰쌓기에 대한 설명으로 옳은 것은?

① 뒤채움에 콘크리트를 사용하고, 줄눈에 모르타르를 사용하여 쌓는다.
② 돌만을 맞대어 쌓고 잡석, 자갈 등으로 뒤채움을 하는 방법이다.
③ 마름돌을 사용하여 돌 한 켜의 가로 줄눈이 수평직직선이 되도록 쌓는다.
④ 막돌, 깬 돌, 깬 잡석을 사용하여 줄눈을 파상 또는 골을 지어 가며 쌓는 방법이다.

정답 01 ③　02 ②　03 ④　04 ③　05 ③　06 ②　07 ①

08 돌쌓기의 종류 가운데 돌만을 맞대어 쌓고 뒷채움은 잡석, 자갈 등으로 하는 방식은?

① 찰쌓기 ② 메쌓기 ③ 골쌓기 ④ 켜쌓기

09 자연석 놓기 중에서 경관석 놓기를 설명한 것 중 틀린 것은?

① 시선이 집중되는 곳이나 중요한 자리에 한두개 또는 몇개를 짜임새 있게 놓고 감상한다.
② 경관석을 놓았을 때 보는 사람으로 하여금 아름다움을 느끼게 멋과 기풍이 있어야 한다.
③ 경관석 짜기의 기본은 주석(중심석)과 부석을 바꾸어 놓고 4,6,8...등 균형감 있게 짝수로 놓아야 자연스럽게 보인다.
④ 경관석을 다 놓은 후에는 그 주변에 알맞은 관목이나 초화류를 식재하여 조화롭고 돋보이는 경관이 되도록 한다.

10 경관석 놓기의 내용으로 틀린 것은?

① 경관석은 충분한 크기와 중량감이 있어야 한다.
② 경관석은 모양, 색채, 질감 등이 아름다워야 한다.
③ 여러 개 짝을 지어 배석할 때는 대개 짝수로 구성하여 균형을 유지하도록 배치한다.
④ 조경공간에서 시선이 집중되는 곳에 경관석을 배치한다.

11 경관석 놓기에서 삼재미를 고려하여 돌을 놓는다. 삼재미에 대한 맞는 설명은?

① 재료미, 내용미, 형식미 ② 선, 형태, 색채
③ 반복미, 단순미, 통일미 ④ 천, 지, 인의 조화미

12 디딤돌로 이용할 돌의 두께로 가장 적당한 것은?

① 1~5cm ② 10~20cm ③ 25~35cm ④ 35~45cm

13 디딤돌 놓기 방법으로 틀린 것은?

① 큰 것과 작은 것을 섞어 독특한 운치를 지니게 한다.
② 교차점에는 보다 큰 것을 사용한다.
③ 디딤돌과의 거리는 느리게 걷는 동선일수록 간격을 넓힌다.
④ 디딤돌은 직선상 보다는 어긋나게 배치하는 것이 좋다.

정답 08 ② 09 ③ 10 ③ 11 ④ 12 ② 13 ③

14 원로의 디딤돌 놓기에 관한 설명으로 틀린 것은?

① 디딤돌은 보행을 위하여 공원이나 정원에서 잔디밭, 자갈 위에 설치하는 것이다.
② 디딤돌은 주로 화강암을 넓적하고 평평하게 기계로 깍아 다듬어 놓은 돌만을 이용한다.
③ 징검돌은 상·하면이 평평하고 지름 또한 한 면의 길이가 30~60cm이상인 크기의 강석을 주로 사용한다.
④ 디딤돌의 배치간격 및 형식 등은 설계도면에 따르되 윗면은 수평으로 놓고 지면과의 높이는 5cm 내외로 한다.

15 일반적인 성인의 보폭으로 디딤돌을 놓을 때 좋은 보행감을 느낄 수 있는 디딤돌과 디딤돌사이의 중심간 길이로 가장 적당한 것은?

① 20cm 정도 ② 40cm 정도 ③ 50cm 정도 ④ 80cm 정도

16 자연석 100ton을 절개지에 쌓으려 한다. 다음 표를 참고할 때 노임은 얼마인가?

(ton당)

구분	조경공	보통인부
쌓기	2.5인	2.3인
놓기	2.0인	2.0인
1일 노임	30,000원	10,000원

① 2,500,000원 ② 5,600,000원 ③ 8,260,000원 ④ 9,800,000원

17 돌의 크기가 균일하고 시각적으로 좋아 조경공간에 많이 쓰이는 마름돌쌓기 방법은?

① 찰쌓기 ② 메쌓기 ③ 골쌓기 ④ 켜쌓기

18 마름돌 쌓는 방법을 설명한 것 중 틀린 것은?

① 뒤채움과 배수관계가 가장 중요하다.
② 줄눈은 가능하면 통줄눈이 되게 한다.
③ 모르타르 배합비는 보통 1:2~1:3으로 한다.
④ 하루 쌓는 높이를 1.2m 이상은 쌓지 않는다.

정답 14 ② 15 ② 16 ④ 17 ④ 18 ②

19 하천공사 등에 견치석을 쌓을 때 이용하는 방법으로 시간이 흐를수록 견고해지는 마름돌쌓기 방법은?

① 찰쌓기 ② 메쌓기
③ 골쌓기 ④ 켜쌓기

20 벽돌 쌓기에서 열십자(十)형태로 나타나는 이음줄을 무엇이라 하는가?

① 통줄눈 ② 막힌줄눈
③ 치장줄눈 ④ 허튼줄눈

21 벽돌 쌓는 방법 중 틀린 것은?

① 미리 벽돌에 물 축이기를 한다.
② 모르타르 배합비는 1:2~1:3, 또한 치장줄눈용으로 1:1로 한다.
③ 가로, 세로 줄눈 나비는 10mm가 표준이다.
④ 하루 쌓는 높이는 2.2m 정도가 표준이다.

22 줄눈에 대한 설명 중 바른 것은?

① 하중이 골고루 전달되게 하려면 통줄눈으로 쌓는다.
② 통줄눈은 하중을 받으면 쉽게 무너질 우려가 있다.
③ 조경 공사에서는 통줄눈을 주로 사용한다.
④ 통줄눈으로 쌓고 치장줄눈을 만들면 하중에 강해진다.

23 벽돌 표준형의 크기는 190mm×90mm×57mm이다. 벽돌 줄눈의 두께를 10mm로 할 때, 표준형 벽돌벽 1.5B의 두께는 얼마인가?

① 170mm ② 270mm
③ 290mm ④ 330mm

24 표준형 벽돌을 가지고 1.0B의 두께로 벽을 쌓을 경우 벽돌벽의 두께로 가장 적당한 것은?(단, 줄눈의 두께는 1cm로 시공한다.)

① 10cm ② 21cm
③ 9cm ④ 19cm

정답 19 ③ 20 ① 21 ④ 22 ② 23 ③ 24 ④

25 길이 100m, 높이 4m의 벽을 1.0B 두께로 쌓기 할 때 소요되는 벽돌의 양은?(단, 벽돌은 표준형 (190×90×57)이고, 할증은 무시하며 줄눈나비는 10mm를 기준으로 한다.)

① 약 30,000장
② 약 52,000장
③ 약 59,600장
④ 약 48,800장

26 다음 그림과 같이 쌓는 벽돌 쌓기의 방법은?

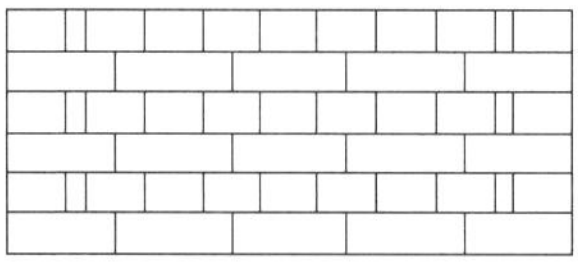

① 영국식 쌓기
② 프랑스식 쌓기
③ 영롱쌓기
④ 미국식 쌓기

27 다음 중 벽돌쌓기 작업에 관한 설명으로 틀린 것은?

① 시공시 가능하면 통줄눈으로 쌓는다.
② 벽돌은 쌓기 전에 충분히 물을 축여 쌓는다.
③ 벽돌은 어느 부분이든 균일한 높이로 쌓아 올라간다.
④ 치장 줄눈은 되도록 짧은 시일에 하는 것이 좋다.

28 다음 벽돌의 줄눈 종류 중 우리나라의 전통담장의 사고석 시공에서 흔히 볼 수 있는 줄눈의 형태는?

① 오목줄눈
② 둥근줄눈
③ 빗줄눈
④ 내민줄눈

29 다음 중 벽돌구조에 대한 설명으로 옳지 않은 것은?

① 표준형 벽돌의 크기는 190mm × 90mm × 57mm이다.
② 이오토막은 네덜란드식, 칠오토막은 영국식 쌓기의 모서리 또는 끝부분에 주로 사용된다.
③ 벽의 중간에 공간을 두고 안팎으로 쌓는 조적벽을 공간벽이라고 한다.
④ 내력벽에는 통줄눈을 피하는 것이 좋다.

30 옹벽공사 시 뒷면에 물이 고이지 않도록 몇 m²마다 배수구 1개씩 설치하는 것이 좋은가?

① 1m²
② 3m²
③ 5m²
④ 7m²

정답 25 ③ 26 ① 27 ① 28 ④ 29 ② 30 ②

05 기초공사 및 포장공사

가. 기초의 종류

구분	내용
독립기초	각 기둥을 1개씩 받치는 기초로 지반의 지지력이 비교적 강한 경우에 가능
복합기초	2개 이상의 기둥을 합쳐서 1개의 기초로 받치는 것을 말한다. 기둥 간격이 좁은 경우에 적합
연속기초	줄기초라고도 하며, 담장의 기초와 같이 길게 띠 모양으로 받치는 기초
온통기초	전면 기초라고도 하며, 구조물의 바닥을 전면적으로 1개의 기초로 받치는 것이다. 지반의 지지력이 비교적 약할 때 쓰임

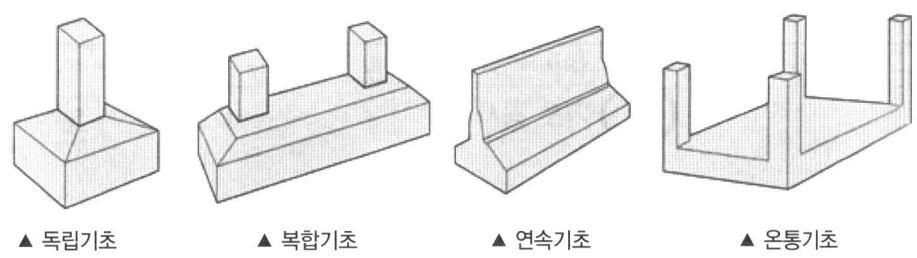

▲ 독립기초　　▲ 복합기초　　▲ 연속기초　　▲ 온통기초

나. 원로포장

1) 원로의 일반적 사항
   ① 단순, 명쾌할 것
   ② 용도가 다른 원로는 분리시키고 재료를 달리 할 것
   ③ 원로의 폭은 1인용 0.7~0.9m, 2인용 1.2m 정도는 최소 유지
   ④ 보도 · 차도 겸용 : 최소한 1차선(3m)의 폭은 유지

2) 보도블록 포장
   ① 규격 : 300 × 300 × 60
   ② 장점 : 재료의 다양성, 공사비 저렴
   ③ 단점 : 줄눈이 모래로 채워져 결합력 약함

> **카프(kap)**
> 기존의 아스팔트 및 콘크리트 포장에 필요한 모래, 골재 등을 사용하지 않고 새로운 토양 경화제를 이용하여 시멘트와 현장의 토양 등을 혼합함으로써 내구성이 풍부한 표층을 만들어 낼 수 있으며 자연의 흙과 같은 분위기와 질감을 나타낼 수 있다.

3) 소형고압블럭포장(ILP포장)
① 일반 보도블럭의 단점인 결합력과 강도를 보완한 것으로 내구성과 강도가 높다.
② 색상이 다양하고 종류가 많아 보도와 차도를 분리하거나 주차장을 색으로 구분할 때 효과적이며 고강도 조립블럭이라고도 한다.

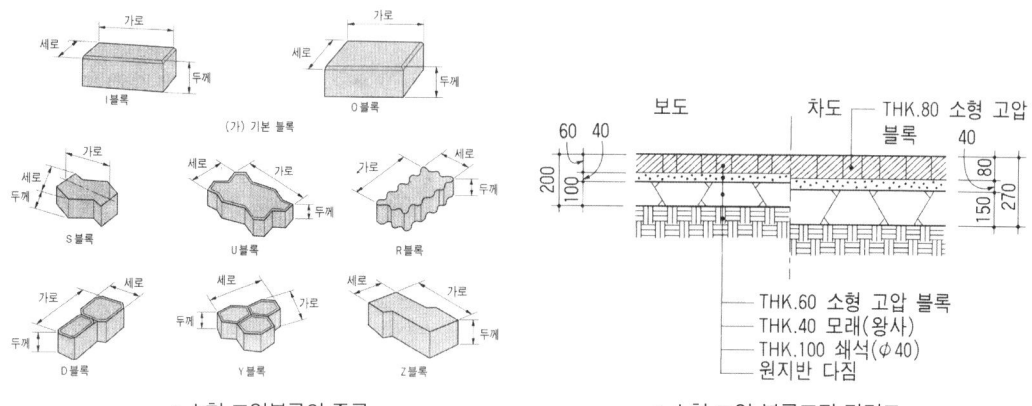

▲소형 고압블록의 종류   ▲소형 고압 블록포장 단면도

4) 판석포장
① 판석 배치는 +자형 보다는 Y자형이 시각적으로 좋음
② 줄눈의 폭은 보통 10~20mm, 깊이 5~10mm 정도로 한다.

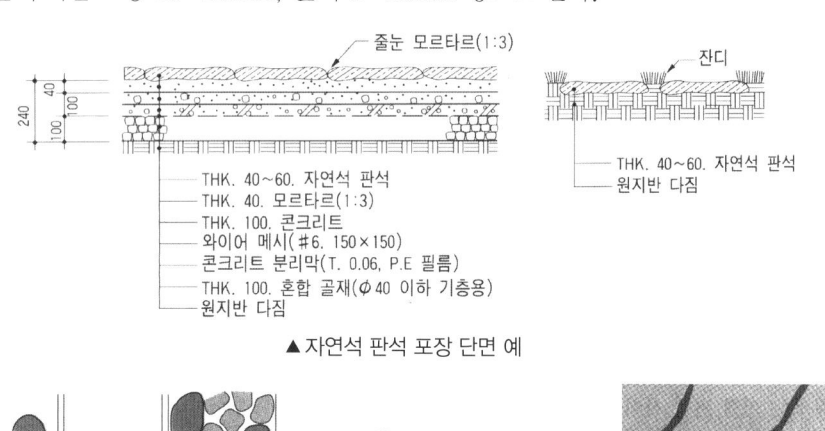

▲자연석 판석 포장 단면 예

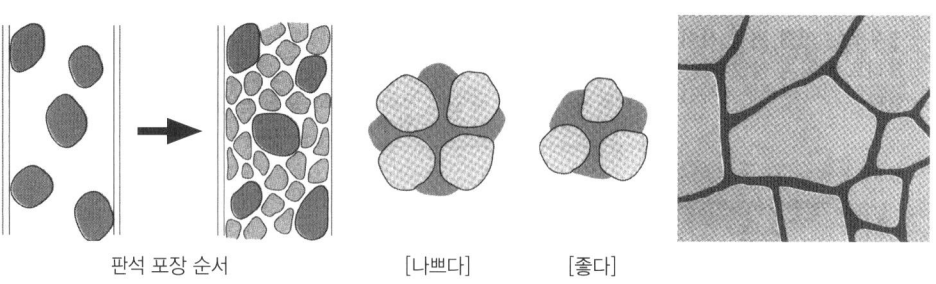

▲판석 포장 순서 및 줄눈

5) 콘크리트포장

① 콘크리트 포장의 특성

㉮ 장점 : 내구성 및 내마모성이 좋다.

㉯ 단점 : 파손된 곳의 보수가 어렵고 보행감이 좋지 않다.

㉰ 두께는 10cm 이상으로 하며 철근이나 와이어매쉬를 넣어 보강한다.

㉱ 콘크리트 치기 4℃ 이하일 때와 30℃ 이상일 때, 우천 시에는 피해야 하며, 온도 변화에 따른 수축, 팽창에 의한 파손 방지를 위해 신축줄눈과 수축줄눈을 설치한다.

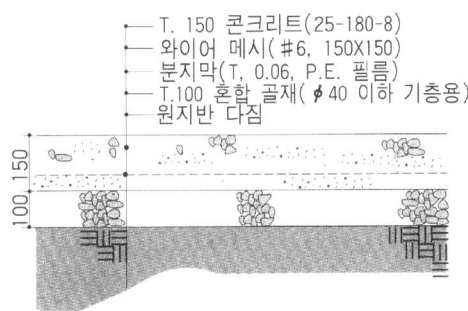

와이어 매쉬나 철근은 전체 두께의 하단 $\frac{1}{3}$ 지점에 설치

▲ 콘크리트 포장 단면도

▲ 와이어매쉬(용접철망)

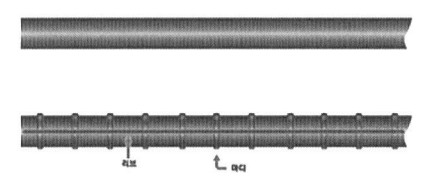

▲ 원형철근(위)과 이형철근(아래)

② 신축줄눈과 수축줄눈

㉮ 신축줄눈 : 포장 슬래브가 자유로이 팽창, 수축할 수 있도록 하여 콘크리트의 균열과 파괴를 예방하기 위해 설치하는 줄눈. 채움재로는 나무판재, 합성수지 등을 쓴다.

㉯ 수축줄눈 : 온도 변화에 따른 수축으로 표면의 균열이 불규칙하게 생기는 것을 방지하기 위해 굳기 전에 표면을 일정 간격으로 잘라 놓은 것

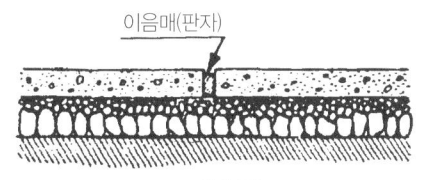

▲ 신축줄눈

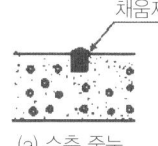 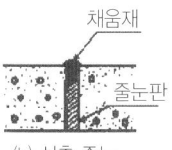

(a) 수축 줄눈   (b) 신축 줄눈

▲ 콘크리트 줄눈

규준틀

토공할 때 말뚝판이나 줄 등으로 건축물의 위치, 높이, 형상등을 표시한 것으로 수평 규준틀과 귀규준틀이 있다. 규준틀 가설물에 속한다.

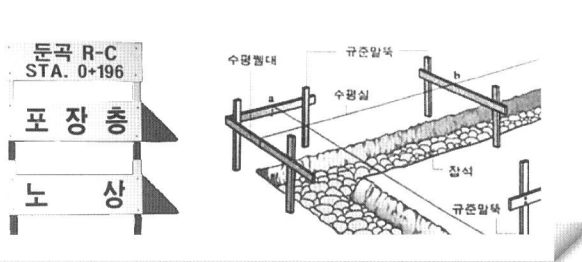

6) 세라믹 포장
    ① 개요
        세라믹볼을(1~10㎜)을 에폭시 수지와 혼합하여 현장에서 미장 마감하는 방법으로 투수성이 크며 그윽하고 미려한 색상을 띄는 포장방법이다.
    ② 특징 및 장점
        ㉮ 각종 칼라로 디자인과 그림을 자유 연출할 수 있다.
        ㉯ 탁월한 배수 효과 및 미끄럼 방지에 효과적이다.
        ㉰ 융점이 높고 압축에 강하다.
        ㉱ 내마모성, 내산성, 내약품성이 강하다.
        ㉲ 높은 내화성, 내충격성으로 열처리된 세라믹볼은 균열이나 충격에 아주 강하다.

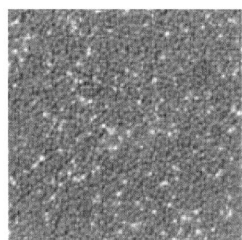  

▲각종 세라믹 볼

7) 투수콘 포장
    ① 특성과 재료
        ㉮ 보행 감각이 좋고 미끄러짐과 눈부심을 방지하며 강우 시 물이 땅으로 스며 든다.
        ㉯ 하수도 부담 경감과 식물 생육과 토양 미생물의 보호
        ㉰ 투수 계수 가지는 아스콘 혼합물로써 공극률 높이기 위해 잔골재를 거의 혼합하지 않는다.
    ② 포장방법
        ㉮ 지반을 다지고 모래로 필터층을 만든다.
        ㉯ 지름 40㎜ 이하의 부순돌 골재로 기층을 조성
        ㉰ 투수성 혼화재료를 깔고 다진다.

 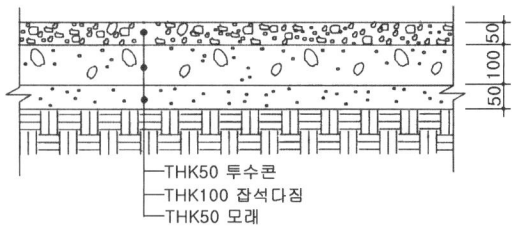

▲투수 콘크리트   ▲투수 콘크리트 포장 단면도

06 수경공사 및 관배수 공사

가. 수경공사

1) 연못

① 공사지침

㉮ 퇴수구는 연못바닥의 경사를 따라 배치 : 가장 낮은 곳

㉯ 순환펌프, 정수실 등은 노출되지 않게 관목 등으로 차폐

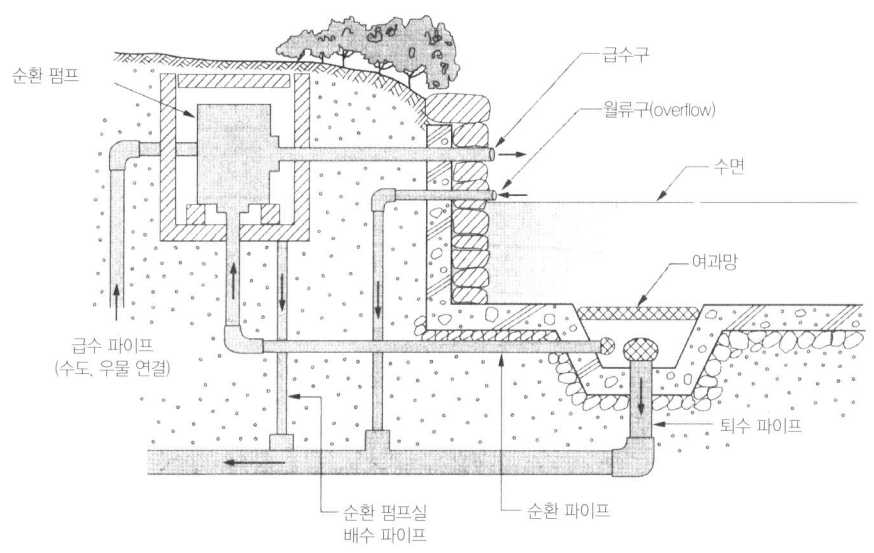

▲ 연못 단면도

② 방수처리 방법

㉮ 수밀 콘크리트 후 방수처리 하는 방법

㉯ 진흙 다짐에 의한 방법 – 바닥에 점토를 두껍게 다져 줌

㉰ 바닥 비닐시트 깔고 점토 : 석회 : 시멘트를 7:2:1로 혼합사용

2) 분수

① 단일관 분수(single-orifice) : 명확하고 힘찬 물줄기를 만드나 단위시간에 많은 수량을 요구

② 폭기식 분수(aerated mass) : 노즐에 한 개의 구멍이 있으나 지름이 커서 물이 교란되며 공기와 물이 섞여 시각적 효과가 큼

나. 관수공사

1) 지표 관개법(surface irrigation)

① 수로나 웅덩이를 설치하여 지표면에 흘러 보내거나 관수함

② 균일 관수가 어려워 물의 낭비가 심하며 물의 이용 효율 20~40% 정도
③ 현장의 상수관이나 물차에 호스 연결 관수하는 방법도 있음

2) 살수 관개법(sprinkler irrigation)
① 자동식으로 고정된 스프링클러를 통해 자연 강우 효과를 내는 방법으로 물의 이용 효율은 80% 정도
② 살수관개법의 이점
㉮ 균일한 관수로 용수의 효율이 높아 물이 절약 된다.
㉯ 살수할 때 농약과 비료를 동시에 살포할 수 있다.
㉰ 식물에 부착된 먼지나 공해 물질을 씻어 주는 효과가 있다.
㉱ 설치비가 많이 들지만 지표 관수법 보다 효율이 높다.

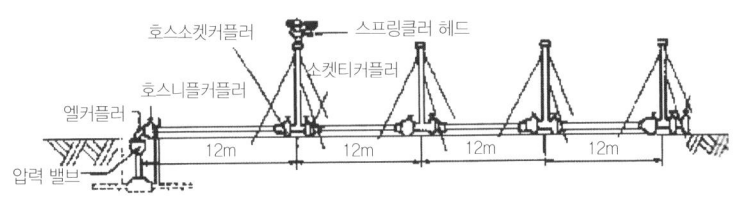

▲ 스프링클러

③ 살수기 종류
㉮ 고정식살수기 : 회전 장치가 없으며, 낮은 수압에 작동하나 반지름이 6m 미만 정도의 소규모 지역에 사용 가능하며 살수 각도가 45°, 60°, 90°, 360°로 정해져 있다.
㉯ 회전식살수기 : 수압에 의해 회전 장치가 돌면서 살수하며 회전 각도는 360°까지 임의 조절 가능 하다.
㉰ 팝업(pop-up)살수기 : 지하부에 있는 회전 장치가 수압에 의해 지상부로 10cm 상승하여 작동하고 물 공급이 중단되면 다시 원위치로 돌아가는 살수기로서 시각적으로 양호하다.
④ 360° 회전식 살수 작동 최대 간격 : 바람이 없을 때를 기준으로 살수 직경의 60~65%

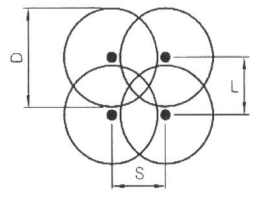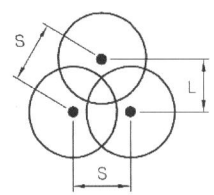

- D : 살수기직경.
- S : 헤드간격(열간격)
- L : 헤드열사이간격
- 살수기 최대 간격은 열간격을 기준으로 60~65%로 제한하며 삼각형 형태는 87%의 간격으로 배치

3) 점적식(낙수식) 관개법
① 각 수목에 뿌리 부분이나 지정된 지역의 지표 또는 지하에 낙수기의 구멍을 통해 낮은 압력수를 일정 비율로 관개하는 방법이다.

② 물 이용 효율이 가장 높은 관개법이다.

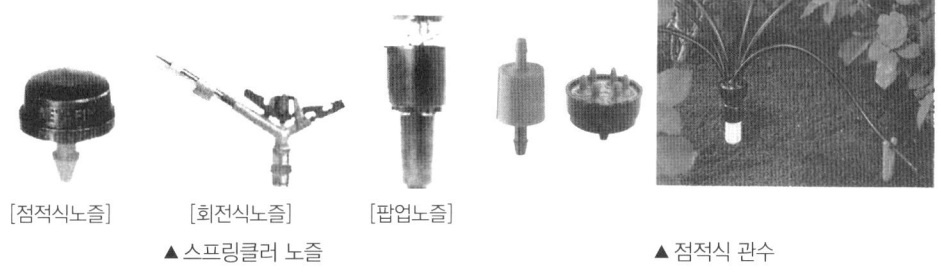

[점적식노즐]　[회전식노즐]　[팝업노즐]
▲ 스프링클러 노즐　　　　　　　▲ 점적식 관수

다. 배수공사

1) 표면배수

① 겉도랑(명거) 설치 : 콘크리트, 호박돌, U형 측구, L형 측구

② L형 측구 팽창줄눈 설치시 지수판(조인트부분 누수방지) 설치 간격 : 20m 이내

③ 빗물받이(우수거)가 집수 속도랑(집수거)을 통해 지하의 배수관으로 흘러 들어감

④ 빗물받이는 L형 측구, U형 측구의 끝부분 등에 설치하며 표준간격 20m, 최대 30m 이내 설치

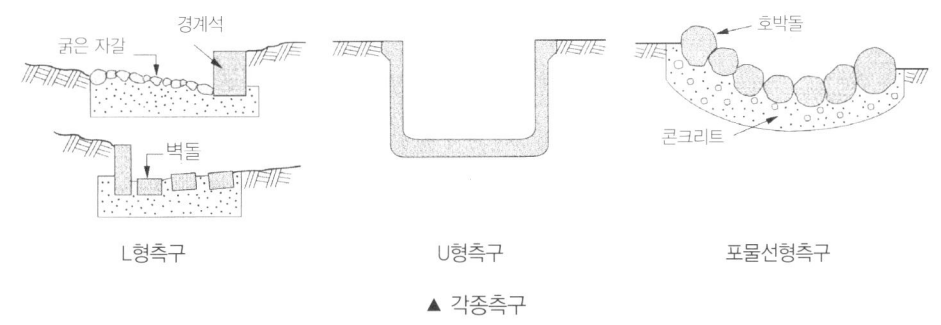

L형측구　　　　U형측구　　　　포물선형측구
▲ 각종측구

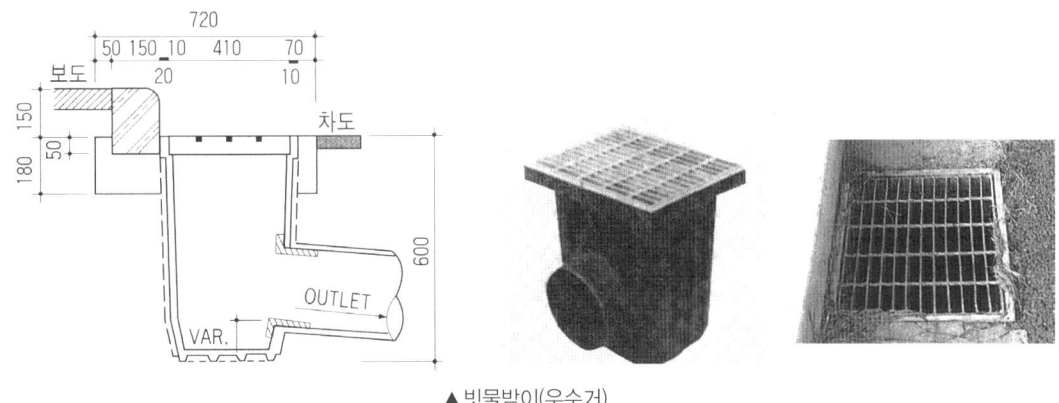

▲ 빗물받이(우수거)

2) 지하층배수

① 벙어리 암거(맹암거, stone-filled drainage) : 지하에 도랑 파고 모래, 자갈, 호박돌을 채워 공극을 크게 하여 놓고 주변의 물이 스미도록 한 일종의 땅 속 수로이다.

② 유공관 암거(porous pipe drainage) : 벙어리 암거의 자갈층에 구멍이 있는 관을 설치한 것

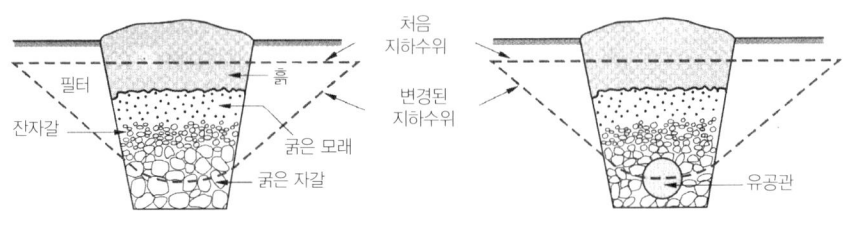

▲ 지하층 배수(암거)

③ 토목섬유 : 인공지반 조성 시 토양 유실 및 배수 기능이 저하되지 않도록 배수층과 토양층 사이에 여과와 분리를 위해 설치하는 것

④ 암거 배수망의 배치

구분	내용	형태
어골형 (herringbone type)	• 주관을 중앙에 비스듬히 지관을 설치하는 것 • 경기장 같은 평탄한 지역에 적합, 전 지역의 배수 균일	
절치형 (gridiron type)	• 지역 경계 근처에 주관 설치, 한쪽 측면에 지관을 설치하여 연결하는 것 • 비교적 좁은 면적의 전 지역 균일하게 배수할 때 이용	
선형 (fan shaped type)	• 주관, 지관의 구분이 없이 같은 표기의 관이 부채살 모양으로 1개 지점으로 집중되게 설치하여 집수 후 배수시킴	
차단법 (intercepting system)	• 경사면 위나 자체의 유수를 막기 위해 사용 • 경사면 바로 위쪽에 배수구를 설치하여 유수를 막는 방법	
자연형 (natural type)	• 전면 배수 요구되지 않는 지역에서 많이 사용 • 지형의 등고선을 따라 주관을 설치하고 지관을 설치하는 방법	

3) 하수 배수 방식

① 하수처리 방식

구분	내용	형태
직각식	배수 관거를 하천에 직각으로 연결하여 배출. 비용이 저렴하나 수질오염의 우려가 있다.	
차집식	우천 시 하천으로 방류하고, 맑은 날은 차집거를 통해 하수 처리장으로 보내는 방식이다.	
선형식	지형이 한 방향으로 집중되어 경사를 이루거나 하수처리 관계상 한정된 장소로 집중시켜야 할 때 사용된다.	
방사식	지역이 광대하여 한 곳으로 모으기 곤란할 때 방사형으로 구획 구분하여 집수하는 방식이다.	
평행식	지형의 고저차가 심한 경우 고지구와 저지구를 구분하여 배관하는 방식이다.	
집중식	사방에서 한 지점을 향해 집중적으로 흐르게 해 처리하는 방식으로 저지대의 배수를 위해 사용한다.	

② 오수관

㉮ 분류식 오수관은 200mm 이상, 우수관이나 합류식 오수관은 250mm 이상이다.
㉯ 하류로 갈수록 관거내 유속은 크게 하고 하수관거 경사는 완만하게 한다.
㉰ 매설 깊이는 1~2m이다.

07 시설물 공사

가. 조경 시설물의 종류와 유형

종류	유형
휴게시설	벤치, 야외탁자, 퍼걸러, 평상, 정자 등
편익시설	음수대, 화분대, 시계탑, 수화물예치소, 매점, 주차장, 전망대 등
유희시설	시소, 정글짐, 사다리, 순환회전차, 모험놀이터, 발물놀이터, 냇놀이터, 낚시터 등 도시민의 여가 선용을 위한 놀이 시설
휴양시설	야영장
조경시설	잔디밭
교양시설	도서관
조명시설	조명등, 정원등, 경관조명시설 등
수경시설	연못, 벽천, 분수, 도섭지 등
운동시설	철봉, 평행봉 등
관리시설	관리소, 화장실 등

나. 놀이시설

1) 그네
① 놀이터의 중앙을 피해 설치하며 가급적 부지의 외곽부분
② 설치 방향은 해를 보지 않도록 남북방향

2) 모래터
① 밝고 깨끗한 자리에 설치하며 하루에 5~6시간 정도는 햇볕이 닿는 곳이 바람직 함
② 둘레는 지표보다 15~20cm 가량 높이고, 모래 깊이는 30~40cm 정도로 유지

다. 휴게시설

1) 벤치
① 벤치의 종류
㉮ 목재 벤치
- 장점: 부드러운 느낌과 촉감이 좋고 앉은 감이 좋으며, 먼지가 쉽게 제거되고 온도 변화에 민감하지 않아 겨울에도 좋고 보수하기 쉽다
- 단점: 쉽게 파손될 우려가 있다.

㉯ 콘크리트벤치
- 장점: 견고하고 관리가 쉬우며 자유로운 모양을 만들 수 있음
- 단점: 비온 뒤 건조가 느리고 물이 괴기 쉬우며, 냉각이 심해 겨울철 이용에는 부적합

㉰ 철재 벤치
- 장점: 견고하고 안정감이 있음
- 단점: 부식될 염려가 있으므로 좌면은 나무나 플라스틱으로 만들어 부식방지 함

㉱ 플라스틱벤치
- 장점: 퇴색되지 않고 윤기가 있으며 자유로운 디자인이 가능
- 단점: 쉽게 파손되고 보수가 어려우며 여름철엔 뜨거워진다.

② 벤치의 표준 치수

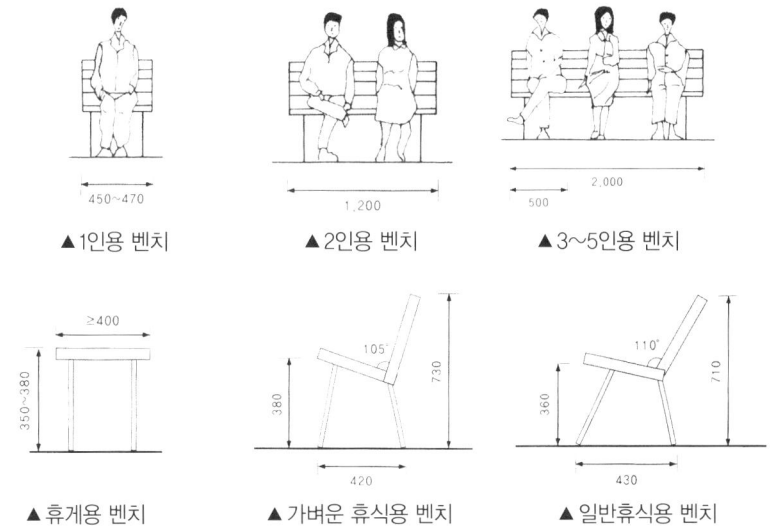

▲1인용 벤치   ▲2인용 벤치   ▲3~5인용 벤치

▲휴게용 벤치   ▲가벼운 휴식용 벤치   ▲일반휴식용 벤치

2) 퍼걸러
① 일반적 높이는 2.2~2.7m, 기둥 간격은 1.8~2.7m
② 철제 파고라의 경우 부식으로 인한 안전성의 문제 때문에 사용 연수를 20년 이내로 한다.

라. 기타시설

1) 편익시설
① 화분대, 음수대, 시계탑, 수화물예치소, 주차장, 매점, 전망대 등
② 음수대
㉮ 배치와 관리
- 청결성, 내구성, 보수성을 고려하고 그늘진 곳 피함
- 설치 위치는 가능하면 포장지역 보다는 녹지에 배치하여 자연스럽게 지반면보다 높게 설치한다.

- 관광지, 공원 등에는 설계대상 공간의 성격과 이용 특성 등을 고려하여 음수대를 배치한다.
ⓒ 설계와 시공
- 음수대의 받침접시는 2%의 경사를 유지하여 단시간 내에 완전 배수 이루어지도록 한다.
- 지수전과 제수밸브 등 필요시설을 적정 위치에 제기능을 충족시키도록 설계한다.
- 겨울철의 동파를 막기 위한 보온용 설비와 퇴수용 설비를 반영한다.

2) 관리시설 및 경계시설
① 휴지통 : 벤치 2~4개마다, 원로의 경우 20~60m마다 한 개씩 배치
② 볼라드
  ㉮ 보행인과 차량 교통의 분리 위해 설치
  ㉯ 배치간격은 차도 경계부에서 2m 정도의 간격

3) 조명시설
① 열효율은 나트륨등이 가장 높고, 백열등이 가장 낮음
② 나트륨등은 설치비용은 비싸지만 열효율이 높고 투시성이 좋으며 관리비도 싸서 안개지역, 터널 등의 장소에 설치하기 적합
③ 수명은 수은등이 가장 길고 백열등이 가장 짧다.

광원의 종류	특성
전구	화초나 단풍이 드는 수목에 효과적. 컬러 램프 혹은 컬러 필터를 조합시킨 것을 이용하면 특별한 감흥을 줌
할로겐 전구	분수를 외곽에서 조명. 수명이 길고, 소형이어서 배광에 특징을 내기 쉽고 효과적임
형광 램프	소정원에서 이용되고, 설비비가 싸다. 온도가 낮은 장소는 램프 효율이 저하됨
수은 램프	수목과 잔디의 황록색을 살리는데 최적임

출제예상문제

01 다음 중 보도 포장 재료로서 적합하지 않은 것은?

① 내구성이 있을것
② 자연배수가 용이할 것
③ 보행시 마찰력이 전혀 없을 것
④ 외관 및 질감이 좋을것

정답 01 ③

02 다음 포장재료 중 광장 등 넓은 지역에 포장하며, 바닥에 색채 및 자연스런 문양을 다양하게 할 수 있는 소재는?

① 벽돌
② 우레탄
③ 자기타일
④ 고압블럭

03 벽돌포장에 관한 설명으로 옳지 않은 것은?

① 질감이 좋고 특유한 자연미가 있어 친근감을 준다.
② 마멸되기 쉽고 강도가 약하다.
③ 다양한 포장패턴을 연출할 수 있다.
④ 평 깔기는 모로 세워깔기에 비해 더 많은 벽돌수량이 필요하다.

04 보도에 콘크리트 블록을 포장하려고 하는데 면적이 10㎡일 때 소요되는 블록의 장수는?(단, 보도용 콘크리트 규격은 25cm × 25cm × 6cm, 줄눈 두께는 3mm, 모래깔기는 3cm으로 하되, 줄눈두께와 할증은 계산시 고려하지 않는다.)

① 100장 ② 110장
③ 130장 ④ 160장

05 다음 중 소형고압블록의 특징으로 틀린 것은?

① 재료의 종류가 다양하다.
② 시공과 보수가 어렵다.
③ 보도용과 차도용으로 구분하여 사용한다.
④ 내구성과 강도가 좋다.

06 조경 바닥 포장재료인 판석시공에 관한 설명으로 틀린 것은?

① 판석은 점판암이나 화강석을 잘라서 쓴다.
② Y형의 줄눈은 불규칙하므로 통일성 있게 +자형의 줄눈이 되도록 한다.
③ 기층은 잡석다짐 후 콘크리트로 조성한다.
④ 가장자리에 놓는 것은 선에 맞춰 판석을 절단한다.

 02 ② 03 ④ 04 ④ 05 ② 06 ②

07 콘크리트포장에 대한 설명으로 틀린 것은?

① 파손된 곳의 보수가 어렵고 보행감이 좋지 않다.
② 포장 마감은 매끄럽게 유지하도록 한다.
③ 하중을 받는 곳은 철근과 와이어 메쉬로 보강한다.
④ 광선의 반사를 방지할 수 있도록 한다.

08 콘크리트 포장시 슬래브가 팽창과 수축에 견딜 수 있도록 설치하는 이음을 무엇이라 하는가?

① 균열 줄눈　　　　　　　　② 수축 줄눈
③ 마감 줄눈　　　　　　　　④ 신축 줄눈

09 진흙 굳히기 공법은 어느 공사에서 사용되는가?

① 원로공사　　　　　　　　② 암거공사
③ 연못공사　　　　　　　　④ 옹벽공사

10 자연형 연못의 호안 부분의 처리 방법으로 틀린 것은?

① 진흙다짐
② 자연석 쌓기
③ 마름돌 쌓기
④ 말뚝박기

11 연못의 공사 지침으로 맞지 않는 것은?

① 급수구 위치는 표면 수면보다 낮게 한다.
② 월류구는 수면과 같은 위치에 설치한다.
③ 퇴수구는 연못바닥의 경사 따라 가장 낮은 곳에 배치한다.
④ 순환펌프, 정수실 등은 노출되지 않게 관목 등으로 차폐한다.

12 노즐에 한 개의 구멍이 지름이 크고 공기와 물이 섞여 시각적 효과가 큰 분수의 유형은?

① 단일관 분수(single-orifice)　　② 분사식 분수(spray)
③ 폭기식 분수(aerated mass)　　④ 모양 분수(formed)

 07 ② 08 ④ 09 ③ 10 ③ 11 ① 12 ③

13 분수에 관하여 바르게 설명한 것은?

① 단일 구경 노즐은 조명효과가 크다.
② 살수식 노즐은 명확하고 힘찬 물줄기를 만드는 장점이 있다.
③ 공기 흡입식 제트 노즐은 공기와 물이 섞여 있는 모습으로 보여 시각적 효과가 매우 크다.
④ 분수는 순환펌프가 필요하지 않다.

14 다음 중 지표 관개법의 특징을 제대로 설명한 것은?

① 균일 관수 어려워 물의 낭비가 심하다.
② 자연 강우 효과를 낼 수 있음
③ 물이용 효율이 가장 높음
④ 수목 뿌리 부분 등 지정된 지역이 일정하게 관개

15 관수공사에 대한 설명으로 가장 부적당한 것은?

① 관수방법은 지표 관개법, 살수 관개법, 낙수식관개법으로 나눌 수 있다.
② 살수 관개법은 설치비가 많이 들지만, 관수효과가 높다.
③ 수압에 의해 작동하는 회전식은 360°까지 임의 조절이 가능하다.
④ 회전 장치가 수압에 의해 지상 10cm로 상승 또는 하강하는 팝업(pop-up) 살수기는 평소 시각적으로 불량하다.

16 살수기 설계시 배치 간격은 바람이 없을 때를 기준으로 살수 작동 지름의 어느 정도가 가장 적합한가?

① 55~60% ② 60~65% ③ 70~75% ④ 80~85%

17 다음 중 표면 배수를 위한 시설이 아닌 것은?

① 명거 ② 우수거 ③ 집수거 ④ 암거

18 표면수를 배수시키기 위해 부지의 둘레나 원로가에 설치하는데 적합한 토관은?

　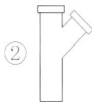　　

정답 13 ③ 14 ① 15 ④ 16 ② 17 ④ 18 ④

19 전 지역의 배수를 균일하게 하기 위한 암거 배수망의 설치 방법은?

① 어골형 ② 절치형 ③ 선형 ④ 차단법

20 비교적 좁은 면적의 지역에 설치되는 암거 배수망은?

① 어골형 ② 절치형 ③ 선형 ④ 자연형

21 주관과 지관의 구분 없이 관이 부채살 모양으로 1개 지점으로 집중되게 설치하여 집수 후 배수시키는 암거 배수망은?

① 자연형 ② 절치형 ③ 선형 ④ 차단법

22 도로에 배수관이 설치되는 경우 L형 측구 몇 m 마다 우수거를 설치해야 하는가?

① 10m
③ 20m
② 15m
④ 40m

23 다음 측구들 중 산책로나 보도에서 자연경관과 가장 잘 어울리는 것은?

① 콘크리트 측구
③ 호박돌 측구
② U형 측구
④ L형 측구

24 아래 그림은 지하배수를 위한 유공관 설치에 관한 그림이다. 각 부분에 들어가는 재료로 틀린 것은?

① (가) → 흙
② (나) → 필터
③ (다) → 잔자갈
④ (라) → 호박돌

25 다음 그림 중 정구장 같은 면적의 전지역을 균일하게 배수하려는 빗살형 암거 방법은?

08 식재 및 잔디식재공사

가. 식재공사

1) 낙엽활엽수류 이식 시기
① 가을이식 : 10~11월(낙엽이 진 후의 휴면기)에 이식
② 봄이식 : 해토 직후부터 4월 상순(이른 봄 눈 트기 전)
③ 내한성이 약하고 늦게 눈이 움직이는 배롱나무, 백목련, 석류나무, 능소화 등은 4월 중순이 안정적
④ 봄에 일찍 눈이 움직이는 단풍나무, 버드나무, 명자나무, 매화나무 등은 전 해 11~12월이나 3월 중순이 좋음
⑤ 포장에서 자주 옮긴 나무, 뿌리 돌림된 나무 등은 잎을 모두 훑어 증산 억제시키면 가능
⑥ 큰 나무 이식 할때는 줄기에 새끼를 감고 진흙을 이겨 고루 발라 주고 이식

2) 상록활엽수류 이식 시기
① 특성 : 눈이 움직이는 것이 약간 느리며 추위에 대한 저항력이 약하다.
② 이식적기 : 3월 하순~4월 중순과 6~7월의 장마 때(기온이 오르고 공중습도가 높을 때)

> **증산억제제**
> 그린나, OED그린

3) 침엽수류 이식 시기
① 봄 이식은 해토 후~4월 상순까지, 가을 이식은 9월 하순~10월 하순까지
② 소나무류, 종비나무, 구상나무 등 심근성이며 탄닌과 같은 독성이 있는 나무의 경우 보통 3~4월 적당
③ 낙우송, 낙엽송, 메타세쿼이아는 추위를 싫어하므로 늦가을 보다는 이른 봄이 바람직함

4) 굴취
① 나근 굴취법(맨뿌리 캐내기) : 잔뿌리 형성이 많이 된 낙엽수
② 뿌리감기 굴취법
 ㉮ 분의 크기는 수간 근원 지름의 4~6배로 하되 이식력, 발근력이 약한 것을 더 크게 만든다.
 ㉯ 심근성 나무는 조개분을 뜨고 천근성 나무는 접시분을 뜬다.

㉰ 뿌리분의 지름 = 24+(N−3)×d [여기서, N : 줄기의 근원 지름, d : 상수(상록수 4, 낙엽수 5)]

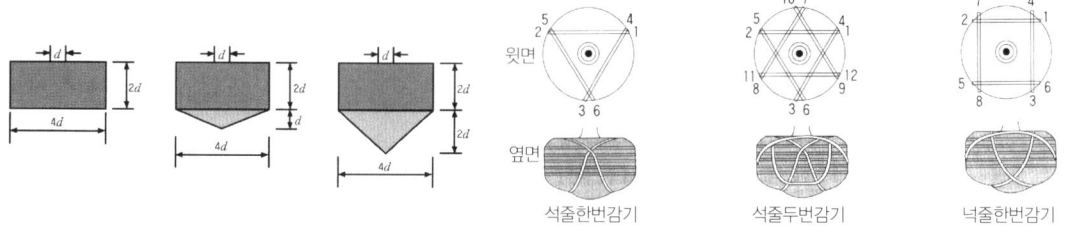

▲ 뿌리분의 형태   ▲ 뿌리분 새끼감기 방법

③ 굴취방법
  ㉮ 3cm 이상의 뿌리는 톱으로 자르고 가는 뿌리는 전정가위로 절단
  ㉯ 허리감기 : 수간 밑둥에 새끼를 매어 절반 깊이에서 1차 감기
  ㉰ 위아래감기 : 삼각 또는 사각으로 각을 뜨면서 감을 것(석줄감기, 넉줄감기)
④ 특수 굴취법
  ㉮ 더듬어 파기(추적 굴취법)
    • 흙을 파헤쳐 뿌리의 끝부분을 추적해 가며 캐냄
    • ex) 등나무, 담쟁이덩굴, 밀감나무, 모란 등
  ㉯ 동토법
    • 해토 전 (12월경 영하 12℃ 정도) 낙엽수에 실시하며, 나무 주위에 도랑을 파 돌리고 밑부분을 헤쳐서 분 모양으로 만들어 2주 정도 방치하여 동결시킨 후 이식하는 방법
    • 사질토에서 토립을 보유할 수 없는 경우, 쓰레기 매립장의 나무를 이식할 경우
⑤ 수목의 중량($W_1 + W_2$)

구분	계산식	
수간부 중량	$W_1 = f\pi(\frac{d}{2})^2 H\omega_0(1+P)$	• f : 수간의 형상계수 • d : 흉고직경(m)(근원직경 : d×1.2배) • H : 수고(m) • ω_0 : 수간의 단위체적 중량 • P : 지엽의 다소에 따른 할증율

뿌리분 중량	$W_2 = V \times K$	• V : 뿌리분의 형태에 따른 체적(m^3)
		  − 접시분 $V = \pi r^3$ [r : 뿌리분반경(m)]
		  − 보통분 $V = \pi r^3 + \frac{1}{6}\pi r^3 ≒ 3.6r^3$
		  − 조개분 $V = \pi r^3 + \frac{1}{3}\pi r^3 ≒ 4r^3$
		• K : 뿌리분의 단위당 중량(kg/m^3)

5) 운반

① 육교, 터널, 전선 등 장애물 통과 고려하여 수관 부분은 매준다.
② 이중 적재를 피한다.
③ 수목과 접촉하는 부위는 짚, 가마니 등의 완충재를 댄다.
④ 적재방향은 뿌리분은 차의 앞쪽, 수관은 뒤쪽으로 한다.

> **소운반 거리**
> - 소운반 거리는 20m 이내의 거리를 말하며, 20m 초과 경우는 초과분에 대하여 별도 계상한다.
> - 경사면 운반 거리는 수직고 1m를 수평거리 6m로 본다.

6) 식재

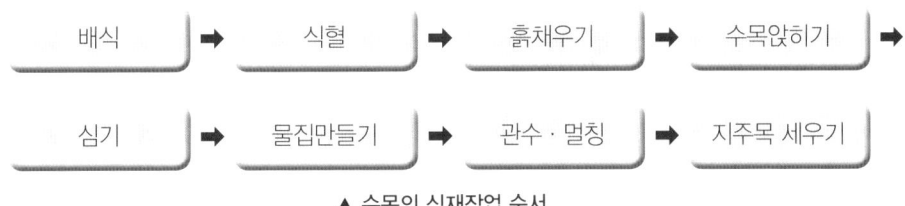

▲ 수목의 식재작업 순서

① 식재 구덩이 파기(식혈) : 분보다 1.5~3배 크기로 식재 구덩이를 판다.
② 수목 앉히기
  ㉮ 관상방향(전면)을 선정하여 전생지(前生地)의 깊이로 앉힌다.
  ㉯ 관상방향이 틀렸을 때 바로 잡는 요령 : 살며시 들어 움직여야 바닥의 비료와 닿지 않음(뿌리가 비료와 닿으면 뿌리의 절단면이 썩을 수 있다.)
③ 흙덮기와 물조임
  ㉮ 흙짐 : 물을 사용하면 뿌리분이 깨질 우려가 있거나 물의 사용이 어려운 경우 구덩이 속으로 조금씩 흙을 넣어 가면서 말뚝으로 잘 다진다.(ex : 소나무의 경우)
  ㉯ 물짐(죽쑤기) : 뿌리분의 1/2~2/3 정도로 흙을 덮고, 충분히 관수하여 반죽한 후 나머지의 흙으로 채워서 공극을 없앤다.(ex : 대부분의 수목)

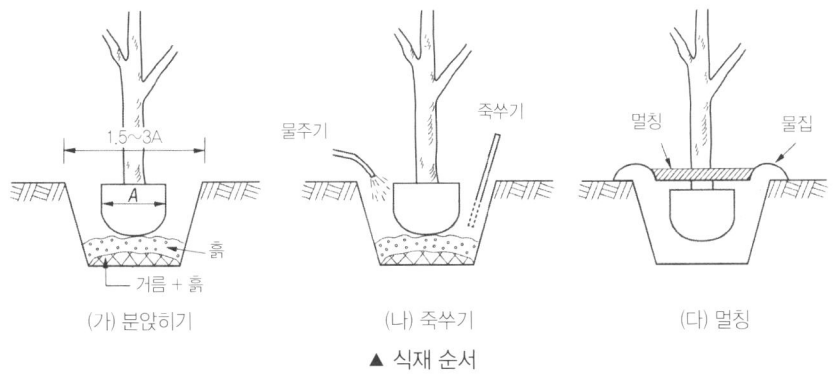

▲ 식재 순서

④ 물집만들기 및 멀칭 : 죽쑤기가 끝나면 흙을 채워 나머지 식혈을 덮고 물집을 만든 다음에 충분히 관수 후 멀칭한다.
⑤ 조경수목의 하자 : 조경공사 표준시방서의 기준상 수목은 수관부 가지의 약 2/3 이상이 고사하는 경우에 고사목으로 판정하고 지피·초본류는 해당 공사의 목적에 부합되는가를 기준으로 감독자의 육안검사 결과에 따라 고사여부를 판정한다.

가식
- 공사 진행상 당일 식재가 곤란하여 공사현장 곳곳에 임시로 심어 놓는 것을 말하며 뿌리의 건조와 지엽의 손상을 막는데 주목적이 있다.
- 그늘지고 배수가 잘 되는 지역이 적당하며 필요시 지주목을 설치하고 관수시설을 갖춘다.

⑥ 식재 품의 적용
　㉮ 수목의 규격 H × R인 낙엽활엽수 : 근원직경(R)에 의한 식재 품
　㉯ 수목의 규격 H × B인 낙엽활엽수 : 흉고직경(B)에 의한 식재 품
　㉰ 수목의 규격 H × W인 상록침엽수 : 수고(H)에 의한 식재 품
　㉱ 관목류 : 관목류 식재품 (H기준)
　㉲ 동백나무, 아왜나무 : 수고(H)에 의한 식재 품

7) 식재 후의 조치
　① 이식시의 전정
　　㉮ 이식 후 뿌리의 수분 흡수량과 지엽의 수분 증산량의 조절 위하여 실시 (T/R율)
　　㉯ 발근 촉진제 와 수분증발 억제제를 사용

- **T/R율** : 지상부(줄기와 가지)와 지하부(뿌리)의 비율을 말하며 대부분 값은 1이다.(T-Top, R-Root)
- **발근촉진제** : 루톤, 홀맥스콘

　② 이식 후 수목이 고사하는 이유
　　㉮ 이식 후 충분히 관수하지 않았을 때
　　㉯ 이식 적기가 아닌 경우
　　㉰ 깊이 심었을 경우
　　㉱ 뿌리를 너무 많이 잘라내고 이식할 경우
　　㉲ 이식 전후의 입지조건이 전혀 다를 경우
　　㉳ 늙고 허약한 나무를 이식할 경우
　　㉴ 바람 및 동물에 의해 요동이 있었을 때

- ㉘ 미숙퇴비나 계분을 과다하게 시비하였을 때
- ㉙ 지엽의 증산량이 뿌리 흡수량보다 많을 때
- ㉚ 배수가 불량한 토양
- ㉛ 토양 침식으로 뿌리 노출시
- ㉜ 이식 토양에 유독가스나 유류가 스며든 곳의 식재시
- ㉝ 지하수가 높은 토양
- ㉞ 기후조건이 맞지 않는 경우

③ 지주세우기 : 지주란 수목을 식재한 후 바람으로 인한 뿌리의 흔들림이나 강풍에 의해 쓰러지는 것을 방지하고 활착을 촉진시키기 위해 목재, 철재파이프, 철선, 와이어로프, 플라스틱 등으로 수목을 견고하게 부착시켜 수목을 고정시키는 것을 말한다.

구분	내용
단각지주	• 수고 1.2m 이하의 소교목
이각지주	• 수고 2m 이하의 교목 • 삼각, 사각지주 사용이 곤란한 좁은 장소일 경우
삼발이	• 2m 이상의 나무에 적용 • 사람 통행이 많지 않고 경관상 주요 지점이 아닌 곳 • 안전성이 높고 땅 표면과 지주의 각도는 45~75°로 한다.
삼각지주	• 가장 많이 사용 • 적당한 높이에 3개의 가로대를 설치하고 중간목을 댄다.

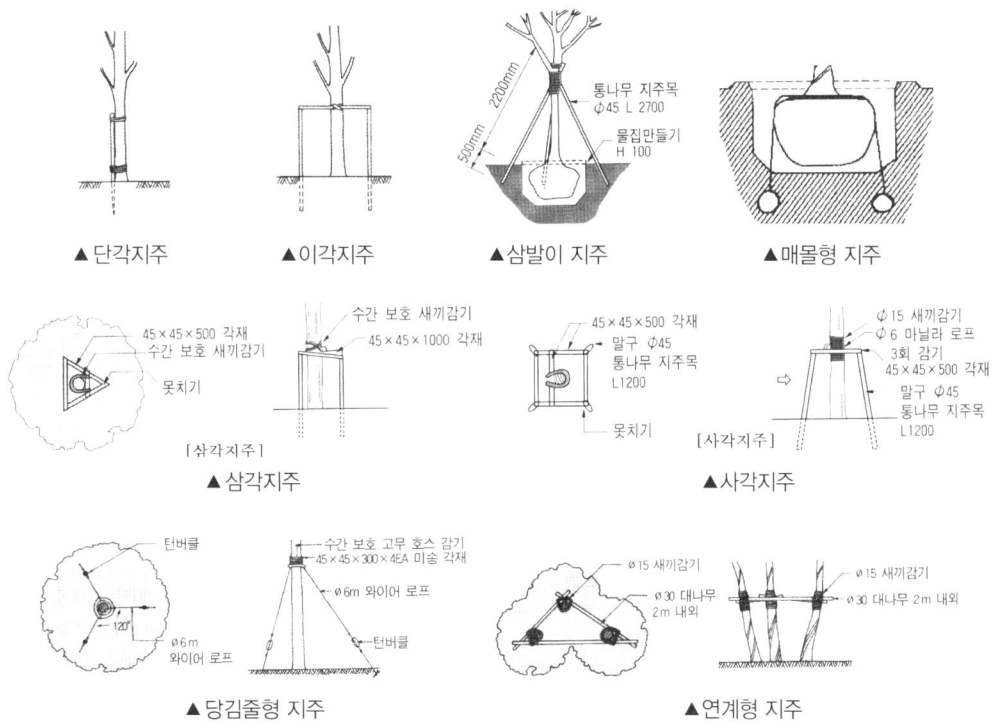

▲단각지주　▲이각지주　▲삼발이 지주　▲매몰형 지주

▲삼각지주　▲사각지주

▲당김줄형 지주　▲연계형 지주

구분	내용
사각지주	• 미관상 아름답고 제일 튼튼하며 지주의 추가 비용이 요구됨
당김줄형 지주(철선지주)	• 대형목의 지주로 활용
매몰형 지주	• 지상 설치가 어렵거나 통행에 지장이 있을 때 사용

④ 수피(樹皮)감기
  ㉮ 수분증산 억제
  ㉯ 병해충 침입 예방
  ㉰ 태양으로부터의 보호
  ㉱ 동해나 병충해 방지
  ㉲ 여름 햇볕에 줄기 타는 것을 막아 줌

■ 소나무수피감기
소나무의 경우 껍질이 두꺼워 동해 및 피소(햇볕데기)의 피해는 적지만 병충해, 특히 소나무좀 방제를 위해 새끼나 녹화마대 등을 이용해 수피감기를 한다.

⑤ 멀칭
  ㉮ 일반사항 : 볏짚, 풀, 분쇄목 등으로 수목 주위의 토양 덮어주는 작업
  ㉯ 멀칭의 효과 : 수분 증발 억제, 잡초 발생 방지, 가뭄의 해 방지, 겨울 지온 보호 동해 방지

▲ 우드칩을 이용한 반송 멀칭

⑥ 중경 : 수목 주위 표토를 갈아 엎거나 삽, 괭이로 파 엎어 토양층의 공극을 생기게 하여 수분의 모세관 현상을 차단시켜 수분증발 억제시키는 가뭄의 방지책
⑦ 관수
  ㉮ 수목은 처음 식재시만 충분히 관수하면 대부분 활착됨
  ㉯ 뿌리 미활착된 상태의 이른 봄, 초여름 가뭄시

㉢ 봄에 싹이 틀 무렵 많은 수분 요구, 잎이 없어 판단하기 곤란
⑧ 시비
　㉮ 이식 당시 시비를 금하고 과습, 건조기 피하여 시비 한다.
　㉯ 뿌리 활착기는 7월 하순까지이므로 7월 이후에는 칼륨, 인산만 시비 할것, 질소질 비료는 생장을 계속

8) 뿌리돌림
　① 뿌리돌림의 목적 : 이식력이 약한 나무의 뿌리분 안에 미리 세근을 발달시켜 이식력을 높이고자 실시하는 작업
　② 뿌리돌림의 시기
　　㉮ 적기 : 뿌리의 생장이 가장 활발한 시기인 이른 봄
　　㉯ 이식 : 일반적으로 뿌리돌림 후 1년 뒤

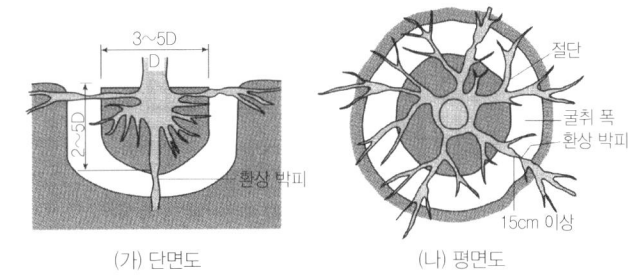

(가) 단면도　　(나) 평면도

▲ 뿌리돌림

　③ 뿌리돌림의 방법 및 요령
　　㉮ 천근성인 것 넓게 뜨고 심근성인 것 깊게 파내려가며 절근
　　㉯ 근원 지름의 5~6배 되는 길이로 원을 그려, 그 위치에서 45~50cm 깊이로 파 내려 간다.
　　㉰ 뿌리 자르는 각도는 직각 또는 아래쪽으로 30°가 적합하다.
　　㉱ 이식 용이한 수종 - 1회, 어려운 수종 - 2~4회 나눠 연차적으로 실시
　　㉲ 주의할 점
　　　• 4방향의 굵은 곁뿌리를 남겨서 15cm 정도 환상박피 한다.
　　　• 허리감기 : 분이 깨지지 않게 주의하면서 강하게 돌려준다.
　　　• 환상박피 : 나무에 자극을 주어 탄수화물의 하향이동 방해, 박피부분에 잔뿌리 발생 촉진
　　　• 물 주입 금지 : 물이 괴일 경우 분 밑에 배수 장치
　　㉳ 사후관리 : 지주목 설치

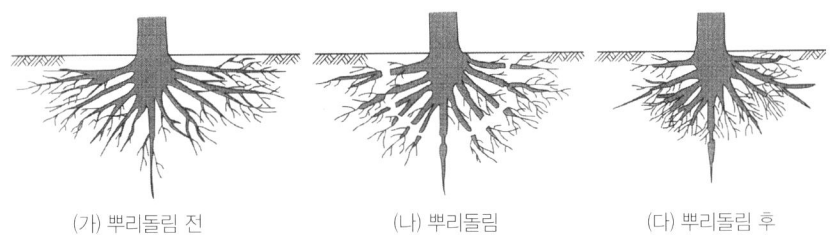

(가) 뿌리돌림 전　　(나) 뿌리돌림　　(다) 뿌리돌림 후

▲ 뿌리돌림으로 뿌리가 변하는 과정

나. 잔디식재 공사

1) 잔디의 종류
① 한국잔디 : 들잔디, 금잔디, 빌로드잔디 등
② 서양잔디 : 캔터키블루그래스, 밴트그래스, 버뮤다그래스, 톨훼스큐 등
③ 한국잔디의 특징
  ㉮ 한국잔디는 대부분 뗏장번식을 하고 서양 잔디는 대부분 종자 번식을 한다.
  ㉯ 일반적으로 뗏장의 규격은 300 × 300 × 30mm이다.
④ 떼심는 방법
  ㉮ 전면 붙이기 : 조기 피복 시 사용하며 뗏장이 많이 들어 공사비가 많다. 어긋나게 전체 면에 배열한다.
  ㉯ 어긋나게 붙이기 : 뗏장을 20~30cm 간격으로 어긋나게 놓거나, 서로 맞물려 어긋나게 배열한다.
  ㉰ 줄떼 붙이기 : 뗏장을 5, 10, 15, 20cm 정도로 잘라서 그 간격을 15, 20, 30cm로 하여 심는다.

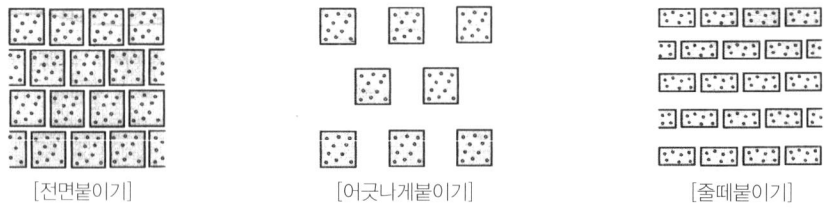

▲ 떼붙이기

⑤ 떼심기 주의사항
  ㉮ 뗏장 이음새와 가장자리에 흙을 충분히 채우고 뗏장 위에도 뗏밥을 뿌려 준다.
  ㉯ 뗏장을 붙인 후에는 110~130kg 정도의 롤러로 전압하고 관수를 충분히 해서 바닥의 흙과 잔디가 밀착되게 한다.
  ㉰ 경사면 시공시는 떼꽂이를 사용한다.

2) 종자파종
종자 파종은 잔디의 녹화 속도는 느리지만, 대규모의 잔디밭을 고르게 조성하는데 효과적인 방법이다.

① 종자의 발아 조건

잔디종류	난지형 잔디	한지형 잔디
발아적온	30~35℃	20~25℃
파종시기	5~6월	9월~10월
토양조건	• 배수가 양호하고 비옥한 사질토양이 적합 • 대부분의 잔디는 pH 6.0~7.0에서 생육 가능	

② 파종순서
  ㉮ 경운 : 잡초 제거한 후 20~30cm 깊이로 갈고, 돌, 나무나 잡초뿌리, 그 밖의 이물질을 제거한다.
  ㉯ 시비 : 잔디 생육에 필요한 유기질 비료를 시비한다.
  ㉰ 정지 및 1차 전압 : 레이크 등으로 표면을 평탄하게 정지하고 표면 배수가 되도록 물매를 주면서 롤러로 가볍게 전압한다.
  ㉱ 파종 : 순도가 높고 발아율이 좋은 종자를 선택하고, 파종량은 10~20g/m² 정도로 한다.
  ㉲ 2차 전압 : 흙과 잔디 씨가 잘 밀착되도록 60~80kg 정도의 롤러로 다져준다.
  ㉳ 멀칭 : 종자 발아 촉진과 우수나 관수에 의한 토양의 침식과 유실을 극소화하기 위해 실시, 재료는 볏짚, 합성 수지망, 폴리에틸렌필름 등이 쓰이며 발아 즉시 제거한다.
  ㉴ 관수 : 안개처럼 뿌려 줄 수 있는 고압 살수기를 하늘로 쳐들고 충분히 물을 준다.

3) 잔디 수량 산출
  ① 잔디 1장의 규격은 30cm×30cm× 3cm이다.
  ② 1m² 당 잔디 약 11매가 소요된다.(1m² ÷ 0.09m² = 11.1111매, 약 11매)

재료의 할증률

재료		할증률(%)	재료		할증률(%)
목재	각재	5	타일		3
	★판재	10	속빈시멘트블록		4
★합판	일반용	3	경계블록		3
	수장용	5	벽돌	★붉은벽돌	3
★조경수목, 잔디, 초화류		10		내화벽돌	3
★이형철근		3		★시멘트벽돌	5

출제예상문제

01 다음의 조경 시공 공사 중 마지막으로 행하는 작업은?

① 식재공사　　　　　　　　② 급·배수 및 호안 공사
③ 터 닦기　　　　　　　　　④ 콘크리트 공사

02 수목을 굴취한 이후에 옮겨심기 순서의 설명이 가장 옳은 것은?

① 구덩이 파기 → 수목넣기 → 2/3 정도 흙 채우기 → 물 부어 막대기 다지기 → 나머지 흙채우기
② 구덩이 파기 → 수목넣기 → 물붓기 → 2/3 정도 흙 채우기 → 다지기 → 나머지 흙 채우기
③ 구덩이 파기 → 2/3 정도 흙 채우기 → 수목넣기 → 물 부어 다지기 → 나머지 흙 채우기
④ 구덩이 파기 → 물붓기 → 수목넣기 → 나머지 흙 채우기

03 생울타리를 만들고자 한다. 30cm 간격으로 식재할 때 길이 180cm에 몇 본을 심을 수 있는가?

① 6본　　　　　　　　　　② 9본
③ 18본　　　　　　　　　　④ 36본

04 다음 중 정형식 배식 유형은?

① 부등변 삼각형 식재　　　　② 임의식재
③ 주목　　　　　　　　　　　④ 교호식재

05 지주목 설치 요령 중 적합하지 않은 것은?

① 지주목을 묶어야할 나무줄기 부위는 타이어튜브나 마대 혹은 새끼를 감는다.
② 지주목의 아래는 뾰족하게 깎아서 땅속으로 30~50cm 깊이로 박는다.
③ 지상부의 지주는 페인트칠을 하는 것이 좋다.
④ 통행인이 많은 곳은 삼발이형, 적은 곳은 사각지주, 삼각지주가 많이 설치된다.

06 4.5m 높이의 독립수를 식재한 후 버팀형 당김줄을 사용하여 지지 하는데 당김줄과 지면이 이루는 가장 이상적인 경사각은?

① 15°　　　　② 30°　　　　③ 45°　　　　④ 60°

정답　01 ①　02 ①　03 ①　04 ④　05 ④　06 ④

07 분쇄목 우드칩(wood-chip)의 사용 시 효과로 틀린 것은?

① 토양의 미생물 발생억제
② 토양의 경화 방지
③ 토양의 호흡증대
④ 토양의 수분 유지

08 수목식재에 가장 적합한 토양의 구성비(토양 : 수분 : 공기)는?

① 50% : 25% : 25%
② 50% : 10% : 40%
③ 40% : 40% : 20%
④ 30% : 40% : 30%

09 수목을 옮겨심기 전 일반적으로 뿌리돌림을 실시하는 시기는?

① 6개월~1년
② 3개월~6개월
③ 1년~2년
④ 2년~3년

10 일반적으로 수목의 뿌리 돌림시, 분의 크기는 근원 직경의 몇 배 정도가 알맞는가?

① 2배
② 4배
③ 8배
④ 12배

11 다음 중 수목의 뿌리돌림에 대한 작업방법으로 올바른 것은?

① 한자리에 오래 심겨져 있을 나무를 옮길 경우에만 실시한다.
② 뿌리돌림을 실시할 시기는 반드시 4계절 중 수액이 이동하기 전 봄철에 실시한다.
③ 뿌리돌림을 할 때 노출되는 뿌리는 모두 잘라버린다.
④ 수종의 특성에 따라 가지치기, 잎 따주기 등을 하고 필요시 임시 지주를 설치한다.

12 뿌리돌림의 필요성을 설명한 것으로 거리가 먼 것은?

① 이식적기가 아닐 때 이식할 수 있도록 하기 위해
② 크고 중요한 나무를 이식하려 할 때
③ 개화결실을 촉진시킬 필요가 없을 때
④ 건전한 나무로 육성할 필요가 있을 때

정답 ▶ 07 ① 08 ① 09 ① 10 ② 11 ④ 12 ③

13 다음 중 큰 나무의 뿌리돌림에 대한 설명으로 가장 거리가 먼 것은?

① 굵은 뿌리를 3~4개 정도 남겨둔다.
② 굵은 뿌리 절단 시는 톱으로 깨끗이 절단한다.
③ 뿌리 돌림을 한 후에 새끼로 뿌리 분을 감아두면 뿌리의 부패를 촉진하여 좋지 않다.
④ 뿌리 돌림을 하기 전 수목이 흔들리지 않도록 지주목을 설치하여 작업하는 방법도 좋다.

14 뿌리돌림은 현재의 생장지에서 적당한 범위로 뿌리를 절단하는 것을 말하는데 이 뿌리돌림에 관한 설명으로 틀린 것은?

① 한 장소에서 오랫동안 자랄 때 뿌리는 줄기로부터 상당히 떨어진 곳까지 굵은 뿌리가 뻗어 나가며, 잔뿌리는 그곳에 분포되어 있다.
② 제한된 뿌리 분으로 캐서 이식할 경우 잔뿌리는 대부분 끊겨 나가고 굵은 뿌리만 남아 이식시 활착이 어렵다.
③ 뿌리돌림을 하는 시기는 일 년 내내 가능하고, 봄철보다 여름철이 끝나는 시기가 가장 좋으며, 낙엽수는 가을철이 적당하다.
④ 봄에 뿌리돌림을 한 낙엽수는 당년 가을이나 이듬해 봄에, 상록수는 이듬해 봄이나 장마기에 이식할 수 있다.

15 그림과 같은 뿌리분 새끼감기의 방법은?

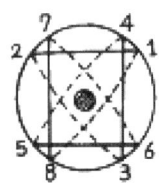

① 4줄 한 번 걸기
② 4줄 두 번 걸기
③ 4줄 세 번 걸기
④ 3줄 두 번 걸기

16 뿌리분의 생김새 중 보통 분은? (단, d : 뿌리 근원지름)

① 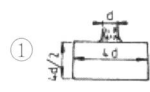   ② 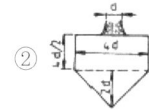   ③ 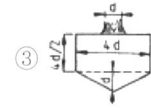   ④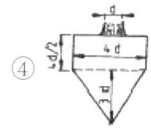

17 다음 중 천근성 나무의 뿌리분의 모양은 어느 것인가?

① 보통분   ② 접시분   ③ 조개분   ④ 맨뿌리분

정답▶ 13 ③ 14 ③ 15 ① 16 ③ 17 ②

18 다음 중 보통분으로 뿌리분을 뜨고자 할 때 A부분의 적당한 크기는?

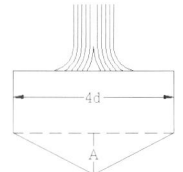

① 1/4d
② d
③ 2d
④ 1/2d

19 느티나무의 수고가 4m, 흉고 지름이 6cm, 근원 지름이 10cm인 뿌리분의 지름 크기(cm)는?

① 29 ② 39 ③ 59 ④ 99

20 수목 굴취 시 뿌리분을 감는데 사용하며, 포트(pot)역할을 하여 잔뿌리 형성에 도움을 주는 환경 친화적인 재료는?

① 새끼
② 철선
③ 녹화마대
④ 고무 밴드

21 수목의 굴취 방법에 대한 설명으로 틀린 것은?

① 옮겨 심을 나무는 그 나무의 뿌리가 퍼져 있는 위치의 흙을 붙여 뿌리분을 만드는 방법과 뿌리만을 캐내는 방법이 있다.
② 일반적으로 크기가 큰 수종, 상록수, 이식이 어려운 수종, 희귀한 수종 등은 뿌리분을 크게 만들어 옮긴다.
③ 일반적으로 뿌리분의 크기는 근원 반지름의 4~6배를 기준으로 하며, 보통분의 깊이는 근원 반지름의 3배이다.
④ 뿌리분의 모양은 심근성 수종은 조개분 모양, 천근성 수종은 접시분 모양, 일반적인 수종은 보통분으로 한다.

22 수목을 굴취하는 방법으로 틀린 것은?

① 수직으로 파 내려갈 때 작업공간을 넓게 확보
② 가는 뿌리는 전정가위로 자른다.
③ 3cm 이상의 굵은 뿌리는 삽으로 예리하게 자른다.
④ 허리감기를 먼저하고 위아래감기를 한다.

정답 18 ② 19 ③ 20 ③ 21 ③ 22 ③

23 식재 구덩이의 크기는 어느 정도가 적당한가?

① 분보다 1.5~3배
② 분보다 2.5~4배
③ 분보다 3.5~5배
④ 분보다 4.5~6배

24 큰 나무이거나 장거리로 운반할 나무를 수송 시 고려할 사항으로 가장 거리가 먼 것은?

① 운반할 나무는 줄기에 새끼줄이나 거적으로 감싸주어 운반 도중 물리적인 상처로부터 보호한다.
② 밖으로 넓게 퍼진 가지는 가지런히 여미어 새끼줄로 묶어 줌으로써 운반 도중의 손상을 막는다.
③ 장거리 운반이나 큰 나무인 경우에는 뿌리분을 거적으로 감싸 주고 새끼줄 또는 고무줄로 묶어준다.
④ 나무를 싣는 방향은 반드시 뿌리분이 트럭의 뒤쪽으로 오게 하여 실어야 내릴 때 편리하게 한다.

25 옮겨 심은 후 줄기에 새끼줄을 감고 진흙을 반드시 이겨 발라야 되는 수종은?

① 배롱나무
② 은행나무
③ 향나무
④ 소나무

26 느티나무의 수고가 4m, 흉고 지름이 6cm, 근원 지름이 10cm인 뿌리분의 지름 크기는 대략 얼마로 하는 것이 좋은가?(단, A = 24 + (N−3)d, d:상수(상록수:4, 낙엽수:5)이다.)

① 29cm
② 39cm
③ 59cm
④ 99cm

27 다음 중 가로수 식재를 설명한 것 중에서 옳지 않은 것은?

① 일반적으로 가로수 식재는 도로변에 교목을 줄지어 심는 것을 말한다.
② 가로수 식재 형식은 일정 간격으로 같은 크기의 같은 나무를 일열 또는 이열로 식재한다.
③ 식재 간격은 나무의 종류나 식재목적, 식재지의 환경에 따라 다르나 일반적으로 4~10m로 하는데, 5m 간격으로 심는 경우가 많다.
④ 가로수는 보도의 나비가 2.5m 이상되어야 식재할 수 있으며, 건물로부터는 5.0m 이상 떨어져야 그 나무의 고유한 수형을 나타낼 수 있다.

28 비탈면에 교목을 식재할 때 비탈면의 기울기는 어느 정도 보다 완만하여야 하는가?

① 1 : 1 정도
② 1 : 1.5 정도
③ 1 : 2 정도
④ 1 : 3 정도

정답 23 ① 24 ④ 25 ④ 26 ③ 27 ③ 28 ④

29 다음 중 낙엽활엽수를 옮겨 심는데 가장 적당한 시기는?

① 증산이 활발한 생육기 ② 증산량이 가장 적은 휴면기
③ 꽃이피는 개화기 ④ 장마기를 지난 생육 정지기

30 침엽수류와 상록 활엽수류의 가장 일반적인 이식 적기는?

① 이른 봄과 장마철 ② 초여름 ③ 늦은 여름 ④ 겨울철 엄동기

31 상록활엽수를 6~7월의 장마 때 옮겨 심는 이유는?

① 장마 후 고온의 피해가 적기 때문에
② 증산 억제제의 효과가 좋기 때문
③ 착근까지 토양이 건조하지 않기 때문
④ 신초의 세포 분열이 왕성하여 내용물이 굳어지기 때문

32 낙엽수 중 내한성이 약하고 눈이 늦게 움직이는 수종의 이식 시기는?

① 잎이 떨어진 10~11월 ② 해토 직후부터 4월 상순까지
③ 4월 중순이 안정적 ④ 이른 봄 눈이 트기 전

33 사질토에서 토립을 보유할 수 없는 경우나 쓰레기 매립장의 나무를 이식할 때의 굴취법으로 맞는 것은?

① 추적굴취법 ② 맨뿌리굴취법 ③ 동토법 ④ 조개분 굴취법

34 수목을 식재할 때 주의하여야 할 사항으로 맞는 것은?

① 전생지(前生地)의 깊이로 앉힌다. ② 관상방향은 따로 선정하지 않는다.
③ 수목의 위치는 바꿀 수가 없다. ④ 깊이 심어야 생육이 좋아진다.

35 이식할 수목의 가식장소와 그 방법의 설명으로 틀린 것은?

① 공사의 지장이 없는 곳에 감독관의 지시에 따라 가식장소를 정한다.
② 그늘지고 점토질 성분이 풍부한 토양을 선택한다.
③ 나무가 쓰러지지 않도록 세우고 뿌리분에 흙을 덮는다.
④ 필요한 경우 관수시설 및 수목 보양시설을 갖춘다.

정답 29 ② 30 ① 31 ④ 32 ② 33 ③ 34 ① 35 ②

36 이식한 나무가 활착이 잘 되도록 조치하는 방법 중 옳지 않은 것은?

① 현장 조사를 충분히 하여 이식계획을 철저히 세운다.
② 나무의 식재방향과 깊이는 원래대로 한다.
③ 유기질, 무기질 거름을 충분히 넣고 식재한다.
④ 방풍막을 세우고 영양액을 살포해 준다.

37 수간에 수피감기의 효과로 틀린 것은?

① 소나무류에 효과가 크다.
② 동해를 방지할 수 있다.
③ 여름 햇볕에 줄기가 타는 것을 막아 준다.
④ 줄기의 모양이 아름답게 된다.

38 수목 주위의 표토를 파 엎어 수분의 모세관 현상을 차단시켜 수분증발을 억제하기 위한 방법은?

① 멀칭   ② 관수   ③ 중경   ④ 뿌리돌림

39 뿌리돌림은 보통 나무를 이식하고자 할 날짜로부터 얼마동안 떨어져서 실시하는가?

① 1개월에서 3개월 후   ② 1개월에서 3개월 전
③ 6개월에서 3년 후   ④ 6개월에서 3년 전

40 다음 중 수목 이식 후에 사용되는 것으로 특히 상록활엽수류를 이식한 후 잎에서의 증산 억제제로 쓰이는 것은?

① 그린나   ② 루톤 F   ③ 메네델   ④ 하이포넥스

41 조경 수목의 하자로 판단되는 기준은?

① 수관부의 가지가 약 1/2 이상 고사시   ② 수관부의 가지가 약 2/3 이상 고사시
③ 수관부의 가지가 약 3/4 이상 고사시   ④ 수관부의 가지가 약 3/5 이상 고사시

42 많은 나무를 모아 심었거나 줄지어 심었을 때 적합한 지주 설치법은?

① 단각지주   ② 이각지주   ③ 삼각지주   ④ 연결형(연계형)지주

정답 36 ③ 37 ④ 38 ③ 39 ④ 40 ① 41 ② 42 ④

43 표준품셈에서 수목을 인력시공 식재 후 지주목을 세우지 않을 경우 인력품의 몇%를 감하는가?

① 5% ② 10% ③ 15% ④ 20%

44 다음 기구 중 수목의 흉고직경을 측정할 때 사용하는 것은?

① 경척 ② 덴드로메타 ③ 와이제측고기 ④ 윤척

45 조경용 수목의 할증율은 얼마까지 적용할 수 있는가?

① 5% ② 10% ③ 15% ④ 20%

46 다음 중 재료별 할증률(%)의 크기가 가장 작은 것은?

① 조경용 수목 ② 경계블럭 ③ 잔디 및 초화류 ④ 수장용 합판

47 수목의 식재품 적용시 흉고직경에 의한 식재품을 적용하는 것이 가장 적합한 수종은 어느 것인가?

① 산수유 ② 은행나무 ③ 꽃사과 ④ 백목련

48 45m²에 전면 붙이기에 의해 잔디 조경을 하려고 한다. 필요한 평떼량은 얼마인가?(단 잔디 1매의 규격은 30cm × 30cm × 3cm이다.)

① 약 200매 ② 약 300매 ③ 약 500매 ④ 약 700매

49 다음 중 40m²의 면적에 팬지를 20cm×20cm 간격으로 심고자 한다. 팬지 묘의 필요 본수로 가장 적당한 것은?

① 100 ② 250 ③ 500 ④ 1000

50 우리나라 들잔디의 종자처리 방법으로 가장 적합한 것은?

① KOH 20~25% 용액에 10~25분간 처리 후 파종한다.
② KOH 20~25% 용액에 20~30분간 처리 후 파종한다.
③ KOH 20~25% 용액에 30~45분간 처리 후 파종한다.
④ KOH 20~25% 용액에 1시간 처리 후 파종한다.

정답 ▶ 43 ② 44 ④ 45 ② 46 ② 47 ② 48 ③ 49 ④ 50 ③

51 양잔디 기계파종시 푸른 계통의 색소를 희석하는 이유로 가장 옳은 것은?

① 파종지역을 구분 또는 확인하기 위하여
② 발아 후 활착을 돕기 위하여
③ 살포지역의 암반을 푸르게 하기 위하여
④ 씨앗의 유실을 방지하기 위하여

52 다음 [보기]의 잔디 파종 작업들을 순서대로 바르게 나열한 것은?

| 1. 가비 살포 | 2. 정지작업 | 3. 파종 | 4. 멀칭 |
| 5. 전압 | 6. 복토 | 7. 경운 | |

① 7 − 1 − 2 − 3 − 6 − 5 − 4
② 1 − 3 − 2 − 6 − 4 − 5 − 7
③ 2 − 3 − 5 − 6 − 1 − 4 − 7
④ 3 − 1 − 2 − 6 − 5 − 7 − 4

53 화단에 꽃을 갈아 심을 때의 요령이다. 잘못 설명된 것은?

① 화단의 변두리로부터 중앙부로 심어간다.
② 흙이 밟혀 굳어지지 않도록 널판지를 놓고 심는다.
③ 꽃이 피기 시작하는 것을 심는다.
④ 만개 되었을 때를 생각하여 적당한 간격으로 심는다.

54 다음 중 화단의 꽃 심기 작업 설명으로 틀린 것은?

① 바람이 없고 흐린 날 심는다.
② 비교적 큰 면적의 화단은 중심부에서 바깥쪽으로 심어 나간다.
③ 식재한 화초에 그늘이 지도록 작업자는 태양을 등지고 심어 나간다.
④ 묘를 심은 다음 발로 꼭 밟아준다.

정답 51 ① 52 ① 53 ① 54 ④

09 조경관리

가. 개요

1) 조경관리 종류
    ① 유지관리
        ㉮ 수목과 시설물을 항상 이용할 수 있도록 점검·보수하여 공공을 위한 서비스를 제공 하는 것
        ㉯ ex) 수목의 전정, 시비, 그네의 페인트칠 등
    ② 운영관리
        ㉮ 이용 가능한 요소들을 효과적으로 많은 사람이 이용하기 위한 방법 모색
        ㉯ ex) 예산, 재무, 조직, 재산등의 관리
    ③ 이용관리
        ㉮ 이용자의 선호도 등을 분석하여 적절한 프로그램을 개발하여 이용 증대 시킴
        ㉯ ex) 안전관리, 이용지도, 홍보, 행사프로그램주도, 주민참여 유도 등

2) 조경관리 과정
    ① 서비스 개시 → ② 기능의 유지, 확보 → ③ 개선 → ④ 개조

3) 작업의 종류
    ① 정기작업
        청소, 점검, 수목의 전정, 병충해 방제, 페인트 칠 등
    ② 부정기작업
        죽은 나무 제거 및 보식, 객토, 시설물 등의 부정기적인 작업 등
    ③ 임시작업
        태풍, 홍수 등 기상재해로 인한 피해 등의 작업

주민 참가 단계

시민권력의 단계	파트너쉽, 권한위양, 자치관리
▲	▲
형식참가의 단계	정보제공, 상담, 유화
▲	▲
비참가의 단계	조작, 치료

나. 조경 수목의 전지 및 전정

1) 전정의 유형
① 정자(trimming) : 나무 전체의 모양을 일정한 양식에 따라 다듬는 것으로 줄기나 가지의 생장을 조절하여 식재 목적에 맞는 수형이나 가지를 만드는 작업
② 정지(training) : 나무의 수형을 영구히 유지 또는 보존하기 위해 줄기나 가지의 생장을 조절하여 기능과 관리 목적에 맞는 수형을 인공적으로 만드는 작업
③ 전정(pruning) : 나무의 관상, 개화결실, 생육상태 조절 등의 목적으로 불필요한 가지나 생육을 방해하는 가지, 줄기 일부를 잘라내는 작업

2) 전정의 종류
① 생장을 돕기 위한 전정
　병충해 피해지, 고사지, 꺾어진 가지 등을 제거하여 생장을 돕는 전정법
② 생장을 억제하는 전정
　녹음수를 좁은 정원에서 필요 이상으로 자라지 않도록 줄기나 가지를 자르거나 향나무, 회양목 등의 산울타리처럼 나무를 일정한 모양으로 유지시키기 위한 전정
③ 개화 결실을 돕기 위한 전정
　과수나 꽃나무류의 개화와 결실을 촉진하기 위한 전정으로 수목의 화아 분화는 C/N율과 관련이 깊다.
④ 생리 조절을 위한 전정
　이식할 때 지하부가 잘린 만큼 지상부를 전정하여 균형을 유지시키기 위한 전정
⑤ 세력을 갱신하는 전정
　맹아력이 강한 나무가 늙어서 생기를 잃거나 꽃 맺음이 나빠지는 경우 줄기나 가지를 잘라내어 새 줄기나 가지로 갱신하는 전정이다. 늙은 과일나무나 장미 등에 적용한다.

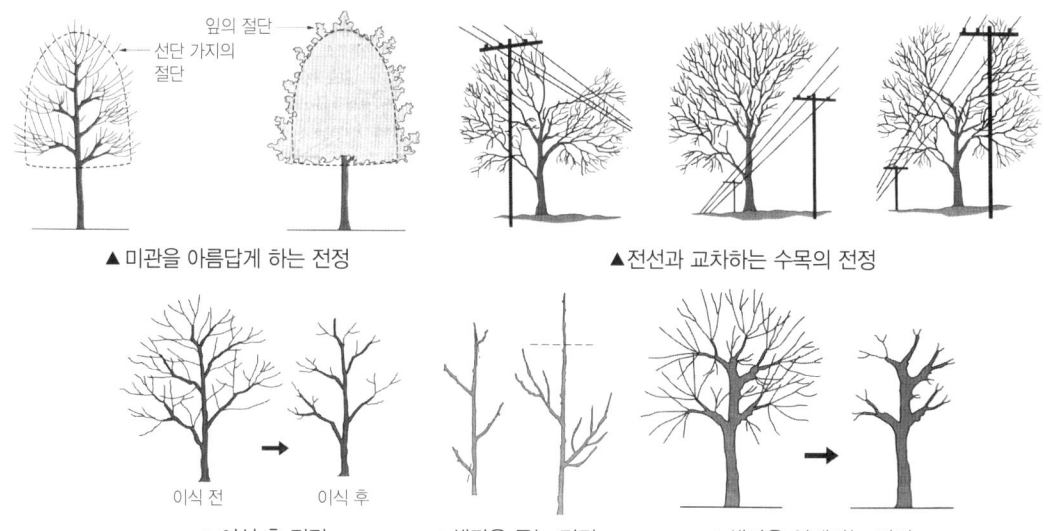

▲미관을 아름답게 하는 전정　　▲전선과 교차하는 수목의 전정

▲이식 후 전정　　▲생장을 돕는 전정　　▲생장을 억제하는 전정

- **C/N율(탄질률)** : 식물체 내의 탄수화물(C)과 질소(N)의 비율로 가지의 생장, 꽃눈의 형성 및 열매에 영향을 준다. C > N이면(탄질률이 높으면) 화아분화를 유도하고, C < N이면 영양 생장이 계속 된다.
- **질소기아현상** : 탄질률이 높은(탄소의 비율이 높은) 유기물을 넣으면 미생물이 원래 토양에 있는 질소를 빼앗아 이용하여 질소가 부족해지는 현상
- **해거리현상** : 한 해 걸러서 열매가 많이 맺히는 현상이다. 즉, 한해에 열매가 많이 열리면 나무가 약해져서 그 다음 해에는 열매가 거의 열리지 않는다.

3) 자연수형

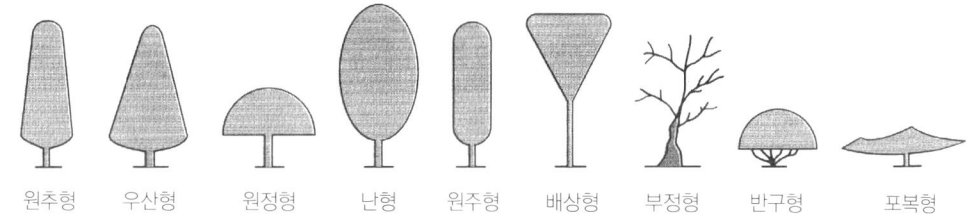

▲ 자연 수형의 여러 가지 모양

4) 인공수형

① 토피어리 : 동물모양, 글자 등을 일정한 형태를 갖도록 인위적으로 전정한 것

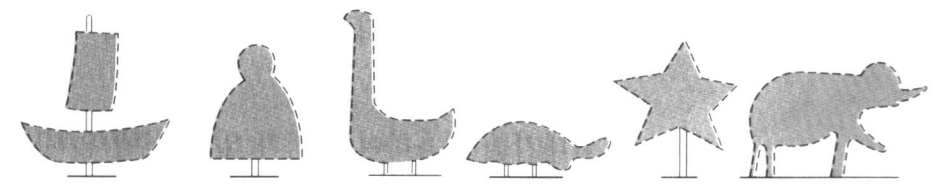

▲ 형상수의 여러 가지 모양

② 폴라드형 : 굵은 줄기를 사슴뿔모양으로 잘라 새싹을 내는 수형, 맹아력이 큰 가로수에 적용함
③ 산옥형 : 크기가 불규칙하게 둥근 모양으로 깎아 모양을 내는 전정법, 향나무에 많이 이용함

▲ 인공수형 만들기 예

5) 수목의 생장과 전정 원리
    ① 지상부 생장
        ㉮ 1회 신장형
            • 4~6월경 새싹이 나와 자라다가 생장이 멈춘 후 양분의 축적이 일어남
            • ex) 소나무, 곰솔, 잣나무, 너도밤나무, 과수계통 등
        ㉯ 2회 신장형
            • 6~8월, 8~9월 한차례씩 신장 생장이 진행되어 양분 축적이 일어남
            • ex) 화백, 편백, 삼나무, 철쭉, 사철나무, 쥐똥나무 등
    ② 수목의 개화 습성
        ㉮ 당년생 가지 개화 : 배롱나무, 장미, 무궁화, 능소화, 나무수국, 대추나무, 포도, 감나무
        ㉯ 2년생 가지 개화 : 벚나무, 목련, 생강나무, 산수유, 앵두나무, 살구나무, 자두나무, 복숭아나무, 개나리, 박태기나무, 진달래, 철쭉류
        ㉰ 3년생 가지 개화 : 사과나무, 배나무, 명자나무
    ③ 수목의 생장 원리
        ㉮ 정아우세의 법칙 : 가지 끝쪽의 눈이 우세하게 신장하는 나무 전정 시 자른 바로 밑의 눈에서 강한 새싹이 나옴(교목성 수목, 직립형 나무가 이에 해당)
        ㉯ 밑가지 우세 및 선단지 열세의 법칙 : 줄기의 밑부분 가지가 윗부분 가지보다 굵게 자라며, 윗부분의 가지는 약하게 자라는 성질이 있다.

6) 전정 시기

명칭	시기	특징
봄전정	3~5월	• 새로운 가지나 잎이 나오는 생장기이므로 수세가 약하다. • 낙엽수는 최대의 생장기로 순지르기나 눈따기 등 약전정을 함 • 꽃 피는 나무는 꽃이 진 후에 실시 • 소나무의 순지르기
여름전정	6~8월	• 꽃나무는 6월 이전에 전정을 끝냄 • 도장지를 제거하면 제1신장기를 마친 가지와 잎의 수광 통풍 향상
가을전정	9~11월	• 여름 전정의 연장. 약전정을 함 • 상록활엽수는 이 시기에 전정
겨울전정	11~3월	• 대부분의 조경 수목은 겨울에 전정함 • 낙엽수의 경우 가지의 배치나 수형이 잘 나타난다. • 휴면 중이라 전정의 영향을 거의 받지 않는다. • 병해충 피해 가지 발견이 쉽고, 작업이 쉽다. • 휴면 중에 부정아 발생이 없어 멋있는 수형을 오래 관상

■ 꽃나무는 화아분화기가 대부분 7~8월이므로 6월 중에 전정을 하여야만 이듬해 꽃이 핌
■ 참나무류의 전정적기 : 묵은 잎이 떨어지고 새 잎이 나올때

7) 전정 횟수 및 전정 적기

구분	횟수	전정 적기
침엽수	1회	• 10~11월 또는 2~3월
상록수	2회 또는 3회	• 맹아력 보통인 나무 : 5~6월, 9~10월(2회) • 맹아력 큰 나무 : 5~6월, 7~8월, 9~10월(3회)
낙엽수	2회	• 11~3월, 7~8월
꽃나무	2회	• 화아분화 1~2월전, 꽃이 진 후
산울타리	2회	• 5~6월, 9월

8) 전정 순서 및 제거할 가지

① 전정 순서

㉮ 전체 수형 스케치

㉯ 위에서 아래로, 밖에서 안으로 전정한다.

㉰ 굵은 가지를 먼저 전정하고 가는 가지 순으로 전정한다.

 ① 지름 1cm 이하의 가지는 전정 가위의 날 사이에 가지를 끼워서 단번에 자른다. 날을 비틀면 절단된 부위가 매끄럽지 못하다.

 ② 지름 1cm 이상되는 굵은 가지일 경우에는 날을 크게 벌려서 받쳐 주는 날 쪽으로 수직으로 들리면서 자르면 쉽게 잘라진다.

앞쪽으로 끌어당기면서 자른다.

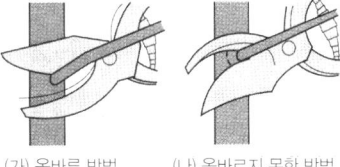

(가) 올바른 방법   (나) 올바르지 못한 방법

 ③ 받는 날 / 자르는 날 / 가지

④ 지름이 1cm 이상되는 굵은 가지는 날끝을 조금씩 돌리면서 자르면 잘 잘라진다.

▲ 전정가위 사용법

② 전정할 가지

㉮ 도장지 : 수형과 통풍에 방해를 줌

㉯ 안으로 향한 가지 : 통풍방해, 수형 나쁨

㉰ 고사지, 병충해 입은 가지

㉱ 아래로 향한 가지 : 수형을 나쁘게 함

㉲ 줄기에 움돋은 가지

㉳ 교차한 가지

㉴ 평행지

㉵ 신초 : 맨 위의 신초는 하나만 남긴다.

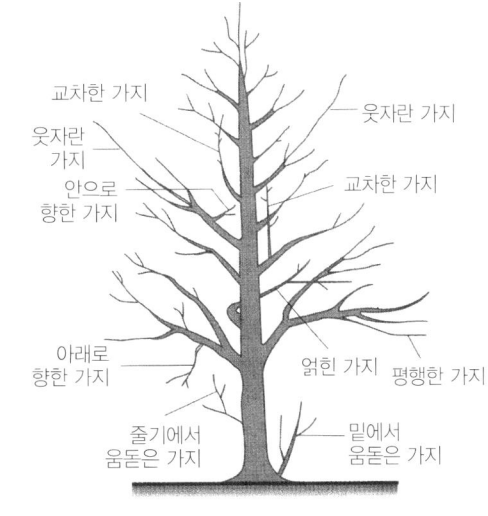

▲ 잘라 주어야 할 가지

9) 굵은 가지 자르기
    ① 한 번에 자르면 쪼개지므로 밑에서 위로 벤 후 위에서 아래로 잘라 무거운 가지를 떨어뜨린 후 바싹 붙여서 자른다.
    ② 줄기에서 10~15cm 떨어진 곳의 밑에서 위쪽으로 1/3 정도 깊이까지 톱질한다.
    ③ 톱질한 곳에서 가지의 끝 쪽으로 약간 떨어진 곳 위에서 아래 방향으로 자른다.

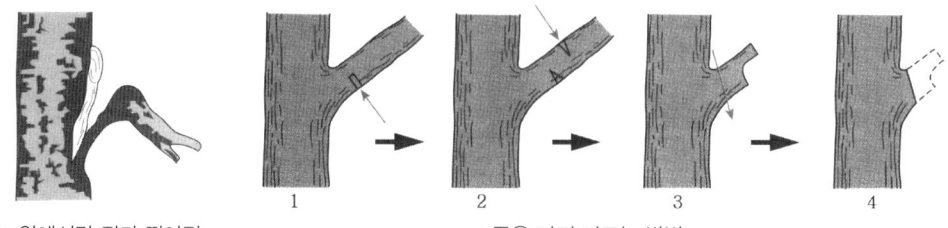

▲ 위에서만 잘라 찢어짐   ▲ 굵은 가지 자르는 방법

    ④ 지륭 부분이 상처를 입으면 부후의 위험성이 있으므로 지륭(枝隆)은 제거하지 않는다.
    ⑤ 지륭(枝隆)과 지피융기선
        ㉮ 지륭(枝隆) : 원줄기에서 가지가 뻗어 나갈 때 가지의 기부와 원줄기 사이에 부풀어 오른 부분
        ㉯ 지피융기선 : 원줄기와 가지가 갈라지는 안쪽에 가지의 수피가 바깥쪽으로 밀려나면서 볼록해 지는 부분

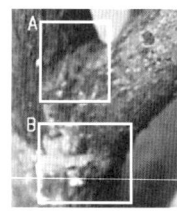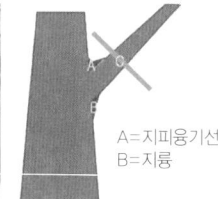

A=지피융기선
B=지륭

10) 마디 위 자르기
    ① 반드시 바깥눈 위에서 자른다.
    ② 바깥눈 7~10mm 위쪽 눈과 평행한 방향으로 비스듬히 자른다.

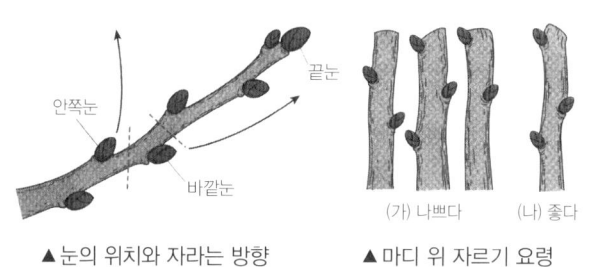

▲ 눈의 위치와 자라는 방향   ▲ 마디 위 자르기 요령

눈과 너무 가까우면 눈이 말라 죽고, 너무 비스듬하면 증산량이 많아지며, 너무 많이 남겨두면 양분의 손실이 크다.

11) 산울타리 다듬기

① 봄 새싹이 자랐다 일시 멈추는 5~6월과 여름에 새싹이 생장한 이후의 9월경 실시
② 산울타리는 밑쪽은 약하게 위쪽은 강하게 하되 한 해 자란 길이보다 다소 깊이 잘라 주도록 한다.

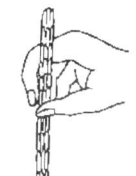

▲ 높은 산울타리 다듬기

12) 순지르기와 잎솎기

① 상록 침엽수는 5월 하순경에 순지르기를 실시한다.
② 소나무 순지르기 : 5~6월에 2~3개의 순을 남기고 중심순을 포함한 나머지 순은 제거하며, 남길 순도 1/2~2/3 손으로 꺾어 버린다.
③ 소나무 잎 솎기 : 8월경

▲ 소나무 순지르기

> 잎따기(적엽)와 순지르기(적심)는 생장을 억제하는 전정법 중 하나이다.

13) 강전정과 약전정

① 어린 나무와 생육이 왕성하고 새 가지 발생이 잘 되는 나무는 강전정을 한다.
② 부드러운 질감을 갖는 나무는 약전정 - 수양버들, 단풍나무
③ 활엽수가 침엽수에 비해 강전정에 잘 견딘다.

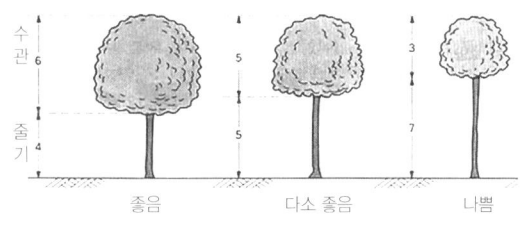

▲ 수관과 지하고의 비율

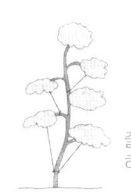

▲ 줄을 이용한 가지의 유인

14) 주요 조경 수목의 전정법

① 상록침엽수류
  ㉮ 순지르기로 전정 : 잎과 눈이 연약한 5월 중·하순 경 순지르기나 잎따기
② 전정을 거의 하지 않는 수종
  ㉮ 상록침엽수 : 독일가문비, 히말라야시다, 금송

㉯ 상록활엽수 : 동백, 태산목, 녹나무
　　　㉰ 낙엽활엽수 : 벚나무, 목련

다. 거름주기

1) 뿌리의 기능
① 양분과 수분을 흡수하고, 동화 양분을 저장하여 수목을 지탱한다.
② 굵은 뿌리는 주로 수목을 지탱하며, 양분의 흡수율은 5% 내외이다.
③ 뿌리털은 가장 양분을 많이 흡수하는 부분이다.

2) 뿌리의 종류 및 역할
① 저장근 : 양분을 저장하여 비대해진 뿌리
② 부착근 : 줄기에서 새근이 나와 다른 물체에 부착하는 뿌리
③ 기생근 : 다른 물체에 기생하기 위한 뿌리
④ 주근(主根) : 식물체를 지지하는 기근

> **뿌리의 역할**
> - 양분을 가장 많이 흡수하는 부분 – 뿌리털
> - 굵은 뿌리 – 몸 지탱, 양분 흡수율은 5% 이내

3) 식물에 필요한 16대 원소
① 다량원소 : C, H, O, N, P, K, Ca, Mg, S
② 미량원소 : Fe, Mn, Mo, B, Zn, Cu, Cl
③ 비료의 3요소 : 질소(N), 인(P), 칼륨(K)
④ 비료의 4요소 : 질소(N), 인(P), 칼륨(K), 칼슘(Ca)

4) 비료의 종류
① 화학적 비료 : 비료의 화학적 반응에 따라 비료가 물에 녹았을 때 산성, 중성, 염기성으로 분류되는 비료
　㉮ 화학적 산성비료 : 과인산석회, 중과인산석회 등
　㉯ 화학적 중성비료 : 황산암모늄(유안), 질산암모늄(초안), 황산가리, 염화가리, 콩깻묵, 어박 등
　㉰ 화학적 염기성비료 : 재, 석회질소, 용성인비 등
② 생리적 비료 : 비료 자체 반응이 아닌 뿌리 흡수 작용 및 미생물 작용에 의해 산성, 중성, 염기성으로 분류되는 비료
　㉮ 생리적 산성비료 : 황산암모늄, 황산가리, 염화가리 등
　㉯ 생리적 중성비료 : 질산암모늄, 요소, 과인산석회, 중과인산석회 등

㉰ 생리적 염기성비료 : 석회질소, 용성인비, 재, 칠레초석 등

5) 주요 비료의 역할

구분		내용
질소(N)	역할	• 탄소동화작용, 질소동화작용, 호흡작용 등 생리기능에 중요하며, 뿌리, 가지, 잎 등의 생장점에 많이 분포되어 있다. • 광합성작용 촉진으로 잎이나 줄기 등 수목의 생장에 도움을 준다.
	결핍	• 생장이 위축되고 성숙이 빨라진다. • 줄기나 가지가 가늘고 작아지며, 묵은 잎부터 황변하여 떨어진다.
	과잉	• 도장하며 약해지고 성숙이 늦어진다.
	종류	• 요소, 황산암모늄(흙을 산성으로 변하게 함, 유안), 석회질소, 질산암모늄(초안), 염화암모늄
인(P)	역할	• 세포분열 촉진, 꽃과 열매 및 뿌리 발육에 관여, 새눈, 잔가지 형성에 관여
	결핍	• 뿌리, 줄기, 가지 수가 적어지고 꽃과 열매가 불량해짐
	과잉	• 영양 생장이 단축되고 성숙 촉진, 수확량 감소
	종류	• 과인산석회, 중과인산석회, 용성인비, 용과인
칼륨(K)	역할	• 병해, 서리, 한발에 대한 저항성 향상, 꽃·열매의 향기 색깔 조절
	결핍	• 잎이 시들고 단백질과 녹말의 생성이 줄어듦
	종류	• 염화칼륨, 황산칼륨
칼슘(Ca)	역할	• 잎에 많이 존재하며 단백질 합성과 뿌리혹박테리아의 질소고정 역할
	결핍	• 뿌리나 새싹의 생장점이 파괴되어 갈색으로 죽는다. 가뭄과 추위의 피해가 커짐
마그네슘(Mg)	역할	• 광합성에 관여하는 효소의 활성화를 높인다.
	결핍	• 조기낙엽, 잎의 황백현상
황(S)	역할	• 꽃과 열매의 향기 조절, 호흡작용, 콩과 식물의 근류 형성, 탄수화물의 대사 작용에 관여
	결핍	• 단백질 합성 늦어짐, 콩과 식물의 질소고정 작용 저하
망간(Mn)	역할	• 철의 도움을 받아 엽록소 합성에 관여, 식물제 내의 산화환원 작용을 지배
	결핍	• 황화현상으로 생육 저해
붕소(B)	역할	• 꽃의 형성, 개화 및 과실 형성, 세포분열, 원형질막 구성, 대사 작용에 관계
	결핍	• 줄기 끝 생장점이 말라죽고 다음에 곁눈이 말라죽음, 잎이 밀생하고 비틀어지며 변색, 착화 곤란, 뿌리 생장 저하, 병해에 대한 저항성 약화
철(Fe)	역할	• 엽록소 생성 촉매 작용, 산소 운반, 효소의 부활제
	결핍	• 생육초기 발생하며 엽맥 사이 잎 조직에 황화현상 및 비단무늬모양 • 활엽수는 잎과 가지의 크기가 작아지고 조기 낙엽 현상

- **유안과 초안** : 황산암모늄을 [유안]이라고 하며, 질산암모늄을 [초안] 이라고 한다.
- **밑거름과 덧거름**

구분	효과	시비시기	목적	종류
밑거름 (춘비, 기비)	지효성거름	늦가을~이른 봄	지력회복	두엄, 깻묵, 계분
덧거름(추비)	속효성거름	봄~가을 (낙화 후, 열매딴 후)	수세회복	질소질비료, 화학비료

6) 시비방법
  ① 전면 거름주기 : 수목 식재 전 밑거름으로 비료를 살포하여 경운하는 경우
  ② 윤상 거름주기 : 수관 폭을 형성하는 가지 끝 아래에 수목 밑동을 중심으로 바퀴 모양으로 구덩이를 파서 거름을 주는 방법
  ③ 격윤상 거름주기 : 윤상의 방법이나 일정간격으로 띄어 거름을 주는 방법
  ④ 방사상 거름주기 : 수목 밑동에서 밖으로 빛이 퍼져나가는 형태로 거름을 주는 방법
  ⑤ 선상 거름주기 : 산울타리처럼 군식된 수목을 따라 도랑처럼 길게 거름 구덩이를 파서 거름을 주는 방법
  ⑥ 천공 거름주기 : 몇 군데에 구멍을 뚫고 거름을 주는 방법으로 비료 과다 투입에 따른 염류 장해가 발생할 수 있다.

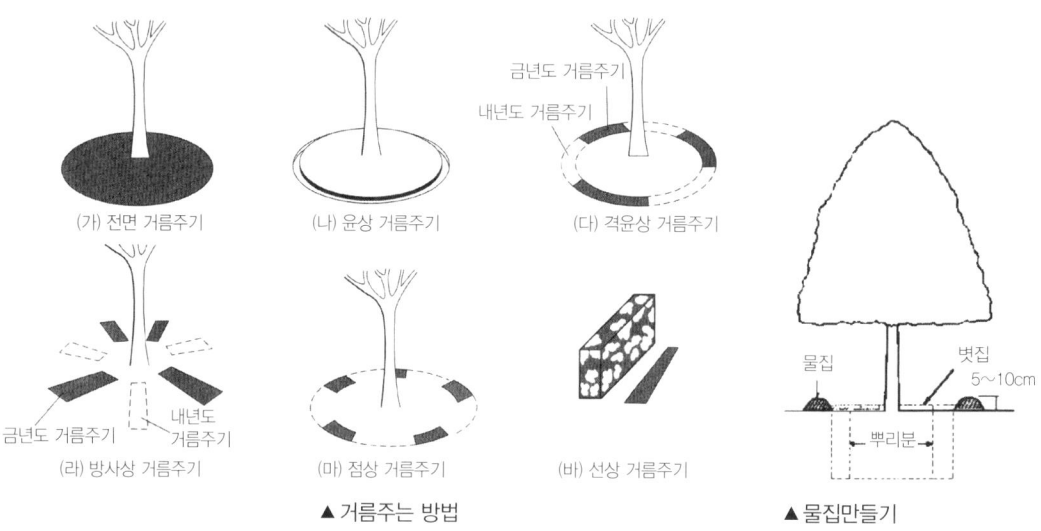

(가) 전면 거름주기   (나) 윤상 거름주기   (다) 격윤상 거름주기
(라) 방사상 거름주기   (마) 점상 거름주기   (바) 선상 거름주기

▲ 거름주는 방법   ▲ 물집만들기

라. 잡초방제

1) 잡초의 해
   ① 양분, 수분의 약탈
   ② 수온, 지온 저하
   ③ 병·해충의 발생 조장 및 월동 장소 제공
   ④ 정원의 미관 해침

2) 잡초의 종류
   ① 하계 1년생 잡초
      ㉮ 특징 : 봄부터 여름까지 발아, 종자는 이듬해 봄까지 토양 속에서 휴면
      ㉯ 종류 : 명아주, 강아지풀, 바랭이, 쇠비름

▲명아주

▲강아지풀

▲바랭이

▲쇠비름

   ② 동계 1년생 잡초
      ㉮ 특징 : 가을에 주로 발아, 늦봄 또는 초여름에 종자 맺음
      ㉯ 종류 : 냉이, 망초, 속속이풀, 개미자리, 벼룩나물

▲망초
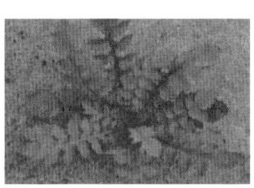
▲속속이풀

▲개미자리

▲벼룩나물

   ③ 여러해살이 잡초
      ㉮ 특징 : 2년 이상 사는 잡초
      ㉯ 종류 : 쑥, 쇠뜨기, 질경이, 띠, 소루쟁이, 클로버

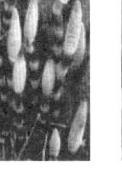
▲쇠뜨기

▲질경이

▲띠

▲쑥　　　　　　　　▲소루쟁이　　　　　　　▲클로버

- **쑥** : 강산성에 강하고 토양 산도의 영향이 적으며 가뭄에 잔디보다 강하다.
- **잡초의 번식** : 올미, 너도방동사니 – 덩이줄기(괴경), 가래 – 비늘줄기(인경)
- **휴면 & 일장** : 불량한 환경을 극복하기 위해 잠을 자는 것을 휴면이라 하고 일장에 영향을 받는다. 일장이란 1일 24시간 중의 명기(明期)의 길이를 말한다.

3) 잡초의 생리상태
① 환경 대해에 적응성이 크다.
② 재생 및 번식능력이 크다.
③ 종자의 휴면성이 높고, 수명이 길다.(명아주 30년, 소루쟁이 70년)
④ 종자의 다산성이 크고 발아에서 결실까지 일수가 짧다.

4) 잡초의 방제
① 재배적 방제법 : 잔디식재, 비닐 피복으로 잡초 발생을 줄임
② 물리적 방제법 : 물리적 힘으로 제거(베기, 뽑기, 태우기, 갈아엎기)
③ 화학적 방제법 : 제초제로 방제하는 방법으로 시간적, 경제적으로 효율적이나 위험이 뒤따른다.

5) 제초제
① 비선택성 제초제
　㉮ 그라목손, 근사미, 글라신, 마세트, 라운드업, 라쏘, 시마진, 삭술이, 바스타, 대장군.
　㉯ 패러쾃디클로라이드 액제(그라목손)와 글리포세이트 액제가 대표적인 비선택성 제초제이다.
② 선택성 제초제
　㉮ 잔디 등 화본과를 제외한 광엽 잡초만 고사시킴 : 반벨, 파란들
　㉯ 콩, 들깨 등 광엽식물을 제외한 피, 바랭이 등을 고사시킴 : 뉴원사이드

마. 조경 수목의 보호

1) 저온의 해
① 동해(凍害)

㉮ 식물체가 추위에 의해 세포막벽 표면에 결빙 현상이 일어나 죽는 현상이다.
㉯ 난지산(暖地産)수종, 생육지에서 멀리 떨어져 이식된 수종일수록 동해에 약하다.
㉰ 침엽수류와 낙엽활엽수류는 상록활엽수류보다 내동성이 크다.
㉱ 바람이 없고 맑게 갠 밤의 새벽에는 서리가 많이 내린다.

서리의 발생과 해, 예방

구분	내용
발생	• 오목한 지형, 온도차가 심한 남쪽 경사면, 배수가 불량한 지역에서 많이 발생 • 성목보다는 유령목, 겨울철에 질소질 비료 과다 지역에서 많이 발생
서리의 해	• 이른 서리의 해 (조상): 나무가 휴면에 들어가기 전 내린 서리로 피해를 입는 것 • 늦서리 해 (만상): 이른 봄 물 오른 나무가 서리의 해로 새싹이 피해를 입는 것 • 상륜(frost ring): 늦서리의 해로 인해 1년 나이테가 2개 생긴 것
서리해 예방	• 짚싸기를 하고, 훈연법, 연소법으로 지표면의 온도를 높여 준다. • 전정과 거름주기를 일찍 끝낸다. • 서리 해가 우려되는 지역에는 나무에 미리 살수를 한다.

② 상렬(霜烈)
㉮ 추위로 인해 나무껍질이 수선 방향으로 갈라지는 현상으로 지상 0.5~1.0m의 수간에서 많이 발생
㉯ 남서쪽 수피가 햇볕을 직접 받지 않도록 하고 수간에 짚싸기 또는 석회수 칠하기를 하여 예방
③ 상종(霜腫) : 상렬로 나무가 갈라지는 것을 반복하여 불룩해진 부분(병충해 피해를 받기 쉽다.)

■ **서리 피해에 가장 약한 수종** : 상록활엽수종
■ **동해 방지를 위한 줄기 감는 적기** : 9~10월

2) 고온의 해
① 껍질데기(피소)
㉮ 여름철 석양볕에 줄기가 열을 받아 갈라짐
㉯ 어린 나무에서는 거의 피해가 없으며 피해 범위는 지제부에서 지상 2m 내외
㉰ 약한 수종의 특징 : 껍질이 얇은 수종, 큰(흉고 직경 15~20cm)나무의 서쪽, 남서쪽 수간
② 한해(旱害, 한발의 해) : 여름에 기온이 높아 수분 증발이 심해 수분 부족으로 말라 죽는 현상
③ 영구위조(永久萎凋)
㉮ 위조란 식물이 말라 죽는 것을 말하며, 영구 위조란 토양 수분이 감소하여 위조가 심해질 때 시들어져 있는 식물에 물을 다시 주어도 위조가 회복되지 못하는 상태를 말한다.

㉯ 영구위조 시의 사토(砂土)의 경우 수분 함량은 2~4%이다.
④ 물주는 방법
㉮ 물은 한 번에 충분히 주며 비가 내려 흙 속에 충분한 물이 저장될 때까지는 계속 준다.
㉯ 여름철에 주는 물은 아침 또는 저녁에 준다.(한낮은 회피)
㉰ 기온과 비슷한 물을 준다.

3) 수목의 외과 수술
① 목적 : 천연기념물, 보호수, 노거수 및 희귀목 등 고목들이 상처로 쇠약해지고 말라죽는 것을 막기 위해 수목의 외과 수술을 실시
② 시기 : 생장이 왕성하고 유합이 잘 되는 4~9월 사이에 실시
③ 외과수술 순서 : ㉮ 부패부 제거 → ㉯ 살균·살충처리 → ㉰ 방부·방수처리 → ㉱ 동공충진 → ㉲ 매트처리 → ㉳ 인공나무껍질처리 → ㉴ 수지처리
④ 동공충진물 : 합성 수지인 에폭시수지, 불포화 폴리에스테르수지, 우레탄 등

(a) 동공 나무의 원상태

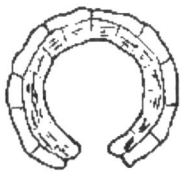
(b) 부패부를 제거하고 소독한 상태

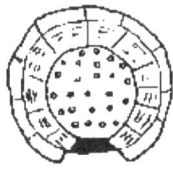
(c) 동공을 비우고 매트 처리한 상태

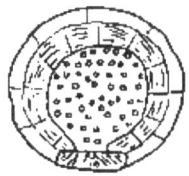
(d) 인공 나무 껍질을 처리한 상태

▲ 동공의 외과 수술

4) 수간주사
① 목적 : 쇠약한 나무, 외과 수술을 받은 나무, 병충해 피해를 입은 나무 등의 수세를 회복시키거나 발근 촉진을 위하여 인위적으로 약제를 나무줄기에 주입한다.
② 시기 : 수액이 왕성하게 이동하는 4~9월 사이 증산 작용이 왕성한 맑은 날 실시
③ 방법
㉮ 수간 밑에서 5~10cm에 구멍을 뚫은 다음 반대편에 지상에서 10~15cm 높이에 구멍을 뚫는다.
㉯ 구멍의 각도는 20~30° 유지되도록 하고 깊이는 3~4cm로 한다.
㉰ 수간 주입기를 180cm 정도 높이에 고정 시킨다.
㉱ 구멍 속에 약제를 채워 공기를 뺀 다음 마개로 닫는다.

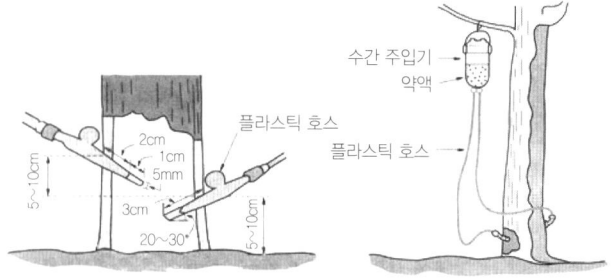
▲ 수간주사

5) 엽면시비
   ① 목적 : 약해, 동해, 공해 또는 인위적인 해에 의하여 나무의 세력이 약해졌을 때 잎에 양분을 공급하여 수목을 회복시키기 위해 실시
   ② 시기 : 맑은 날 오전
   ③ 방법 : 대상 나무에 요소나 영양제를 필요 농도로 희석하여 지상부 몸 전체가 충분히 젖도록 분무 살포

바. 병충해 방제
   1) 병해 용어
      ① 병원 : 수목에 병을 일으키는 원인을 병원이라 한다.
      ② 병원체와 병원균 : 병원이 생물이거나 바이러스일 때를 병원체, 세균이나 진균일 때를 병원균이라 한다.
      ③ 전반
         ㉮ 종자의 표면에 부착 후 전반 : 오리나무 갈색 무늬병균
         ㉯ 물에 의한 전반 : 향나무 붉은별 무늬병(적성병), 묘목 입고병
         ㉰ 바람에 의한 전반 : 잣나무 털녹병, 밤나무 흰가루병
         ㉱ 곤충, 소동물에 의한 전반 : 오동나무 빗자루병, 대추나무 빗자루병, 모자이크병
         ㉲ 토양에 의한 전반 : 묘목의 입고병, 근두암종병
         ㉳ 묘목에 의한 전반 : 잣나무 털녹병
      ④ 잠복기 : 감염에서 병징이 나타나서 발병하기까지의 기간
      ⑤ 중간기주
         ㉮ 발육 중간에 기생하는 기주
         ㉯ 기주 교대에서 2개의 기주 중에서 경제적 가치가 적은 것을 말한다.
      ⑥ 이종기생 : 한 기생 생물이 일생 동안에 두가지 이상의 다른 생물에 기생 하는 일
      ⑦ 기주교대
         ㉮ 녹병균이 생활사를 완성하기 위하여 기주를 바꾸는 것을 말하며, 2개의 기주 중에서 경제적 가치가 적은 것을 중간기주라고 한다.
         ㉯ 소나무잎녹병, 버느나무잎녹병, 오리나무잎녹병

   2) 식물병 발병
      ① 주인(主因) : 병에 직접 관여하는 요인을 주인
      ② 유인((誘因) : 주인의 활동을 도와서 발병을 촉진 시키는 환경요인
      ③ 병을 일으키는데 필요한 3대 요인 : 병원, 기주, 환경
      ④ 병원균의 동정 시 균사, 균핵, 자좌, 포자경을 표징이라고 한다.

3) 병충해의 종류
　① 전염성 병해
　　㉮ 바이러스 : 모자이크병
　　㉯ 마이코플라즈마 : 대추나무 빗자루병, 뽕나무 오갈병
　　㉰ 세균 : 뿌리혹병
　　㉱ 진균 : 흰가루병, 벚나무 빗자루병, 모잘록병
　② 수목의 병해
　　㉮ 바이러스병
　　　• 상처를 통하여 또는 곤충이 매개(진딧물)
　　　• 괴사성 반점이 나타나는 것이 특징이다.
　　㉯ 곰팡이류
　　　• 조균류 : 포도나무 노균병
　　　• 담자균류 : 붉은별무늬병, 잣나무털녹병, 소나무혹병, 깜부기병, 녹병
　　　• 자낭균류 : 흰가루병, 그을음병, 검은별무늬병
　　㉰ 세균류 : 박테리아, 구균, 나선균, 사상균
　　㉱ 기타 : 마이코플라즈마(대추나무 빗자루병, 뽕나무 오갈병)
　③ 충해
　　㉮ 즙을 빨아먹는 해충 : 진딧물, 응애, 깍지벌레, 슬립스, 매미
　　㉯ 잎을 갉아먹는 해충 : 나방류(ex : 송충이), 황금충
　　㉰ 구멍 뚫는 해충 : 하늘소류, 소나무좀
　　㉱ 소나무 3대 해충 : 솔나방, 소나무좀, 솔잎혹파리
　　㉲ 한국의 3대 해충 : 솔나방, 소나무좀, 흰불나방
　　㉳ 세계 3대 수목병 : 잣나무털녹병, 느릅나무시들음병, 밤나무 줄기마름병

> **코흐(koch)의 원칙**
> • 그 미생물이 언제나 그 병의 병환부에 존재하고
> • 미생물은 분리되어 배지 위에서 순수 배양되어야 한다.
> • 순수 배양한 미생물을 다른 개체에 접종하여 동일한 병이 발생되어야 한다.
> • 발병된 피해부위에서 접종에 사용되었던 미생물과 동일한 성질을 가진 미생물이 재분리되어야 한다.

　④ 수목병 중간 기주
　　㉮ 소나무 혹병 : 참나무류
　　㉯ 소나무 잎녹병 : 소나무, 해송, 스트로브잣나무
　　㉰ 털녹병 : 송이풀, 까치밥나무

⑴ 붉은별무늬병 : 향나무, 노간주나무
⑲ 포플러 잎녹병 : 낙엽송

> **방패벌레**
> 흡즙성 해충으로 버즘나무, 철쭉류, 배나무 등에서 많은 피해를 준다.

4) 방제법
  ① 식물병의 방제법
    ㉮ 환경개선 : 토양이 과습할 때 피해가 크므로 배수, 통풍을 좋게 한다.
    ㉯ 중간기주 제거
      • 잣나무 털녹병 : 송이풀, 까치밥나무
      • 포플러 잎녹병 : 낙엽송
      • 배나무 붉은별 무늬병(적성병) : 향나무
    ㉰ 윤작 실시 : 연작의 피해가 증가하는 경우(침엽수 입고병, 오동나무 탄저병)
  ② 병충해 방제법
    ㉮ 생물학적 방제법 : 천적의 이용
    ㉯ 물리적 방제법 : 전정 가지의 소각, 낙엽 태우기, 잠복소, 유살 등의 이용
    ㉰ 화학적 방제법 : 농약 이용
    ㉱ 재배학적 방제법 : 내충성이 강한 품종 선택
    ㉲ 종합적 방제법 : 농약, 천적 등 종합적 대처

5) 농약 및 생장 조정제
  ① 농약의 구분

구분	포장지색	종류
살충제	초록색	해충을 방제하는 약제로 디프제, 페니트로티온수화제(스미치온, 메프치온), 포스파미돈(포스팜), DDVP 등
살비제	초록색	응애목에 속하는 해충을 방제하는 약제
살균제	분홍색	병원균을 방제하는 약제로 다이센M-45, 보르도액, 석회황합제 등
제초제	노란색	선택성(반벨, 파란들 등) 제초제와 비선택성 제초제로 나뉨
생장조절제	청색	생장을 촉진하고 낙과를 방지하는 약제로 옥신, 지베렐린, 시토키닌, ABA, 에틸렌, 아토닉 등
보조제	흰색	농약이 해충의 몸이나 농작물의 표면에 잘 묻도록 하여 약효를 높여주는 약제
살충제 종류	–	페니트로티온수화제(메프치온, 스미치온), 포스파미돈(포스팜), 트리아조포스유제(호스타치온), 페노티오카브유제(우수수), 메티다티온(수프라사이드), DDVP, 디프제 등

구분		포장지색	종류
살균제 종류		−	만코제브수화제(다이센M−45), 베노밀, 캡탄(오소사이드)수화제, 테부코나졸 등
살비제 종류		−	디코폴액제(켈센) 등 응애방제 목적
제초제 종류	선택성 제초제	−	2,4 − D , 디캄바액제(반벨), 플라자설퓨론(파란들)
	비선택성 제초제	−	페러쾃딧클로라이드(그라목손), 글로포세이트(근사미, 글라신, 바스타, 삭술이, 하이로드 등) , 알라클로르유제(라쏘), 뷰타클로르(마세트) , 시마진 등

② 농약살포 공식

　㉮ 약량 = $\dfrac{\text{단위당(10a당) 농약살포량}}{\text{희석배수}}$

　㉯ 물양 = $\left(\dfrac{\text{원액농도(\%)}}{\text{희석농도(\%)}} - 1\right) \times \text{비중} \times \text{유제양}$

　㉰ 10a당 소요 약량 : $\dfrac{\text{추천농도(\%)} \times \text{10a당 살포량}}{\text{약액농도(\%)} \times \text{비중}}$

　㉱ 1000배액 : 원액 1 × 물양 1000

③ 농약의 물리적 성질

　㉮ 고착성(tenacity) : 살포하여 부착한 약제가 이슬이나 빗물에 씻겨 내리지 않고 식물체 표면에 묻어있는 성질

　㉯ 부착성(adhesiveness) : 작물 표면에 달라붙는 성질

　㉰ 침투성(penetrating) : 약제가 침투하는 성질

　㉱ 현수성(suspensibility) : 약제의 작은 알맹이가 약액 중에 골고루 퍼져있게 하는 성질

④ 농약 관련용어

　㉮ 유제 : 물에 녹지 않는 농약 원제를 유기 용매에 녹이고 계면활성제를 유화제로 첨가하여 만든 것으로, 물에 희석 하였을 때 유화되는 농약이다. 유화성, 안전성, 확진성, 고착성 등이 좋아야 한다.

　㉯ 용액 : 두 물질을 섞은 혼합물

　㉰ 유탁액 : 소량의 소수성 용매에 원제를 용해하고 유화제를 사용하여 물에 유화시킨 액, 유화제에 물이 섞였을 때 겔화가 일어나기 전 유화제가 수분을 허용하고 있는 상태

　㉱ 수용액 : 물을 용매로 하는 용액

　㉲ 현탁액 : 수화제를 물에 풀었을 때 녹지 않은 고체 미립자가 균등하게 분산된 살포액

- **상승효과(Synergistic effect)와 길항효과(Antagonistic effect)** : 서로의 작용을 높여주는 작용을 말하며 시너지 효과라고도 하며, 상대방의 효과를 상쇄 시키는 효과를 길항 효과 라고 한다.
- **유기인계** : 이네진이라고 불리며 수은계 농약대신 개발된 에스테르계 살충제이다.

⑤ 농약 사용 방법
  ㉮ 도포법 : 수간과 줄기 표면의 상처에 침투성 약액을 발라 조직내로 약효 성분이 흡수되게 하는 방법
  ㉯ 관주법 : 약액을 흙속에 주입하거나, 줄기에 주입하는 방법
  ㉰ 도말법 : 종자에 분말로 된 약제를 골고루 묻혀 처리 하는 방법
  ㉱ 분무법 : 분사 노즐을 이용하여 뿌려주는 방법
⑥ 농약 혼용 사용
  ㉮ 혼용 시 독성경감, 약효상승, 약효 지속시간 연장등의 장점이 있다.
  ㉯ 혼용 시 침전물이 생기면 사용하지 않아야 한다.
  ㉰ 농약의 혼용은 반드시 농약 혼용 가부표를 참고한다.
  ㉱ 농약을 혼용하여 조제한 약제는 될 수 있으면 즉시 살포하여야 한다.
⑦ 생장 조절호르몬
  ㉮ 생장촉진
    • 옥신 : 생장 및 착과 발근 촉진(예 : 루톤) 작용을 하며 IAA, IBA, NAA 등이 있다.
    • 지베렐린 : 생장 및 발육촉진 작용과 휴면타파를 하며 인공 합성이 불가능 하다.
    • 시토키닌 : 화아분화 형성과 세포분열 촉진하고 천연(IPA)과 합성(BA) 시토키닌이 있다.
    • 에틸렌 : 성숙, 숙성, 노화, 착색 촉진 호르몬으로 대표적인 약제로 에세폰이 있다.
  ㉯ 생장억제
    • ABA : 휴면유도, 낙엽촉진 호르몬
    • MH : 항옥신제로 옥신생성 억제, 맹아 억제
    • CCC, B-9 : 항지베렐린계로 신장 억제
⑧ 보조제
  ㉮ 전착제 : 농약의 주성분을 식물체에 잘 전착시키기 위한 약제
  ㉯ 증량제 : 분제 주성분의 농도를 낮추어 일정한 농도를 유지하기 위한 약제
  ㉰ 용제 : 약제의 유효 성분을 용해시키는 약제
  ㉱ 유화제 : 유제를 균일하게 분산시키는 약제, 계면활성제
  ㉲ 협력제 : 유효성분의 효력을 증진 시키는 약제

6) 주요 병해 증상 및 방제법
  ① 흰가루병 (백분병, 백삽병)
    ㉮ 특징
      • 잎과 새 가지에 흰가루 생기며 수목에 치명적이지는 않음
      • 통풍이 잘 안되는 지역에서 발생되며 장미, 배롱나무, 벚나무 등 많이 발생
      • 진균에 속하는 자낭균류의 대표적인 병해

㉯ 방제
- 햇볕이 잘 들고 통풍이 좋게 한다.
- 석회황합제, 4-4식보르도액, 만코제브(다이센M-45), 지오판수화제(톱신엠), 베노밀 수화제

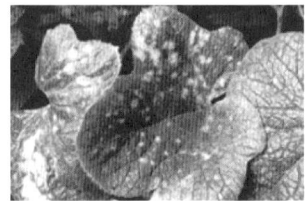

▲흰가루병

② 녹병
㉮ 특징 : 담자균류 녹균류가 기생하여 생기며 병든 잎과 줄기에 황적색 반점 발생
㉯ 방제
- 중간숙주를 없애고 녹병에 강한 품종을 재배
- 석회황합제, 4-4식보르도액, 만코지(다이센M-45) 등 흰가루병과 동일

▲녹병

③ 그을음병
㉮ 특징
- 5~6월 무렵 깍지벌레, 진딧물의 배설물에 의해 발생
- 생육이 불량한 잎과 줄기, 열매에 그을음이 발생
- 식물체는 급속히 말라 죽지는 않으나 광합성이 방해되므로 쇠약해진다
㉯ 방제
- 마라톤 유제, 메타시스톡스, 메프제(스미치온)로 진딧물을 구제
- 메티다티온(수프라사이드)유제로 깍지벌레 구제
- 다코닐, 유기구리제, 지오판 등의 살균제 산포

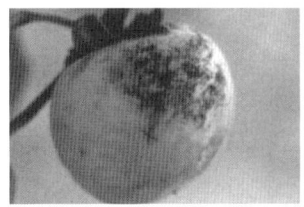

▲그을음병

④ 빗자루병
  ㉮ 특징 : 잎과 줄기에 피해, 잎은 소형으로 담황록색을 띤다.
  ㉯ 방제 : 매개충인 담배장님노린재, 마름무늬매미충을 제거, 옥시테트라 사이클린을 수간 주입

  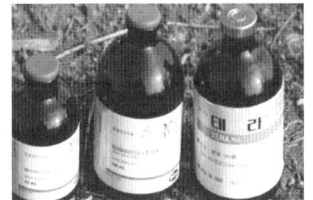

▲빗자루병

⑤ 오동나무 탄저병
  ㉮ 특징
    • 5~6월경 주로 묘목의 줄기와 잎에 많이 발생한다.
    • 어린 실생묘가 심하게 침해 되면 모잘록 증상을 띠면서 전멸하기도 한다.
    • 채광과 통풍이 불량한 지역에서 발생 한다.
  ㉯ 방제 : 6월상순부터 10일간격으로 만코제브 수화제(다이센 M-45) 500 배액을 살포하고 병든나무의 낙엽을 모아서 태워야 한다.

⑥ 참나무 시들음병
  ㉮ 특징
    • 2004년 성남에서 처음 발견
    • 광릉긴나무좀이 매개충이며 피해목은 여름부터 모두 낙엽된다.
    • 암컷 등판에는 곰팡이를 넣는 균낭이 있다.
    • 곰팡이가 도관을 막아 수분 양분을 차단하며 고사율이 20% 이상이다.
    • 월동한 성충은 5월경에 침입공을 빠져나와 새로운 나무를 가해한다.
  ㉯ 방제 : 5월경에 끈끈이 롤트랩 설치, 페니트로티온 수화제(메프치온, 스미치온 등)을 줄기에 살포한 후 랩으로 밀봉한다.

⑦ 줄기마름병
  ㉮ 특징 : 수피 파열, 환부 표면 오균체 형성한다.
  ㉯ 방제 : 환부 절단 후 발코트 바름, 이른 봄에 보르도액 산포한다.

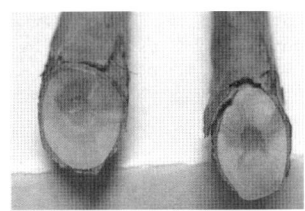 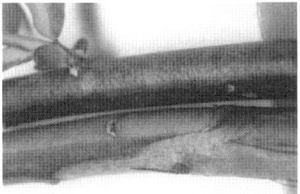 

▲줄기마름병

⑧ 갈색무늬병
   ㉮ 특징 : 7월~늦가을에 갈색 병반, 병든 잎에 갈색 병반, 병든 잎은 8월 조기 낙엽됨
   ㉯ 방제 : 싹트기 전 보르도액 산포한다.

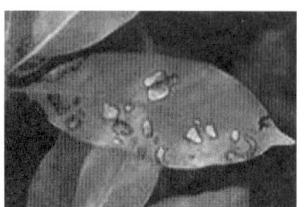  

▲갈색무늬병

- **4-4식 보르도액** : 물 1L에 황산동 4g과 생석회 4g이 들어간 것을 말한다.
- **톱신페스트** : 수목을 전정한 뒤 수분증발 및 병균 침입을 막기 위하여 상처 부위에 칠하는 도포제
- **ppm(pert per million)** : $\dfrac{1}{1{,}000{,}000}$ 을 말하고 1%는 10,000ppm이다.

7) 주요 해충 증상 및 방제법
   ① 응애류
      ㉮ 특징
         • 절지동물로서 거미강에 속한다.
         • 잎 뒷면의 즙을 먹어 노란색 반점을 남김
         • 응애는 살비제를 사용하되 동일 약종을 계속 사용하면 약제에 대하여 저항성의 응애가 생기므로 같은 약종의 연용은 피해야 한다.
         • 발생지역에 4월 중순부터 1주일 간격으로 2~3회 정도 살포한다.
      ㉯ 방제
         • 4월 중·하순 캘센 7~10일 간격으로 2~3회 살포한다.
         • 무당벌레, 풀잠자리, 포식성 응애, 거미 등의 천적을 보호한다.

 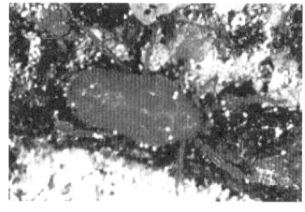 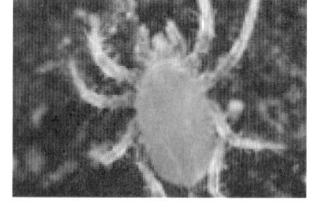

▲응애류

② 깍지벌레류
  ㉮ 특징
    • 잎이나 가지에 붙어 즙을 빨아 먹는다.
    • 잎이 황변하고 2차 그을음병을 유발한다.
  ㉯ 방제
    • 메티다티온(수프라사이드) 40% 유제 1,000배액을 5월 중·하순에 1주일 간격으로 2~3회 살포한다.
    • 무당벌레류, 풀잠자리류 등의 천적을 보호한다.

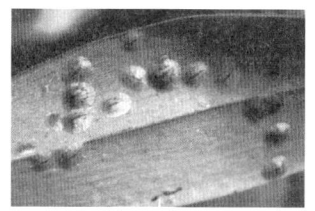 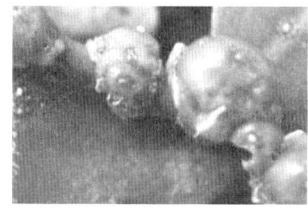 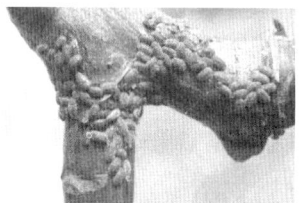

▲깍지벌레류

포스파미돈

포스팜이라고도 불리는 유기인계 살충제이다. 포스파미돈은 피부, 흡입, 섭취를 통해 노출 될 수 있는데 독성이 매우 높아 유해하고 치명적일 수 있다. 솔잎혹파리 구제시 수간주사로 많이 사용하며 대표적 약제로 다이메크론이 있다.

③ 진딧물류
  ㉮ 특징
    • 잎이나 새가지에 붙어 즙액을 빨아먹고 그을음병 유발 시킨다.
    • 유충은 적색, 분홍색, 검은색이다.
    • 끈끈한 분비물을 분비한다.
  ㉯ 방제
    • 발생 초기인 4월에 메타시스톡스 25%, 마라톤 50% 유제 1,000배액으로 하여 살포한다.
    • 무당벌레류, 꽃등에류, 풀잠자리류, 기생봉 등의 천적을 보호해야 좋다.

 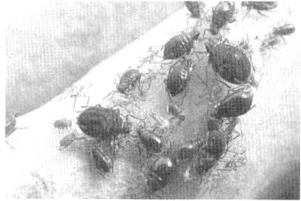 

▲진딧물류

④ 미국흰불나방
  ㉮ 특징
    • 번데기로 월동하며 1화기(6~7월 성충출현)보다 2화기(7~8월 성충출현) 때 피해가 더 심하다.
    • 집단 서식하며 잎이나 가지에 거미줄, 애벌레가 노숙해지면 분산해서 가해
  ㉯ 방제
    • 유충 가해기에 생물 농약인 슈리사이드 1,000배액을 살포한다.
    • 8월 중순에 피해목(버즘나무가 대표적임) 수간에 잠복소를 설치하여 유살한다.
    • 군서하는 유충을 피해 잎과 함께 채취하여 태운다.
    • 디프제(디프테렉스, 디프록스), 디플루벤주론(디밀린, 주론), 포스팜액제(다무르), 슈리사이드 등

  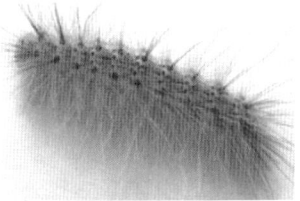

▲미국흰불나방

⑤ 솔나방
  ㉮ 특징
    • 식엽성 해충으로 송충이, 애벌레가 솔잎을 갉아먹어 나중에 말라죽음
    • 솔잎에 약 400~600개의 알을 낳는다.
    • 1년 1회로 성충은 7~8월에 발생한다.
  ㉯ 방제
    • 디프제(디프테렉스, 디프록스), 주론수화제(디밀린), 포스팜액제(다무르), 슈리사이드 등
    • 유충가해기에 마라톤 50% 유제 1,000배액 또는 70% 유제 1,500배액을 살포한다.
    • 10월에 피해 수간에 짚, 거적을 감아 월동 유충이 들어가게 한 다음 3월 이전에 방제하여 태운다.
    • 7월 하순에서 8월 상순에 성충을 등화유살(불빛을 비추어 모은 다음 죽임)
    • 뻐꾸기, 꾀꼬리, 두견새 등은 송충이를 잡아먹으므로 보호·활용해야 한다.

▲솔나방

⑥ 측백나무하늘소
  ㉮ 특징
    • 애벌레가 줄기 속을 가해하여 죽인다.
    • 배설물을 바깥쪽으로 배출하지 않기 때문에 발견하기가 어렵다.
  ㉯ 방제
    • 4월 상~하순에 메프(스미치온 등) 1,000배액을 2~3회 살포하여 부화유충을 죽게한다.
    • 피해를 입은 가지나 줄기를 10월부터 2월까지 소각한다.

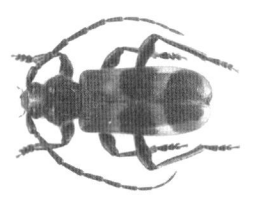 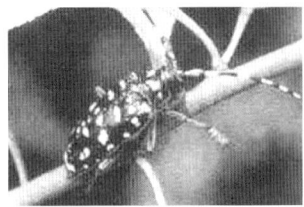 

▲측백나무하늘소

⑦ 소나무좀
  ㉮ 특징
    • 애벌레가 쇠약목에 구멍을 뚫음, 성충이 신초에 구멍 뚫음
    • 연 1회 발생하며 완전 변태를 한다.
    • 유충은 2회 탈피를 하고 유충 기간은 약 20일 이다.
    • 성충과 유충이 줄기의 수피 아래를 가해하는 1차 피해와 새로운 성충이 신초를 뚫고 들어가서 가해하는 2차 피해가 있다.
    • 성충이 3월에 수세가 약한 나무에 산란하고 유충은 4월에 줄기를 가해하며, 새로운 성충은 6월에 신초를 가해 한다.
  ㉯ 방제
    • 세력이 약한 식물 부분을 미리 발견하여 제거해야 번식처가 없어진다.
    • 통나무 원목이나 잘라낸 뿌리 등은 5월 이전에 껍질을 벗겨 번식처를 제거한다.
    • 페니트로티온수화제(메프치온, 스미치온 등)를 줄기에 살포한 후 랩으로 밀봉한다.
    • 스미치온, 다무르 등의 살충제를 사용할 수 있으나 효과는 미미하다.

 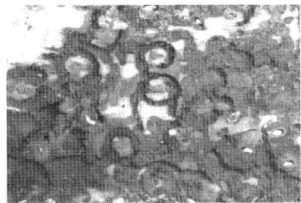 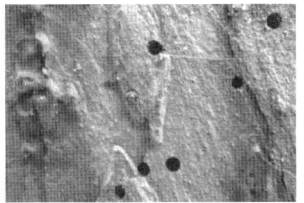

▲소나무좀

⑧ 솔잎혹파리
  ㉮ 특징
    • 1929년 창덕궁 후원과 전남 목포에서 처음 발견되었으며 1년에 1회 발생
    • 애벌레가 잎 기부에 혹(충영)을 만들고 즙을 빨아먹음
    • 유충으로 땅에서 월동한다.
  ㉯ 방제
    • 침투성 살충제를 사용한다.
    • 포스팜(다이메크론) 등을 6월 상순~7월 중순에 나무 줄기에 주사한다.
    • 성충 우화기인 5월 하순~6월 중순에 나크 3% 분제를 2~3회 지면 살포하기도 한다.
    • 천적 기생벌인 솔잎혹파리먹좀벌, 혹파리살이먹좀벌 등을 방사하면 효과가 좋다.

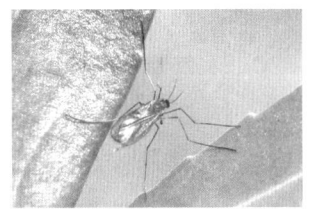  

▲솔잎혹파리

- **소나무 재선충**
  • 소나무, 잣나무 등에 기생하며 나무를 갉아먹는 선충으로써, 소나무의 에이즈라 불리기도 한다.
  • 매개충은 북방수염하늘소와 솔수염 하늘소이며 최대 출현하는 전성기는 여름이다.
- **소나무 녹포자** : 녹균류의 생식 기관의 일종으로 녹포자에 의해 만들어진 홀씨이며 소나무 혹 병의 환부가 4~5월에 터져서 흩어져 나온다.
- **무당벌레** : 약 90여종이 있으며 응애, 깍지벌레, 오리나무잎벌레 등의 천적으로 보호 되어야 할 익충이다.
- **식엽성 해충** : 솔나방, 텐트나방, 미국흰불나방 등
- **흰불나방** : 플라타너스, 포플러, 벚나무 → 디프제 살포, 잠복소 설치
- **흰가루병** : 장미, 목련, 단풍나무, 배롱나무, 벚나무, 느티나무 → 석회 유황제 살포, 보르도액살포
- **빗자루병** : 대추나무, 오동나무 → 옥시테트라사이클린 수간주사
- **잔디 붉은 녹병** : 석회 보르도액 , 핵사코나졸수화제

사. 잔디 및 화단 관리

1) 잔디깎기

① 잔디깎기 효과
  ㉮ 잡초 발생을 줄인다.
  ㉯ 잔디의 밀도를 높인다.(분얼이 촉진됨)
  ㉰ 평탄한 잔디밭을 만든다.
  ㉱ 병해를 방지한다.

② 잔디깎는 횟수
  ㉮ 여름형 잔디 : 여름철 고온기에 잘 자라므로 이 때 자주 깎아준다.
  ㉯ 겨울형 잔디 : 봄, 가을 서늘할 때 잘 자라므로 이 때 자주 깎아준다.
  ㉰ 가정용 정원 : 적어도 5, 6, 7, 9월은 월 1회, 8월은 월 2회 총 6회 깎아준다.
  ㉱ 공원용 정원 : 5월 1회, 6월 2회, 7월 2~3회, 8월 3~4회, 9월 2회, 10월 1회 총 11~13회

> **깎은 후의 잔디 길이**
> 가정, 공원, 공장의 잔디 : 2~3cm

③ 예취기의 종류
  ㉮ 핸드 모워 : 150m² 미만의 잔디밭 관리용
  ㉯ 그린 모워 : 골프장의 그린, 테니스 코트장 관리용, 0.5mm 단위로 깎는 높이 조절 가능
  ㉰ 로터리 모워 : 150m² 이상 면적의 학교, 공원용. 깎인면이 거칠다.
  ㉱ 갱 모워 : 15,000m² 이상의 골프장, 운동장, 경기장용, 트랙터에 달아 사용

▲그린모어

▲로터리모어

▲갱모어

④ 잔디밭 잡초
  ㉮ 잔디밭 관리에 가장 문제가 되는 잡초는 클로버이다.
  ㉯ 클로버 방제법 : 클로버는 손세초를 잘못하면 포복경이 끊어져 오히려 번식을 조장함. 선택성 제초제인 반벨(디캄바)로 방제한다.

2) 잔디밭 통기작업
    ① 목적 : 뿌리 호흡 촉진, 검불의 분해 촉진, 비료, 수분의 침투용이
    ② 통기 작업 기구
        ㉮ 스파이킹, 슬라이싱, 그린 시어, 레이크 등이 있다.
        ㉯ 스파이킹 : 통기성 확보를 위해 구멍을 뚫는 작업
        ㉰ 슬라이싱 : 칼로 토양을 베어주는 작업으로, 잔디의 포복경 및 지하경도 잘라주는 효과가 있으며 레노베이어, 론에어 등의 장비가 사용
        ㉱ 버티컬 모잉 : 잔디의 밀도를 줄여주는 작업 (솎아내는 작업)

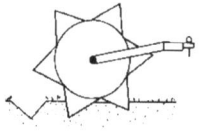
▲ 슬라이싱작업

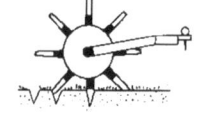
▲ 스파이킹 작업

3) 뗏밥넣기
    ① 목적 : 땅 속 줄기가 땅 위로 노출되는 것을 막아 표면이 고른 잔디밭으로 관리를 위함
    ② 효과
        ㉮ 노출된 땅 속 줄기를 보호 및 뿌리 신장 촉진
        ㉯ 잔디밭 표면을 고르게 함
        ㉰ 토양 개량제 혼합시 토양 개량 효과 얻음
        ㉱ 퇴적된 검불 잔나 잔디 방석의 분해 촉진
    ③ 뗏밥의 종류
        ㉮ 점토 : 밭흙 : 유기물 = 1:1:1 또는 2:1:1
        ㉯ 가는 모래 : 밭흙 : 유기물 = 2:1:1
    ④ 뗏밥 넣는 시기
        ㉮ 남방형(난지형) 잔디 : 6~8월에 각 1회씩 총 3회 또는 6~7월에 각 1회 (휴면기엔 실시 안함)
        ㉯ 북방형(한지형) 잔디 : 생육이 왕성한 9월에 실시
    ⑤ 뗏밥의 두께
        ㉮ 가정 : 0.5~1.0cm, 골프장 : 0.3~0.7cm
        ㉯ 일시에 많은 양을 주지 않는다.

4) 잔디밭 거름 주기
    ① 질소질 비료는 1회 주는 양이 $1m^2$당 4g을 넘어서지 않는다.
    ② 난지형 잔디는 봄과 여름에, 한지형 잔디는 봄과 가을에 시비한다.
    ③ 너무 건조하거나 습할때는 시비를 하지 않는다.

5) 잔디의 병충해

① 잔디의 병해

병명	발병 시기	특성 및 병징	방제약
녹병(붉은 녹병)	5~6월, 9~10월에 발생	• 담자균류에 속하는 곰팡이로 연 2회 발생 • 한국잔디의 대표적인 병, 엽초에 오랜지색(황갈색) 반점 생김 • 질소과다, 배수불량, 많이 밟을 때 발생	핵사코나졸, 디니코나졸
브라운패치	6~7월, 9월에 발생하며, 고온 다습시 발생	• 잎에 갈색 병반이 동그랗게 생김 • 서양 잔디에만 발생, 토양전염, 전파력이 매우 빠름, 산성땅, 질소비료 과용시, 잔디깎기 불량시 많이 발생	토양 소독, 훼나리, 티람제

② 잔디의 충해

병명	발병 시기	특성 및 병징	방제약
황금충류	4~9월	한국 잔디에 심함, 풍뎅이와 비슷, 애벌레가 잔디 뿌리를 가해	메프 유제, 아시트 분제

풍뎅이 유충

한국잔디 해충으로 가장 큰 피해를 준다.

③ 잔디의 생육을 불량하게 하는 요인
  ㉮ 태치
    잘려진 잎이나 말라 죽은 잎이 땅 위에 쌓여 있는 상태로 스펀지 같은 구조를 가지게 되어 물과 거름의 흡수가 어렵다.
  ㉯ 스캘핑(Scalping)
    너무 짧게 깎아서 잔디의 줄기나 포복경이 노출되어 누렇게 보이는 현상
  ㉰ 매트
    태치 밑에 썩은 잔디의 땅속 줄기와 같은 질긴 섬유 물질이 쌓여 있는 상태이다.

출제예상문제

01 일반적인 조경관리에 해당되지 않는 것은?

① 운영관리　　② 유지관리　　③ 이용관리　　④ 생산관리

02 다음 중 정원관리를 하는데 시간적, 계절적 제약을 가장 적게 받고 관리할 수 있는 것은?

① 정원석 관리　　② 잔디 관리　　③ 정원수 관리　　④ 초화 관리

03 정원수 전정의 목적에 합당하지 않는 것은?

① 지나치게 자라는 현상을 억제하여 나무의 자라는 힘을 고르게 한다.
② 움이 트는 것을 억제하여 나무의 생김새를 고르게 한다.
③ 강한 바람에 의해 나무가 쓰러지거나 가지가 손상되는 것을 막는다.
④ 채광, 통풍을 도움으로써 병, 벌레의 피해를 미연에 방지한다.

04 장미의 한 가지에 많은 봉우리가 있을 때 솎아 낸다든지, 열매를 따버리는 작업의 목적은?

① 생장조장을 돕는 가지다듬기
② 세력을 갱신하는 가지다듬기
③ 착화 촉진을 위한 가지다듬기
④ 생장을 억제하는 가지다듬기

05 다음 중 1회 신장형 수목은?

① 철쭉　　② 화백　　③ 삼나무　　④ 소나무

06 소나무류는 생장조절 및 수형을 바로잡기 위하여 순 따기를 실시하는데 대략 어느 시기에 실시하는가?

① 3~4월　　② 5~6월　　③ 7~8월　　④ 9~10월

07 소나무류의 잎 솎기는 어느 때 하는 것이 좋은가?

① 3월경　　② 4월경　　③ 6월경　　④ 8월경

정답 01 ④　02 ①　03 ②　04 ③　05 ④　06 ②　07 ④

08 소나무류의 순지르기는 어떤 목적을 위한 가지 다듬기 인가?

① 생장 조장을 돕는 가지 다듬기
② 생장을 억제하는 가지 다듬기
③ 세력을 갱신하는 가지 다듬기
④ 생리 조정을 위한 가지 다듬기

09 소나무의 순자르기 방법이 잘못 설명된 것은?

① 수세가 좋거나 어린나무는 다소 빨리 실시하고 노목이나 약해 보이는 나무는 5~7일 늦게 한다.
② 손으로 순을 따 주는 것이 좋다.
③ 5~6월경에 새순이 5~10cm 길이로 자랐을 때 실시한다.
④ 자라는 힘이 지나치다고 생각될 때에는 1/3~1/2 정도 남겨두고 끝부분을 따 버린다.

10 소나무 순지르기에 대한 설명이다. 옳지 않은 것은?

① 5~6월에 실시한다.
② 2~3개 남기고 중심순도 자른다.
③ 남길 순도 1/2~2/3 정도는 자른다.
④ 중심순만 남기고 모두 자른다.

11 다음 중 조경 수목의 화아분아와 가장 관련이 깊은 것은?

① 질소와 탄소비율
② 탄소와 칼륨비율
③ 질소와 인산비율
④ 인산과 칼륨비율

12 식물생육에 특히 많이 흡수 이용되는 거름의 3요소가 아닌 것은?

① N
② P
③ Ca
④ K

13 신장 생장이 불량하여 줄기나 가지가 가늘고 작아지며, 묵은 잎이 황변하여 떨어질 때 결핍된 비료의 요소는?

① 질소
② 인
③ 칼륨
④ 칼슘

정답 08 ② 09 ① 10 ④ 11 ① 12 ③ 13 ①

14 식물 생장에 꼭 필요한 원소 중 질소가 결핍 되었을때 생기는 현상은?

① 신장 생장이 불량하여 줄기나 가지가 가늘어지고 묵은 잎부터 황변하여 떨어진다.
② 잎이 비틀어지며 변색하고 결실이 좋지 못하며 뿌리의 생장이 저하된다.
③ 옥신의 부족으로 절간생장이 억제되고 잎이 작아진다.
④ 뿌리나 눈의 생장점이 붉게 변하여 죽고 건조나 추위의 해를 받기 쉽다.

15 속효성 비료로 계속 주면 흙이 산성으로 변하는 비료는?

① 황산암모늄　　② 요소　　③ 황산칼륨　　④ 중과석

16 거름을 줄 때 지켜야 할 점으로 잘못된 것은?

① 흙이 몹시 건조하면 맑은 물로 땅을 축이고 거름주기를 한다.
② 두엄, 퇴비 등으로 거름을 줄 때는 다소 덜 썩은 것을 선택하여 실시한다.
③ 속효성 거름주기는 7월말 이내에 끝낸다.
④ 거름을 주고 난 다음에는 흙으로 덮어 정리 작업을 실시한다.

17 다음 중 방사형 시비 방법으로 적당한 것은?

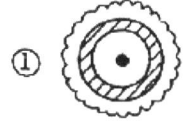  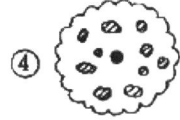

① ①　　② ②　　③ ③　　④ ④

18 생울타리처럼 수목이 대상으로 군식 되었을 때 거름을 주는 방법으로 가장 적당한 것은?

① 전면 거름주기　　② 방사상 거름주기
③ 천공 거름주기　　④ 선상 거름주기

19 모래땅에 비료를 줄 때 옳은 방법은?

① 밑거름을 많이 주고 덧거름은 적게 준다.　② 밑거름은 적게 주고 덧거름을 많이 준다.
③ 전량을 밑거름으로 준다.　　　　　　　　④ 전량을 덧거름으로 준다.

정답 14 ① 15 ① 16 ② 17 ② 18 ④ 19 ②

20 다음 중 조경 수목에 거름을 줄때 방법과 설명으로 틀린 것은?

① 윤상거름주기 : 수관폭을 형성하는 가지 끝 아래의 수관선을 기준으로 환상으로의 깊이 20~25cm, 너비20~30cm로 둥글게 판다.
② 방사상거름주기 : 파는 도랑의 깊이는 바깥쪽일수록 깊고 넓게 파야하며, 선을 중심으로 하여 길이는 수관폭의 1/3 정도로 한다.
③ 선상거름주기 : 수관선상에 깊이 20cm 정도의 구멍을 군데군데 뚫고 거름을 주는 방법으로 액비를 비탈면에 줄 때 적용한다.
④ 전면거름주기 : 한그루씩 거름을 줄 경우, 뿌리가 확장되어 있는 부분을 뿌리가 나오는 곳까지 전면으로 땅을 파고 주는 방법이다.

21 다음 그림 중 윤상거름 주기를 할 때 , 시비의 위치로 가장 적합한 곳은?

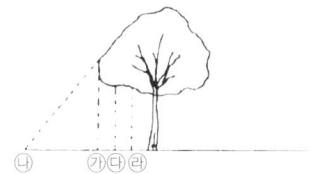

① 가
② 나
③ 다
④ 라

22 정원수를 이식할 때 가지와 잎을 적당히 잘라 주었다. 다음 목적 중 해당되는 것은?

① 생장 조장을 돕는 가지다듬기
② 생장을 억제하는 가지다듬기
③ 세력을 갱신하는 가지다듬기
④ 생리 조정을 위한 가지다듬기

23 나무 전정 방법으로 옳은 것은?

① 위는 약하게, 밑은 강하게
② 위는 강하게, 밑은 약하게
③ 아래 위 모두 강하게
④ 아래 위 모두 약하게

24 정원수 전정시 지하부와 지상부를 균형 있게 자르는 것은 어디에 속하나?

① 생장을 돕는 전정
② 갱신 및 개화 결실 촉진을 위한 전정
③ 생장을 억제하는 전정
④ 생리조정을 위한 전정

정답 20 ③ 21 ① 22 ④ 23 ② 24 ④

25 산울타리 전정에 대한 설명으로 틀린 것은?

① 울타리 높이가 1.5m 이상일 때는 위쪽이 좁은 사다리꼴로 다듬는다.
② 하부를 약하게 상부를 강하게 전정한다.
③ 수형이 커지면 몇 년에 한번씩 강하게 전정하여 수형을 작게 한다.
④ 사람 키보다 높을 때는 윗면을 먼저 다듬고 옆면을 다듬는다.

26 우리 나라의 가로수 전정의 주목적은?

① 억제를 위한 전정
② 생리 조절을 위한 전정
③ 수형을 만들기 위한 전정
④ 개화 결실의 조장을 위한 전정

27 조경수 전정의 유의 사항이 아닌 것은?

① 전정은 나무의 밑부터 시작하여 위로 올라간다.
② 도장지나 평행지는 수관 유지를 위해 전정한다.
③ 뿌리 부분에서 나오는 맹아는 전정한다.
④ 상부는 강하게 하부는 약하게 전정한다.

28 다음 중 틀린 것은?

① 적심(摘心)은 왕성한 가지의 신장을 억제하기 위해 새순이 굳기 전에 신초의 끝부분을 따버리는 것으로 향나무는 5~6월에 실시한다.
② 적아(摘芽)는 싹트기 전에 많은 눈 중에서 불필요한 눈을 제거하는 것이다.
③ 적심과 적아는 곁눈의 발육을 촉진시키고 새 가지의 배치를 고르게 하며 개화 작용을 촉진시킬 목적으로 실시한다.
④ 소나무를 적심할 때는 중심순은 자르지 않는다.

29 다음 중 겨울 전정의 잇점이 아닌 것은?

① 병해충 피해 가지 발견이 쉽다.　　② 작업이 쉽다.
③ 부정아 발생이 없다.　　④ 수형 및 가지 배치를 파악하기 어렵다.

 25 ④　26 ①　27 ①　28 ④　29 ④

30 우리나라에서 많이 실시하는 가로수 전정방법은?

① 스탠다드형　　　　　　② 토피어리형
③ 폴라드형　　　　　　　④ 산옥형

31 향나무, 주목 등을 일정한 모양으로 유지하기 위하여 전정을 하여 형태를 다듬었다. 가지다듬기는 어떤 목적을 위한 작업인가?

① 생장조장을 돕는 가지다듬기
② 생장을 억제하는 가지다듬기
③ 세력을 갱신하는 가지다듬기
④ 생리조정을 위한 가지다듬기

32 다음 중 수목에서 잘라야 할 가지가 아닌 것은?

① 수관 안으로 향한 가지
② 한 부위에서 평행하게 나오는 가지
③ 아래로 향한 가지
④ 수목의 주지

33 다음 중 수목을 기하학적인 모양으로 수관을 다듬어 만든 수형을 가리키는 것은?

① 정형수　　　② 형상수　　　③ 경관수　　　④ 녹음수

34 개화결실을 목적으로 실시하는 정지, 전정 방법 중 옳지 않은 것은?

① 약지(弱枝)는 길게, 강지(强枝)는 짧게 전정하여야 한다.
② 묵은 가지나 병충해 가지는 수액유동 전에 전정한다.
③ 작은 가지나 내측(內側)으로 뻗은 가지는 제거한다.
④ 개화 결실을 촉진하기 위하여 가지를 유인하거나 단근작업을 실시한다.

35 활엽수의 하향아(下向芽:바깥눈) 바로 위를 자르는 이유는?

① 수관이 넓게 퍼지도록　　　　② 수고 생장 촉진
③ 안으로 향한 가지 발생 촉진　　④ 정아성장을 촉진

정답 30 ③　31 ②　32 ④　33 ②　34 ①　35 ①

36 전정시기와 횟수에 관한 설명 중 올바르지 않은 것은?

① 침엽수는 10~11월경이나 2~3월에 한 번 실시한다.
② 상록활엽수는 5~6월과 9~10월경 두 번 실시한다.
③ 낙엽수는 일반적으로 11~3월 및 7~8월경에 각각 한 번 또는 두 번 전정한다.
④ 관목류는 일반적으로 계절이 변할 때마다 전정하는 것이 좋다.

37 정원수의 전지 및 전정방법으로 틀린 것은?

① 보통 바깥눈의 바로 윗부분을 자른다.
② 도장지, 병지, 고사지, 쇠약지, 서로 휘감긴 가지 등을 제거한다.
③ 침엽수의 전정은 생장이 왕성한 7~8월경에 실시하는 것이 좋다.
④ 도구로는 고지가위, 양손가위, 꽃가위, 한손가위 등이 있다.

38 다음 수목의 전정에 관한 설명 중 틀린 것은?

① 가로수의 밑가지는 2m 이상 되는 곳에서 나오도록 한다.
② 이식 후 활착을 위한 전정은 본래의 수형이 파괴되지 않도록 한다.
③ 춘계전정(4~5월)시 진달래, 목련 등의 화목류는 개화가 끝난 후에 하는 것이 좋다.
④ 하계전정(6~8월)은 수목의 생장이 왕성한 때이므로 강전정을 해도 나무가 상하지 않아서 좋다.

39 인공적인 수형을 만드는데 적합한 수목의 특징으로 틀린 것은?

① 자주 다듬어도 자라는 힘이 쇠약해지지 않는 나무
② 병이나 벌레 등에 견디는 힘이 강한 나무
③ 되도록 잎이 작고 잎의 양이 많은 나무
④ 다듬어 줄 때마다 잔가지와 잎보다는 굵은 가지가 잘 자라는 나무

40 전정(剪定)을 통해 얻어지는 결과라 볼 수 없는 것은?

① 수세의 조절
② 개화 결실의 조정
③ 일광, 통풍의 양호
④ 지상부의 쇠약

정답 36 ④ 37 ③ 38 ④ 39 ④ 40 ④

41 전정 요령으로 옳지 못한 것은?

① 나무 전체를 충분히 관찰하여 수형을 결정한 후 수형이나 목적에 맞게 전정한다.
② 불필요한 도장지는 단 한 번에 제거해야 한다.
③ 수양버들처럼 아래로 늘어지는 나무는 윗 쪽의 눈을 남겨 둔다.
④ 특별한 경우를 제외하고는 줄기 끝에서 여러 개의 가지가 발생치 않도록 해야 한다.

42 전정시기에 따른 전정요령 중 설명이 틀린 것은?

① 진달래, 목련 등 꽃나무는 꽃이 충실하게 되도록 개화직전에 전정해야 한다.
② 하계전정 시는 통풍과 일조가 잘되게 하고, 도장지는 제거해야 한다.
③ 떡갈나무 묵은 잎이 떨어지고, 새잎이 나올 때가 전정의 적기이다.
④ 가을에 강전정을 하면 수세가 저하되어 역효과가 난다.

43 수목의 일반적인 전정방법으로 옳지 않은 것은?

① 수형이나 목적에 맞지 않는 가지부터 자른다.
② 가지를 자를 때는 위쪽에서 아래쪽으로 자른다.
③ 가지를 자를 때 수관 밖에서부터 안쪽으로 자른다.
④ 가는 가지를 먼저 자르고, 그 다음 굵은 가지를 자른다.

44 다음 중 수목의 굵은 가지치기 요령 중 가장 거리가 먼 것은?

① 잘라낼 부위는 가지의 밑둥으로부터 10~15cm 부위를 위에서부터 밑까지 내리 자른다.
② 잘라낼 부위는 아래쪽에 가지굵기의 1/3 정도 깊이까지 톱자국을 먼저 만들어 놓는다.
③ 톱을 돌려 아래쪽에 만들어 놓은 상처보다 약간 높은 곳을 위로부터 내리 자른다.
④ 톱으로 자른 자리의 거친 면은 손칼로 깨끗이 다듬는다.

45 눈이 트기 전 가지의 여러 곳에 자리잡은 눈 가운데 필요로 하지 않은 눈을 따버리는 작업을 무엇이라 하는가?

① 순자르기　　　　　　　　② 열매따기
③ 가지치기　　　　　　　　④ 눈따기

정답 ▶ 41 ② 42 ① 43 ④ 44 ① 45 ④

46 다음 중 한 가지에 많은 봉우리가 생긴 경우 솎아 낸다든지, 열매를 따버리는 등의 작업 목적으로 가장 적당한 것은?

① 생장조장을 돕는 가지 다듬기
② 세력을 갱신하는 가지 다듬기
③ 착화 및 착과 촉진을 위한 가지 다듬기
④ 생장을 억제하는 가지 다듬기

47 다음 수목중 당년에 자란 가지에서 꽃이 피는 것은?

① 벚나무
② 철쭉류
③ 배롱나무
④ 명자나무

48 그 해에 자란 가지에 꽃눈이 분화하여 월동 후 봄에 개화하는 형태의 수종은?

① 능소화
② 배롱나무
③ 개나리
④ 장미

49 소나무나 오엽송 등의 높은 위치에 가지를 전정하거나 열매를 채취할 경우 사용하는 전정가위는?

① 갈쿠리전정가위(고지가위)
② 조형전정가위
③ 대형 전정가위
④ 순치기가위

50 전정가위의 사용 설명이 잘못된 것은?

① 전정가위의 날을 가지 밑으로 가게 한다.
② 전정가위를 가지에 비스듬이 대고 자른다.
③ 잘려지는 부분을 잡고 밑으로 약간 눌러준다.
④ 가위를 위쪽에서 몸 앞쪽으로 돌리는 듯 자른다.

51 굵은 가지를 전정하였을 때 전정부위에 반드시 도포제를 발라주어야 하는 수종은?

① 잣나무
② 메타세쿼이아
③ 소나무
④ 벚나무

정답 ▶ 46 ③ 47 ③ 48 ③ 49 ① 50 ② 51 ④

52 이식한 수목의 줄기와 가지에 새끼로 수피감기 하는 이유가 아닌 것은?

① 경관을 향상시킨다.
② 수피로부터 수분 증산을 억제한다.
③ 병·해충의 침입을 막아준다.
④ 강한 태양광선으로부터 피해를 막아 준다.

53 상렬에 대한 설명 중 옳지 않은 것은?

① 상렬의 반복으로 나무가 불룩해진 부분을 상종이라 한다.
② 남서쪽의 수피가 햇볕에 직접 받을 때 피해가 크다.
③ 상렬의 피해가 심한 곳은 지상 0.5~1.0m 높이의 수간이다.
④ 상렬의 피해로 나이테가 1년에 2번 생긴 것을 상륜이라 한다.

54 추위에 의하여 나무의 줄기 또는 수피가 수선 방향으로 갈라지는 현상을 무엇이라 하는가?

① 고사　　　　　　　　　　② 피소
③ 상렬　　　　　　　　　　④ 괴사

55 다음 중 상렬의 피해가 가장 적게 나타나는 수종은?

① 소나무　　　　　　　　　② 단풍나무
③ 일본목련　　　　　　　　④ 배롱나무

56 추위로 줄기 밑 수피가 얼어 터져 세로 방향의 금이 생겨 말라죽는 경우가 생기는 수종은?

① 단풍나무　　　　　　　　② 은행나무
③ 버즘나무　　　　　　　　④ 소나무

57 물주기에 대한 설명 중 옳은 것은?

① 봄철부터 물을 주며 장마철까지 계속 준다.
② 물은 조금씩 자주 주는 것이 좋다.
③ 여름철에는 10℃, 겨울철에는 20℃의 물을 준다.
④ 여름철에는 한낮에 주는 것이 가장 좋다.

정답 52 ① 53 ④ 54 ③ 55 ① 56 ① 57 ①

58 영구위조(永久萎凋) 시의 토양의 수분 함량은 모래(砂土)의 경우 몇 %인가?

① 2~3%   ② 10~15%
③ 20~25%   ④ 30~40%

59 껍질데기(피소)에 대한 설명 중 옳지 않은 것은?

① 흉고직경 큰(15~20cm) 나무의 서쪽, 남서쪽 수간에 피해가 크다.
② 예방법에는 하목식재, 새끼감기, 석회수 칠하기 등이 있다.
③ 소나무, 해송, 주목 등 송진이 많은 나무에 피해가 크다.
④ 여름철 석양볕에 줄기가 열을 받아 갈라지는 현상을 피소라 한다.

60 수피가 얇은 나무에서 수피가 타는 것을 방지 하기위하여 실시해야 할 작업은?

① 수관주사주입   ② 낙엽깔기
③ 줄기싸기   ④ 받침대 세우기

61 다음 중 줄기가 아래로 늘어지는 생김새의 수간을 가진 나무의 모양을 무엇이라 하는가?

① 쌍간   ② 다간   ③ 직간   ④ 현애

62 수목 줄기의 썩은 부분을 도려내고 구멍에 충진 수술을 하고자 할 때 가장 효과적인 시기는?

① 1월~3월
② 4월~6월
③ 10월~12월
④ 아무시기나 상관없다.

63 아래 〈보기〉는 수목 외과수술 방법의 순서이다. 작업순서를 바르게 나열한 것은?

| ㉠ 동공충진 | ㉡ 부패부 제거 | ㉢ 살균 · 살충처리 | ㉣ 매트처리 |
| ㉤ 방부 · 방수처리 | ㉥ 인공나무 껍질 처리 | ㉦ 수지처리 | |

① ㉠→㉡→㉢→㉣→㉤→㉦→㉥
② ㉢→㉥→㉦→㉣→㉠→㉤→㉡
③ ㉡→㉢→㉤→㉠→㉣→㉥→㉦
④ ㉥→㉡→㉣→㉢→㉤→㉦→㉠

정답 58 ① 59 ③ 60 ③ 61 ④ 62 ② 63 ③

64 잠복소를 설치하는 목적에 가장 적당한 설명은 어느 것인가?

① 동해의 방지를 위해
② 월동 벌레를 유인하여 봄에 태우기 위해
③ 겨울의 가뭄 피해를 막기 위해
④ 동해나 나무 생육 조절을 위해

65 다음 수종 중 빗자루병에 잘 걸리는 나무는?

① 향나무 ② 소나무 ③ 벚나무 ④ 목련

66 파이토플라즈마에 의한 주요 수목병에 해당되지 않는 것은?

① 오동나무빗자루병 ② 뽕나무오갈병
③ 대추나무빗자루병 ④ 소나무시들음병

67 수목에 피해를 주는 병해 가운데 나무 전체에 발생하는 것은?

① 흰비단병, 근두암종병 등
② 암종병, 가지마름병 등
③ 시듦병, 세균선 염부병 등
④ 붉은별무늬병, 갈색무늬병 등

68 다음 중 흰불나방의 피해가 가장 많이 발생하는 수종은?

① 감나무 ② 사철나무 ③ 플라타너스 ④ 측백나무

69 모과나무의 붉은별무늬병의 여름포자·겨울포자 세대(중간기주)의 식물은?

① 잣나무 ② 향나무 ③ 배나무 ④ 느티나무

70 해충의 방제 방법 분류상 '잠복소'를 설치하여 해충을 방제하는 방법은?

① 물리적 방제법 ② 내병성 품종 이용법
③ 생물적 방제법 ④ 화학적 방제법

정답 ▶ 64 ② 65 ③ 66 ④ 67 ③ 68 ③ 69 ② 70 ①

71 솔잎혹파리에는 먹좀벌을 방사시키면 방제효과가 있다. 이러한 방제법에 해당하는 것은?

① 가꾸기에 의한 방제법　　② 생물적 방제법
③ 물리적 방제법　　　　　　④ 화학적 방제법

72 다음 병원체의 월동방법 중 토양 중에서 월동하는 병원균은?

① 자주빛날개무늬병균
② 소나무잎떨림병균
③ 밤나무줄기마름병균
④ 잣나무털녹병균

73 다음 제초작업에 관한 설명 중 틀린 것은?

① 농약 제초제는 사용범위가 좁고, 제초 효과가 오랫동안 지속되지 않는다.
② 제초 작업시 잡초의 뿌리 및 지하경을 완전히 제거해야 한다.
③ 심한 모래땅이나 척박한 토양에서는 약해가 우려되므로 제초제를 사용하지 않는다.
④ 인력 제초는 비효율적이나 약해의 우려가 없어 안전한 방법이다.

74 주로 수목을 가해하는 해충으로 우리나라에서 1년에 2회 발생하는 것은?

① 독나방　　　　　② 미국흰불나방
③ 어스랭이나방　　④ 집시나방

75 다음 중 소나무류를 가해하는 해충이 아닌 것은?

① 솔나방　　② 미국흰불나방
③ 소나무좀　④ 솔잎혹파리

76 가을철 버즘나무 줄기에 잠복소를 설치하는 가장 큰 이유는?

① 추위를 막기 위하여
② 솔나방을 유인하기 위하여
③ 미국 흰불나방을 유인 살포하기 위하여
④ 수분증발을 억제하기 위하여

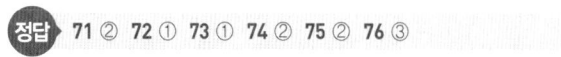

77 응애(mite)의 피해 및 구제법으로 틀린 것은?

① 살비제를 살포하여 구제한다.
② 같은 농약의 연용을 피하는 것이 좋다.
③ 발생지역에 4월 중순부터 1주일 간격으로 3회 정도 살포 한다.
④ 침엽수에는 피해를 주지 않으므로 약제를 살포하지 않는다.

78 다음 조경 식물의 주요 해충 중 흡즙성 해충은?

① 깍지벌레
② 독나방
③ 오리나무잎벌
④ 미끈이하늘소

79 다음 중 잎이나 가지에 붙어 즙액을 빨아먹어 잎이 황색으로 변하게 되고 2차적으로 그을음병을 유발시키며, 감나무, 동백나무, 호랑가시나무, 사철나무, 치자나무 등에 공통적으로 발생하기 쉬운 충해는?

① 흰불나방
② 측백나무 하늘소
③ 깍지벌레
④ 진딧물

80 진딧물, 깍지벌레와 관계가 가장 깊은 병은?

① 흰가루병
② 빗자루병
③ 줄기마름병
④ 그을음병

81 다음 수종 중 흰가루 병이 가장 잘 걸리는 식물은?

① 대추나무
② 향나무
③ 동백나무
④ 장미

82 흰가루병을 방제하기 위하여 사용하는 약품으로 부적당한 것은?

① 티오파네이트메틸수화제 (지오판엠)
② 결정석회황합제(유황합제)
③ 디비이디시(황산구리)유제(산요루)
④ 데메톤-에스-메틸유제(메타시스톡스)

정답 77 ④ 78 ① 79 ③ 80 ④ 81 ④ 82 ④

83 다음 중 좋은 상태의 수목을 고르는 요령으로 가장 거리가 먼 것은?

① 가지의 수가 지나치게 많지 않고, 여러 방향으로 고르게 배치된 것
② 뿌리의 발육이 좋고 곧은 뿌리보다 곁뿌리가 훨씬 많은 것
③ 병, 해충의 피해를 입은 흔적이 없고, 잔가지가 충실한 것
④ 뿌리에 비해 가지가 훨씬 많은 것

84 병해충 방제를 목적으로 쓰이는 농약의 포장지 표기 형식 중 색깔이 분홍색을 나타내는 것은 어떤 종류의 농약을 가리키는가?

① 살충제
② 살균제
③ 제초제
④ 살비제

85 조경 수목에 사용되는 농약과 관련된 내용으로 부적합한 것은?

① 농약은 다른 용기에 옮겨 보관하지 않는다.
② 살포작업은 아침, 저녁 서늘한 때를 피하여 한 낮 뜨거운 때 작업한다.
③ 살포작업 중에는 음식을 먹거나 담배를 피우면 안된다.
④ 농약 살포작업은 한 사람이 2시간 이상 계속하지 않는다.

86 관상용 열매의 착색을 촉진시키기 위하여 살포하는 농약은?

① 지베렐린수용제 (지베렐린)
② 비나인수화제 (비나인)
③ 말레이액제 (액아단)
④ 에세폰액제 (에스렐)

87 다음 중 수목의 생장을 촉진하기 위하여 살포하는 생장조절제는?

① 부타클로르 · 에톡시설퓨론입제(풀제로)
② 리뉴론수화제(아파론)
③ 아토닉액제(삼공아토닉)
④ 글리포세이트액제(근사미)

 83 ④ 84 ② 85 ② 86 ④ 87 ③

88 수목 생육기 중 깍지벌레의 구제 농약으로 가장 적당한 것은?

① 메치온 유제(수프라사이드)
② 지오람 수화제(호마이)
③ 메타 유제(메타시스톡스)
④ 디프 수화제(디프록스)

89 진딧물 구제에 적당한 약제가 아닌 것은?

① 메타유제(메타시스톡스)
② 디디브이피제(DDVP)
③ 포스팜제(다이메크론)
④ 만코지제(다이센 M45)

90 플라타너스에 발생 된 흰불나방을 구제하고자 할 때 가장 효과가 좋은 약제는?

① 주론수화제(디밀린)
② 디코폴유제(켈센)
③ 만코제브(다이센 M – 45)
④ 지오판도포제(톱신페스트)

91 소나무에 많이 발생하는 솔나방 구제에 가장 효과적인 농약은?

① 만코지제(다이센)
② 캡탄수화제(오소싸이드)
③ 포리옥신수화제
④ 디프제(디프록스)

92 다음 중 생장조절제가 아닌 것은?

① 비에이액제(영일비에이)
② 도마돔톤액제(정밀도마도톤)
③ 인돌비액제(도래미)
④ 파라코액제(그라목손)

93 다음 중 미국흰불나방 구제에 가장 효과가 좋은 것은?

① 메탈락실수화제(리도밀)
② 디코폴수화제(켈센)
③ 패러쾃디클로라이드액제(그라목손)
④ 트리클로르폰수화제(디프록스)

 88 ① 89 ④ 90 ① 91 ④ 92 ④ 93 ④

94 다수진 50% 유제 100CC를 0.05%로 희석하려 할때 필요한 물의 양은?

① 25L ② 30L ③ 50L ④ 100L

95 다음 중 잎에 등황색의 반점이 생기고 반점으로부터 붉은 가루가 발생하는 병으로 한국 잔디의 대표적인 것은?

① 붉은녹병 ② 푸사륨 패치
③ 황화현상 ④ 달라스 폿

96 한국 잔디류에 가장 많이 생기는 병해는?

① 브라운 패치 ② 녹병
③ 핑크 패치 ④ 달라 스폿

97 다져진 잔디밭에 공기 유통이 잘되도록 구멍을 뚫는 기계는?

① 소드 바운드 ② 론 모우어
③ 론 스파이크 ④ 레이크

98 골프장의 그린에 주로 식재되어 초장을 4~7mm로 짧게 깎아 관리하는 잔디는?

① 한국 잔디 ② 버뮤다 그래스
③ 라이 그래스 ④ 벤트그래스

99 난지형 잔디밭에 떗밥을 넣어주는 적기는?

① 3~4월 ② 6~8월 ③ 9~10월 ④ 11~1월

100 잔디 떗밥주기가 적당하지 않은 것은?

① 흙은 5mm 체로 쳐서 사용한다.
② 난지형 잔디의 경우는 생육이 왕성한 6~8월에 준다.
③ 잔디 표지전면을 골고루 뿌리고 레이크로 긁어 준다.
④ 일시에 많이 주는 것이 효과적이다.

정답 94 ④ 95 ① 96 ② 97 ③ 98 ④ 99 ② 100 ④

101 잔디의 거름주기 방법으로 적당하지 않은 것은?

① 질소질 거름은 1회 주는 양이 1㎡ 당 10g 이상 이어야 한다.
② 난지형 잔디는 하절기에 한지형 잔디는 봄과 가을에 집중해서 준다.
③ 화학비료인 경우 년간 3 – 8회 정도로 나누어 거름주기 한다.
④ 가능하면 제초작업 후 비오기 전에 실시한다.

102 다음 중 파종 잔디 조성에 관한 설명으로 잘못된 것은?

① 1ha당 잔디종자는 약 50~150kg정도 파종한다.
② 파종 시기는 난지형 잔디는 5~6월 초순 경, 한지형 잔디는 9~10월 또는 3~5월 경을 적기로 한다.
③ 종방향, 횡방향으로 파종하고 충분히 복토한다.
④ 토양 수분 유지를 위해 폴리에틸렌필름이나 볏 집, 황 마천, 차광막 등으로 덮어준다.

103 잔디 깎기 작업의 효과가 아닌 것은?

① 잡초 발생을 줄일 수 있다.
② 평평한 잔디밭을 만들 수 있다.
③ 잔디 포기 갈라짐을 억제시켜 준다.
④ 아름다운 잔디면을 감상할 수 있다.

104 다음 중 일반적인 잔디 깎기의 요령으로 틀린 것은?

① 깎는 빈도와 높이는 규칙적이어야 한다.
② 깎는 기계의 방향은 계획적이고 규칙적이어야 미관상 좋다
③ 깎아낸 잔디는 잔디밭에 그대로 두면 비료가 되므로 그대로 두는 것이 좋다
④ 키가 큰 잔디는 한번에 깎지 말고 처음에는 높게 깎아주고 상태를 보아가면서 서서히 낮게 깎아 준다.

105 다음 중 잔디밭의 넓이가 165㎡(약 50평) 이상으로 잔디의 품질이 아주 좋지 않아도 되는 골프장의 러프지역, 공원의 수목지역 등에 많이 사용하는 잔디 깎는 기계는?

① 핸드모우어　　　　　　② 그린모우어
③ 로타리모우어　　　　　④ 갱모우어

 101 ①　102 ③　103 ③　104 ③　105 ③

106 난지형 잔디밭에 뗏밥을 넣어주는 적기는?

① 3~4월　　　② 6~8월　　　③ 9~10월　　　④ 11~1월

107 시설물 관리를 위한 페인트칠하기의 방법으로 적당치 못한 것은?

① 목재의 바탕칠을 할 때는 먼저 표면상태 및 건조 상태를 확인해야 한다.
② 철재의 바탕칠을 할 때에는 불순물을 제거한 후 바로 페인트칠을 하면 된다.
③ 목재의 갈라진 구멍, 홈, 틈은 퍼티로 땜질하며 24시간 후 초벌칠을 한다.
④ 콘크리트, 모르타르면의 틈은 석고로 땜질하고 유성 또는 수성 페인트를 칠한다.

108 다음 중 시설물의 관리를 위한 방법으로 적합하지 못한 것은?

① 콘크리트 포장의 갈라진 부분은 파손된 재료 및 이물질을 완전히 제거한 후 조치한다.
② 배수시설은 정기적인 점검을 실시하고, 배수구의 잡물을 제거한다.
③ 벽돌 및 자연석 등의 원로포장의 파손 시는 모래를 당초 기본높이 만큼만 깔고 보수한다.
④ 유희시설물의 점검은 용접부분 및 움직임이 많은 부분을 철저히 조사한다.

109 조경 시설물 관리를 위한 연간 작업 계획표를 작성하려 할 때 작업 내용에 포함되지 않은 것은?

① 하자공사　　　② 안전점검　　　③ 전면도장　　　④ 수관손질

110 조경공간에서의 휴지통에 대한 설명 중 틀린 것은?

① 통풍이 좋고 건조하기 쉬운 구조로 한다.
② 내화성이 있는 구조로 한다.
③ 쓰레기를 수거하기 쉽도록 한다.
④ 지저분하므로 눈에 잘 띄지 않는 장소에 설치한다.

정답 106 ②　107 ②　108 ③　109 ④　110 ④

제2부
CBT 복원문제

CBT 복원문제 _ 2019년 1회

01 고구려는 여러번에 걸쳐 수도를 옮겼는데 주몽은 처음 졸본 지역에 정착하여 졸본성에 수도를 정하게 된다. 다음 중 졸본성에 있는 산성은?

① 남한산성 ② 대성산성
③ 강화산성 ④ 오녀산성

📖 졸본성 환인분지의 약 800m의 산지에 축조된 오녀산성은 남북 약 1,000m, 동서 너비 약 300m의 비교적 규모가 큰 성인데, 동·서·남쪽은 모두 넓직한 돌로 성벽을 쌓았고, 북쪽은 수직에 가까운 벼랑에 의지하여 성벽을 이루었다.

02 다음 중 별서 정원의 연결이 바르게 된 것은?

① 송시열 - 남간정사
② 김조순 - 초간정
③ 윤선도 - 다산초당
④ 정영방 - 옥호정

📖 대전광역시 동구 가양동에 있는 조선 중기의 별당으로 조선 후기의 유학자 송시열이 제자들을 가르쳤던 건물이다.

03 다음 일본의 조경 양식별 대표작에 대한 설명으로 잘못된 것은?

① 평안시대 동삼조전은 침전식 양식이다.
② 겸창시대 서방사는 축경식 양식이다.
③ 실정시대 대선원, 용안사 정원은 고산수식 양식이다.
④ 강호시대 계리궁은 회유식 양식이다.

📖 겸창시대 서방사 정원은 회유 임천식 양식이다.

04 다음 중 고대 이집트 무덤인 사자의 정원에 설치되지 않았던 것은?

① 사각형의 연못 ② 수목의 열식
③ 키오스크 ④ 원형 분수

📖 이집트 대표적인 사자의 정원에는 레크미라와 테베가 있고, 이집트인들은 죽은 자를 위한 사자(死者)의 정원을 꾸몄다.

05 다음 중 앙드레 르 노트르 건축물이 아닌 것은?

① 보르비콩트 ② 베르사유궁
③ 생클루 ④ 벨베데레원

📖 건축가 브라만테(Donato Bramante)는 로마법왕 율리우스 2세의 명을 받아 바티칸 궁전(Vatican Palace)의 벨베데레원(Belvedere)을 설계하였다.

06 탑골 공원은 사적 제354호로 지정되어 있으며 우리나라 최초의 대중적 성격의 공원이다. 탑골 공원의 설계자는?

① 옴스테드 ② 브라운
③ 브릿지맨 ④ 켄트

📖 고종 34년에 영국인 브라운의 설계에 의해 공원으로 조성되었으며 파고다 공원이라고도 한다.

07 다음 중 창덕궁 후원 내 옥류천 일원에 위치하고 있는 궁궐 내 유일의 초정은?

① 애련정 ② 부용정
③ 관람정 ④ 청의정

> 해설 초정(草亭) : 지붕을 기와가 아닌 풀로 얹은 정자를 말한다.

08 다음은 야생 동물의 서식처와 관련된 인자들이다. 야생 동물의 서식처와 가장 밀접한 관련이 있는 것은?

① 지형의 변화
② 식생분포
③ 토양분포
④ 인공구조물 분포

> 해설 하나의 야생 동물은 2가지 이상의 식생형을 필요로 한다. 즉 새들은 둥지를 만들 곳과 먹이를 구할 곳이 필요하다. 따라서 둘 이상의 식생형이 만나는 곳에 많은 야생 동물을 볼 수 있다.

09 조경 식재 설계도를 작성할 때 수목명, 규격, 본수 등을 기입하기 위한 인출선 사용의 유의 사항으로 올바르지 않는 것은?

① 가는 선으로 명료하게 긋는다.
② 인출선의 수평 부분은 기입 사항의 길이와 맞춘다.
③ 인출선의 교차나 치수선의 교차를 피한다.
④ 인출선의 방향과 기울기는 자유롭게 표기하는 것이 좋다.

> 해설 인출선 사용상의 유의사항
> • 가는 선으로 명료하게 긋는다.
> • 인출선의 수평 부분은 기입사항의 길이와 맞춘다.
> • 인출선의 방향과 기울기는 통일하는 것이 좋다.
> • 인출선간의 교차나 치수선의 교차를 피한다.
> • 한 도면에서는 인출선의 굵기와 질 등을 동일하게 유지한다.

10 다음 선의 종류와 선긋기의 내용이 잘못 짝지어진 것은?

① 가는실선 : 수목 인출선
② 파선 : 단면선
③ 1점쇄선 : 경계선
④ 2점쇄선 : 가상선

> 해설 파선은 실제로 존재하지만 보이지 않는 부분을 나타낼 때 사용하며, 단면선은 굵은 실선으로 그리게 된다. 또한 2점 쇄선은 가상선이고 중심선은 1점 쇄선으로 나타낸다.

11 조경계획 및 설계과정에 있어서 각 공간의 규모, 사용재료, 마감 방법을 제시해 주는 단계는?

① 기본구상
② 기본계획
③ 기본설계
④ 실시설계

> 해설
> • 기본설계 : 기본계획의 각 부분을 더욱 구체적으로 발전(각 공간의 정확한 규모, 사용재료, 마감방법 등)
> • 실시설계 : 실제 시공이 가능하도록 시공 도면을 작성 하는 것 (상세도, 시방서, 공사비 내역서 작성 포함)

12 다음 도면 용지 중 A₂ 용지의 규격은?

① 497 × 210   ② 420 × 297
③ 594 × 420   ④ 841 × 594

해설 도면의 규격(단위 mm)

제도지의 치수		A_0	A_1	A_2	A_3	A_4
b × a		1,189 ×841	841× 594	594× 420	420× 297	297× 210
c (최소)		10	10	10	5	5
d (최소)	철하지 않을 때	10	10	10	5	5
	철할 때	25	25	25	25	25
비고		전지	2 절지	4 절지	8 절지	16 절지

13 다음 중 입체적인 느낌을 주는 도면에 해당하지 않는 것은?

① 투시도　　② 조감도
③ 상세도　　④ 다이어그램

해설 투시도와 조감도는 소점을, 상세도는 부분 치수를 세밀하게 나타내기 위해 입체적인 도면을 그리게 된다. 다이어그램은 설계자의 의도를 개략적으로 나타내기 위한 시각 언어이다.

14 다음 중 정형식 배식유형은?

① 부등변삼각형식재
② 임의식재
③ 군식
④ 교호식재

단식 대식　열식　교호식재　집단식재

15 다음 중 점층(漸層)에 관한 설명으로 가장 적합한 것은?

① 조경 재료의 형태나 색깔, 음향 등의 점진적 증가

② 대소, 장단, 명암, 강약
③ 일정한 간격을 두고 흘러오는 소리, 다변화되는 색채
④ 중심축을 두고 좌우 대칭

해설 ② : 대비　③ : 율동　④ : 대칭

16 회색의 시멘트 벽돌 가운데 놓인 붉은 벽돌은 실제 색보다 더욱 선명하게 보인다. 이러한 현상을 무엇이라 하는가?

① 색상대비　　② 면적대비
③ 연변대비　　④ 채도대비

해설 채도란 색의 3속성의 하나로 색의 선명도. 색상의 진하고 엷음을 나타내는 포화도(飽和度)라고도 하며, 아무것도 섞지 않아 맑고 깨끗하며 원색에 가까운 것을 채도가 높다고 표현한다. 채도 대비란 채도가 다른 두 색을 인접시켰을 때 서로의 영향을 받아 채도가 높은 색은 더욱 높아 보이고 채도가 낮은 색은 더욱 낮아 보이는 현상을 말한다.

17 조경 설계 과정에서 가장 먼저 이루어져야 할 것은?

① 구상 개념도 작성
② 실시 설계도 작성
③ 평면도 작성
④ 내역서 작성

해설 조경 수행 단계
① 목표설정 : 공간규모 계획 → ② 자료수집 : 자연환경분석, 인문환경분석 → ③ 분석 및 종합 : 수집된 자료를 분석 종합 → ④ 기본구상 : 기본구상 및 공간 개념 도출 → ⑤ 기본계획 : 대안작성 (반드시 2개 이상) → ⑥ 기본설계 : 기본계획을 구체적으로 발전(각 공 간의 정확한 규모, 마감방법 등) → ⑦ 실시설계 : 시공이 가능하도록 시공 도면을 작성 → ⑧ 시공 및 감리 : 식재시공, 시설물 시공 → ⑨ 유지관리 : 이용관리, 운영관리, 유지관리

18 도시공원 및 녹지 등에 관한 법률에서 [어린이공원]의 설계 기준으로 틀린 것은?

① 유치거리는 250m 이하, 1개소의 면적은 1500㎡ 이상의 규모로 한다.
② 휴양 시설 중 경로당을 설치하여 어린이와의 유대감을 형성할 수 있다.
③ 유희시설에 설치되는 시설물에는 정글짐, 미끄럼틀, 시소 등이 있다.
④ 공원시설 부지 면적은 전체 면적의 60% 이하로 하여야 한다.

　해설　어린이공원에는 경로당을 설치할 수 없다.

19 사고방지를 위한 식재 중에는 명암순응 식재가 있다. 다음 중 암순응에 대한 설명으로 적당한 것은?

① 밝은 곳에서 어두운 터널로 들어설 때 순응
② 어두운 터널에 있다가 밝은 곳으로 나올 때 순응
③ 날이 어두워 지면서 적색이 눈에 잘 띄는 것에 대한 순응
④ 날이 어두어 지면서 청색이 눈에 잘 띄는 것에 대한 순응

　해설　암순응 : 갑자기 어두운 곳에 들어섰을 때 일시적으로 보이지 않다가 시간이 지나면서 눈이 순응되어 차츰 보이게 되는 현상

20 먼셀표색계의 10색상환에서 서로 마주보고 있는 색상의 짝이 잘못 연결된 것은?

① 빨강(R) – 청록(BG)
② 노랑(Y) – 남색(PB)
③ 초록(G) – 자주(RP)
④ 주황(YR) – 보라(P)

　해설　먼셀표색계

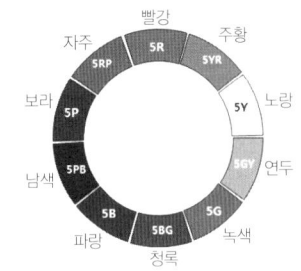

21 가법혼색에 관한 설명으로 틀린 것은?

① 2차색은 1차색에 비하여 명도가 높아진다.
② 빨강 광원에 녹색 광원을 흰 스크린에 비추면 노란색이 된다.
③ 가법 혼색의 삼원색을 동시에 비추면 검정이 된다.
④ 파랑 광원에 녹색 광원을 비추면 시안(cyan)이 된다.

　해설　가법혼색 : 색광(빛)을 혼합함으로써 새로운 색채를 만들어 내는 것으로 색광이 서로 더해 지면서 원래의 색보다 더 밝아지며(명도가 높아지며) 백색광이 되는 현상

22 조경 미(美) 이론 중 형태나 선, 색깔, 음향 등이 점차적으로 증가 또는 감소하는 아름다움을 무엇이라 하는가?

① 운율미   ② 반복미
③ 단순미   ④ 점층미

　해설　형태나 선, 색깔, 음향 등이 점차적으로 증가 또는 감소하는 것으로 예를 들면, 계절의 색채 변화 과정을 농담. 낮은 곳에서 높은 곳으로, 높은 곳에서 낮은 곳으로 강에서 약으로, 직선에서 곡선으로, 대에서 소로, 소에서 대로 점차 변화하는 모습이다.

23 도시 공원 중 면적이 100,000m² 이상이며 장래의 시가지화가 예상되지 않는 곳에 설치되어야 하는 공원은?

① 소공원
② 근린공원
③ 체육공원
④ 묘지공원

📖 정숙한 장소로써 공원 내 시설물 설치 면적 허용은 20% 이하이다.

24 다음 식의 'A'에 해당하는 것은?

$$용적율 = \frac{A}{대지면적}$$

① 건축면적
② 건축연면적
③ 1호당면적
④ 평균층수

📖 연면적이란 대지에 들어선 하나의 건축물의 바닥면적의 합계를 의미하며, 지상층, 지하층, 주차장시설을 모두 포함하는 면적이다. 단, 용적율 산정 시에는 지하층, 주차장시설, 주민공동시설 면적을 제외한 바닥면적 합계를 적용한다.

25 미기후에 관련된 조사 항목으로 적당하지 않은 것은?

① 대기오염의 정도
② 태양복사열
③ 안개 및 서리
④ 지역온도 및 전국온도

📖 지형이나 풍향 등에 따른 국부적 장소에 나타나는 부분적 장소의 독특한 기상 상태를 미기후라 한다.

26 다음 조경 재료 중 식물재료와 인공재료의 특징에 대한 설명 중 잘못된 것은?

① 식물재료: 연속성, 인공재료: 가공성
② 식물재료: 조화성, 인공재료: 불변성
③ 식물재료: 자연성, 인공재료: 균일성
④ 식물재료: 비규격성, 인공재료: 특수성

📖 식물재료와 인공재료의 특징

재료	특징
식물재료	연속성, 조화성, 자연성, 비규격성
인공재료	균일성, 불변성, 가공성

27 다음 중 긴결 철물에 해당하는 것이 아닌 것은?

① 볼트   ② 너트
③ 못   ④ 듀벨

📖 긴결 철물이란 물체를 연결(체결) 할 때 사용하는 재료를 말한다. 참고로 듀벨은 두 목재 사이의 접합부에 끼워 볼트 접합을 보강하기 위한 철물을 말한다.

28 다음 중 석가산을 만들고자 할 때 적합한 돌은?

① 잡석   ② 괴석
③ 호박돌   ④ 자갈

📖 • 석가산이란 관상 가치가 높거나 기기한 돌을 쌓아서 만든 가산(假山)으로써 신선 사상에 그 유래가 있다.
• 괴석은 풍침과 수침을 받아 모양이 괴기하게 변한 돌이다.

29 KS규격 표시에서 구분에서 석재는 어느 부문으로 분류가 되는가?

① KS A
② KS D
③ KS F
④ KS H

• KS A : 기본부문 (기본일반/방사선관리/가이드/인간공학/기타)
• KS D : 금속부문 (금속일반/원재료/강재/주철/기타)
• KS F : 건설부문 (건설일반/시험·검사·측량/재료·부재/시공/기타)
• KS H : 식료품부문 (식품일반/농산물가공품/축산물가공품/수산물가공품/기타)

30 여름에 꽃을 피우는 수종이 아닌 것은?

① 배롱나무
② 석류나무
③ 조팝나무
④ 능소화

조팝나무는 4월에 흰색 꽃이 핀다.

31 다음 영양 번식 중에서 접목이 잘 되는 수종 나열이 잘못된 것은?

① 참나무, 감나무
② 피라칸사, 복사나무
③ 모과나무, 반송
④ 사과나무, 포도나무

감나무는 접목이 잘 되지만 일반적으로 참나무류 수종들은 접목이 잘 되지 않는다.

32 다음 중 열매가 붉은색으로 열리는 수종으로만 짝지어진 것은?

① 산수유, 때죽나무
② 산딸나무, 이팝나무
③ 낙상홍, 피라칸사
④ 화살나무, 흰말채나무

• 산수유, 산딸나무, 화살나무 : 붉은색 열매
• 때죽나무, 흰말채나무 : 아이보리색 열매
• 이팝나무 : 검정색 열매

33 다음 중 물푸레나무과에 해당하지 않는 것은?

① 이팝나무
② 미선나무
③ 개나리
④ 산수유

산수유는 층층나무과 낙엽활엽 소교목이다.

34 조경 수목의 구비 조건 중 지엽이 치밀하고 맹아력이 강하며 아랫 가지가 말라죽지 않아야 하는 수종에 해당하는 것은?

① 산울타리용 수종
② 녹음용 수종
③ 방음용 수종
④ 방풍용 수종

측백, 화백, 사철나무, 회양목, 쥐똥나무, 매자나무 등이 있다.

35 다음 조경 수목 중에서 열매 및 수피를 감상하는 나무에 해당하는 것은?

① 느티나무
② 단풍나무
③ 모과나무
④ 층층나무

모과나무는 심근성 수종으로 꽃, 열매, 수피를 감상하기 위한 용도로 식재된다.

36 인공 지반에서 자연 토양에 잔디 식재 시 생육에 필요한 식재토심은 얼마 이상인가?

① 15cm
② 30cm
③ 45cm
④ 60cm

해설 인공지반 식재 생육 식재토심

형태상 분류	자연토양 사용 (cm 이상)	인공토양 사용 (cm 이상)
잔디/초본류	15	10
소관목	30	20
대관목	45	30
교목	70	60

37 다음 중 석탄을 235~315℃에서 고온 건조하여 얻은 타르 제품으로서 독성이 적고 자극적인 냄새가 있는 유성 목재 방부제는?

① 콜타르
② 클레오스트유
③ 플로오르화나트륨
④ 펜타클로르페놀(PCP)

해설
- 콜타르 : 석탄의 건류로 생성되는 흑갈색의 점성이 높은 액상 물질
- 플로오르화나트륨 : 무색의 고체이며 흔히 불소라 불리고 충치 예방에 많이 사용된다.
- 펜타클로르페놀(PCP) : 유기 염소계의 살충력이 강한 살충제 성분이다.

38 시멘트 혼화제 중에서 염화칼슘을 넣는 이유는 무엇인가?

① 조기강도를 증가시키기 위하여
② 장기강도를 증가시키기 위하여
③ 내구성을 향상시키기 위하여
④ 콜드 조인트를 발생시키기 위하여

해설 염화칼슘은 응결경화 촉진제로 초기에 빨리 굳게 하여 조기강도를 증진시키기 위해 첨가한다.

39 다음 합성수지 중 열경화성 수지가 아닌 것은?

① 실리콘 ② 멜라민
③ 폴리염화비닐 ④ 페놀

해설 폴리염화비닐(pvc)는 열가소성 수지로서 파이프, 튜브, 물받이통 등의 제품에 가장 많이 사용된다. (열가소성수지 – 중합반응, 열경화성수지 – 축합반응)

40 다음 중 골재의 단위 용적중의 실적 용적을 백분율로 나타낸 값으로 단위 질량을 밀도로 나눈 값의 백분율이 의미하는 것은 무엇인가?

① 공극율 ② 진비중
③ 실적율 ④ 가비중

해설
- 실적률 = $\dfrac{중량}{비중} \times 100$, 공극률 = 100 - 실적률
- 공극률 = $\left(1 - \dfrac{가비중}{진비중}\right) \times 100$

41 다음 중 점토 제품에 해당되지 않는 것은?

① 소형고압블록 ② 도관
③ 토관 ④ 자기

해설 소형고압블록 : 보·차도용 콘크리트 제품 중 일정한 크기의 골재와 시멘트를 배합하여 높은 압력과 열로 처리한 보도블록

42 석재의 분류는 화성암, 퇴적암, 변성암으로 분류할 수 있다. 다음 중 퇴적암에 해당되지 않는 것은?

① 사암 ② 혈암
③ 석회암 ④ 안산암

해설 화강암, 안산암, 현무암, 섬록암 등은 화성암 계통이다.

43 다음 보기가 설명하는 암석은 무엇인가?

> 화성암, 퇴적암 등이 화학적, 물리적으로 성질이 변한 것으로 편마암, 대리석, 사문암 등이 있다.

① 응회암 ② 점판암
③ 변성암 ④ 석회암

해설 변성암은 화성암 등이 지열과 지압에 의해 성질이 변한 암석이다.

44 목재의 가공 작업 중 소지조정, 눈막이(눈메꿈), 샌딩실러 등은 무엇을 하기 위한 작업인가?

① 도장작업
② 제재치수작업
③ 방부작업
④ 절단작업

해설 소지조정은 녹이나 기름을 제거하기 위한 준비 작업을 말하고 눈막이 작업은 목재의 갈라진 틈을 버티 등으로 채워주는 작업을 말한다.

45 재료가 외력을 받았을 때 작은 변형만 나타내도 파괴되는 현상을 무엇이라 하는가?

① 취성 ② 강성
③ 인성 ④ 전성

해설
- 취성(脆性) : 외력에 의하여 영구 변형을 하지 않고 파괴되는 성질로 인성(靭性)과 반대이다.
- 강성(剛性) : 재료가 하중을 받아 파괴될 때 까지 높은 응력에 견디며 큰 변형을 나타내는 성질
- 인성(靭性) : 외력에 의해 파괴되기 어려운 질기고 충격에 잘 견디는 성질로 취성(脆性)과 반대이다.
- 전성(展性) : 압축력이 가해질 때 재료가 파괴되지 않고 퍼지는 성질

46 다음 중 교목의 식재 공사 공정으로 옳은 것은?

① 구덩이 파기 → 물 죽쑤기 → 묻기 → 지주 세우기 → 수목방향 정하기 → 물집 만들기
② 구덩이 파기 → 수목방향 정하기 → 묻기 → 물 죽쑤기 → 지주 세우기 → 물집 만들기
③ 수목방향 정하기 → 구덩이 파기 → 물 죽쑤기 → 묻기 → 지주 세우기 → 물집 만들기
④ 수목방향 정하기 → 구덩이 파기 → 묻기 → 지주 세우기 → 물 죽쑤기 → 물집 만들기

해설 식재 공사 시 식혈(식재구덩이) 파기가 처음이고, 수목을 앉힌 후 죽쑤기를 한다. 가장 마지막으로 해야 할 일은 물집을 만든 후 관수를 하는 일이다.

47 인력을 이용한 수목식재 공사에서 지주목을 세우지 않을 경우 품셈 적용에서 인력품의 몇 %를 감해야 하는가?

① 5%   ② 10%
③ 15% ④ 20%

해설 교목 식재 시 지주목을 세우지 않을 경우 인력 시공 때는 품의 10%, 기계시공 때에는 품의 20% 감한다.

48 디딤돌로 이용할 돌의 두께로 가장 적당한 것은?

① 1~5cm   ② 10~20cm
③ 25~35cm ④ 35~45cm

> 지상의 노출 높이 3~5cm, 땅속에 5~8cm 깊이로 묻으면 8~13cm가 된다.

49 석재 중 직육면체가 되도록 각 면을 다듬은 가공석을 말하며 가장 정형화된 돌은?

① 사괴석　　② 견칫돌
③ 마름돌　　④ 호박돌

> 마름돌은 지정된 규격에 따라 직육면체가 되도록 각 면을 다듬은 석재를 말한다.

50 일정한 응력을 가할 때, 변형이 시간과 더불어 증대하는 현상을 의미하는 것은?

① 탄성　　② 취성
③ 크리프　　④ 릴랙세이션

> • 크리프 : 물체에 외력이 작용할 때 시간이 지나면서 변형이 증대해 가는 현상으로, 고무줄에 추를 달았을 때 시간이 흐르면서 고무줄이 서서히 늘어나는 것을 예로 들 수 있다.
> • 릴랙세이션 : 시간이 지나면서 응력이 감소되는 현상

51 잔디밭 조성 시 전면 붙이기는 어느 공법에 해당 하는가?

① 평떼 붙이기 공법
② 줄떼 붙이기 공법
③ 줄모아 붙이기 공법
④ 종자뿜어 붙이기 공법

> 평떼 붙이기 공법에는 전면 붙이기, 이음매 붙이기, 어긋나게 붙이기 공법이 있다.

52 다음 중 기계가 서 있는 위치보다 높은 곳을 굴착할 때 사용하는 건설 장비는?

① 드래그쇼벨　　② 드래그라인
③ 파워쇼벨　　④ 모터 그레이더

> 기계가 서있는 곳보다 낮은 곳 굴착은 드래그쇼벨, 높은 곳의 굴착은 파워쇼벨, 드래그라인은 기계가 서 있는 곳보다 낮은 곳의 연약 지반이나 수중 굴착용 건설 장비이다.

53 운반 공사에서 소(小) 거리 운반은 몇 m 이내의 거리를 말하는가?

① 10m　　② 20m
③ 30m　　④ 40m

> 소운반 거리는 20m 이내의 거리를 말하며, 20m 초과 경우는 초과분에 대하여 별도 계상한다. 또한 경사면 운반 거리는 수직고 1m를 수평거리 6m로 본다.

54 다음 비탈면 경사 중 가장 경사가 완만한 것은?

① 1:1경사　　② 45° 경사
③ 100% 경사　　④ 5할 경사

> 1:1 경사 = 45° 경사 = 100% 경사이고, 5할 경사는 50% 경사를 의미한다.

55 다음 중 여성토의 정의로 가장 알맞은 것은?

① 가라앉을 것을 예측하여 흙을 계획 높이보다 더 쌓는 것
② 중앙 분리대에서 흙을 볼록하게 쌓아 올리는 것
③ 옹벽 앞에 계단처럼 콘크리트를 쳐서 옹벽을 보강하는 것
④ 잔디밭에서 잔디에 주기적으로 뿌려 뿌리가 노출되지 않도록 준비하는 토양

> 여성고는 더돋기라고 하며 계획고보다 10% 이내로 더 쌓는 것을 말한다.

56 잔디밭 조성 시 뗏장 심기와 비교한 종자파종 방법의 이점이 아닌 것은?

① 비용이 적게 든다.
② 작업이 비교적 쉽다.
③ 균일하고 치밀한 잔디를 얻을 수 있다.
④ 잔디밭 조성에 짧은 시일이 걸린다.

해설 ①, ②, ③항은 종자파종의 장점이며, 단점으로는 뗏장에 비해 자라는 시간이 길어 잔디밭 조성에 시간이 많이 소요된다.

57 농약 혼용 시 주의하여야 할 사항으로 틀린 것은?

① 혼용 시 침전물이 생기면 사용하지 않아야 한다.
② 가능한 한 고농도로 살포하여 인건비를 절약한다.
③ 농약의 혼용은 반드시 농약 혼용 가부표를 참고한다.
④ 농약을 혼용하여 조제한 약제는 가능하면 즉시 살포하여야 한다.

해설 농약을 고농도로 살포하면 농약에 의한 중독 등 2차 피해가 발생한다.

58 살비제(acaricide)란 어떠한 약제를 말하는가?

① 선충을 방제하기 위하여 사용하는 약제이다.
② 나방류를 방제하기 위하여 사용하는 약제이다.
③ 응애류를 방제하기 위하여 사용하는 약제이다.
④ 병균이 식물체에 침투하는 것을 방제하기 위하여 사용 하는 약제이다.

해설 살비제는 흡즙성 해충 중에서 응애를 박멸하기 위해 사용하는 농약이다.

59 다음 수목 병해 중 세균에 의한 병에 해당하는 것은?

① 뿌리혹병
② 흰가루병
③ 그을음병
④ 모잘록병

해설 뿌리혹병의 병징(symptoms) 증상으로는 뿌리줄기와 잎 등에 혹이 생기며 이상 증식한다. ②, ③, ④는 진균에 의한 병이다.

60 다음 중 한국 잔디에 많이 발생하는 충해는 무엇인가?

① 명나방 유충
② 굼벵이(풍뎅이유충)
③ 사슴벌레
④ 진딧물

해설 굼벵이 피해가 가장 심하며 후라단, 킬토충 팔라딘, 카핀다, 데푸콘 등 토양 살충제 방제한다.

ANSWER CBT 복원문제 2019년 1회

01	02	03	04	05	06	07	08	09	10
④	①	②	④	④	②	④	②	④	②
11	12	13	14	15	16	17	18	19	20
③	③	④	④	①	③	①	②	①	④
21	22	23	24	25	26	27	28	29	30
③	④	④	②	④	②	④	②	④	②
31	32	33	34	35	36	37	38	39	40
①	③	④	①	③	①	②	①	③	③
41	42	43	44	45	46	47	48	49	50
①	④	③	①	①	②	②	②	③	③
51	52	53	54	55	56	57	58	59	60
①	③	②	④	①	④	②	③	①	②

01 신라시대 안압지와 백제시대 궁남지의 공통된 종교 및 사상은 무엇인가?

① 유교사상 ② 풍수지리설
③ 신선사상 ④ 음양오행설

해설 안압지와 궁남지에는 신선의 거처를 현실화 시키고자 하는 의도가 담겨져 있다.

02 다음 중 창덕궁 후원에 있는 것이 아닌 것은?

① 향원지 ② 부용정
③ 주합루 ④ 옥류천

해설 향원지와 향원정은 경복궁 후원에 있는 연못이다.

03 정토사상과 신선사상을 바탕으로 불교 선사상의 직접적 영향을 받아 극도의 상징성(자연석이나 모래 등으로 산수 자연을 상징)으로 조성된 14~15세기 일본의 정원 양식은?

① 중정식 정원 ② 고산수식 정원
③ 전원풍경식 정원 ④ 다정식 정원

해설
• 중정식 정원 : 스페인 정원양식
• 전원풍경식 정원 : 18세기 영국
• 다정식 정원 : 16세기 일본

04 중국의 정원 형태 중 동양 최초로 서양식(프랑스) 정원의 성격을 지닌 정원은?

① 열하산장 ② 만수산이궁
③ 원명원이궁 ④ 졸정원

해설 원명원 이궁에 프랑스 로코코 양식의 영향을 받은 유럽식 건물인 서양루(西洋樓)가 있다.

05 버킹검의 [스토우가든]을 설계하고, 담장 대신 정원 부지의 경계선에 도랑을 파서 외부로부터의 침입을 막은 Ha-Ha 수법을 실현하게 한 사람은?

① 켄트 ② 브릿지맨
③ 와이즈맨 ④ 챔버

해설 하하(Ha-Ha) : 중세 프랑스의 군사용 호(濠)로서, 정원에 물리적 경계 없이 정원을 바라볼 수 있게 정원 부지의 경계선에 깊은 도랑을 팜으로써 일명 가축을 보호하고 목장이나 삼림, 경지 등을 정원 풍경 속에 끌어들이자는 의도에서 나온 것을 말한다.

06 영국 튜터왕조에서 유행했던 화단으로 낮게 깎은 회양목 등으로 화단을 여러 가지 기하학적 문양으로 구획 짓는 것은?

① 기식화단 ② 매듭화단
③ 카펫화단 ④ 경재화단

해설 영국의 정형식 정원
• 11세기~17세기 튜더왕조에서 이탈리아와 프랑스의 영향으로 발달
• 축을 중심으로 한 기하학적인 구성과 매듭화단(knot garden), 미원 등이 유행

07 다음 국가 중 비스타(통경선) 수법을 즐겨 사용한 국가는?

① 프랑스 ② 영국
③ 네덜란드 ④ 미국

> 프랑스는 좌우로 시선을 총림으로 가리고 주축선을 두드러지게 하는 통경선 강조 수법을 즐겨 사용하였다.

08 정원 요소로 징검돌, 물통, 세수통, 석등 등의 배치를 중시하던 일본의 정원 양식은?

① 다정원 ② 침전조 정원
③ 축산고산수 정원 ④ 평정고산수 정원

> 도산시대(모모야마) 다정양식 : 15~16C
> • 수법이 화려해지기 시작
> • 석등과 수수분 등장
> • 호화롭지 않고 다도를 즐기는 다실과 주변 공간을 조화

09 생태 공원 설계 시 야생 동물이 생존 하는데 있어 덜 신경을 써도 되는 사항은?

① 천적의 규모 ② 먹이상태
③ 서식처 ④ 물

> 생태계의 균형을 이루기 위해서 서식처 분포에서 천적이 함께 공존해야 한다.

10 감산혼합 3원색에 해당하는 색이 아닌 것은?

① 시안 ② 마젠타
③ 옐로 ④ 블루

> 마젠타(Magenta), 노랑(Yellow), 시안(Cyan)이 감법혼색의 3원색이며 이 3원색을 모두 합하면 검정에 가까운 색이 된다. 참고로 가산혼합은 색을 혼합할 때 원래 색보다 명도가 맑아지는 것을 말하며 R.G.B 세 색상을 합치면 백색광이 된다.

감산혼합   가산혼합

11 칸나는 가을에 붉은 색으로 꽃이 피게 된다. 다음 중 칸나 꽃의 색에 대한 설명이 올바른 것은?

① 한색이면서 채도가 높은 색이다.
② 한색이면서 채도가 낮은 색이다.
③ 난색이면서 채도가 높은 색이다.
④ 난색이면서 채도가 낮은 색이다.

> 난색은 따뜻한 색상을 말하며 채도란 색상의 진하고 옅음을 나타내는 포화도(飽和度)라고도 한다. 아무 것도 섞지 않아 맑고 깨끗하며 원색에 가까운 것을 채도가 높다고 표현한다.

12 다음 중 색의 대비에 관한 설명이 틀린 것은?

① 보색인 색을 인접시키면 본래의 색보다 채도가 낮아져 탁해 보인다.
② 명도 단계를 연속시켜 나열하면 각각 인접한 색끼리 두드러져 보인다.
③ 명도가 다른 두 색을 인접시키면 명도가 낮은 색은 더욱 어두워 보인다.
④ 채도가 다른 두 색을 인접시키면 채도가 높은 색은 더욱 선명해 보인다.

> 보색대비 : 보색이 되는 색들끼리 서로 인접시키면 색상이 더욱 뚜렷해 지면서 선명하게 보이는 현상

13 다음 중 무리지어 나는 철새, 설경 또는 수면에 투영된 영상 등에서 느껴지는 경관은?

① 초점경관
② 관개경관
③ 일시경관
④ 세부경관

> 해설 일시경관은 잠시 나타났다가 사라지는 경관으로 계절감과 자연의 다양성을 느낄 수 있다.

14 기본계획 수립 시 도면으로 표현되는 작업이 아닌 것은?

① 동선계획
② 집행계획
③ 시설물배치계획
④ 식재계획

> 해설 집행계획은 집행에 관한 계획을 세우는 것으로 도면화 되는 것이 아니다.

15 퍼걸러(pergola) 설치 장소로 적합하지 않은 것은?

① 건물에 붙여 만들어진 테라스 위
② 주택 정원의 가운데
③ 통경선의 끝부분
④ 주택 정원의 구석진 곳

> 해설 휴게 시설 및 운동 시설물은 가장자리에 배치한다.

16 근린생활권 근린공원의 유치거리는 얼마인가?

① 250m이내
② 500m 이내
③ 1,000m 이내
④ 5,000m 이내

> 해설 근린공원의 설치 및 규모기준
>
> | 공원구분 | 유치거리 | 면적 | 시설설치면적 |
> |---|---|---|---|
> | 근린생활권 근린공원 | 500m 이하 | 10,000m² 이상 | 40% 이하 |
> | 도보권 근린공원 | 1km 이하 | 30,000m² 이상 | |
> | 도시지역권 근린공원 | 제한 없음 | 100,000m² 이상 | |
> | 광역권 근린공원 | 제한 없음 | 1,000,000m² 이상 | |

17 콘크리트가 굳은 후 거푸집 판을 콘크리트 면에서 잘 떨어지게 하기 위해 거푸집판에 칠하는 기름 성분을 무엇이라 하는가?

① 격리제
② 긴장재
③ 셀롤로오스
④ 박리제

> 해설 박리제 : 콘크리트 형판에서 틀과 쉽게 분리하기 위하여 미리 안쪽에 바르는 것으로 경유, 등유제와 합성수지 등을 사용한다.

18 다음 중 배롱나무의 다른 이름을 무엇이라 하는가?

① 자미
② 산다
③ 옥란
④ 부거

> 해설 ② 산다 : 동백나무, ③ 옥란 : 백목련, ④ 부거 : 연

19 조경 수목의 근원 직경을 측정하는 기구를 무엇이라 하는가?

① 덴시오미터
② 플래니미터
③ 윤척
④ 순또측고기

> 해설
> • 덴시오미터 : 토양 수분 측정
> • 플래니미터 : 제도 시 부정형 면적 측정
> • 순또측고기 : 수고 및 경사도 측정

20 다음 [보기]가 설명하는 수종은?

> • 자작나무과의 낙엽활엽 교목 이다.
> • 학명은 "Betula schmidtii Regel"이다.
> • Schmidt birch 또는 단목(檀木)이라 불리기도 한다.
> • 5월에 개화하고 암수 한그루이며, 수형은 원추형, 뿌리는 심근성, 잎의 질감이 섬세하여 녹음수로 사용 가능하다.

① 오리나무　② 박달나무
③ 소사나무　④ 녹나무

해설 단목의 단(檀)은 박달나무 "단"이며, 자작나무과에 속하는 낙엽활엽교목이다.

21 다음 중 열경화성 수지의 종류와 특징 설명이 옳지 않은 것은?

① 페놀수지 : 강도, 전기 절연성, 내산성, 내수성 모두 양호하나 내알칼리성이 약하다.
② 멜라민수지 : 요소 수지와 같으나 경도가 크고 내수성은 약하다.
③ 우레탄수지 : 투광성이 크고 내후성이 양호하며 착색이 자유롭다.
④ 실리콘수지 : 열절연성이 크고 내약품성, 내후성이 좋으며 전기적 성능이 우수하다.

해설 우레탄은 투광성이 크지 않으며, 투광성이 큰 수지는 아크릴이다.

22 다음 중 시멘트와 그 특성이 바르게 연결된 것은?

① 조강포틀랜드시멘트 : 조기강도를 요하는 긴급 공사에 적합하다.
② 백색포틀랜드시멘트 : 시멘트 생산량의 90% 이상을 점하고 있다.
③ 고로슬래그시멘트 : 건조수축이 크며, 보통시멘트보다 수밀성이 우수하다.
④ 실리카시멘트 : 화학적 저항성이 작고 발열량이 적다.

해설
• 백색포틀랜드시멘트 : 치장용이나 컬러시멘트용
• 고로슬래그시멘트 : 제철소 용광로의 광재(slag) 넣어 만든 것으로 수화열이 낮고 균열이 적어 폐수시설이나 하수도, 항만에 사용
• 실리카시멘트 : 포졸란을 넣어서 만들며 경화속도 느리고 장기강도 크고 화학적 저항성 크다.

23 데발 시험기(Deval abrasion tester)란 무엇인가?

① 석재의 휨강도 시험기
② 석재의 인장강도 시험기
③ 석재의 압축강도 시험기
④ 석재의 마모에 대한 저항성 측정시험기

해설 골재의 마모 시험을 하는 장치로써 대표적으로 로스엔젤레스 시험기와 데발 시험기가 있다.

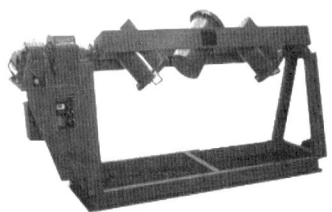

24 다음 중 석재의 비중 산출 방법이 바르게 된 것은?

① $\dfrac{건조\ 무게}{표면건조포화상태\ 무게 - 수중\ 무게}$

② $\dfrac{건조\ 무게}{습윤상태\ 무게 - 수중\ 무게}$

③ $\dfrac{수중\ 무게}{표면건조포화상태\ 무게\ -\ 건조\ 무게}$

④ $\dfrac{수중\ 무게}{습윤상태\ 무게\ -\ 건조\ 무게}$

> 해설
> - 표면건조내부포화상태 : 골재의 표면수는 없고 골재 내부에 빈틈이 없도록 물로 차 있는 상태
> - 습윤상태 : 골재의 내부가 완전히 수분으로 채워져 있고 표면에도 여분의 물을 포함하고 있는 상태

25 목재의 강도에 관한 설명 중 가장 거리가 먼 것은?

① 휨강도는 전단 강도보다 크다.
② 비중이 크면 목재의 강도는 증가하게 된다.
③ 목재는 외력이 섬유방향으로 작용할 때 가장 강하다.
④ 섬유포화점에서 전건상태에 가까워짐에 따라 강도는 작아진다.

> 해설 섬유포화점이란 세포막 속에 포함되는 수분량 30%일 때의 점으로 유리수(자유수)가 증발하고, 세포가 최대한도로 수분을 흡착한 상태를 말하며, 전건 상태로 갈수록 강도는 커진다.

26 관상하기가 편리하도록 땅을 1~2m 깊이로 파 내려가 평평한 바닥을 조성하고, 그 바닥에 화단을 조성한 것은?

① 기식화단   ② 모둠화단
③ 양탄자화단   ④ 침상화단

> 해설 특수 화단의 종류
>
> | 구분 | 특징 |
> |---|---|
> | 침상화단 | 지면보다 1m 정도 낮게하여 기하학적인 땅가름으로 조성한 화단 |
> | 수재화단 | 물에서 자라는 수생식물(수련, 꽃창포 등)을 연못에 가꾸어 관상 |

27 화단의 초화류를 식재하는 방법으로 옳지 않은 것은?

① 식재할 곳에 1㎡당 퇴비 1~2kg, 복합비료 80~120g을 밑거름으로 뿌리고 20~30cm 깊이로 갈아 준다.
② 큰 면적의 화단은 바깥쪽부터 시작하여 중앙 부위로 심어 나가는 것이 좋다.
③ 식재하는 줄이 바뀔 때마다 서로 어긋나게 심는 것이 보기에 좋고 생장에 유리하다.
④ 심기 한나절 전에 관수해 주면 캐낼 때 뿌리에 흙이 많이 붙어 활착에 좋다.

> 해설 중앙에서 바깥쪽으로 식재해 나간다.

28 다음 중 인공토양을 만들기 위한 경량재가 아닌 것은?

① 부엽토
② 화산재
③ 펄라이트(perlite)
④ 버미큘라이트(vermiculite)

> 해설 인공토양에는 버미큘라이트, 펄라이트, 피트모스, 화산재 등이 대표적이다.

29 콘크리트의 연행공기량과 관련된 설명으로 틀린 것은?

① 사용 시멘트의 비표면적이 작으면 연행 공기량은 증가한다.
② 콘크리트의 온도가 높으면 공기량은 감소한다.
③ 단위 잔골재량이 많으면, 연행 공기량은 감소한다.

④ 플라이애시를 혼화재로 사용할 경우 미연소 탄소 함유량이 많으면 연행 공기량이 감소한다.

> 해설 연행 공기는 콘크리트 내부에 독립된 미세기포를 발생시켜 워커빌리티를 개선해 주며 동결 융해에 대한 저항성을 갖게 해준다. 연행공기는 골재 주위에서 작용하므로 골재량이 많아지면 연행 공기량은 증가한다.

30 흰말채나무의 특징 설명으로 틀린 것은?

① 노란색의 열매가 특징적이다.
② 층층나무과로 낙엽활엽관목이다.
③ 수피가 여름에는 녹색이나 가을, 겨울철의 붉은 줄기가 아름답다.
④ 잎은 대생하며 타원형 또는 난상 타원형이고, 표면에 작은 털이 있으며 뒷면은 흰색의 특징을 갖는다.

> 해설 흰말채나무 : 층층나무과의 낙엽활엽 관목으로서 홍서목(紅瑞木)이라고도 한다. 5월에 흰색 꽃과 9월에 흰(아이보리)색 열매가 겨울의 붉은 수피와 더불어서 관상 가치가 높다. 잎은 대생하며 표면에 작은 털이 있다.

31 깨지거나 파괴하려는 힘에 대한 저항도를 말하는 성질을 무엇이라 하는가?

① 강성(剛性)
② 인성(靭性)
③ 전성(展性)
④ 취성(脆性)

> 해설
> • 강성(剛性) : 물체가 외력을 받아도 모양이나 부피가 변하지 않는 단단한 성질
> • 전성(展性) : 얇게 펴지는 성질
> • 취성(脆性) : 외력에 의하여 영구 변형을 하지 않고 파괴되는 성질

32 조경 수목 중 복자기 나무와 고로쇠 나무의 공통점은 무엇인가?

① 단풍의 색이 붉은 색이다.
② 잎이 3개씩 나오는 3출엽(出葉)이다.
③ 단풍나무과 수종이다.
④ 내한성과 공해에 강하다.

> 해설 복자기는 단풍이 붉은색이며 3출엽이고, 고로쇠 나무는 단풍이 황색이면서 잎이 5개로 갈라진다.

33 다음 중 낙우송과 메타세콰이어의 차이점으로 잘못된 것은?

① 엽은 편평한 새의 깃 모양으로서 가을에 단풍이 든다.
② 종자는 삼각형의 각모에 광택이 있으며 날개가 있다
③ 열매는 둥근 달걀모양으로 길이 2~3cm, 지름 1.8~3cm의 암갈색이다.
④ 두 수종 모두 잎이 마주나는 대생이다.

> 해설 낙우송 잎은 호생이고, 메타세콰이어 잎은 대생이다.

34 암석의 냉각 장소에 따른 분류에서 암석은 심성암, 반심성암, 화산암으로 분류 된다. 다음 중 심성암에 해당하는 것이 아닌 것은?

① 화강암
② 반려암
③ 섬록암
④ 안산암

> 해설 화산암은 마그마가 지표로 분출되어 급속히 굳은 암석으로 현무암, 안산암, 유문암 등이 있다.

35 다음 중 자작나무과 (科)의 물오리나무 잎으로 가장 적합한 것은?

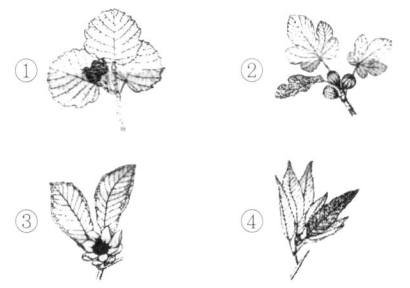

해설 잎은 넓은 달걀모양으로 잎 가장자리에 톱니가 있는 것이 특징이다.

36 조경 수목은 가을이 되면 다양한 색상의 단풍이 들게 된다. 다음 중 붉은 단풍이 드는 나무로 묶인 것은?

① 감나무, 화살나무
② 붉나무, 백합나무
③ 감나무, 붉은고로쇠나무
④ 칠엽수, 화살나무

해설 붉은색단풍 : 화살나무, 담쟁이덩굴, 감나무, 옻나무, 붉나무, 산딸나무, 왕벚나무, 마가목, 신나무, 복자기 등

37 강을 적당한 온도(800~1000℃)로 가열하여 소정의 시간까지 유지한 후에 로(爐) 내부에서 천천히 냉각시키는 열처리법은?

① 풀림(annealing)
② 불림(normalizing)
③ 뜨임질(tempering)
④ 담금질(quenching)

해설
- 풀림(annealing) : 로 내의 상온에서 서서히 냉각
- 불림(normalizing) : 공기 중 상온에서 서서히 냉각
- 뜨임질(tempering) : 담금질 후 취성 보완 위해 가열 후 공기중에서 서서히 냉각
- 담금질(quenching) : 금속 재료의 열을 식히기 위해 기름이나 물에 담그는 작업

38 다음 조경 시공에서 1일 평균 시공량 산정 방법은?

① $\dfrac{공사량}{작업가능일수}$ ② $\dfrac{공사량}{총공사일수}$
③ $\dfrac{공사량}{하루작업량}$ ④ $\dfrac{공사일수}{평균작업량}$

해설 총공사해야 하는 양을 작업가능일수로 나누면 하루 작업량이 나오게 된다.(예 : 총 공사량 100m³, 작업가능일수 10일이라면 $\dfrac{100}{10}$ = 10m³)

39 거푸집에 쉽게 다져 넣을 수 있고 거푸집을 제거하면 천천히 형상이 변화하지만 재료가 분리되거나 허물어지지 않는 굳지 않은 콘크리트의 성질은?

① workability ② plasticity
③ consistency ④ finishability

해설
- 반죽질기(consistency) : 물의 양이 많고 적음에 따른 반죽의 되고 진 정도
- 워커빌리티(workability) : 콘크리트 칠 때 적당한 유동성과 점성이 있어 시공 부분에 잘 채워지고 분리를 일으키지 않는 정도, 작업난이도라고도 함
- 성형성(plasticity) : 거푸집으로 쉽게 성형할 수 있으며, 풀기가 있어 거푸집 제거시 허물어지거나 재료의 분리가 없는 성질
- 피니셔빌리티(finishability) : 콘크리트 표면을 마무리 할 때의 난이도 정도를 나타내는 말
- 레이턴스(laitance) : 블리딩에 의해 콘크리트 표면에서 침전하고 말라붙어 표피를 형성한 것

40 30m² 면적에 자연석 쌓기를 하려 한다. 자연석의 평균 뒷길이 40cm, 자연석 단위중량 2,600kg/m³, 공극률 30%, 공사비는 200,000원/ton 이라고 할때 총 공사비는 얼마인가?

① 436,800원 ② 4,368,000원
③ 187,200원 ④ 1,872,000원

해설 30m² × 0.4m × 2,600kg ÷ 1,000 × 0.7 × 200,000원

41 암거 배수망 배치에서 전면 배수가 요구되지 않는 지역에 설치하며, 등고선을 따라 주관과 지관을 설치하는 방법은?

① 어골형 ② 절치형
③ 차단법 ④ 자유형

해설 암거배치방법의 구분

구분	내용	형태
어골형	• 주관을 중앙에 비스듬히 지관을 설치하는 것 • 경기장 같은 평탄한 지역에 적합, 전 지역의 배수 균일	
절치형(빗살형)	• 지역 경계 근처에 주관 설치, 한쪽 측면에 지관을 설치하여 연결하는 것 • 비교적 좁은 면적의 전 지역 균일하게 배수할 때 이용	
선형(부채살형)	• 주관, 지관의 구분이 없이 같은 표기의 관이 부채살 모양으로 1개 지점으로 집중되게 설치하여 집수 후 배수시킴	

구분	내용	형태
차단법	• 경사면 위나 지체의 유수를 막기 위해 사용 • 경사면 바로 위쪽에 배수구를 설치하여 유수를 막는 방법	
자연형	• 전면 배수 요구되지 않는 지역에서 많이 사용 • 지형의 등고선을 따라 주관을 설치하고 지관을 설치하는 방법	

42 수준측량의 용어 설명 중 높이를 알고 있는 기지점에 세운 표척 눈금의 읽은 값을 무엇이라 하는가?

① 후시 ② 전시
③ 전환점 ④ 중간점

해설
• 후시 : 기지점에 세운 표척의 읽음값(Back Sight)
• 전시 : 표고를 구하려는 점에 세운 표척의 읽음값(Fore Sight)
• 전환점(이기점) : 전시와 후시를 연결하는 점(Turning Point)
• 중간점 : 전시만을 취하는 점(Intermediate Point)

43 평판 측량에서 제도용지의 도상점과 땅 위의 측점을 동일하게 맞추는 것을 무엇이라 하는가?

① 정준 ② 자침
③ 표정 ④ 구심

해설 평판 측량의 3요소는 정준(평판을 평평하게 함), 구심(도상기계점과 지상 기계점을 일치 시킴), 표정(방향을 일치 시킴)이다.

44 어느 지역에 잔디를 이용하여 녹화 공사를 하기 위한 면적 산출을 하려 한다. 측량 결과 값이 다음과 같을 때 총 녹화 면적은 얼마인가?

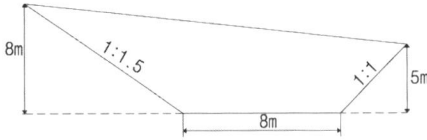

① 100m²
② 102m²
③ 104m²
④ 106m²

📖 $\frac{8+5}{2} \times 25 - \{(\frac{1}{2} \times 12 \times 8) + (\frac{1}{2} \times 5 \times 5)\} = 162.5 - 48 - 12.5 = 102m^2$

45 다음 비탈면 보호를 위한 방법 중 식물 식재에 의한 보호 방법에 해당하지 않는 것은?

① 종자뿜어붙이기
② 격자틀 공법
③ 식생자루공법
④ 식생매트공법

📖 식물식재에 의한 비탈면 보호공법 : 떼심기공법, 종자뿜어붙이기공법, 식생자루공법, 식생매트공법

46 다음 도시 공원의 녹지 계통 형식에서 도시 내부와 외부의 관련이 매우 좋으며, 재난 시 시민들의 빠른 대피에 효과를 발휘하는 녹지 형태는?

① 분산식
② 환상식
③ 방사식
④ 평행식

📖 공원의 녹지 계통 형식

형식	특징
분산식	• 녹지대가 여기저기 분산 배치
환상식	• 도시를 중심으로 환상 상태로 5~10km 조성 • 도시 방지 효과 큼
방사식	• 도시를 중심으로 외부로 방사상 녹지 형성
방사환상식	• 방사식 + 환상식 • 가장 이상적인 녹지계통 형식
평행식	• 띠 모양으로 일정한 간격으로 평행하게 녹지대 조성

47 가로 50m × 높이 2m의 벽을 표준형 붉은 벽돌을 이용하여 1.5B 쌓기로 시공하려 한다. 소요되는 벽돌 수량은?(단, 할증율을 적용하여 수량을 산출한다.)

① 14,900장
② 15,347장
③ 22,400장
④ 23,072장

📖 50m × 2m × 224장 × 1.03 = 23,072장

48 일반적인 성인의 보폭으로 디딤돌 놓기에서 좋은 보행감을 느낄 수 있는 디딤돌 중심과 중심까지의 거리는 얼마가 적당한가?

① 25cm 정도
② 35cm 정도
③ 45cm 정도
④ 55cm 정도

📖 디딤돌 놓기
• 크고 작은 것을 섞어 직선보다는 어긋나게 배치한다.
• 돌 간의 간격은 보행 폭을 고려하여 돌과 돌 사이의 중심 거리로 잡는다.
• 돌의 좁은 방향이 걸어가는 방향으로 오게 방향성을 준다.(머리 방향이 경관 쪽을 향하도록 배치)
• 한발로 디디는 디딤돌의 크기는 지름 25 ~ 30cm가 적당하며 시작과 끝부분, 길이 갈라지는 부분은 50cm 정도의 큰 것을 사용한다.
• 높이는 지표보다 3~5cm 정도 높게 해주고 디딤돌과 디딤돌 사이의 간격은 15cm로 한다.

49 축척이 1/5000인 지도상에서 구한 면적이 5cm²라면 지상에서의 실제 면적은 얼마인가?

① 1250m²
② 12500m²
③ 2500m²
④ 25000m²

해설 $\left(\dfrac{1}{축척}\right)^2 = \dfrac{도상면적(m^2)}{실제면적(m^2)}$

▶ $\dfrac{1}{25,000,000} = \dfrac{0.0005m^2}{xm^2}$

▶ $x = 0.0005 \times 25,000,000 = 12,500m^2$

50 터파기량이 1,200m³, 되메우기량이 720m³일 때 잔토량은 얼마인가?(단, L : 1.2, C : 0.85)

① 480m³
② 576m³
③ 408m³
④ 489.6m³

해설 $(1,200m^3 - 720m^3) \times 1.2 = 576m^3$

51 추위에 의하여 나무의 줄기 또는 수피가 수선 방향으로 갈라지는 현상을 무엇이라 하는가?

① 고사
② 피소
③ 상렬
④ 괴사

해설 상렬은 지상 0.5m~1.0m의 수간에서 많이 발생하며, 피소는 여름철 볕에 줄기가 열을 받아 갈라지는 현상이다.

52 다음 중 과일나무가 늙어서 꽃맺음이 나빠지는 경우에 실시하는 전정은 어느 것인가?

① 생리를 조절하는 전정
② 생장을 돕기 위한 전정
③ 생장을 억제하는 전정
④ 세력을 갱신하는 전정

해설
- 생리를 조절하는 전정 : 이식 시 지하부가 잘린 만큼 지상부를 전정하여 균형을 유지하기 위한 전정
- 생장을 돕기 위한 전정 : 병충해 피해지, 고사지 등 제거
- 생장을 억제하는 전정 : 녹음수 등을 좁은 정원에서 필요 이상으로 자라지 않도록 줄기나 가지를 자름

53 수목의 흰가루병은 가을이 되면 병환부에 흰가루가 섞여서 미세한 흑색의 알맹이가 다수 형성 되는데 다음 중 이것을 무엇이라 하는가?

① 균사(菌絲)
② 자낭구(子囊球)
③ 분생자병(分生子柄)
④ 분생포자(分生胞子)

해설 자낭구는 13~20℃의 습하고 서늘한 지역에서 잘 발생되며 완전히 폐쇄된 구형이다.

54 잎응애(spider mite)에 관한 설명으로 옳지 않은 것은?

① 절지동물로서 거미강에 속한다.
② 무당벌레, 풀잠자리, 거미 등의 천적이 있다.
③ 5월부터 세심히 관찰하여 약충이 발견되면, 다이아지논입제 등 살충제를 살포한다.
④ 육안으로 보이지 않기 때문에 응애 피해를 다른 병으로 잘못 진단하는 경우가 자주 있다.

해설 절지동물이란 몸에 마디가 있는 무척추 동물을 말하며 응애는 살비제를 이용하여 구제한다.

55 정원수의 거름주기 설명으로 옳지 않은 것은?

① 속효성 거름은 7월 이후에 준다.
② 지효성 유기질 비료는 밑거름으로 준다.
③ 질소질 비료와 같은 속효성 비료는 덧거름으로 준다.
④ 지효성 비료는 늦가을에서 이른 봄 사이에 준다.

📖 정원수의 거름주기

구분	효과	시비시기	목적	종류
밑거름 (준비, 기비)	지효성 거름	늦가을~ 이른 봄	지력 회복	두엄, 깻묵, 계분
덧거름 (추비)	속효성 거름	봄~가을 (낙화 후, 열매딴 후)	수세 회복	질소질 비료, 화학비료

56 대목을 대립 종자의 유경이나 유근을 사용하여 접목하는 방법으로 접목한 뒤에는 관계 습도를 높게 유지하며, 정식 후 근두암종병의 발병율이 높은 단점을 갖는 접목법은?

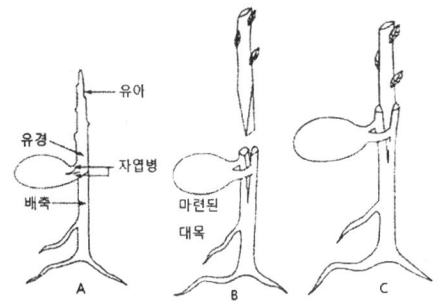

① 아접법　　② 유대접
③ 호접법　　④ 교접법

📖 • 아접법 : 모수(母樹)에서 눈을 따서 대목(臺木)에 붙여서 활착
• 호접법 : 맞접이라고도 하며 대목과 접수 모두 뿌리가 붙어 있는 상태에서 접합시키는 방법
• 교접법 : 상처가 생겨 수분과 양분 이동이 원활하지 않을 때 상처 너머 부분을 접목해 세력을 증진시키는 방법

57 20L 분무기 한통에 1000배 액의 농약 용액을 만들고자 할 때 필요한 농약의 약량은?

① 10mL　　② 20mL
③ 30mL　　④ 50mL

📖 20,000mL ÷ 1000(배) = 20mL

58 곤충이 빛에 반응하여 일정한 방향으로 이동하려는 행동습성은?

① 주광성(phototaxis)
② 주촉성(thigmotaxis)
③ 주화성(chemotaxis)
④ 주시성(geotaxis)

📖 • 주광성 : 빛에 유인되는 것으로 나비는 양성, 바퀴는 음성 주광성을 가지고 있다.
• 주촉성 : 다른 물건에 접촉하려는 것으로 나방이나 딱정벌레 중에는 나무의 가지 틈에 서식하는 종류가 있다.
• 주화성 : 화학물질에 유인되는 것으로 배추흰나비는 십자화과 채소에 알을 낳는다.
• 주지성 : 진딧물은 머리가 땅을 향하여 앉고(양성주지성), 모기는 머리쪽이 위를 향하여 앉는다.(음성주지성)

59 잔디깎기의 목적으로 옳지 않은 것은?

① 잡초방제　　② 이용 편리 도모
③ 병충해 방지　④ 잔디의 분얼억제

📖 해설 잔디깎기의 목적 : 잡초방제, 이용편리도모, 병충해 방지, 잔디 분얼촉진, 통풍양호 등

60 다음 중 루비깍지벌레의 구제에 가장 효과적인 농약은?

① 페니트로티온수화제
② 다이아지논분제
③ 포스파미돈액제
④ 옥시테트라사이클린수화제

> 포스파미돈은 포스팜이라고도 하며 솔잎혹파리(수간주사)나 깍지벌레 구제에 사용하는 고독성 농약이다.
> • 페니트로티온수화제 : 살충제로써 스미치온, 매프치온이 대표적이다.
> • 다이아지논분제 : 살충제
> • 옥시테트라사이클린수화제 : 빗자루병 수간주사

01	02	03	04	05	06	07	08	09	10
③	①	②	③	②	②	①	①	①	④
11	12	13	14	15	16	17	18	19	20
③	①	③	②	②	②	④	①	③	②
21	22	23	24	25	26	27	28	29	30
③	①	④	①	④	④	②	①	③	①
31	32	33	34	35	36	37	38	39	40
②	③	④	④	①	①	①	①	②	②
41	42	43	44	45	46	47	48	49	50
④	①	④	②	②	③	④	③	②	②
51	52	53	54	55	56	57	58	59	60
③	④	②	③	①	②	②	①	④	③

01 우리나라 고려 시대의 최초의 정원이라 할 수 있는 것은?

① 장원서　② 내원서
③ 상림원　④ 동지

해설 동지는 통일신라 시대 안압지와 유사한 기능을 가지는 고려시대 최초의 정원이다.

02 옛날 처사도(處士圖)를 근간으로 한 은일사상이 가장 성행하였던 시대는?

① 고구려시대
② 백제시대
③ 신라시대
④ 조선시대

해설 자연으로 귀속하려 하는 은일사상이 성행한 시기는 조선시대이다.

03 조선시대 교태전 후원인 아미산에는 6각형의 굴뚝4개가 세워져 있다. 다음 중 굴뚝에 새겨진 문향이 아닌 것은?

① 불가사리　② 반송
③ 국화　　　④ 박쥐

해설 사슴, 봉황, 학, 새, 박쥐, 불가사리, 매화, 소나무, 국화, 불로초, 바위 등 사군자와 십장생에 해당하는 문양이 새겨져 있다.

04 다음 중 ( ) 안에 해당하지 않는 것은?

우리나라 전통조경 공간인 연못에는 ( ), ( ), ( )의 삼신산을 상징하는 세 섬을 꾸며 신선사상을 표현했다.

① 영주
② 방지
③ 봉래
④ 방장

해설 중국 한시대의 태액지원에는 신선사상을 나타내기 위해 3개의 섬(봉래, 방장, 영주)을 축조 하였으며 못 가장자리에는 조수용어(鳥獸龍魚)상을 배치하였다.

05 다음 일본 모모야마 시대의 일본 정원과 거리가 먼 것은?

① 꽃을 장식하여 정원을 가꿨다.
② 수목을 심어서 조화를 이루었다.
③ 왕모래를 이용 하였다.
④ 정원을 돌 및 바위로 장식 하였다.

해설 왕모래를 이용한 정원은 실정시대 고산수식 정원이다.

6 다음 [보기]에서 ( )에 들어갈 적당한 공간 표현은?

> 서오릉 시민 휴식공원 기본 계획에는 왕릉의 보존과 단체 이용객에 대한 개방이라는 상충되는 문제를 해결하기 위하여 ( )을(를) 설정함으로써 왕릉과 공간을 분리 시켰다.

① 진입광장 ② 동적공간
③ 완충녹지 ④ 휴게공간

해설 서오릉이란 조선시대의 다섯개의 능. 즉 경릉·창릉·익릉·명릉·홍릉이 이곳에 모여 있어서 일컫는 말로 경기도 고양시에 위치하고 있다.

7 다음 중 조선시대 읍성(邑城)에 대한 설명으로 틀린 것은?

① 시원적(始原的) 도시 특성을 보이고 있다.
② 대략 면적은 99,000 ~ 165,300㎡ 이다.
③ 배후지나 주변 지역에 대한 군사적 방어 기능만을 담당 한다.
④ 인구 규모는 300 ~ 500호에 인구 800 ~ 1,500명 정도 이다.

해설 읍성은 군현제도 말단 자치단위 중심 취락으로 성내(城內)에 관아와 민가가 함께 수용 되었다. 읍성은 배후지나 주변 지역에 대한 행정적 통제와 군사적 방어 기능을 복합적으로 담당한 정주지였다.

8 서울 성북구에 위치한 성락원의 특징이 아닌 것은?

① 고종의 아들 의친왕이 살던 별궁의 정원이다.

② 공간구성은 전원(前苑), 내원(內苑), 후원(後苑) 등 3개의 공간으로 구성되어 있다.
③ 전원(前苑)에는 용두가산(龍頭假山)과 쌍류동천(雙流洞天), 내원(內苑)에는 영벽지(影碧池), 후원(後苑)에는 송석(松石)이 있다.
④ 후원 공간에는 300년 된 엄나무를 비롯하여 소나무, 느티나무 등이 숲을 이루고 있다.

해설 300년 된 엄나무를 비롯하여 소나무, 느티나무 등이 숲을 이루고 있는 곳은 전원(前苑)에 있는 용두가산(龍頭假山)과 쌍류동천(雙流洞天) 주위이다.

9 조선시대 별서 정원 양식의 발생에 가장 큰 영향을 미친 것은?

① 풍수지리설
② 유교사상
③ 신선사상
④ 불교사상

해설 유교가 성행 하면서 유가사상과 은일사상이 농후해져 풍경이 뛰어난 산속 깊은 곳에 별서를 지어 생활을 즐기려는 경향에서 비롯되었다.

10 안동 하회마을의 형태를 산태극수태극(山太極水太極)의 형태라고 한다면 이와 같은 사상의 기본은 어디에서 연유한 것인가?

① 음양사상 ② 오행사상
③ 풍수사상 ④ 유교사상

해설 산태극수태극(山太極水太極)이란 풍수지리에서 산줄기와 물이 휘둥그스름하게 굽이져 태극 모양을 이루는 형세를 말한다.

11 일본 조경 양식의 시대적 순서가 바르게 연결된 것은?

① 임천식 → 고산수식 → 다정식
② 임천식 → 고산수식 → 회유임천식
③ 회유임천식 → 다정식 → 고산수식
④ 다정식 → 회유임천식 → 축경식

- 임천식 : 비조시대 (6C)
- 회유임천식 : 겸창시대 (12C ~ 13C)
- 다정식 : 도산시대 (16C)
- 축경식 : 명치시대 (18C)

12 원명원 이궁, 만수산 이궁이 조성된 시기로 바른 것은?

① 청시대
② 명시대
③ 송시대
④ 진시대

- 원명원 이궁 : 청나라 강희제가 넷째 아들 옹정제에게 하사한 별장
- 만수산 이궁 : 청나라 건륭제

13 중국 진나라 왕희지의 난정기 영향을 받은 것으로 신라시대 왕의 위락 공간으로 곡수연을 즐겼다. 현재 남아있지는 않으나 곡수거 옆에 있었던 정자는?

① 사륜정   ② 옥호정
③ 세연정   ④ 포석정

곡수거 : 돌로 구불구불한 도랑을 타원형으로 만들고 그 도랑을 따라 물이 흐르게 만든 것으로서, 신라 귀족들은 이 물줄기의 둘레에 둘러앉아 흐르는 물에 잔을 띄우고 시를 읊으며 화려한 연회를 벌였다.

14 16C 후반부터 17C 말까지 이탈리아 르네상스 정원에서 나타나는 특징이라 보기 어려운 것은?

① 정원과 주변 자연과의 조화
② 기능성 보다는 심미성 위주의 정원 구조물
③ 개성적인 형태의 추구
④ 정원 부지 선택의 자유

16C 이후 이탈리아 정원은 바로크 정원의 특징을 보이며 정원과 주변 자연의 조화보다는 불일치 부분에 더욱 관심을 가지고 조성되었다.

15 이탈리아의 노단건축식 정원, 프랑스의 평면기하학식 정원 등은 자연 환경 요인 중 어떤 요인의 영향을 가장 크게 받아 발생한 것인가?

① 기후   ② 지형
③ 식물   ④ 토지

이탈리아는 산악지형과 구릉지가 많아 노단식, 프랑스는 평지가 많아 평면 기하학식으로 발달되었다.

16 대형 건물의 외벽 도색을 위한 색채 계획을 할 때 사용하는 컬러샘플(color sample)은 실제의 색보다 명도나 채도를 낮추어서 사용하는 것이 좋다. 이는 색채의 어떤 현상 때문인가?

① 착시효과   ② 동화현상
③ 대비효과   ④ 면적효과

면적대비 : 작은 색견본을 보고 색을 선택한 다음 넓은 외벽에 칠했더니 명도와 채도가 높아져 보이는 현상으로 큰 면적의 색을 고를 때는 원하는 색보다 어둡고 탁한 색을 고른다.

17 한국 산업규격 KS 규격 표시에서 토목은 어느 부문으로 분류되는가?

① A   ② D
③ R   ④ F

- KS A : 기본부문 (기본일반/방사선관리/가이드/인간공학/기타)
- KS D : 금속부문 (금속일반/원재료/강재/주철/기타)
- KS F : 건설부문 (건설일반/시험·검사·측량/재료·부재/시공/기타)
- KS H : 식료품부문 (식품일반/농산물가공품/축산물가공품/수산물가공품/기타)

18 야외용 의자 제작 시 2인용을 기준으로 할 때 얼마 정도의 길이가 필요한가?(단, 여유 공간을 포함한다.)

① 60cm 정도   ② 120cm 정도
③ 180cm 정도 ④ 200cm 정도

1인용은 45~47cm, 2인용은 120cm, 3인용은 180cm 정도이다.

19 다음 중 오픈 스페이스에 해당되지 않는 것은?

① 건폐지   ② 공원묘지
③ 광장   ④ 학교운동장

건폐지 : 토지에서 건물이 차지하는 건축용지

20 다음 조경 계획의 과정에서 자연환경 분석 요인에 해당하는 것이 아닌 것은?

① 기후에 대한 조사 분석
② 지형에 대한 조사 분석
③ 식생에 대한 조사 분석
④ 토지 이용에 대한 조사 분석

토지 이용에 대한 조사 분석은 인문환경 분석에 해당한다.

21 도시공원 및 녹지 등에 관한 법률 시행규칙상 도시공원 중 설치 규모가 가장 큰 곳은?

① 광역권근린공원
② 체육공원
③ 묘지공원
④ 도시지역권근린공원

22 조경 미(美) 이론에서 유사한 것들이 반복되면서 자연적인 순서와 질서를 갖게 되는 것을 말하며, 예를 들어 특정한 형이 점차 커지거나 반대로 서서히 작아지는 형식이 되는 것을 무엇이라 하는가?

① 점층   ② 운율
③ 점이   ④ 추이

- 점층 : 같은 모양의 조경 재료를 반복해서 배열할 때 나타나는 아름다움
- 운율 : 질서를 통한 변화된 형태나 소리, 색채로 연속적인 변화를 주어 공간의 흥미를 줄 수 있는 경관 구성 방법
- 추이 : 일이나 형편 등이 시간이 지남에 따라 변하여 나가는 경향

23 다음 중 휴먼 스케일로 보기에 어려운 경관은?

① 초점경관   ② 위요경관
③ 관개경관   ④ 지형경관

인간의 체격을 기준으로 한 척도, 인간 활동과 관련한 적절한 규모 및 크기

24 황금비는 단변이 1일때 장변은 얼마인가?

① 1.681
② 1.618
③ 1.186
④ 1.861

 해설 그리스의 수학자 피타고라스에 의해 유래 되었으며 예로는 그리스의 파르테논신전, 밀로의 비너스상, 텔레비전화면, 휴대폰액정, 신용카드 등이다.

25 정원 설계에서 연못의 최소 면적은 얼마인가?

① $1m^2$
② $1.5m^2$
③ $2m^2$
④ $2.5m^2$

 해설 최소 면적은 $1.5m^2$이며 정원 전체 면적의 1/9 이하가 적정한 규모이다.

26 다음은 사철나무와 회양목을 비교한 설명이다. 잘못된 것은?

① 사철나무와 회양목 모두 상록수이다.
② 사철나무는 노박덩굴과 회양목은 회양목과에 해당하는 수종이다.
③ 사철나무와 회양목 모두 흰색 꽃이 핀다.
④ 사철나무와 회양목은 전정과 공해에 강한 수종이다.

 해설 사철나무는 6월에 흰색꽃, 회양목은 3월에 황색 꽃이 핀다.

27 대나무의 특징을 설명한 것으로 잘못된 것은?

① 화본과에 속하는 여러해살이 식물이다.
② 전 세계적으로 1,000여종이 있으며 우리나라에는 약 14종이 자생한다.
③ 대나무 중에서 맹종죽은 직경 20cm까지 자라며, 하루 1m 생장도 가능하다.
④ 형성층이 있어 부피 생장을 한다.

 해설 대나무는 여름에 성장이 끝나고 나면 몇 년이 지나도 부피 생장을 하지 않고 양분을 모두 땅속 줄기로 보낸 다음 세대 양성에 힘쓰는 것이 특징이다.

28 다음 [보기]가 설명하는 수종은 무엇인가?

- 소나무과 수종으로 원산지는 울릉도이다.
- 오엽송이라 불린다.
- 수형은 어릴 때는 원추형이나 시간이 지나면서 자연형으로 변해간다.
- 내염성이 있어 섬에서 생육은 가능하나 해풍에는 약한 것이 특징이다.

① 섬잣나무
② 후박나무
③ 동백나무
④ 스트로브잣나무

 해설 잣나무보다 잎과 가지가 더 빽빽하고 절간이 좁아 건물 주변 및 기념수로 사용된다.

29 다음 수종 중 생장 속도가 가장 느린 수종은?

① 가중나무
② 미류나무
③ 눈주목
④ 플라타너스

 해설 비자나무, 주목 등 주목과 수종은 생장 속도가 느린 것이 특징이다.

30 다음 노박덩굴과 수종 중에서 상록수에 해당하는 수종은?

① 화살나무
② 노박덩굴
③ 회나무
④ 사철나무

 해설 ① 화살나무 : 낙엽관목
② 노박덩굴 : 낙엽덩굴
③ 회나무 : 낙엽관목

31 미선나무(Abeliophyllum distichum Nakai)의 설명으로 틀린 것은?

① 1속 1종
② 낙엽활엽관목
③ 잎은 어긋나기
④ 물푸레나무과(科)

  해설 미선나무는 우리나라에서만 자라는 한국 특산 수종으로 잎은 마주나기를 한다.

32 다음 중 고광나무(Philadelphus schrenkii)의 꽃 색깔은?

① 적색 ② 황색
③ 백색 ④ 자주색

  해설 고광나무는 4~5월 백색으로 꽃이 핀다.

33 다음 접목 중 안장접에 해당하는 그림은?

①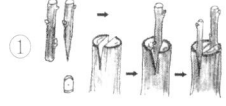
②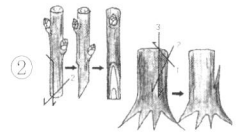
③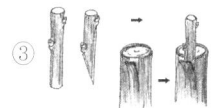
④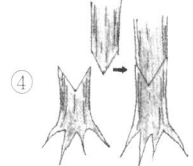

  해설 ① : 쪼개접, ② : 깎기접, ③ : 박피접

34 조경 설계 과정에서 가장 먼저 이루어져야 할 것은?

① 구상 개념도 작성 ② 실시 설계도 작성
③ 평면도 작성   ④ 내역서 작성

  해설 ① 목표설정 : 공간규모 계획
  ② 자료수집 : 자연환경분석, 인문환경분석
  ③ 분석 및 종합 : 수집된 자료를 분석 종합
  ④ 기본구상 : 기본 구상 및 공간 개념 도출
  ⑤ 기본계획
    - 대안작성 (반드시 2개 이상)
    - 최종안→기본계획도(Master Plan)
  ⑥ 기본설계 : 기본계획을 구체적으로 발전(각 공간의 정확한 규모, 마감방법 등)
  ⑦ 실시설계
    - 시공이 가능하도록 시공 도면을 작성
    - 상세도, 시방서, 내역서 작성
  ⑧ 시공 및 감리 : 식재시공, 시설물 시공
  ⑨ 유지관리 : 이용관리, 운영관리, 유지관리

35 다음 중 한지형 잔디에 해당하는 것이 아닌 것은?

① 캔터키블루그래스
② 벤트그래스
③ 톨훼스큐
④ 버뮤다그래스

  해설 대부분 서양 잔디는 종자 번식을 하는 한지형 잔디이지만, 버뮤다 그래스는 예외로 난지형 잔디이다.

36 쇠망치 및 날메로 요철을 대강 따내고, 거친 면을 그대로 두어 부풀린 느낌으로 마무리하는 것으로 중량감, 자연미를 주는 석재가공법은?

① 혹두기   ② 정다듬
③ 도드락다듬 ④ 잔다듬

- 정다듬 : 혹두기한 면을 정으로 비교적 고르고 곱게 다듬는 것
- 도두락다듬 : 정다듬한 표면을 도드락 망치를 이용하여 1~3회 정도로 곱게 다듬는 작업
- 잔다듬 : 외날 망치나 양날 망치로 정다듬면 또는 도드락 다듬면을 일정 방향이나 평행선으로 다듬는 작업

37 다음 콘크리트 종류별 설명이 잘못 설명된 것은?

① 서중 콘크리트 : 평균 25℃, 최고 30℃ 넘을 때 타설하는 콘크리트, 콜드조인트 발생 우려
② 한중 콘크리트 : 평균 4℃ 이하일 때 타설하는 콘크리트
③ 프리팩트 콘크리트 : PS콘크리트라고 하며 강선 등을 이용하여 미리 부재 내에 응력을 준 콘크리트
④ 매스콘크리트 : 콘크리트 구조물의 크기가 커서 수화열을 검토해야 하는 콘크리트

- 프리팩트 콘크리트 : 미리 골재를 거푸집 안에 채우고 특수 탄화제를 섞은 모르타르를 주입하여 골재의 빈틈을 메워 콘크리트를 만드는 방식
- 프리스트레스트 콘크리트 : PS콘크리트라고 하며 강선 등을 이용하여 미리 부재 내에 응력을 준 콘크리트(예 : 철도침목)

38 다음 [보기]가 설명하는 합성수지의 종류는?

- 특히 내수성, 내열성이 우수하다.
- 내연성, 전기적 절연성이 있고 유리섬유판, 텍스, 피혁류 등의 접착이 가능하다.
- 용도는 방수제, 도료, 접착제 등이다.
- 500℃ 이상 견디는 수지다.

① 실리콘수지
② 멜라민수지
③ 푸란수지
④ 폴리에틸렌수지

실리콘은 접착, 방수제로 가장 많이 사용하며 500℃ 이상 견디는 수지이다.

39 다음 [보기]가 설명하는 합성수지의 종류는?

- 열 경화성 수지이다.
- 액체 상태나 용융 상태의 수지에 경화제를 넣어 사용한다.
- 내산성, 내알칼리성 등이 우수하여 항공기, 콘크리트 접착 등에 사용한다.
- 접착 효과가 매우 우수하여 방수와 포장재로도 이용한다.

① 폴리에틸렌수지
② 멜라민수지
③ 푸란수지
④ 에폭시 수지

에폭시는 접착력이 가장 우수하고, 방수 효과도 뛰어나 방수, 접착, 포장, 외과수술 시 충진재 등으로 사용한다.

40 일반적인 금속 재료의 장점이라고 볼 수 없는 것은?

① 여러 가지 하중에 대한 강도가 크다.
② 재질이 균일하고 불연재이다.
③ 각기 고유의 광택이 있다.
④ 가열에 강하고 질감이 따뜻하다.

금속 재료는 불연재이고 강도가 크지만, 가열하면 역학적 성질이 저하되고 내산성과 내알칼리성이 작으며 차가운 느낌을 주는 것이 단점이다.

41 다음 조명 시설 중 열 효율이 높아 터널, 안개지역에 설치하기 적합한 등은?

① 나트륨등 ② 수은등
③ 할로겐 등 ④ 백열등

해설 나트륨등은 관리비가 저렴하고 투시성이 좋은 것이 장점인 반면 가격이 비싼 것이 단점이다.

42 일반적으로 목재의 비중과 가장 관련이 있으며, 목재성분 중 수분을 공기 중에서 제거한 상태의 비중을 말하는 것은?

① 생목비중 ② 기건비중
③ 함수비중 ④ 절대 건조비중

해설 기건 비중은 함수율 15%일 때의 비중으로 이 때 함수율은 목재가 대기 중의 온도와 습도에 대해 평형상태를 이루고 있는 상태이기 때문에 기건 함수율이라고 한다.

43 다음 식은 길이가 6m 이상 통나무 재적 계산식이다. ( )안에 들어갈 단위는?

$$V = D^2(\ ) \times L(m)$$

① 재(才) ② m^2
③ m^3 ④ cm

해설 D : 말구지름 (cm), L : 길이 (m)

44 흙은 같은 양이라 하더라도 자연상태(N)와 흐트러진 상태(S), 인공적으로 다져진 상태(H)에 따라 각각 그 부피가 달라진다. 자연상태의 흙의 부피(N)를 1.0으로 할 경우 부피가 큰 순서로 적당한 것은?

① H > N > S
② N > H > S
③ S > N > H
④ S > H > N

해설 흙이 흐트러지게 되면 공극이 커지기 때문에 부피가 늘어나게 되고 다지게 되면 공극이 작아지기 때문에 부피가 줄어든다.

45 자연석 100ton을 절개지에 쌓으려 한다. 다음 표를 참고할 때 노임은 얼마인가?

(ton당)

구분	조경공	보통인부
쌓기	2.5인	2.3인
놓기	2.0인	2.0인
1일노임	30,000원	10,000원

① 2,500,000원
② 5,600,000원
③ 8,260,000원
④ 9,800,000원

해설 {(2.5인 × 30,000원) + (2.3인 × 10,000원)} × 100ton

46 삼각형의 세변의 길이가 각각 5m, 4m, 5m라고 하면 면적은 약 얼마인가?

① 약 8.2m^2
② 9.2m^2
③ 10.2m^2
④ 약 11.2m^2

해설 헤론공식

$$\triangle ABC = \sqrt{p(p-a)(p-b)(p-c)}$$
$$p = \frac{a+b+c}{2}$$

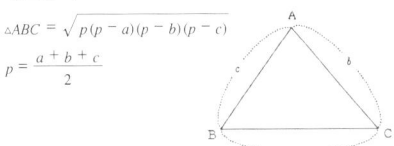

47 측량 결과 다음과 같을 때 양단면 평균법을 이용하여 체적 산출 시 얼마 인가?

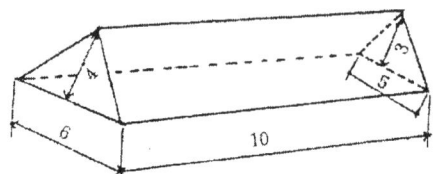

① 95.5m³ ② 97.5m³
③ 100.5m³ ④ 120.5m³

해설 양단면 평균법 : $\frac{A_1 + A_2}{2} \times L$
$A_1 = \frac{1}{2} \times 6 \times 4$, $A_2 = \frac{1}{2} \times 5 \times 3$, $L = 10m$
∴ $\frac{12 + 7.5}{2} \times 10$

48 다음 중 콘크리트의 공사에 있어서 거푸집에 작용하는 콘크리트 측압의 증가 요인이 아닌 것은?

① 타설 속도가 빠를수록
② 슬럼프가 클수록
③ 다짐이 많을수록
④ 빈배합일 경우

해설 거푸집에 미치는 콘크리트 측압
 • 경화 속도가 빠를수록 측압이 작다
 • 시공 연도가 좋을수록 측압은 크다.
 • 붓기 속도가 빠를수록 측압이 크다.
 • 수평 부재가 수직 부재보다 측압이 작다.

49 파낸 흙을 쌓아올렸을 때 중요한 "안식각"에 관한 설명으로 부적합한 것은?

① 흙을 높게 쌓아올렸을 때 잠시 동안은 모아 둔 그대로 형태가 유지되는 것은 흙의 점착력 때문이다.
② 높이 쌓아놓은 뒤 시간이 지나면서 허물어져 내리고 안정된 비탈면을 형성했을 때 수평면에 대하여 비탈면이 이루는 각을 안식각이라 한다.
③ 흙깎기 또는 흙쌓기의 안정된 비탈을 위해서는 그 토질의 안식각보다 작은 경사를 가지게 하는 것이 중요하다.
④ 토질이 건조 했을 때 안식각이 큰 것부터의 순서는 점토 〉 보통흙 〉 모래 〉 자갈의 순이다.

해설 토질이 건조했을 때 안식각이 큰 것부터의 순서는 점토 〈 보통흙 〈 모래 〈 자갈의 순이다.

50 다음 그림과 같이 등고선 간격이 10m인 지형도에서 플래니미터로 각 등고선에 둘러싸인 면적을 산출한 결과 다음과 같다. 이 지형의 총 토량을 등고선법을 이용하여 산출하면 토량은?(단 소수점 이하는 버린다.)

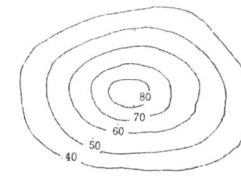

40m = 7,800m²
50m = 3,400m²
60m = 1,200m²
70m = 560m²
80m = 100m²

① 87,133m³
② 89,472m³
③ 93,152m³
④ 95,875m³

해설 등고선법(n = 단면갯수(홀수))
$\frac{h}{3}\{A_1 + 4(A_2 + A_4 + \cdots A_{n-1}) + 2(A_3 + A_5 + \cdots A_{n-2}) + A_n\}$
∴ $\frac{10}{3}\{100 + 4(560 + 3,400) + 2(1,200) + 7,800\}$

51 태치(Thach)란 지표면과 잔디(녹색식물체) 사이에서 형성되는 것으로 이미 죽었거나 살아있는 뿌리, 줄기, 그리고 가지 등이 서로 섞여있는 유기층을 말한다. 다음 중 대치의 특징으로 옳지 않은 것은?

① 한여름에 스캘핑이 생기게 한다.
② 대치층에 병원균이나 해충이 기거하면서 피해를 준다.
③ 탄력성이 있어서 그 위에서 운동할 때 안전성을 제공한다.
④ 소수성(hydrophobic)인 대치의 성질로 인하여 토양으로 수분이 전달되지 않아서 국부적으로 마른 지역을 형성하며 그 위에 잔디가 말라 죽게 한다.

해설
- 스캘핑이란 너무 낮게 깍아서 잔디의 줄기나 포복경이 노출되어 누렇게 보이는 현상으로 대치와는 연관성이 없다.
- 소수성(hydrophobic)이란 물을 빨아 들이지 않고 밀어내는 성질을 말한다.

52 조경 수목의 저온의 해 중 동해(凍害)에 대한 설명으로 올바르지 못한 것은?

① 식물체가 추위에 의해 세포막벽 표면에 결빙 현상이 일어나 죽는 현상이다.
② 난지산(暖地産)수종, 생육지에서 멀리 떨어져 이식된 수종일수록 동해에 약하다.
③ 침엽수류와 낙엽활엽수류는 상록활엽수류보다 내동성이 크다.
④ 동해 방지를 위해서는 초겨울 증산제를 살포하여 잎의 변조를 조기에 실시한다.

해설 초겨울 시들음 방지제를 살포하여 잎의 변조를 방지한다.

53 다음 설명과 관련이 있는 잔디의 병은?

- 17~22°C 정도의 기온에서 습윤 시 잘 발생
- 질소질 비료 성분이 부족한 지역에서 발생하기 쉬움
- 담자균류에 속하는 곰팡이로서 년 2회 발생
- 디니코나졸수화제를 살포하여 방제

① 흰가루병 ② 그을음병
③ 잎마름병 ④ 녹병

해설 녹병은 장마철 등 습할 때 자주 깎아주지 않아서 발생하는 병으로, 질소질 비료 성분이 과다할 때 발병율이 높다.

54 흰별 무늬병과 관계가 없는 것은?

① 장마 이후부터 가을에 걸쳐 발병한다.
② 주요 표징은 5~6월부터 잎에 작은 갈색 반점이 생기는 것이다.
③ 주로 지면에서 멀리 떨어진 잎에서 발병한다.
④ 방제 방법은 병든 잎을 소각 하거나 디페노코나졸 입상수화제 2,000배액을 3~4회 살포한다.

해설 주로 지면에서 가까운 잎이나 맹아지의 잎에서 많이 발생한다.

55 파이토플라즈마에 의해 발생되는 수목의 병이 아닌 것은?

① 오동나무빗자루병

② 뽕나무오갈병
③ 대추나무빗자루병
④ 벚나무 빗자루병

해설 벚나무 빗자루병은 곰팡이(진균)에 의한 병이다.

56 Methidathion(메치온) 40% 유제를 1000배액으로 희석해서 10a당 6말(20L/말)을 살포하여 해충을 방제하고자 할 때 유제의 소요량은 몇 mL인가?

① 100mL   ② 120mL
③ 150mL   ④ 240mL

해설 약량 = $\dfrac{\text{단위당(10a 당) 농약살포량}}{\text{희석배수}}$ = $\dfrac{120L}{1000}$
= 0.12L = 120mL

57 소나무 재선충의 학명은 무엇인가?

① Bursaphelenchus xylophilus
② Monochamus alternatus
③ Thecodiplosis japonensis
④ Tomicus piniperda

해설
- 소나무, 잣나무 등에 기생하며 나무를 갉아먹는 선충으로써, 소나무의 에이즈라 불리기도 한다.
- 매개충은 북방수염하늘소와 솔수염 하늘소이며 여름에 최대 출현하는 전성기이다.

58 잡초와 작물에 함께 작용하는 비선택성 제초제는?

① 글리포세이트액제
② 반벨
③ 파란들
④ 2·4-D

해설 글리포세이트 액제는 대표적인 비 선택성 제초제로 근사미와 글라신 등이 있다.

59 다음 보기는 식물 생육에 필요한 비료 중 어느 비료에 대한 설명인가?

- 엽록소 생성 촉매 작용, 산소 운반 역할을 한다.
- 결핍 증상은 생육초기 발생하며 엽맥 사이 또는 잎 조직에 황화현상 및 비단무늬모양이 생긴다.
- 활엽수는 잎과 가지의 크기가 작아지고 조기 낙엽 현상이 발생한다.

① 질소(N)   ② 칼슘(Ca)
③ 철(Fe)   ④ 황(S)

해설 철(Fe) : 체내에 이동이 안되는 것이 특징이고 잎의 황화현상은 상엽에서 증상이 시작된다.

60 다음 해충 가운데 식엽성 해충이 아닌 것은?

① 미국흰불나방   ② 오리나무잎벌레
③ 천막벌레나방   ④ 밤나무 혹벌

해설 밤나무 혹벌은 충영성 해충에 해당된다.

ANSWER							CBT 복원문제 2019년 3회		
01	02	03	04	05	06	07	08	09	10
④	④	②	②	③	③	③	④	②	③
11	12	13	14	15	16	17	18	19	20
①	①	④	①	②	④	④	②	①	④
21	22	23	24	25	26	27	28	29	30
①	③	④	②	④	④	④	①	③	④
31	32	33	34	35	36	37	38	39	40
③	③	④	④	④	③	③	①	④	④
41	42	43	44	45	46	47	48	49	50
①	②	④	③	④	②	②	④	④	①
51	52	53	54	55	56	57	58	59	60
①	④	③	④	③	②	①	①	③	④

CBT 복원문제 _ 2020년 1회

1 다음 중 바르게 연결한 것은?

① 경복궁 – 부용정 ② 창덕궁 – 애련정
③ 경복궁 – 청의정 ④ 창경궁 – 경회루

해설 부용정과 청의정은 창덕궁. 경회루는 경복궁에 있다.

2 고구려는 여러번에 걸쳐 수도를 옮겼는데 주몽은 처음 졸본 지역에 정착하여 졸본성에 수도를 정하게 된다. 다음 중 졸본성에 있는 산성은?

① 대성산성 ② 남한산성
③ 장안성   ④ 오녀산성

해설 졸본성 환인분지의 약 800m의 산지에 축조된 오녀산성은 남북 약 1,000m, 동서 너비 약 300m의 비교적 규모가 큰 성인데, 동·서·남쪽은 모두 넓적한 돌로 성벽을 쌓았고, 북쪽은 수직에 가까운 벼랑에 의지하여 성벽을 이루었다.

3 조선시대 아미산에 대한 설명이다. 옳지 않은 것은?

① 계단식으로 다듬어 놓은 화계를 이용한 정원이다.
② 화목 사이로 괴석과 세심석이 놓여 있다.
③ 창덕궁의 후원으로 사적인 성격의 공간이다.
④ 온돌의 굴뚝을 화계 위로 뽑아 점경물로 삼았다.

해설 아미산은 경복궁 교태전의 후원에 있는 노단식 정원이다.

4 고대 이집트 조경 양식에 가장 큰 영향을 미친 사항은?

① 무더운 기온과 사막의 바람
② 태양신을 모시는 신전정원
③ 피라미드와 스핑크스
④ 나일강의 불규칙한 범람

해설 이집트 조경 양식에 가장 큰 영향을 미친 요소로는 사막기후(무더운 기온과 모래폭풍 등) 이다

5 일본의 정원 양식 중 정원수를 활용하지 않은 정원 양식은?

① 회유임천식   ② 평정고산수식
③ 지천임천식   ④ 다정식

해설 15세기 실정시대 평정고산수식 정원은 살아있는 식물재료(수목포함)를 일체 사용하지 않은 것이 특징이다.

6 인문환경 분석에 속하는 것은?

① 대기환경분석 ② 토양환경분석
③ 식생환경분석 ④ 이용자 분석

해설 인문환경 분석은 이용자(사람)에 대한 분석을 말하며 ①, ②, ③은 자연환경 분석에 해당 한다.

07 다음 중 조경 계획에 대한 설명으로 잘못된 것은?

① 조경 계획은 전 과정을 통하여 문제의 발견에 관련하고, 설계는 문제의 해결에 관련한다.
② 계획이란 어떤 목표를 설정해서 이에 도달할 수 있는 행동 과정을 마련하는 것이다.
③ 조경 계획에 있어서는 창조적 구상이, 조경 설계에 있어서는 합리적 사고가 더욱 요구 된다.
④ 계획은 계획가의 독자적인 사업이 아니라 사용자와 사용주의 대화를 통해 이룩되는 양방향 과정이다.

해설 계획은 합리적 사고를 통해 문제를 발견하고, 설계는 창조적 사고를 통해 문제를 해결해 가는 과정이다.

08 다음 중 파선의 사용 용도를 옳게 설명하고 있는 것은?

① 도형의 중심을 표시하는데 사용하는 선
② 대상물의 보이지 않는 부분의 모양을 표시하는데 사용하는 선
③ 중심이 이동한 중심 궤적을 표시하는데 사용하는 선
④ 단면의 무게 중심을 연결하는데 사용하는 선

해설 도형의 중심을 표시할 때와, 중심이 이동한 중심 궤적을 표시하는데 사용하는 선은 일점쇄선이고, 단면의 무게 중심을 연결하는데 사용하는 선은 2점쇄선(무게중심선)이다.

09 공간구성 다이어그램에서 이루어지는 내용으로 틀린 것은?

① 동선체계 표현
② 설계원칙 추출
③ 설계의도 정리
④ 공간별 배치 및 상호관계

해설 공간구성 다이어그램은 공간의 구성과 연계성, 공간별 설계의도, 동선 및 설계 방향을 개략적으로 나타낸 도면이다. 설계 원칙은 공간 구성 다이어그램 이전에 추출이 되어 있어야 한다.

10 도시 오픈 스페이스의 효용성에 해당하지 않는 것은?

① 도시 개발의 조절
② 도시 환경의 질
③ 시민 생활의 질
④ 개발 유보지의 조절

해설 오픈 스페이스는 도시민에 개방된 휴식, 위락 등을 위한 개방 공간으로, 개발조절 및 도시민 생활 환경 질을 개선해 주는 효용성을 가진다. (오픈스페이스 예 : 도시공원, 각종 도시계획시설, 녹지 및 풍치지역)

11 물체의 절단면에서 가까운 곳은 크고 깊이가 있게, 먼 곳은 한곳에 모이게 그리는 도면은?

① 투시도
② 스케치
③ 입면도
④ 조감도

해설 투시도는 물체를 눈에 보이는 그대로 그림으로 투영하여 그리게 되며, 원근법을 이용하기 때문에 입체적인 느낌을 가지게 된다.

12 다음 중 정투상도에 나타나는 그림의 명칭이 아닌 것은?

① 단면도 ② 입면도
③ 평면도 ④ 정면도

> 정투상법은 3차원 모양을 2차원 종이에 표현하기 위한 방법으로, 입화면, 평화면, 측화면이 그려진다. 즉 정투상도는 정면도, 평면도, 측면도가 그려진다.

13 주차장법 시행 규칙상 주차장의 주차단위구획 기준은? (단, 평행주차형식 외의 장애인 전용 방식이다.)

① 2.0m 이상 × 4.5m 이상
② 3.0m 이상 × 5.0m 이상
③ 2.3m 이상 × 4.5m 이상
④ 3.3m 이상 × 5.0m 이상

> 장애인의 경우는 3.3m 이상 × 5.0m 이상이다.

14 다음 중 색명에 대한 설명으로 잘못된 것은?

① 색에 이름을 붙여서 색을 표시하는 일종의 표색 방법을 말한다.
② 장미색, 굴색, 금색, 쥐색, 은색, 비둘기색 등이 예이다.
③ 동식물이나 광물, 장소, 지명과 관련 있는 고유명으로 된 것도 있다.
④ 색명은 예로부터 불려온 것이다

> 색명은 우리들의 색감과 직결되어 있기 때문에 숫자나 기호보다 색감을 잘 표현할 수 있다. 또한 부르기 쉽고 기억하거나 상상하기 쉬워서 오래 전부터 가장 일반적인 전달 방법으로서 사용되어 왔으나 언제쯤부터 사용되었는지 분명하지 않다.

15 색을 표시하는 체계를 표색계라 한다. 이 중 색을 3속성(색상, 명도, 채도)에 의해 질서 있게 표시하는 현색계에 해당하지 않는 것은?

① 먼셀 ② NCS
③ DIN   ④ CIS

> 현색계는 색편의 번호나 기호를 일정 기준에 따라 표시하여 다양한 색을 비교할 수 있도록 표준화한 것으로써, 대표적인 현색계로는 먼셀, KS(한국 산업 규격), NCS(natural color system, 스웨덴 국가 표준 색 체계), DIN(deutsches institute fur normung, 독일공업규격), OSA/UCS(the optical society of america's uniform color scales)가 있다.

16 조건등색, 다른 두 색이 같은 조건 아래서 같은 색으로 보이는 현상은?

① 메타메리즘 ② 동화효과
③ 톤온톤   ④ 색의 잔상

> 메타메리즘은 조건 등색이라고도 하며, 다른 두 가지 색이 같은 조건 아래에서는 같은 색으로 보이는 경우를 말한다.

17 다음 중 미기후에 대한 설명 중 틀린 것은?

① 미기후 요소는 대기 요소와 동일하며 서리, 안개, 자외선 등의 양은 제외한다.
② 건축물은 미기후에 영향을 미친다.
③ 지형, 식생의 유무와 종류는 미기후의 변화 요소이다.
④ 현지에서 장기간 거주한 주민과 대화를 통해서도 파악할 수 있다.

> 미기후는 국부적 장소에 나타나는 부분적 장소의 기상 상태로서, 미미한 기후를 말한다.
> 서리, 안개, 태양복사열 등이 여기에 해당한다.

18 거의 평탄지로 인식되며 활동하기 쉽고 배수 상태는 양호한 포장 구배는?

① 1% 이하
② 1~4% 이하
③ 5~10% 이하
④ 11~15% 이하

  평탄한 운동장의 경우 배수를 위한 구배가 2~3% 인 것을 생각하며 암기

19 묘지공원의 설계 지침으로 가장 올바른 것은?

① 장제장 주변은 기능상 키가 작은 관목만을 식재한다.
② 산책로는 이용하기 좋게 주로 직선화한다.
③ 묘지 공원 내는 경건한 분위기를 위해 어린이 놀이터 등 휴게시설 설치를 일체 금지시킨다.
④ 전망대 주변에는 큰 나무를 피하고, 적당한 크기의 화목류를 배치한다.

  장제장 주변은 정숙함과 위요감을 느낄 수 있도록 하며, 산책로는 곡선화 하여 자연스러움을 연출한다. 또한 묘지공원은 정적인 놀이시설 및 휴게시설을 도입하여 가족이 함께 이용할 수 있도록 한다.

20 다음 중 유희 시설에 속하는 것은?

① 벤치
② 전망대
③ 정글짐
④ 야영장

  도시공원법에서 분류한 유희시설에는 시소, 정글짐, 모험놀이터, 낚시터 등이 있으며, 도시민의 여가 선용을 위한 유희시설을 말한다.

21 다음 중 이식이 잘 안되는 수종은?

① 버드나무
② 사철나무
③ 가시나무
④ 은행나무

  가시나무는 참나무과의 상록활엽교목으로 한국에서는 제주도 및 남해안 지역의 따뜻한 곳에서 자라는 남부수종이다.
  심근성이며 직근이기 때문에 이식이 잘 되지 않으며 이러한 특징은 참나무과 수종의 공통점이다.

22 다음 [보기]와 같은 특성을 지닌 정원수는?

- 형상수로 많이 이용되고, 가을에 열매가 붉게 된다.
- 내음성이 강하며, 비옥지에서 잘 자란다.

① 수목
② 쥐똥나무
③ 화살나무
④ 산수유

  주목은 토피어리로 이용하는 대표적인 장수목으로 비옥지를 좋아하고 적갈색 수피가 특징이다.

23 다음 중 수피의 색이 흰색에 해당하는 수종이 아닌 것은?

① 서어나무
② 모과나무
③ 분비나무
④ 자작나무

  모과나무 수피는 군청색 계열로 얼룩이 있다.

24 다음 [보기]가 설명하는 수목은?

- 감탕나무과 식물이다.
- 상록활엽소교목으로 열매가 적색이다.
- 잎은 호생으로 타원상의 6각형이며 가장자리에 바늘 같은 각점(角點)이 있다.
- 자웅이주이다.
- 열매는 구형으로서 지름 8~10mm이며, 적색으로 익는다.

① 감탕나무　　② 낙상홍
③ 먼나무　　　④ 호랑가시나무

해설 ①, ②, ③, ④ 수종의 공통점은 모두 감탕나무과 수종이며, 열매가 적색이다. 또한 감탕나무와 먼나무는 잎이 호생이며 자웅이주 이지만 열매의 크기가 5~8mm로 호랑가시보다 작다.

25 능소화(Campsis grandifolia K.Schum.)의 설명으로 틀린 것은?

① 낙엽활엽덩굴성이다.
② 잎은 어긋나며 뒷면에 털이 있다.
③ 나팔모양의 꽃은 주홍색으로 화려하다.
④ 동양적인 정원이나 사찰 등의 관상용으로 좋다.

해설 능소화 잎은 마주보기를 하며 기수 1회 우상 복엽이다.

26 다음 중 성상에 따른 분류 중 연결이 잘못된 것은?

① 관목: 조팝나무, 이팝나무, 쥐똥나무
② 교목: 산사나무, 물푸레나무, 마가목
③ 상록활엽수: 동백나무, 태산목, 녹나무
④ 낙엽활엽수: 벚나무, 일본목련, 칠엽수

해설 조팝나무: 관목, 이팝나무: 교목, 쥐똥나무: 관목

27 다음 중 열경화성 수지로서 합판 등 도색에 사용되는 수지는?

① 요소수지
② 폴리염화비닐수지
③ 멜라민수지
④ 폴리에틸렌수지

해설 멜라민은 흡지성이 좋고 경화되면 내수성, 표면강도, 투명성이 좋다

28 화성암의 설명으로 잘못된 것은?

① 자갈등과 함께 바닥 공사에 쓰인다.
② 내구성과 내화성이 크다.
③ 냉각 장소에 따라 심성암과 화산암으로 나눠다.
④ 종류에는 화강암, 안산암, 응회암, 사암 등이 있다.

해설 화성암의 종류에는 화강암, 안산암, 현무암, 섬록암 등이 있고, 응회암과 사암은 퇴적암 이다.

29 자연형 연못을 만들 때 호안공에 사용되는 돌 중 가장 적합하지 않은 돌은?

① 견치석　　② 자연석
③ 호박돌　　④ 사괴석

해설 견치석은 가공석으로 옹벽쌓기 등에 사용 된다.

30 비철금속 재료의 설명이 잘못된 것은?

① 납: 비중이 크고 연질이다.
② 아연: 산 및 알카리에 약하고 수중에서 내식성이 작다
③ 동: 습기가 많으면 광택이 줄고 녹청색이 된다.

④ 알루미늄 : 전성과 연성, 전기 전도성이 뛰어나다

> 해설 아연은 산 및 알칼리에 약하고, 수중에서 내식성이 크다.

31 유리의 주성분이 아닌 것은?

① 소다
② 수산화칼슘
③ 석회
④ 규산

> 해설 유리는 특정한 융점을 갖지 않는 열가소성 재료로서 규산(석영), 탄산소다, 석회암이 주성분이다.

32 주철강의 성질이 아닌 것은?

① 탄소 함유량이 1.3~6.6%이다.
② 단단하여 주조하기가 힘들다.
③ 주성분은 선철이다
④ 내식성이 강하다.

> 해설 주철은 강보다 낮은 온도에서 용융하며 유동성이 양호하여 복잡한 형상의 제작에 이용되며 탄소의 일반적인 함유량은 3~3.6%이다.

33 다음 중 변성암에 해당하는 것은?

① 사문암
② 섬록암
③ 안산암
④ 화강암

> 해설 섬록암, 안산암, 화강암은 화성암이며, 변성암에는 편마암, 대리석, 사문암 등이 있다.

34 다음 중 접착력이 우수하여 콘크리트 등의 접착에 사용되는 것은?

① 에폭시 수지
② 페놀 수지
③ 멜라민 수지
④ 염화비닐수지

> 해설 에폭시 수지 특징
> • 액체 상태나 용융 상태의 수지에 경화제를 넣어 사용

> • 내산성, 내알칼리성 등이 우수하여 콘크리트 접착 등에 사용
> • 접착 효과가 매우 우수하여 방수와 포장재로도 이용

35 다음 중 방화제(防火劑)로 사용될 수 없는 것은?

① 염화암모늄
② 황산암모늄
③ 제2인산암모늄
④ 질산암모늄

> 해설 염화암모늄, 황산암모늄, 인산암모늄, 붕산암모늄 등은 무기방화제이다.

36 콘크리트 혼화제 중 콘크리트 타설 시 염화칼슘을 첨가하는 이유는?

① 콘크리트의 조기 강도 증대
② 콘크리트의 장기 강도 증대
③ 고온 증기 양생 목적
④ 황산염에 대한 저항성 증대

> 해설 염화칼슘, 염화마그네슘, 규산나트륨, 식염 등이 응결경화 촉진제이다.

37 콘크리트 강도의 고려 사항이 아닌 것은?

① 시멘트가 굳었을 때 강도보다 약한 석재를 선택한다.
② 콘크리트가 경화 되는 과정에서 수화열을 적당히 낮춰 주어야 균열을 방지할 수 있다.
③ 가늘고 세장한 골재는 사용하지 않는다.
④ 콘크리트의 인장 강도를 증진시키기 위해 철근을 배근하기도 한다.

> 해설 골재는 콘크리트의 강도에 큰 영향을 미치며 특히 경화된 콘크리트보다 강도가 높아야 한다.

38 다음 중 보도에 블록을 포장할 때 충격을 완화시켜 주는 것은?

① 잡석　　　② 자갈
③ 모래　　　④ 콘크리트

> 해설 보도블럭 아래 모래를 40mm정도 깔아서(기층모래라 함) 충격을 흡수할 수 있도록 한다.

39 진비중이 2.6이고 가비중이 1.2인 토양의 공극율은 약 얼마인가?

① 34.2%　　② 46.5%
③ 53.8
④ 66.4%

> 해설 공극율 = $(1 - \frac{가비중}{진비중}) \times 100$
> = $(1 - \frac{1.2}{2.6}) \times 100 = 53.85\%$

40 다음 배수관 중 경사를 가장 급하게 설치해야 하는 것은?

① Ø100mm　　② Ø200mm
③ Ø300mm　　④ Ø400mm

> 해설 관경이 좁을수록 경사는 급하게 설치해야 한다.

41 하수 배수 방식 중 지역이 광대해서 하수를 한개소로 모으기가 곤란할 때 배수 지역을 수개 또는 그 이상으로 구분해서 배관하는 배수 방식은?

① 직각식　　② 차집식
③ 방사식　　④ 선형식

> 해설 배수방식별 특징
> - 직각식 : 배수 관거를 하천에 직각으로 연결하여 배출, 비용 저렴하나 수질오염 우려 있다.
> - 차집식 : 우천 시 하천으로 방류하고, 맑은 날은 차집거를 통해 하수 처리장으로 보내는 방식
> - 선형식 : 지형이 한 방향으로 집중되어 경사를 이루거나 한정된 장소로 집중 시켜야 할 때
> - 방사식 : 지역이 광대하여 한 곳으로 모으기 곤란할때 방사형으로 구획 구분하여 집수
> - 평행식 : 지형의 고저차가 심한 경우 고지구와 저지구를 구분하여 배관하는 방식
> - 집중식 : 사방에서 한 지점을 향해 집중적으로 흐르게 하여 처리하는 방식

42 시방서에 관한 설명 중 틀린 것은?

① 시방서는 건설 공사의 입찰, 견적, 공사 시공에 꼭 필요한 서류이다.
② 표준 시방서는 설계 의도를 명확하게 표현하기 위한 것으로 설계도에서 표시할 수 없는 재료와 공법을 기술한다.
③ 특기 시방서란 특정한 공사에서 유의해야 하는 시방서를 말한다.
④ 공사 시방서란 시설물별 표준 시방서를 기본으로 모든 공정을 대상으로 하여 특별한 시공 또는 전문 시방서의 작성을 활용하기 위한 종합적인 시공 기준이다.

> 해설 공사 시방서란 공사내용, 방법, 주의사항 등 공사에 필요한 사항이 제시된 서류를 말한다.

43 사질토와 점질토의 차이를 설명한 것 중 잘못된 것은?

① 투수 계수는 사질토가 점토보다 크다.
② 압밀 속도는 사질토가 점토보다 빠르다.
③ 동결 피해는 점토가 사질토보다 크다.
④ 내부 마찰각은 사질토가 점토보다 작다.

> 해설 내부 마찰각은 사질토가 점토 보다 크다.(내부마찰각: 흙의 전단응력과 수직 응력 사이의 발생 각)

44 다음 중 하천 정화 방법으로 바람직하지 않는 것은?

① 자연 정화법
② 어로, 어수
③ 파라소
④ EM 흙공

> 해설 파라소는 옥상정원 등에 사용하는 인공 토양을 말한다.

45 다음 중 금속재료의 열처리 과정에 해당하는 용어가 아닌 것은?

① 불림   ② 풀림
③ 단조   ④ 담금질

> 해설 단조 : 일정한 모양을 만들기 위해 금속 재료를 두들이거나 가압하는 방법

46 다음 중 메쌓기에 대한 설명으로 가장 부적합한 것은?

① 모르타르를 사용하지 않고 쌓는다.
② 뒷채움에는 자갈을 사용한다.
③ 쌓는 높이의 제한을 받는다.
④ 2제곱미터마다 지름 9cm 정도의 배수공을 설치한다.

> 해설 메쌓기의 경우 배수가 잘되기 때문에 따로 배수관 설치를 할 필요가 없으며,
> 찰쌓기의 경우 2~3㎡ 마다 3~6cm의 배수관을 설치한다

47 공사의 실시 방식 중 공동 도급의 특징이 아닌 것은?

① 공사 이행의 확실성이 보장 된다.
② 여러 회사의 참여로 위험이 분산 된다.
③ 이해 충돌이 없고, 임기응변 처리가 가능하다.
④ 공사의 하자 책임이 불분명 하다.

> 해설 공동 도급이란 2인 이상의 사업자가 공동으로 일을 도급받아 계약을 이행하는 도급 형태로 위험요소를 각 구성원에게 분산시킬 수 있고 각 구성원의 자격과 능력을 상호 보완할 수 있다는 장점이 있지만, 사업자가 이해 충돌이 생길 수 있는 단점이 있다.

48 다음 [보기]가 설명하는 특징을 가진 건설장비는?

> • 기동성이 뛰어나고, 대형목의 이식과 자연석의 운반, 놓기, 쌓기 등에 가장 많이 사용된다.
> • 기계가 서 있는 지반보다 낮은 곳의 굴착에 좋다.
> • 파는 힘이 강력하고 비교적 경질 지반에 적용한다.
> • Drag Shovel 이라고도 한다.

① 로더(Loader)
② 백호우(Back Hoe)
③ 불도저(Bulldozer)
④ 덤프트럭(Dump Truck)

> 해설 • 로더 : 연약 지반의 흙을 깎아 싣거나 모아놓은 흙, 골재 등의 적재에 적합하다.
> • 불도저 : 흙깎기, 고르기 등 배토작업에 사용되며 경제적인 작업능률 범위는 50m 정도이다.

49 울타리는 설치 목적에 따라 높이 차이가 결정되는데 그 목적이 적극적 침입 방지의 기능일 경우 최소 얼마 이상으로 하여야 하는가?

① 2.5m   ② 1.5m
③ 1m   ④ 50cm

> 해설 최소 1.5m, 적정 1.8m이다.

50 다음 중 옥상정원 계획 시 반드시 고려해야 할 사항이라고 볼 수 없는 것은?

① 지하수위
② 지반의 구조 및 강도
③ 구조체의 방수 및 배수계통
④ 미기후의 변화

> 해설 인공지반에 인위적으로 토심을 형성하여 만든 정원이므로 지하수위는 고려 사항이 될 수 없다. 지하수위는 자연지반에 식재할 때 고려사항이다.

51 다음 중 설계도에 관한 설명 중 틀린 것은?

① 설계도는 설계의 과정에 따라 기본설계도와 실시설계도로 구분 된다.
② 기본 설계는 기본 계획이라 부르기도 하고, 실시 설계는 기본 설계라 부르기도 한다.
③ 설계도는 배치도, 평면도, 입면도, 단면도 등으로 구성 된다.
④ 설계도를 그려서 표현하는 작업을 제도라고 한다.

> 해설 기본 설계 단계는 기본계획을 구역별로 상세하고 구체적으로 발전시키는 단계이다. 즉 기본 설계는 기본 계획에 포함 된다고 볼 수 있다.

52 연중 유지관리계획에서 다음 중 가정 먼저 시행 하여야 하는 유지관리 항목은?

① 기비(基肥)
② 추비(追肥)
③ 제초(除草)
④ 월동준비(越冬準備)

> 해설 연중 유지관리 계획에서 가장 먼저 해야할 것은 시비 작업 (그 중에서도 밑거름 기비작업) 과 전정이고 그 다음으로 제초 작업이다.

53 조경관리에서 주민참가의 단계는 시민 권력의 단계, 형식참가의 단계, 비참가의 단계 등으로 구분되는데 그 중 시민 권력의 단계에 해당되지 않는 것은?

① 자치관리(citizen control)
② 유화(placation)
③ 권한위양(delegated power)
④ 파트너쉽(partnership

> 해설
> • 시민권력의 단계 : 파트너쉽, 권한위양, 자치관리
> • 형식참가의 단계 : 정보제공, 상담, 유화
> • 비참가의 단계 : 조작, 치료

54 비 선택성 제초제에 관한 설명이다. 거리가 먼 것은?

① 구조물 주변 등 식생을 원하지 않는 곳에 적용하기 알맞다.
② 지나친 고온기와 저온기는 피하는 것이 좋다.
③ 여름철 잔디밭 제초용으로 주로 사용된다.
④ 묘포지 주변에서는 세심한 주의가 요구 된다.

> 해설 비선택성 제초제는 전멸 제초제 이므로 여름철 잔디밭에 사용할 경우 잔디까지 피해를 입게 되므로 사용하면 안되고, 잔디밭은 선택성 제초제를 사용한다.

55 다음 해충 중 연결이 맞는 것은?

① 천공성 해충 – 하늘소
② 흡즙성 해충 – 미국흰불나방
③ 식엽성 해충 – 밤나무 혹벌
④ 충영성 해충 – 천막벌레나방

해설 측백나무 하늘소 등 하늘소류와 소나무좀은 수목에 구멍을 뚫는 천공성 해충이다.

56 식물병의 발생 부위는 크게 잎, 줄기, 뿌리이다. 다음 중 잎에 발생하는 병이 아닌 것은?

① 탄저병
② 흰가루병
③ 근두암종병
④ 그을음병

해설 근두암종병은 주로 식물의 뿌리에 혹이 발생하는 세균성 병이다.

57 정지, 전정의 방법 중 틀린 것은?

① 수목의 주지(主枝)는 하나로 자라게 한다.
② 같은 방향과 각도로 자라난 평행지는 남겨 둔다.
③ 역지(逆枝)는 제거 한다.
④ 무성하게 자란 가지는 제거 한다.

해설 평행지는 단조로움을 주고 수목 성상의 균형을 깨지게 하기 때문에 둘 중에 생육이 불량한 가지는 제거 한다.

58 페니트로티온 45% 유제원액 100cc를 0.05% 희석해서 살포할 때 필요한 물의 양은?

① 69,900cc
② 79,900cc
③ 89,900cc
④ 99,900cc

해설 물양 = ($\frac{원액농도(\%)}{희석농도(\%)}$ − 1) × 비중 × 유제양

= ($\frac{45}{0.05}$ − 1) × 100 = 89,900cc

59 병원체의 전반 방법 중 곤충 및 소동물에 의한 것은?

① 대추나무 빗자루병
② 밤나무 흰가루병
③ 향나무 녹병
④ 교목의 입고병

해설 빗자루병은 담배장님노린재, 마름무늬매미충에 의해 전반 된다.

60 다음 중 곰팡이에 의한 수목병이 아닌 것은?

① 소나무 시들음병
② 잣나무 잎떨림병
③ 낙엽송 가지끝마름병
④ 잣나무 털녹병

해설 소나무 시들음병은 선충(재선충 등)에 의한 수목병이다.

ANSWER CBT 복원문제 2020년 1회

01	02	03	04	05	06	07	08	09	10
②	④	③	①	②	④	③	②	②	④
11	12	13	14	15	16	17	18	19	20
①	①	④	④	④	①	①	②	④	③
21	22	23	24	25	26	27	28	29	30
③	①	②	④	②	②	①	④	①	②
31	32	33	34	35	36	37	38	39	40
②	②	①	①	④	①	①	③	③	①
41	42	43	44	45	46	47	48	49	50
③	④	④	③	③	④	③	②	②	①
51	52	53	54	55	56	57	58	59	60
②	①	②	③	②	③	②	③	①	①

01 무굴 인도 정원에서 가장 중요소한 정원 소재는 무엇인가?

① 녹음수　② 색채타일
③ 화강암　④ 물

해설 무굴 인도 정원에서는 '물'을 가장 중요한 정원 소재로 사용하였다.

02 르 노트르는 정원을 구성할 때 여러 가지 화단으로 화려하게 장식 하였다. 그 가운데 회양목으로만 대칭형 무늬를 만드는 화단의 명칭은?

① 대칭화단　② 자수화단
③ 영국화단　④ 구획화단

해설 구획화단은 회양목만을 이용하여 대칭형으로 무늬를 만들어 나가는 화단을 말한다.

03 중국 정원에 대한 설명 중 틀린 것은?

① 송시대에는 태호석에 의한 석가산을 축조하는 정원이 조성 되었다.
② 한시대의 포(圃)는 금수를 기르는 곳을 말한다.
③ 졸정원, 유원, 사자림 등은 중국 소주 지방의 정원이다.
④ 피서산장은 청시대의 이궁에 속한다.

해설 포(圃)는 채소를 기르는 밭을 의미하며, 중국 고대 국가인 '주시대'에 해당한다.

04 물가에 세워진 임해전, 봉래산을 본따서 축조한 연못, 삼신산을 암시하는 3개의 섬과 관련이 있는 것은?

① 궁남지
② 안압지
③ 부용지
④ 부용동정원

해설
- 문무왕 14년 (674년)
- 면적이 5,100평, 대·중·소 3개의 섬
- 2월 궁중에 못을 파고 돌을 쌓아 무산십이봉을 본뜬 산을 만들고 진금기수를 기름
- 곳곳에 괴석 형태의 바닷돌을 자연스럽게 배치, 바닷가의 경관을 조성하고자 한 의도
- 임해전 : 건물명처럼 정원을 바다로 표현하고자 한 구상
- 물가는 다듬은 돌로 호안석축 – 바른층 쌓기
- 동서로 긴 형태이고 섬은 거북이 모양
- 못의 관·배수시설, 반석의 사용, 유속의 감소

05 옛날 처사도(處士圖)를 근간으로 한 은일사상이 가장 성행하였던 시대는?

① 고구려시대　② 백제시대
③ 신라시대　④ 조선시대

해설 이재관 : 1783(정조7년)~1837(헌종3년), 조선 말기의 화가이며, 처사란 벼슬을 하지 않고 초야에 묻혀 살았던 선비를 뜻한다. 또한 은일사상이란 속세를 떠나 자연에 은둔하며 살고자 하는 자연 동경 사상을 말하며 조선 후기에 유행을 하였다.

06 조경 계획의 기본 과정 중 설계 발전 및 시행의 단계로서 기본계획에 해당하는 사항은?

① 시설물 설계도
② 공사계획 평면도
③ 토지이용 및 동선체계
④ 수량산출 및 일위대가

　해설　토지이용계획, 동선계획, 식재계획, 시설물배치계획, 하부구조계획 등이 있다.

07 건축법상 면적이 얼마 이상인 대지에 건축을 할 때 건축주는 지방자치단체의 조례가 정하는 기준에 따라 대지 안에 조경 및 기타 조치를 하여야 하는가?

① $120m^2$
② $165m^2$
③ $200m^2$
④ $255m^2$

　해설　건축법상 $200m^2$ 이상인 대지에 건축을 하는 경우 조경 및 기타 필요한 조치를 하여야 한다.

08 주거 단지 계획에서 쿨데삭(Cul-de-sac) 도로 이용의 장점을 가장 잘 설명하고 있는 것은?

① 단지 내 보행 동선을 가장 짧게 할 수 있다.
② 차량 동선을 가장 짧게 할 수 있다.
③ 차량의 접근성을 높일 수 있다.
④ 차량으로 인한 위험이 없는 녹지를 단지 내에 확보할 수 있다.

　해설　쿨데삭 도로 체계의 장점은 차량 동선을 주거지 내에 통과 시키지 않음으로서 차량으로 인한 위험이 없는, 연속된 녹지를 확보할 수 있다는 것이다.

09 실선의 굵기에 따른 종류(굵은선, 중간선, 가는선)와 용도가 바르게 연결되어 있는 것은?

① 굵은선 - 도면의 윤곽선
② 중간선 - 치수선
③ 가는선 - 단면선
④ 가는선 - 파선

　해설　실선의 굵기에 따른 종류

명칭		굵기(mm)	용도에 의한 명칭
실선		전선 0.3~0.8mm	외형선, 단면선, 윤곽선
		가는선 0.2mm 이하	치수선, 치수보조선 지시선, 해칭선
허선	파선	반선 전선의 약 1/2	숨은선
	일점 쇄선	가는선 0.2mm 이하	중심선
		반선 전선의 약 1/2	경계선 절단선
	이점 쇄선	반선 전선의 약 1/2	가상선(경계선)

10 고속도로의 시선유도 식재는 주로 어떤 목적을 갖고 있는가?

① 위치를 알려준다.
② 침식을 방지한다.
③ 속력을 줄이게 한다.
④ 전방의 도로 형태를 알려준다.

　해설　고속도로에서 터널 입출구의 명암순응식재와 시선유도식재는 사고를 방지하기 위한 식재이다.

11 동일한 녹색을 가지고 흰 종이 위에 가는 녹색선과 넓은 녹색면을 만들었다면, 녹색선이 녹색면보다 더 어둡게 느껴지는데 이러한 현상을 무엇이라고 하는가?

① 명도대비
② 면적대비
③ 색상대비
④ 연변대비

> 면적 대비는 색면의 크기(넓이)에 따라 명도와 채도가 달리 보이는 대비 효과로 면적이 클수록 명도와 채도가 높아 보인다.

12 일위대가표의 계금이 1234.56원이 산출 되었다. 표준 품셈상 금액의 단위 표준을 따르면 얼마로 하여야 하는가?

① 1,234원
② 1,235원
③ 1234.5원
④ 1234.6원

> 일위대가표의 계의 금액은 1원 미만의 금액은 버리므로 1,234원 이다.

13 S.Gold의 레크레이션 접근법에서 과거 레크레이션 활동의 참가 사례를 토대로 레크레이션 기회를 결정하는 방법은?

① 자원접근법
② 활동접근법
③ 행태접근법
④ 경제접근법

> • 자원접근법 : 물리적 자원 혹은 자연 자원이 레크레이션의 유형과 양을 결정
> • 행태접근법 : 언제, 어디서, 누가 등 이용자의 구체적인 행동 패턴에 맞추어 계획
> • 경제접근법 : 지역 사회의 경제적 기반이 예산 규모에 따라 결정되는 방법

14 다음 중 비오톱에 관한 설명 중 잘못된 것은?

① 도시(농촌) 비오톱 지도는 도시(농촌) 경관 생태 계획의 핵심적인 기초 자료이다.
② 도시 비오톱은 생물 서식 공간을 의미하기도 한다.
③ 도시 비오톱은 도시민에게 중요한 휴양 및 자연 체험 공간을 제공 한다.
④ 벽면녹화 옥상정원 등은 소규모 비오톱 공간으로 볼 수 없다.

> 벽면녹화 및 옥상 정원등은 도시 지역의 소규모 비오톱이라 볼 수 있다.
> ※(비오톱 : Bios(생활, 생명, 생물종) + Topos(장소, 공간, 위치)

15 다음 중 2차 천이 지역이 아닌 것은?

① 버려진 농경지
② 벌목한 삼림
③ 새로 생긴 연못
④ 모래 언덕

> 2차 천이는 파괴된 군락 지역에서 발생되는 천이를 말하며 버려진 농경지, 화재 및 벌목된 숲, 심하게 오염된 개천, 댐건설로 인한 수몰지역 등을 예로 들 수 있다.

16 조감도는 소점이 몇 개인가?

① 1개
② 2개
③ 3개
④ 4개

> 소점이란 물체 기준면 즉, 기면과 평행으로 모이는 점으로 조감도는 기면이 3개이므로 3소점이다.

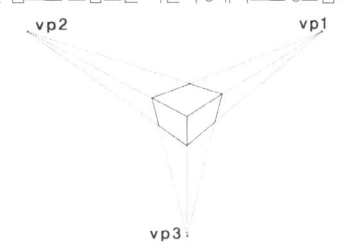

17 다음 [보기]가 갖는 색명을 무엇이라 하는가?

> 색을 물체의 이름에서 부분 또는 전체적으로 인용하거나 일반인이 공통적으로 가진 지식이나 경험에 근거한 어휘로 표현한다. 따라서 인종이나 생활지역, 문화 등과 밀접하게 관계된다.
> 이 색명의 대부분은 물체의 이름에서 유래되었기 때문에 '색'을 붙이는 것이 많다.

① 관용색명
② 기본색명
③ 일반색명
④ 계통색명

> 물체의 이름을 이용하거나 습관상 사용되는 색에 대한 색명을 '관용색명'이라 한다.(예:살구색, 이끼색 등)

18 한중 콘크리트의 양생에 관한 설명으로 옳지 않은 것은?

① 골재가 동결되어 있거나 골재에 빙설이 혼입되어 있는 정도의 골재는 그대로 사용할 수 있다.
② 하루의 평균 기온이 4℃ 이하가 예상되는 조건일 때는 콘크리트가 동결할 염려가 있으므로 한중 콘크리트 시공 하여야 한다.
③ 한중 콘크리트에는 공기연행 콘크리트를 사용하는 것을 원칙으로 한다.
④ 물-결합재비는 원칙적으로 60% 이하로 하여야 한다.

> 평균 4℃ 이하일 때 타설하는 콘크리트로, 불량 골재를 사용하게 되면 콘크리트 내구성에 큰 문제가 생긴다.

19 조경 재료 중 소석회에 모래, 해초풀(교착력 증진) 등을 물에 섞어 이긴 것을 무엇이라 하는가?

① 벽토
② 시멘트 풀
③ 회반죽
④ 시멘트페이스트

> • 벽토 : 진흙에 고운모래, 짚여물, 착색안료와 물을 혼합한 다음 반죽하여 만든 것이며, 자연스러운 분위기와 목조 주택의 외벽, 토담집 흙벽 등 전통성을 강조하는 구조물에 쓰인다.
> • 시멘트 풀 : 시멘트와 물의 혼합물
> • 시멘트페이스트 : 시멘트와 물의 혼합물로 시멘트 풀의 또 다른 명칭이다.

20 다음 중 순공사원가에 해당되지 않는 것은?

① 재료비
② 노무비
③ 이윤
④ 경비

> 총공사비 : 순공사비(재료비 + 노무비 + 경비) + 일반관리비 + 이윤 + 세금

21 조경공사 시행의 적정을 기하기 위한 표준 명시하며, 공사에 관한 사항을 보편적으로 기술한 시방서는?

① 특기시방서
② 표준시방서
③ 특별시방서
④ 특수시방서

> 국토교통부에서 발행하며, 조경 공사의 표준을 명기하기 위한 시방서를 말한다.

22. 골프장 홀의 구성 중 벙커, 연못 등 장애지역은?

① 하자드 ② 러프
③ 에이프런 ④ 페어웨이

> 해설
> - 러프 : 페어웨이 주변의 깎지 않은 초지로 이루어진 지역
> - 에이프런 : 그린 입구, 페어웨이와 칼라 사이에 있는 경사면으로 잔디가 짧게 깎여 있는 부분
> - 페어웨이 : 티와 그린 사이에 짧게 깎은 잔디 지역

23. 다음 중 경관 조절 식재의 항목으로 가장 거리가 먼 것은?

① 지표식재 ② 경관식재
③ 차폐식재 ④ 녹음식재

> 해설 녹음식재는 환경조절 기능에 해당하는 기능 식재이다.

24. 명암순응(明暗順應)에 대한 설명으로 틀린 것은?

① 눈이 빛의 밝기에 순응해서 물체를 본다는 것을 명암순응이라 한다.
② 맑은 날 색을 본것과 흐린 날 색을 본 것이 같이 느껴지는 것이 명순응이다.
③ 터널에 들어갈 때와 나갈때의 밝기가 급격히 변하지 않도록 명암 순응 식재를 한다.
④ 명순응에 비해 암순응은 장시간을 필요로 한다.

> 해설 명암순응은 밝은 것에 대한 순응과 어두운 것에 대한 순응을 말한다.(예 : 극장에 들어갈 때(암순응)와 나올 때(명순응)의 순응)

25. 식재 성과의 효과적 구현을 위한 고려 사항으로 가장 거리가 먼 것은?

① 이용자의 요구 조건과 입지 조건이 합당한 우량 소재 선정
② 식재지 토성의 적절한 준비
③ 공기에 맞추어 신속한 식재 실시
④ 정기적인 사후관리 철저

> 해설 식물의 이식시기, 기후 및 온도 여건 등 이식 적기의 식물 환경을 우선 고려하여야 한다

26. 다음 주어진 수종 중에서 가로수로 사용하기 부적합한 수종은?

① 은행나무
② 무궁화
③ 느티나무
④ 벚나무

> 해설 가로수 구비 조건
> - 수형, 잎 모양, 색깔이 좋은 낙엽 교목일 것
> - 전정과 병충해, 공해에 강할 것
> - 불량 토양에서도 생육이 강하고 내답압성이 있을 것

27. 도시 및 도로 주변 녹지에 수목을 식재하고자 할 때 적당하지 않은 수종은?

① 쥐똥나무
② 벽오동나무
③ 향나무
④ 전나무

> 해설 도시 및 도로 주변에 식재되는 수목은 공해에 대한 저항성 및 내공해성을 가지고 있어야 한다. 전나무는 공해에 약한 수종이다.

28 다음 중 붉은색 단풍이 드는 수목들로 구성된 것은?

① 낙우송, 느티나무, 백합나무
② 칠엽수, 참느릅나무, 졸참나무
③ 감나무, 화살나무, 붉나무
④ 이깔나무, 메타세콰이아, 은행나무

해설
- 홍색계통 : 화살나무, 담쟁이덩굴, 단풍나무류, 감나무, 옻나무, 붉나무, 산딸나무, 왕벚나무, 마가목 등
- 황색계통 : (붉은)고로쇠나무, 은행나무, 느티나무, 백합나무, 갈참나무, 계수나무, 미루나무, 배롱나무, 층층나무, 자작나무, 칠엽수, 벽오동 등

29 정원수는 개화 생리에 따라 당년에 자란 가지에 꽃피는 수종, 2년생 가지에 꽃피는 수종, 3년생 가지에 꽃피는 수종으로 구분한다. 다음 중 2년생 가지에 꽃피는 수종은?

① 장미   ② 무궁화
③ 살구나무   ④ 명자나무

해설
- 당년생 가지 개화 : 배롱나무, 장미, 무궁화, 능소화, 나무수국, 대추나무, 포도, 감나무
- 2년생 가지 개화 : 벚나무, 목련, 생강나무, 산수유, 앵두나무, 살구나무, 자두나무, 복숭아 나무, 개나리, 박태기나무, 진달래, 철쭉류

30 다음 중 노각나무에 대한 설명 중 잘못된 설명은?

① 상록활엽 관목 수종이다.
② 물푸레나무목 차나무과 수종이다.
③ 꽃은 7월에 백색으로 피며 관상 가치가 높다.
④ 얼룩무늬 수피가 관상 가치가 높다.

해설 노각나무는 물푸레나무목 차나무과의 낙엽활엽 교목이다.

31 조경에 이용될 수 있는 상록활엽관목류의 수목으로만 짝지어진 것은?

① 아왜나무, 가시나무
② 광나무, 꽝꽝나무
③ 백당나무, 병꽃나무
④ 황매화, 후피향나무

해설
- 아왜나무, 가시나무 : 상록활엽교목
- 백당나무, 병꽃나무 : 낙엽활엽관목
- 황매화 : 낙엽활엽관목, 후피향나무 : 상록활엽교목

32 흰말채나무의 특징 설명으로 틀린 것은?

① 노란색의 열매가 특징적이다.
② 층층나무과로 낙엽활엽관목이다.
③ 수피가 여름에는 녹색이나 가을, 겨울철의 붉은 줄기가 아름답다.
④ 잎은 대생하며 타원형 또는 난상타원형이고, 표면에 작은 털이 있으며 뒷면은 흰색의 특징을 갖는다.

해설 흰말채나무 : 층층나무과의 낙엽활엽 관목으로서 홍서목(紅瑞木)이라고도 한다. 5월에 흰색 꽃과 9월에 흰(아이보리)색 열매가 겨울의 붉은 수피와 더불어서 관상 가치가 높다. 잎은 대생하며 표면에 작은 털이 있다.

33 다음 중 초여름에 연보라(자색) 꽃이 피며 가을에 검정 열매를 맺는 지피식물에 해당하는 것은?

① 비비추   ② 맥문동
③ 원추리   ④ 멀꿀

해설 맥문동은 음지식물로써 6월에 자색꽃이 피고 10월에 검정 열매를 맺는 내한성이 강한 지피식물이다.

34 다음 중 9월 중순~10월 중순에 성숙된 열매색이 흑색인 것은?

① 마가목　　② 살구나무
③ 생강나무　④ 남천

　해설　마가목 : 적색 , 살구나무 : 황색 , 남천 : 적색

35 다음 중 미선나무에 대한 설명으로 옳은 것은?

① 열매는 부채 모양이다.
② 꽃색은 노란색으로 향기가 있다.
③ 상록활엽교목으로 산야에서 흔히 볼 수 있다.
④ 원산지는 중국이며 세계적으로 여러 종이 존재 한다.

　해설　미선나무는 우리나라 에서만 자라는 한국 특산 식물로 1속 1종만 존재한다. 물푸레나무과의 낙엽관목이며 3월에 흰색 꽃이 잎보다 먼저 핀다.

36 다음 중 난지형 잔디에 해당되는 것은?

① 레드톱
② 버뮤다그래스
③ 켄터키블루그래스
④ 톨 훼스큐

　해설　버뮤다그래스를 제외한 대부분의 서양 잔디는 한지형 잔디이다.

37 화강암(granite)의 특징 설명으로 옳지 않은 것은?

① 조직이 균일하고 내구성 및 강도가 크다.
② 내화성이 우수하여 고열을 받는 곳에 적당하다.
③ 외관이 아름답기 때문에 장식재로 쓸 수 있다.
④ 자갈, 쇄석 등과 같은 콘크리트용 골재로 많이 사용된다.

　해설　화강암은 내구성이 뛰어나 바닥 포장용으로 많이 사용하며, 내화성 및 내열성은 떨어진다.

38 시공관리의 3대 목적이 아닌 것은?

① 원가관리　② 노무관리
③ 공정관리　④ 품질관리

　해설　시공의 관리의 4대 목표는 싸게, 질좋게, 빨리, 안전하게 4가지이다.

39 다음 중 보통 흙의 안식각은 얼마 정도인가?

① 20~25°　② 25~30°
③ 30~35°　④ 35~40°

　해설　안식각 : 절·성토 후 일정기간이 지나 자연 경사를 유지하며 안정된 상태를 이루게 되는 각도로 30~35°정도이다.

40 다음 중 콘크리트 내구성에 영향을 주는 아래 화학 반응식의 현상은?

$$Ca(OH)_2 + CO_2 \rightarrow CaCO_3 + H_2O \uparrow$$

① 콘크리트염해
② 동결융해현상
③ 콘크리트 중성화
④ 알칼리 골재반응

　해설　수산화 칼슘의 공기중의 이산화탄소와 만나 탄산 칼슘과 물로 된다. 이러한 현상은 콘크리트가 알칼리성을 잃게 되는 작용으로 중성화 또는 탄산화라 한다.

41 재료의 굵기, 절단, 마모 등에 대한 저항성을 나타내는 용어는?

① 경도(硬度)
② 강도(强度)
③ 전성(展性)
④ 취성(脆性)

- 강도(强度) : 재료에 하중이 걸린 경우, 재료가 파괴되기까지의 변형에 저항하는 성질
- 전성(展性) : 압축력이 가해질 때 재료가 파괴되지 않고 퍼지는 성질
- 취성(脆性) : 외력에 의하여 영구 변형을 하지 않고 파괴되는 성질로 인성(靭性)과 반대

42 골재의 함수상태에 관한 설명 중 틀린 것은?

① 골재를 110℃ 정도의 온도에서 24시간 이상 건조시킨 상태를 절대건조상태 또는 노건조상태(oven dry condition)라 한다.
② 골재를 실내에 방치할 경우, 골재입자의 표면과 내부의 일부가 건조된 상태를 공기 중 건조상태라 한다.
③ 골재입자의 표면에 물은 없으나 내부의 공극에는 물이 꽉 차있는 상태를 표면건조포화상태라 한다.
④ 절대건조 상태에서 표면건조상태가 될 때까지 흡수되는 수량을 표면수량(surface moisture)이라 한다.

- 흡수량 : 절대 건조 상태에서 표면건조 상태가 될 때까지 흡수되는 수량
- 유효흡수량 : 공기 중 건조상태로부터 표면건조포화상태가 될 때까지의 흡수되는 수량
- 표면수량 : 골재 표면에 부착해 있는 물의 양

43 다음 중 호박돌 쌓기에 이용되는 쌓기법으로 가장 적합한 것은?

① +자 줄눈쌓기
② 줄눈 어긋나게 쌓기
③ 이음매 경사지게 쌓기
④ 평석쌓기

호박돌은 통줄눈(+)이 나오면 안되고 막힌줄눈이 나오도록 쌓는다.

44 종자, 비료, 흙을 혼합하여 망에 넣고 비탈면의 수평으로 판 골 속에 넣어 붙이는 공법으로 유실이 적으며, 유연성이 있기 때문에 지반에 밀착하기 쉬운 것은?

① 식생띠 공
② 식생판 공
③ 식생자루 공
④ 식생구멍 공

비탈면 녹화 공법 중 식생 자루 공법은 자루망(net)에 종자, 비료, 흙을 혼합하여 넣고 비탈면에 수평으로 판 도랑 속에 넣어서 붙이는 공법을 말한다.

45 돌쌓기 시공에 관한 설명 중 틀린 것은?

① 찰쌓기의 경우 물구멍의 지름은 3~6cm의 파이프를 콘크리트 뒷면까지 설치한다.
② 메쌓기의 높이는 5m 이하로 쌓는 것이 좋다.
③ 찰쌓기에서 배수공을 2~3m²마다 1개씩 설치 한다.
④ 돌쌓기에 사용되는 호박돌은 20cm 정도의 것을 사용 한다.

메쌓기는 2m 이하로 쌓는 것이 좋다.

46 조경 적산의 수량 계산 시 품에 포함된 것으로 규정된 소운반거리 (A)m 이내의 거리를 말하며, 별도 계상되는 경사면의 소운반 거리는 수직높이 1m를 수평거리(B)m의 비율로 본다. 여기에서 A와 B에 적합한 거리는?

① A = 20m, B = 6m
② A = 15m, B = 6m
③ A = 20m, B = 3m
④ A = 15m, B = 3m

소운반 거리는 20m 이내의 거리를 말하며 수직고 1m는 수평거리 6m로 보고 계산한다.

47 토공과 관련된 설명으로 틀린 것은?

① 흙을 버리는 장소를 토취장이라고 한다.
② 수중의 밑바닥에 쌓인 모래나 암석의 굴착을 준설이라고 한다.
③ 제방을 쌓는 것을 축제라 한다.
④ 비탈끝이라고도 하며 비탈의 하단 끝부분을 '비탈기슭' 이라고 한다.

흙을 버리는 장소를 사토장 또는 토사장이라고 한다.

48 용적이 1㎥이고, 중량이 1,500kg되는 시멘트는 몇 포대의 시멘트를 지칭하는가?

① 약 35포대
② 약 37.5포대
③ 약 40포대
④ 약 42.5포대

시멘트 1포의 중량은 40kg이며 전체 시멘트량(kg)을 1포의 중량으로 나누면 된다.
1,500kg÷40kg = 37.5포대 이다.

49 살수기(sprinkler) 설치 시 살수기의 열과 열 사이의 간격을 기준으로 최대 간격을 살수 직격의 어느 정도로 제한 하는가?

① 20~25%
② 40~45%
③ 60~65%
④ 80~85%

살수 최대 간격을 살수 직경의 60~65%로 제한하고 있다.

50 평판 측량에서 도로나 시가지, 삼림지대와 같이 한 측점에서 많은 측점이 시준이 되지 않을때나, 장애물이 있어서 시준이 곤란할 때 좁은 지역의 측량에 주로 이용되는 방법은?

① 전진법
② 후방교회법
③ 전방보회법
④ 방사법

전진법은 측량 구역이 좁고, 장애물이 있어서 교선법에 의해 측량이 불가능할 때 사용한다. 평판을 옮기는 횟수가 많으므로 시간이 많이 걸리는 단점이 있다.

51 운영관리 방식에 있어 직영 방식의 장점이 아닌 것은?

① 관리 책임이나 책임 소재가 명확하다.
② 인건비의 절약이 가능하다.
③ 관리 실태를 정확히 파악할 수 있다.
④ 이용자에게 양질의 서비스가 가능하다.

직영방식의 단점으로는 인건비가 필요 이상으로 많이 들게 되는 것이 대표적이다.

52 경제적 가해 수준(economic injury level)이란?

① 해충에 의한 피해액이 방제비보다 큰 수준의 밀도
② 해충에 의한 피해액이 방제비보다 작은 밀도
③ 해충에 의한 피해액과 방제비가 같은 수준의 밀도
④ 해충에 의해 경제적으로 큰 가해를 주는 수준의 밀도

해설 경제적 가해 수준이란 해충이 발생하여 경제적 손실을 일으키기 시작하는 발생 수준을 말한다.

53 다음 중 수목 관리 시 토양내 시비법이 아닌 것은?

① 윤상시비법 ② 전면시비법
③ 대상시비법 ④ 엽면시비법

해설 엽면시비는 빠른 수세회복을 위해 수관부에 직접 시비하는 방법으로 기공을 통해 양분이 흡수되기 때문에 뿌리를 통해 흡수되는 시비법 보다 빠른 효과를 기대할 수 있다.

54 오동나무 빗자루병균 월동 방법으로 가장 적당한 것은?

① 낙엽 및 풀잎에 붙어서 월동
② 토양 중에서 월동
③ 기주에 체내에 잠재해서 월동
④ 중간기주 식물에 옮겨서 월동

해설 오동나무 빗자루병균은 기주(寄主)의 체내에서 월동하며, 그 외에 잣나무 털녹병이 있다.

55 수목 외과 수술의 시공 순서로 옳은 것은?

```
㉠ 동공 가장자리의 형성층 노출
㉡ 부패부 제거
㉢ 표면 경화처리
㉣ 동공 충진
㉤ 방수처리
㉥ 인공수피 처리
㉦ 소독 및 방부처리
```

① ㉠-㉥-㉡-㉢-㉣-㉤-㉦
② ㉡-㉦-㉠-㉥-㉤-㉢-㉣
③ ㉠-㉡-㉢-㉣-㉤-㉥-㉦
④ ㉡-㉠-㉦-㉣-㉤-㉢-㉥

해설 부패부제거 → 형성층노출 → 살균·살충처리 → 방부·방수처리 → 동공충진 → 매트처리 → 인공나무껍질처리 → 수지처리

56 다음 설명하는 해충으로 가장 적합한 것은?

- 유충은 적색, 분홍색, 검은색이다.
- 끈끈한 분비물을 분비한다.
- 식물의 어린 잎이나 새가지, 꽃봉우리에 붙어 수액을 빨아먹어 생육을 억제한다.
- 점착성 분비물을 배설하여 그을음병을 발생시킨다.

① 응애
② 송벌레
③ 진딧물
④ 깍지벌레

해설 1차 그을음병 : 진딧물, 2차 그을음병 : 깍지벌레

57 수목의 흰가루병은 가을이 되면 병환부에 흰가루가 섞여서 미세한 흑색의 알맹이가 다수 형성되는데 다음 중 이것을 무엇이라 하는가?

① 균사(菌絲)
② 자낭구(子囊球)
③ 분생자병(分生子柄)
④ 분생포자(分生胞子)

> 자낭구는 13~20℃의 습하고 서늘한 지역에서 잘 발생되며 완전히 폐쇄된 구형이다.

58 다음 중 생리적 산성 비료는?

① 황산암모늄
② 용성인비
③ 석회질소
④ 과인산석회

> 생리적 산성 비료에는 황산암모늄, 염화암모늄, 황산칼륨, 염화칼륨이 있다.

59 다음 중 주로 바람에 의한 전반되는 병균이 아닌 것은?

① 향나무 적성병균
② 잣나무 털녹병균
③ 밤나무 줄기마름병균
④ 밤나무 흰가루병균

> 향나무 적성병균은 물에 의해 전반된다.

60 시설물 보수 사이클과 연수의 연결이 잘못된 것은?

시설물	내용연수	보수사이클
① 파고라 (목재)	10년	3~4년
② 벤치(목재)	7년	5~6년
③ 그네(철재)	15년	2~3년
④ 안내판(철재)	10년	3~4년

> 벤치의 보수사이클은 2~3년이다.

ANSWER CBT 복원문제 2020년 2회

01	02	03	04	05	06	07	08	09	10
④	④	②	②	④	③	③	④	①	④
11	12	13	14	15	16	17	18	19	20
②	①	②	④	④	③	①	①	③	③
21	22	23	24	25	26	27	28	29	30
②	①	②	②	③	④	②	③	③	①
31	32	33	34	35	36	37	38	39	40
②	①	③	①	②	④	①	②	③	②
41	42	43	44	45	46	47	48	49	50
①	④	②	③	②	①	①	②	③	①
51	52	53	54	55	56	57	58	59	60
②	①	①	③	④	③	②	①	①	②

CBT 복원문제 _ 2021년 1회

01 다음 중 광장에 대한 설명 중 잘못된 것은?

① 사람들의 소통 장소이다.
② 그리스에는 포룸이라는 광장이 있고 로마에는 아고라가 있다.
③ 도로의 접합점 등에 조성된다.
④ 영역별로 구분할 때 광장은 기타시설로 분류된다.

해설 그리스에는 아고라, 로마에는 포룸이라는 광장이 있다.

02 고대 이집트 정원의 조경과 관련된 내용 중 옳지 않은 것은?

① 녹음수를 신성시 하였다.
② 수렵원이 발달한 것이 특징이다.
③ 원예가 발달 하였다.
④ 관개 기술이 발달하였다.

해설 수렵원이 발달한 나라는 서아시아(바빌론)이다.

03 고대 로마시대의 별장이 아닌 것은?

① 빌라 라우렌티아나
② 빌라 토스카나
③ 빌라 하드리아누스
④ 빌라 감베라이아

해설 빌라 감베라이아는 17세기 이탈리아의 대표적인 정원이다.

04 수도원 정원에서 2개의 직교하는 원로의 교차점을 가리키는 것은?

① 바그(Bagh)
② 페리스틸리움(Peristylium)
③ 트렐리스(Trellis)
④ 파라다이소(Paradiso)

해설 2개의 직교하는 원로의 교차점을 파라다이소라 하는데 이곳에는 분수나 조각상, 또는 대형 수목이 식재되었다.

05 조선시대 중엽 이후 풍수지리설에 의해 강조된 공간은?

① 안뜰
② 중정
③ 앞뜰
④ 후원

해설 조선시대 중엽이후 풍수지리설의 영향으로 후원이 강조 되었다.

06 조선시대 가장 흔히 조성된 연못의 형태는?

① 둥근형　② 네모난형
③ 자연형　④ 복합형

해설 조선시대 흔히 조성된 연못의 형태는 방지(方池, 네모난 연못)의 형태이다. 방지원도(方池圓島) 및 방지방도(方池方島)

07 다음 일본 정원 양식 중 고산수식에 대한 설명으로 잘못된 것은?

① 실정시대(무로마찌)시대 정원 양식이다.
② 모래, 바위 등을 이용한 추상적 정원이다.
③ 화려한 꽃으로 장식을 하였다.
④ 물을 전혀 사용하지 않은 정원이다.

- 물을 전혀 사용하지 않음
- 불교의 영향을 받은 극도의 추상적 구성
- 축산고산수식(14세기) : 나무(산봉우리), 바위(폭포), 왕모래(물) 연상시킴
- 평정고산수식(15세기) : 바위(섬), 왕모래(바다) 연상시킴, 수목 사용안함

08 다음 중 일본 정원서적인 작정기에 대한 설명이 잘못된 것은?

① 일본에서 정원 축조에 관한 가장 오래된 저서이다.
② 겸창시대 귤준망이 엮은 저서이다.
③ 회유식 정원 구성 기법에 대해 정교하게 저술 하였다.
④ 정원을 구성하는데 자연을 존중하고 자연에 순응하는 깊은 관찰을 강조하였다.

귤준망은 헤이안(평안)시대 인물이며 평안시대의 정원 양식은 침전식이다.

09 정원수의 아름다움의 3가지 요소(삼재미)에 해당되지 않는 것은?

① 색채미   ② 형자미(형태미)
③ 내용미   ④ 식재미

정원수의 삼재미는 색, 형태, 내용이다.

10 다음 중 근린공원의 설명 중 잘못된 것은?

① 페리(perry)가 근린주구 개념 설정에 따라 형성된 공원이다.
② 우리나라 도시공원법에 800m를 근린공원 이용권으로 삼고 있다.
③ 주민들이 일상 생활에서 행하는 여러 활동이 중첩되는 생활권에서 이용되는 공원으로 해석할 수 있다.
④ 도시 공원의 기능을 발휘할 수 있도록 적합한 수준의 지형에 입지하는 것이 좋다.

우리나라 도시공원법 에서는 근린생활권 500m , 도보권 근린공원 1,000m를 이용권으로 하고 있다.

11 골프장 설계와 관련된 설명 중 부적합한 것은?

① 남-북으로 긴 장방향의 부지가 적합하다.
② 평지 지형이 적합하다.
③ 산림, 연못, 하천 등의 자연 지형을 되도록 이용할 수 있는 곳이 적합하다.
④ 정방형 보다는 구형에 가까운 용지가 적합하다.

골프장은 평지 보다는 적당한 높이의 굴곡을 가지고 있으며 자연 지형을 이용할 수 있는 곳, 자연의 변화가 풍부한 곳이 적합하다.

12 1:1000의 축척인 지형도에서 5㎠의 실제 면적은 몇 m^2인가?

① $5m^2$ ② $50m^2$
③ $500m^2$ ④ $5000m^2$

해설 도상면적 1㎠는 가로길이 1cm × 세로길이 5cm 이다. 각각의 도상거리를 실제 거리로 환산하면,
1cm × 1000 = 1,000cm
즉 10m / 5cm × 1000 = 5,000cm 즉 50m
10m × 50m = 500m²

13 비대칭의 효과를 설명한 것 중 틀린 것은?

① 좌우 대칭에 비해 복잡한 느낌을 준다.
② 물체의 색채, 무게, 질감 등으로 균형을 잡으므로 공간의 여백이 생길 경우가 있다.
③ 좌우 대칭에 비해 정돈성이 있으며, 동적인 느낌을 준다.
④ 주로 서양 정원에 비해 동양 정원에서 많이 사용한 대칭 수법이다.

해설 비대칭은 좌우 대칭에 비해 정돈성이 없다.

14 제도 용구 중 플래니미터의 사용 용도는?

① 자유 곡선을 그을 때 사용하는 기구이다.
② 부정형 지역의 면적 측정 시 주로 사용되는 기구 이다.
③ 각종 반지름의 원호를 그릴 때 사용하는 기구 이다.
④ 수목을 표현할 때 사용하는 기구이다.

해설 ① 자유 곡선을 그을 때 사용하는 기구는 자유 곡선자
③ 각종 반지름의 원호를 그릴 때 사용하는 기구는 원호자
④ 수목을 표현할 때 사용하는 기구는 원형 템플릿

15 다음 중 주택 정원에서 공공성을 띠는 공간은?

① 앞뜰　　② 안뜰
③ 작업뜰　④ 뒷뜰

해설 앞뜰(전정)은 외부에서 내부로 들어오는 전이 공간으로 손님을 맞이하는 공적인 공간이다.

16 안개지역 및 터널등의 장소에 설치하기 적합한 등은?

① 나트륨등　② 수은등
③ 백열등　　④ 형광등

해설 나트륨등은 설치 비용은 비싸지만 열효율이 높고 투시성이 좋으며 관리비도 저렴해서 터널등의 장소에 적합하다.

17 공원의 녹지계통 형식에서 가장 이상적인 녹지계통 형식은?

① 분산식　　② 환상식
③ 방사환상식　④ 위성식

해설 공원의 녹지 계통 형식

형식	특징
분산식	• 녹지대가 여기저기 분산 배치
환상식	• 도시를 중심으로 환상 상태로 5~10km 조성 • 도시 방지 효과 큼
방사식	• 도시를 중심으로 외부로 방사상 녹지 형성
방사환상식	• 방사식 +환상식 • 가장 이상적인 녹지계통 형식
평행식	• 띠 모양으로 일정한 간격으로 평행하게 녹지대 조성

18 다음 시멘트의 종류 중 혼합 시멘트가 아닌 것은?

① 알루미나시멘트
② 플라이애시 시멘트
③ 고로슬래그시멘트
④ 포틀랜드 포졸란 시멘트

📖 알루미나시멘트 : 석회와 보크사이트를 섞은 시멘트로 수화열과 조기 강도가 매우 크며 해수에 강하다.

19 조경용으로 벽돌, 도관, 타일, 기와 등을 만드는 재료로 가장 적당한 것은?

① 금속
② 플라스틱
③ 점토
④ 시멘트

📖 대표적인 점토 제품으로 점토벽돌, 타일, 토관, 도관이 있다.

20 시멘트의 주재료에 속하지 않는 것은?

① 화강암
② 석회암
③ 질흙
④ 광석찌꺼기

📖 시멘트 주 성분 석회암 + 질흙 + 광석(광물)찌꺼리이다.

21 다음 중 굵은 가지 절단 시 제거하지 말아야 하는 부위는?

① 목질부
② 지피융기선
③ 지륭
④ 피목

📖 • 원줄기에서 가지가 뻗어 나갈 때 가지의 기부와 원줄기 사이에 부풀어 오른 부분을 지륭(枝隆)이라 하며 이 부분이 상처를 입으면 잘 아물지 않고 부패의 위험성이 크다.
• 지피융기선 : 원줄기와 가지가 갈라지는 안쪽에 가지의 수피가 바깥쪽으로 밀려나면서 볼록해지는 부분

22 통기성, 흡수성, 보온성, 부식성이 우수하여 줄기감기용, 수목 굴취 시 뿌리감기용, 겨울철 수목보호를 위해 사용되는 마(麻) 소재의 친환경적 조경자재는?

① 녹화마대
② 볏짚
③ 새끼줄
④ 우드칩

📖 녹화마대는 황마로 만든 천연식물 섬유재로서 통기성과 보온성이 뛰어난 환경 친화적인 재료이다

23 다음 중 고광나무(Philadelphus schrenkii)의 꽃 색깔은?

① 적색
② 황색
③ 백색
④ 자주색

📖 고광나무는 4~5월 백색으로 꽃이 핀다.

24 다음 중 맹아력이 가장 약한 수종은?

① 가시나무
② 쥐똥나무
③ 벚나무
④ 사철나무

📖 맹아력이란 싹이 나오는 힘을 말하며, 일반적으로 울타리로 쓰는 수종들은 맹아력이 강하다. 벚나무는 맹아력이 약한 대표적 수종이다.

25 화단에 심겨지는 초화류가 갖추어야 할 조건으로 가장 부적합한 것은?

① 가지수는 적고 큰 꽃이 피어야 한다.
② 바람, 건조 및 병·해충에 강해야 한다.
③ 꽃의 색채가 선명하고, 개화기간이 길어야 한다.
④ 성질이 강건하고 재배와 이식이 비교적 용이해야 한다.

> **[해설]** 화단용 초화류 구비 조건
> - 키가 되도록 작으며 개화기간이 길어야 할 것
> - 외모가 아름다우며 꽃이 많이 달릴 것
> - 건조와 병해충에 강하며 환경에 대한 적응성이 클 것

26 다음 중 장미과(科) 수목이 아닌 것은?

① 피라칸다
② 해당화
③ 아카시나무
④ 왕벚나무

> **[해설]** 아카시나무는 콩과에 해당한다.

27 다음 중 목련의 다른 이름은?

① 자미화
② 산다
③ 부기
④ 목필화

> **[해설]** 목련은 꽃이 필 때 북쪽을 바라보고 핀다하여 북향화(北向花), 꽃봉우리가 붓을 닮았다 하여 목필화(木筆花)라고도 불린다.

28 여름에 꽃을 피우는 수종이 아닌 것은?

① 배롱나무   ② 석류나무
③ 조팝나무   ④ 능소화

> **[해설]** 조팝나무는 4월에 흰색 꽃이 핀다.

29 다음 수종들 중 단풍이 붉은색이 아닌 것은?

① 신나무   ② 복자기
③ 화살나무   ④ 고로쇠나무

> **[해설]** 고로쇠, 붉은고로쇠, 네군도 단풍은 노란색이다.

30 다음 중 자동차의 배기 가스에 가장 강한 수목은?

① 녹나무
② 단풍나무
③ 삼나무
④ 목련

> **[해설]** 녹나무, 아왜나무 등은 상록활엽수로써 공해에 강하며 방음식재로 많이 이용된다.
> ※참고로 공해에 약한 수종 : 소나무, 전나무, 삼나무, 벚나무, 목련 등

31 다음 중 식물의 건축학적 이용은?

① 음향조절   ② 공간의 분할
③ 온도조절   ④ 반사조절

> **[해설]** 식물의 건축학적인 이용은 공간의 분할, 차단 및 은폐, 사생활의 보호, 건물의 직선 완화, 점진적 공간의 이해 등이다.

32 목재 접착에 이용되는 접착제로서 내수, 내구성 적인 측면에서 품질이 가장 우수한 것은?

① 아교   ② 비닐계수지
③ 페놀계수지 ④ 요소계수지

> **[해설]** 페놀계수지는 페놀과 포름알데히드를 주제로 한 합성 수지로서 내구성, 내수성이 매우 우수하다.

33 목재의 건조목적과 가장 관련이 없는 것은?

① 부패 방지
② 사용 후의 수축, 균열 방지
③ 강도 증진
④ 무늬 강조

> **[해설]** 건조의 궁극적인 목적은 기건상태로 만들어 강도를 증진시키고 부패를 방지하는 것이다.

34 목재의 방부제 처리 방법 중 약품을 활용한 방부 처리법이 아닌 것은?

① 표면 탄화법   ② 도포법
③ 침지법   ④ 상압주입법

> 표면 탄화법은 목재의 표면을 태워서 탄화 시키는 방부법을 말한다.

35 미리 골재를 거푸집 안에 채우고 특수 탄화제를 섞은 모르타르를 주입하여 골재의 빈틈을 메워 만드는 콘크리트는?

① 매스콘크리트
② 프리스트레스트 콘크리트
③ 서중콘크리트
④ 프리팩트 콘크리트

> - 매스콘크리트 : 콘크리트 구조물의 크기가 커서 수화열을 검토해야 하는 콘크리트
> - 프리스트레스트 콘크리트 : 강선 등을 이용하여 미리 부재 내에 응력을 준 콘크리트
> - 서중콘크리트 : 평균 25℃, 최고 30℃ 넘을 때 타설하는 콘크리트

36 아스팔트의 양부를 판정하는 기준이 되는 것을 무엇이라 하는가?

① 융기   ② 침입도
③ 균열   ④ 인장강도

> 아스팔트 양부란 시공 후 좋고 나쁨을 뜻하는 말로 침입도(=경도)로 판단한다. 100g추로 5초 동안 바늘로 누를 때 0.1mm는 침입도 1이다.

37 재료가 외력을 받았을 때 작은 변형만 나타내도 파괴되는 현상을 무엇이라 하는가?

① 강성(剛性)   ② 인성(靭性)
③ 전성(展性)   ④ 취성(脆性)

> - 강성(剛性) : 물체가 외력을 받아도 모양이나 부피가 변하지 않는 단단한 성질
> - 인성(靭性) : 잡아당기는 힘에 견디는 성질
> - 전성(展性) : 얇게 펴지는 성질

38 콘크리트 단위중량 계산, 배합설계 및 시멘트의 품질 판정에 주로 이용되는 시멘트의 성질은?

① 분말도   ② 응결시간
③ 비중   ④ 압축강도

> 시멘트 비중을 알기 위해 류샤델리병에 시멘트를 넣어서 부피를 측정하고 시험보통포틀랜드 시멘트의 경우 비중은 3.14이며 그 이하이면 풍화가 된 것이다.

39 표면건조 내부 포수상태의 골재에 포함하고 있는 흡수량의 절대 건조 상태의 골재 중량에 대한 백분율은 다음 중 무엇을 기초로 하는가?

① 골재의 함수율
② 골재의 흡수율
③ 골재의 표면수율
④ 골재의 조립율

> - 함수율
> $$\frac{습윤상태 - 절대건조상태}{절대건조상태} \times 100$$
> - 표면수율
> $$\frac{습윤상태 - 표면건조내부포화상태}{표면건조내부포화상태} \times 100$$
> - 흡수율
> $$\frac{표면건조내부포화상태 - 절대건조상태}{절대건조상태} \times 100$$
> - 유효흡수율
> $$\frac{표면건조내부포화상태 - 공기중건조상태}{공기중건조상태} \times 100$$

40 다음 관수 방법 중 잘못된 것은?

① 지표 관개법(surface irrigation) : 곳곳에 균일 관수가 가능한 것이 장점이다.
② 살수 관개법(sprinkler irrigation) : 자연 강우 효과를 내는 방법이다.
③ 팝업(pop-up)살수기 : 시각적으로 양호하다.
④ 점적식(낙수식) 관개법 : 각 수목에 뿌리 부분이나 지정된 지역의 지표에 관개하는 방법이다.

> 해설 수로나 웅덩이를 설치하여 지표면에 흘러 보내며 관수를 하며, 균일 관수가 어려워 물의 낭비가 심하고 물의 이용 효율 20~40% 정도이다.

41 시방서의 기재 사항이 아닌 것은?

① 재료의 종류 및 품질
② 건물의 인도 시기
③ 재료에 필요한 시험
④ 시공 방법의 정도 및 완성에 관한 사항

> 해설 시방서는 재료의 품질, 치수, 시공방법 및 공법 등을 기술한 것이다.

42 다음 중 여성토의 정의로 가장 알맞은 것은?

① 가라앉을 것을 예측하여 흙을 계획높이보다 더 쌓는 것
② 중앙분리대에서 흙을 볼록하게 쌓아 올리는 것
③ 옹벽앞에 계단처럼 콘크리트를 쳐서 옹벽을 보강하는 것
④ 잔디밭에서 잔디에 주기적으로 뿌려 뿌리가 노출되지 않도록 준비하는 토양

> 해설 여성고는 더돋기라고 하며 계획고보다 10% 이내로 더 쌓는 것을 말한다.

43 하수도시설 기준에 따라 오수관거의 최소 관경은 몇 mm를 표준으로 하는가?

① 100mm ② 150mm
③ 200mm ④ 250mm

> 해설 분류식 오수관은 200mm 이상, 우수관이나 합류식 오수관은 250mm 이상이다. 또한, 하류로 갈수록 관거내 유속은 크게 하고 하수관거 경사는 완만하게 한다. 매설 깊이는 1~2m이다.

44 곁눈 밑에 상처를 내어 놓으면 잎에서 만들어진 동화 물질이 축적되어 잎눈이 꽃눈으로 변하는 일이 많다. 어떤 이유 때문인가?

① C/N율이 낮아지므로
② C/N율이 높아지므로
③ T/R율이 낮아지므로
④ T/R율이 높아지므로

> 해설 화아 분화와 결실에 가장 큰 영향을 미치는 것은 탄질율이고 C/N율이라고도 한다.
> C〉N인 경우 화아분화가 잘 된다

45 다음 중 관리 하자에 의한 사고로 볼 수 없는 항목은?

① 시설의 구조 자체의 결함에 의한 것
② 시설의 노후 및 파손에 의한 것
③ 위험 장소의 안전 대책 미비에 의한 것
④ 위험물 방치에 의한 것

> 해설 ①번 항목은 설치 하자에 속한다.

46 공사 일정 관리를 위한 횡선식 공정표와 비교한 네트워크(NET WORK)공정표의 설명으로 옳지 않은 것은?

① 공사 통제 기능이 좋다.
② 문제점의 사전 예측이 용이하다.
③ 일정의 변화를 탄력적으로 대처할 수 있다.
④ 간단한 공사 및 시급한 공사, 개략적인 공정에 사용된다.

📖 막대 공정표와 네트워크 공정표의 비교

	막대 공정표	네트워크 공정표
장점	• 공정별 공사와 전체의 공정시기 등이 일목요연 • 착공일과 완료일이 명료함	• 상호간의 작업관계가 명확하다. • 작업의 문제점 예측 가능 • 신뢰도가 높고 편리하다.(계산기 사용가능)
단점	• 작업간의 관계가 명확하지 않다. • 작업상황이 변동되었을 때 탄력성이 없다.	• 공정표 작성에 숙련을 요한다. • 수정 및 변경에 많은 시간 요구된다.
용도	• 소규모공사, 시급을 요하는 공사에 사용	• 대형공사, 복잡하고 중요한 공사에 사용

47 일반적으로 연간 유지관리 계획에 포함시키는 것은?

① 공원 지역 내의 순찰계획
② 건물의 갱신 계획
③ 수목의 전정, 잔디관리 계획
④ 건물 도색 계획

📖 • 유지관리 : 수목 및 시설물 등의 점검 및 보수
• 운영관리 : 관리를 위한 예산, 조직, 재무제도 등의 업무
• 이용관리 : 안전관리, 이용지도, 홍보, 주민참여 유도 등

48 전년도의 가지에도 꽃이 피는 라일락의 아름다운 개화 상태를 감상하기 위한 가장 적절한 전정 시기는?

① 봄철 꽃이 진 바로 직후
② 지엽이 무성한 여름철
③ 낙엽이 진 직후의 가을철
④ 겨울철 휴면기

📖 다음 해에 개화하는 봄꽃나무는 개화 후 자라는 가지에서 6월에서 8월 사이에 화아분화가 이루어지므로 꽃이 진 직후에 전정한다.

49 활엽수의 경우 질소 부족현상과 유사한 현상이 나타나며 잎의 폭이 좁아지고, 꽃의 크기가 작고 적게 맺히는 경우 결핍된 미량 원소는?

① 붕소(B)   ② 철(Fe)
③ 아연(Zn)   ④ 몰리브덴(Mo)

📖 몰리브덴 결핍 증상은 잎과 꽃의 크기가 작고 적게 맺히는 등 질소 부족 현상과 유사하다.

50 다음 중 동해(凍害)에 대한 설명으로 잘못된 것은?

① 식물체가 추위에 의해 세포막벽 표면에 결빙 현상이 일어나 죽는 현상이다.
② 난지산(暖地産)수종, 생육지에서 멀리 떨어져 이식된 수종일수록 동해에 약하다.

③ 침엽수류와 낙엽활엽수류는 상록활엽수류보다 내동성이 작다.
④ 바람이 없고 맑게 갠 밤의 새벽에는 서리가 많이 내린다.

📖 상록활엽수는 난지형 수목으로 추위 및 동해에 약하다.

51 시비에 대한 설명 중 적당하지 않은 것은?

① 추비는 일반적인 수종에서는 눈이 움직일 무렵, 화목의 경우에는 개화 직후에 준다.
② 비료는 수관선을 따라 20cm 내외의 홈을 파서 주는 것이 효과적인다.
③ 화목류는 7~8월경 인산질 비료를 많이 주어야 화아 형성을 촉진 한다.
④ 지효성의 유기질 비료는 덧거름으로, 황산암모늄과 같은 속효성 비료는 밑거름으로 준다.

📖 유기질 비료는 지효성 거름으로 밑거름으로 주고, 황산암모늄 등 속효성 거름은 덧거름으로 준다.

52 다음 중 잔디밭의 잡초가 아닌 것은?

① 클로버　　② 바랭이
③ 부들　　　④ 매듭풀

📖 부들은 개울가나 연못가에 자생하는 물을 좋아하는 잡초이다.

53 초봄에 식물의 발육이 시작된 후 0℃ 이하로 갑작스럽게 기온이 내려감으로써 식물체에 해를 주는 것은?

① 조상　　　② 만상
③ 피소　　　④ 동상

📖 만상은 초봄에 식물이 발육이 시작 된 후 갑자기 기온이 내려가서 식물체가 피해를 입는 현상으로 늦서리라고도 한다.

54 잣나무 털녹병의 중간기주에 해당하는 것은?

① 등골나무
② 향나무
③ 오리나무
④ 까치밥나무

📖 털녹병 중간기주는 송이풀과 까치밥나무이며 붉은별무늬병(적성병)의 중간 기주는 향나무이다.

55 다음 중 자낭균에 의한 병이 아닌 것은?

① 벚나무의 빗자루병
② 밤나무의 흰가루병
③ 대추나무의 그을음병
④ 대추나무 빗자루병

📖 자낭균에 의한 병은 빗자루병, 잎마름병, 가지마름병, 그을음병, 흰가루병, 탄저병 등이 있다.
대추나무 빗자루병은 마이코플라즈마에 의한 병이다.

56 다음 중 잎을 가해하는 대표적인 곤충과가 아닌 것은?

① 솔노랑잎벌과
② 하늘소과
③ 총채벌레과
④ 굴나방과

📖 하늘소과 해충은 천공성 해충으로 암컷 성충은 유충이 먹는 식물에 상처를 내어 그 곳에 알을 낳는데, 알에서 부화한 유충이 껍질이나 나무 속을 갉아 먹는다.

57 향나무 녹병에 관한 설명 중 틀린 것은?

① 배나무, 모과나무, 꽃사과 등에는 발생하지 않는다.
② 4~5월경 비가 자주 오면 겨울 포자는 노란색의 모양으로 불어난다.
③ 향나무 잎이나 가지 사이의 분기점에 갈색의 균체가 형성된다.
④ 녹포자 비산 시기인 7월 초순경에 만코지수화제를 살포한다.

> 해설 배나무, 모과나무, 사과나무 등 유실수에 대표적으로 발생되는 것은 적성병과 녹병이다.

58 묘포지의 토양 소독을 실시하기에 가장 적합한 약품은 다음 중 어느 것인가?

① 클로로피크린
② PCP
③ 보르도액
④ 황산동

> 해설 토양을 소독하는 대표 훈증제로 클로로피크린과 메틸브로마이드 등이 있다.

59 다음 중 잔디에 떳밥을 주는 작업을 무엇이라 하는가?

① 통기작업 ② 배토작업
③ 슬라이싱 ④ 버티컬 모잉

> 해설 배토란 잔디에 흙을 복돋아 주는 작업으로 잔디면을 균일하고 평평하기 하기 위한 작업을 말한다.

60 잔디밭에서 재배적 잡초 방제법에 대한 설명으로 부적당한 것은?

① 잔디를 자주 깎아 준다.
② 통기작업으로 토양 조건을 개선한다.
③ 토양에 수분이 과잉되지 않도록 한다.
④ 잡초의 생육이 왕성할 시기에는 비료를 주지 않는다.

> 해설 잡초의 재배적 방제 방법에는 잔디깎기, 윤작, 환경개선, 토양관리 등이 있다.

ANSWER							CBT 복원문제 2021년 1회		
01	02	03	04	05	06	07	08	09	10
②	②	④	④	④	②	③	②	④	②
11	12	13	14	15	16	17	18	19	20
②	③	②	②	①	①	③	①	③	①
21	22	23	24	25	26	27	28	29	30
③	①	③	③	①	③	②	②	④	①
31	32	33	34	35	36	37	38	39	40
②	③	④	①	②	④	②	③	②	①
41	42	43	44	45	46	47	48	49	50
②	①	②	①	④	③	①	③	④	③
51	52	53	54	55	56	57	58	59	60
④	②	②	④	④	②	①	①	②	④

CBT 복원문제 _ 2022년 1회

01 스페인 알함브라 궁원 4개의 파티오 중 '사자의 파티오'에 대한 설명으로 틀린 것은?

① 파티오의 중심에는 사이프러스 나무가 식재되어 있다.
② 왕의 사적인 정원이다.
③ 14세기에 마호메트 5세가 조성한 것으로 알려져 있다.
④ 가장 화려한 정원으로 주랑에 의해 둘리싸여 있다.

📖 사이프러스가 식재되어 있는 곳은 창격자 중정이다.

02 고대 여러 나라의 특징적인 정원을 적은 것으로 가장 거리가 먼 것은?

① 바빌로니아 - 공중정원
② 이집트 - 신원
③ 그리스 - 아카데모스
④ 로마 - 클라우스트룸

📖 클라우스트룸은 중세 수도원의 정원으로 열주나 공공건물에 의해 둘러 쌓인 네모난 공지를 말하며, 수도원을 가리키는 클로이스터(cloister)의 라틴어 원형이기도 하다.
참고로 아카데모스는 그리스 신화에 나오는 아테네의 영웅이다.

03 용의 분수와 100개의 분수가 있는 테라스로 유명한 별장은?

① 란테장
② 메디치장
③ 에스테장
④ 마다마장

📖 에스테장은 리고리오에 의해 설계된 전형적인 이탈리아 르네상스 정원이다.
100개의 분수, 4개의 단으로 이루어진 테라스 정원으로 물극장, 물풍금, 분수, 연못, 물계단, 경악분천 등 물을 가장 다양하고 기묘하게 이용한 작품으로 알려져 있다.

04 중국 한나라 태액지에 대한 설명으로 잘못된 것은?

① 태호석을 채취했었다.
② 연못 가장자리에는 대리석이나 청동으로 만든 조각물을 배치 하였다.
③ 신선사상을 반영한 정원 양식이다.
④ 신선사상의 삼심산이란 봉래산(蓬萊山), 방장산(方丈山), 영주산(瀛洲山)을 말한다.

📖 태호석을 채취한 시기는 송나라 휘종 때이다.

5 다음 중 왕과 왕비만이 즐길 수 있는 사적인 정원이 아닌 곳은?

① 경복궁의 아미산
② 창덕궁 낙선재의 후원
③ 덕수궁 석조전 전정
④ 덕수궁 준명당의 후원

해설 덕수궁 석조전 : 최초의 서양식 석조 건물로 1900년 영국인 하딩에 의해 기본 설계가 되었다. 준공 후 고종 황제가 궁궐로 잠시 사용 하다가, 6.25전쟁 이후 박물관, 유물관으로 사용되었으며 복원된 이후 2014년 대한제국역사관으로 개관해 현재에 이르고 있다.

6 우리나라 연못 중 직선과 곡선을 혼용한 원지(苑池)는 어느 곳인가?

① 창덕궁 애련지
② 경복궁 경회루지
③ 경주의 안압지
④ 창덕궁 부용지

해설 경주 안압지의 연못 호안은 직선과 곡선으로 조성되었다.
남쪽과 서쪽은 직선으로, 북쪽과 동쪽은 다양한 곡선으로 굴곡된 호안 석축이 가해져 있다.

7 조경 계획 및 설계에서 피드백(feed back) 과정을 가장 옳게 설명한 것은?

① 계획에서는 피드백 과정이 필요하나, 설계에서는 필요하지 않다.
② 피드백은 계획 수행 과정 상 전단계로 돌아가 작성된 안을 다시 한번 검토해 보는 것을 말한다.
③ 피드백 과정 시에는 조경가만이 참여하고, 의뢰인은 참여하지 않는다.
④ 피드백은 자료의 분석 후 이들을 종합하는 과정에서 주로 사용되는 개념이다.

해설 피드백(feed back)은 계획 과정에서 만족하지 못한 결과를 도출하였을 때 전단계로 돌아가 문제점을 검토, 수정하는 것을 말하며, 계획과 설계 과정에서 필요한 단계이다.

8 공공의 조경이 크게 부각되기 시작한 때는?

① 고대
② 중세
③ 근세
④ 군주시대

해설 1843년 영국의 조셉 팩스턴에 의한 버큰헤드 공원은 최초의 공공적 성격의 공원이다. 이는 후에 옴스테드에게 영향을 주어 최초의 도시공원인 센트럴파크를 탄생시킨다.

9 조경 기본 계획 작성 시 자료분석 종합 후 대안 설정 기준으로서 일반적으로 가장 먼저 고려해야 할 사항은 무엇인가?

① 식재 계획
② 토지이용 계획
③ 공급처리 시설 계획
④ 구조물 계획

해설 조경 기본 계획(마스터플랜) 작성 시 가장 먼저 고려하고 계획해야 할 것은 토지 이용에 대한 계획이다.

10 설계자의 의도를 개략적인 형태로 나타낸 일종의 시각언어로서 도면을 단순화시켜 상징적으로 표현한 그림을 의미하는 것은?

① 상세도
② 다이어그램
③ 조감도
④ 평면도

해설 다이어그램은 기본구상 개념도에서 설계자의 의도(동선, 공간 등)를 나타낼 때 사용하는 시각언어이다.

11 선의 종류 중 파선의 용도가 옳게 설명된 것은?

① 도형의 중심을 표시하는데 사용
② 대상물의 보이지 않는 부분의 모양을 표시하는데 사용
③ 중심이 이동한 중심 궤적을 표시하는데 사용
④ 단면의 무게 중심을 연결하는데 사용

해설
- ①번 : 1점쇄선(중심선의 용도)
- ③번 : 1점쇄선(기준선의 용도)
- ④번 : 2점쇄선(무게중심선의 용도)

12 입면도에 대한 설명으로 잘못된 것은?

① 어느 한 방향으로부터 수평 투영한 도면이다.
② 어느 한 방향으로부터 수직 투영한 도면이다.
③ 지상부의 생김새나 고저 관계를 알아보는데 편리하다.
④ 측면도, 정면도, 배면도 등이 이에 해당한다.

해설 입면도는 어느 한 방향에서 수직으로 투영한 도면으로 바라보는 위치에 따라 측면, 정면, 배면도로 구분 되며, 지상부의 생김새나 고저 관계를 알아보는데 편리하다.

13 경관에 있어 동적 감정을 줄 수 있는 요소는 다음 중 어느것인가?

① 고여 있는 연못의 설치
② 흐르는 듯한 율동감 있는 수로의 설치
③ 물의 낙차를 이용하여 소리의 효과를 겸한 물의 활용
④ 바람에 의하여 흔들리는 나무의 소리

해설 동적인 감정을 불러 일으키는 경우는 경관의 움직임과 소리 등이 크거나 역동적인 형태일 때이다.

14 다음 중 주택 정원에 사용하는 정원수의 아름다움을 표현하는 미적 요소로 가장 거리가 먼 것은?

① 색채미
② 형태미
③ 내용미
④ 조형미

해설 조경미(美)에는 색채미, 형태미, 내용미가 있으며 조경미의 원리는 통일성(조화, 균형, 대칭, 반복)과 다양성(비례, 율동, 대비) 등이 있다.

15 다음과 같은 특징을 갖는 색명을 무엇이라 하는가?

- 색을 물체의 이름에서 부분 또는 전체적으로 인용하거나 일반인이 공통적으로 가진 지식이나 경험에 근거한 어휘로 표현한다.
- 따라서 인종이나 생활지역 등 문화, 관습이나 지식과 밀접하게 관계된다.
- 이 색명의 대부분은 물체의 이름에서 유래되었기 때문에 '~색'을 붙이는 것이 많다.

① 관용색명
② 기본색명
③ 일반색명
④ 계통색명

해설 물체의 이름이나 형태, 색깔 등을 본따거나, 관습상 사용되는 색명을 관용색명이라고 한다.
(예: 살구색, 이끼색 등)

16 가법혼색에 관한 설명으로 틀린 것은?

① 2차색은 1차색에 비하여 명도가 높아진다.
② 빨강 광원에 녹색 광원을 흰 스크린에 비추면 노란색이 된다.
③ 가법혼색의 삼원색을 동시에 비추면 검정이 된다.
④ 파랑에 녹색 광원을 비추면 시안(cyan)이 된다.

　가법혼색 : 색광(빛)을 혼합함으로써 새로운 색채를 만들어 내는 것으로 색광이 서로 더해 지면서 원래의 색보다 더 밝아지며(명도가 높아지며) 백색광이 되는 현상

17 노외 주차장의 주차 방식 중 출입구가 1개일 때 차로의 너비가 가장 큰 것은?

① 평행주차　　② 45° 대향주차
③ 60° 대향주차　④ 직각주차

　노외 주차장의 차로너비

주차형식	차로너비	
	출입구가 2개 이상인 경우	출입구가 1개인 경우
평행주차	3.3m	5m
직각주차	6m	6m
45° 대향주차	3.5m	5m
60° 대향주차	4.5m	5.5m

18 다음 수종 중 이용자의 시야를 방해하지 않으면서 공간을 분할하거나 한정 짓는데 이용할 수 있는 식물 재료는?

① 대교목류　　② 소교목류
③ 관목류　　　④ 지피류

　시야를 방해하지 않으려면 이용자의 눈높이보다 수고가 작아야 하므로 관목류가 적합하다.

19 체인블록(chain block)의 주 용도라 볼 수 없는 것은?

① 무거운 돌을 지면에 자리잡아 놓을 때
② 무거운 수목을 싣거나 내릴 때
③ 무거운 물체를 가까운 거리에 운반할 때
④ 무거운 돌을 높이 쌓을 때

　체인블록(chain block)은 무거운 재료를 도르래 원리로 들어 올려서 쌓거나 얹기 위한 장비로써, 들어올려 인력으로 밀어서 내리면 가까운 거리는 운반할 수 있기는 하나, 주 용도라 볼 수는 없다.

20 다음 중 자동차 배기가스에 특히 약한 수종으로 짝지어진 것은?

① 소나무, 은행나무
② 히말라야시다, 은목서
③ 금송, 태산목
④ 녹나무, 피나무

　자주 출제되는 공해에 약한 수종 : 소나무, 전나무, 히말라야시다, 삼나무, 벚나무류, 목련, 목서류

21 성격이 다른 두 지역간의 충돌을 예방하기 위하여 수목을 식재하여 숲을 조성하게 되는데 이런 식재 또는 도로 외측에 수목을 심어서 운전자에게 안정감을 주게 하는 식재수법을 무엇이라 하는가?

① 위요식재　　② 유도식재
③ 지표식재　　④ 완충식재

　성격이 다른공간 (예: 정적인공간 ↔ 동적인공간) 사이에 수목을 식재하여 상호 공간의 성격을 완화시키는 역할을 하는 식재를 완충식재라 한다.

22 자연공원에서 조류를 유치하기 위한 수목으로 적당하지 않은 것은?

① 팽나무
② 팥배나무
③ 오동나무
④ 감탕나무

> 해설 조류가 열매를 좋아하는 수종 : 팽나무, 팥배나무, 감탕나무, 낙상홍, 감나무 등

23 식생에 미치는 환경요인 중에서 식생 분포를 결정 하는데 가장 영향을 미치는 요인은?

① 기후요인
② 지형요인
③ 생물요인
④ 인위적요인

> 해설 식생 분포에 영향을 미치는 요인은 여러 가지가 있지만 그 중 가장 중요한 요인은 기후요인이다.

24 토양 유기물이 토양에 미치는 영향과 가장 거리가 먼 것은?

① 토양의 물리적 성질 개선
② 토양 양분의 공급원
③ 토양 수분 장력 증대
④ 토양 반응에 대한 완충작용

> 해설 유기물이 토양에 미치는 영향은 이 외에 토양온도 유지, 농작물에 질소공급, 양분의 보유력 유지 등이 있다.

25 이팝나무와 조팝나무에 대한 설명으로 옳지 않은 것은?

① 이팝나무의 열매는 타원형의 핵과이다.
② 환경이 같다면 이팝나무가 조팝나무 보다 꽃이 먼저 핀다.
③ 과명은 이팝나무는 물푸레나무과(科) 이고, 조팝나무는 장미과(科)이다.
④ 성상은 이팝나무는 낙엽활엽교목이고, 조팝나무는 낙엽 활엽관목이다.

> 해설 이팝나무는 5월에, 조팝나무는 4월에 흰색으로 개화한다.

26 다음 중 일반적인 수목의 생육에 적합한 토양은?

① 사토나 사양토
② 사양토나 양토
③ 식토나 식양토
④ 식토나 사양토

> 해설 수목 식재지에 적합한 토성은 배수를 고려하여 모래와 점토가 적당히 섞여 있는 양토나 사양토가 적합하다.

27 흰말채나무의 특징 설명으로 틀린 것은?

① 노란색의 열매가 특징적이다.
② 층층나무과로 낙엽활엽관목이다.
③ 수피가 여름에는 녹색이나 가을, 겨울 철의 붉은 줄기가 아름답다.
④ 잎은 대생하며 타원형 또는 난상타원형 이고, 표면에 작은 털이 있으며 뒷면은 흰색의 특징을 갖는다.

> 해설 흰말채나무 : 층층나무과의 낙엽활엽 관목으로서 홍서목(紅瑞木)이라고도 한다. 5월의 흰색 꽃과 9월의 흰(아이보리)색 열매가 겨울의 붉은 수피와 더불어서 관상 가치가 높다. 잎은 대생하며 표면에 작은 털이 있다.

28 다음 중 단풍나무류(Acer)에 속하지 않는 것은?

① 붉나무
② 고로쇠나무
③ 복자기나무
④ 신나무

해설 붉나무는 옻나무과에 해당하는 수종이다.

29 층층나무과에 해당하는 산딸나무와 층층나무를 구별하는 근거가 될 수 있는 것으로 가장 적당한 것은?

① 측맥의 수
② 잎의 마주나기와 어긋나기
③ 나무의 높이
④ 잎의 색깔과 열매의 모양

해설 산딸나무는 잎이 마주나고(대생), 층층나무는 잎이 어긋난다(호생).

30 목련과(Magnolia) 수종 중에서 잎이 상록인 수종은?

① 함박꽃나무 ② 태산목
③ 일본목련   ④ 자목련

해설 태산목은 상록활엽수로써 남부 수종이다.

31 다음 중 고광나무(Philadelphus schrenkii)의 꽃 색깔은?

① 적색   ② 백색
③ 황색   ④ 자주색

해설 고광나무는 4~5월 백색으로 꽃이 핀다.

32 다음 수종 중 잎보다 꽃이 먼저 피는 수종이 아닌 것은?

① 미선나무, 산수유
② 일본목련, 함박꽃나무
③ 개나리, 진달래
④ 박태기나무, 생강나무

해설 일본목련, 함박꽃나무 : 5월 개화

33 다음 중 그해 자란 가지에서 꽃눈이 분화하여 그 해에 개화하는 수종들로 옳은 것은?

① 배롱나무, 무궁화
② 치자나무, 동백나무
③ 매화나무, 수국
④ 철쭉, 목련

해설 당년에 자란 가지에서 꽃이 피는 수종 : 배롱나무, 무궁화, 능소화, 등나무, 장미, 나무수국, 대추나무, 포도나무, 감나무

34 콘크리트 타설 작업 시 발생하는 블리딩 현상에 대해 가장 잘 설명한 것은?

① 시멘트 입자의 비율이 높아 점성이 증가하므로 타설 작업에 지장을 초래하는 현상
② 굳지 않은 상태에서 시멘트 입자의 점성에 의한 재료 분리에 저항하는 성질
③ 시멘트의 화학적 작용으로 인한 골재의 혼합 및 타설 작업에 지장을 초래하는 현상
④ 굳지 않은 상태에서 골재 및 시멘트 입자의 침강(沈降)으로 물과 입자가 분리하여 상승하는 현상

> **해설** 블리딩 현상은 모르타르나 콘크리트에 함유된 내부의 물이 분리되면서 위로 올라오는 현상을 말한다.

35 재료가 외력을 받았을 때 작은 변형만 나타내도 파괴되는 현상을 무엇이라 하는가?

① 취성　② 인성
③ 강성　④ 전성

> **해설**
> - 취성(脆性) : 외력에 의하여 영구 변형을 하지 않고 파괴되는 성질로 인성(靭性)과 반대이다.
> - 강성(剛性) : 재료가 하중을 받아 파괴될 때까지 높은 응력에 견디며 큰 변형을 나타내는 성질
> - 인성(靭性) : 외력에 의해 파괴되기 어려운 질기고 충격에 잘 견디는 성질로 취성(脆性)과 반대이다.
> - 전성(展性) : 압축력이 가해질 때 재료가 파괴되지 않고 펴지는 성질

36 다음 중 시멘트의 응결이 느린 경우는?

① W/C비가 많을수록
② 온도가 높고, 습도가 낮을수록
③ C_3A 성분이 많을수록
④ 시멘트의 분말도가 큰 경우

> **해설** W/C비가 많다는 것은 물의 양이 많다는 뜻이며 물의 양이 많으면 응결은 지연된다.

37 건조 전 중량이 200g인 목재를 건조하였더니 40g이 줄었다. 함수율은 얼마인가?

① 20%　② 25%
③ 40%　④ 60%

> **해설** $\frac{200-160}{160} \times 100 = 25\%$

38 건축 석재 중 석영, 장석 및 운모로 이루어져 있으며 통상적으로 강도가 크고, 내구성이 커서 벽체 기둥 등에 다양하게 사용되는 석재는?

① 화강암
② 응회암
③ 석회암
④ 점판암

> **해설** 화강암은 화성암의 일종으로 압축강도 및 내구성이 커서 외장, 내장, 구조재, 도로포장재, 콘크리트 골재 등 다양하게 사용된다.

39 공원 조성 시 성토한 지역의 특징으로 부적합한 것은?

① 성토를 한 지역은 배수가 용이하고, 건조되기 쉬워 자주 관수를 해 줄 필요가 있다.
② 성토를 하는 곳은 점질토를 사용하는 것이 점성이 있어 무너지지 않고 습기가 많아 식물의 생육에 유리하다.
③ 지반이 수평인 경우에도 풍화된 표토를 제거 하거나 계단 모양으로 기초면을 만든다.
④ 성토를 하는 곳은 침하를 고려하여 성토높이의 약 10% 정도를 더 쌓아 주어야 한다.

> **해설** 점질토로 성토를 하는 경우 강우에 의해 쉽게 무너질 수 있으며, 성토를 하는 곳은 배수가 잘 되어야 한다.

40 콘크리트의 연행공기량과 관련된 설명으로 틀린 것은?

① 사용 시멘트의 비표면적이 작으면 연행공기량은 증가한다.
② 콘크리트의 온도가 높으면 공기량은 감소한다.
③ 단위잔골재량이 많으면, 연행공기량은 감소한다.
④ 플라이애시를 혼화재로 사용할 경우 미연소 탄소 함유량이 많으면 연행공기량이 감소한다.

> 해설) 연행 공기는 콘크리트 내부에 독립된 미세기포를 발생시켜 워커빌리티를 개선해 주며 동결융해에 대한 저항성을 갖게 해준다. 연행공기는 골재 주위에서 작용하므로 골재량이 많아지면 연행공기량은 증가한다.

41 굵은 골재의 절대 건조 상태의 질량이 1000g, 표면건조포화 상태의 질량이 1100g, 수중질량이 650g 일 때 흡수율은 몇 %인가?

① 10.0% ② 28.6%
③ 31.4% ④ 35.0%

> 해설)
> • 함수율
> $\frac{습윤상태 - 절대건조상태}{절대건조상태} \times 100$
> • 표면수율
> $\frac{습윤상태 - 표면건조내부포화상태}{표면건조내부포화상태} \times 100$
> • 흡수율
> $\frac{표면건조내부포화상태 - 절대건조상태}{절대건조상태} \times 100$
> • 유효흡수율
> $\frac{표면건조내부포화상태 - 공기중건조상태}{공기중건조상태} \times 100$

42 토공사에서 토량산출 시 가장 정확하게 토양 체적을 산출할 수 있는 계산 공식은?

① 양단면평균법
② 중앙단면법
③ 각주공식
④ 삼각법

> 해설) 같은 토량이라 할지라도 양단면 평균법은 많게, 중앙 단면법은 적게 산출되며 각주 공식으로 산출한 토량이 가장 정확하다.

43 조경공사용 기계의 종류와 용도(굴삭, 배토정지, 상차, 운반, 다짐)의 연결이 옳지 않은 것은?

① 굴삭용 – 무한궤도식 로더
② 운반용 – 덤프트럭
③ 다짐용 – 탬퍼
④ 배토정지용 – 모터그레이더

> 해설) 로더는 상하차용 건설장비이다.

44 시멘트 쌓는 단수를 10으로 할 때, 200m²의 창고에 저장할 수 있는 시멘트는 몇 포인가?

① 2,000포
② 2,500포
③ 5,000포
④ 7,500포

> 해설) 시멘트저장면적(m²) = $0.4 \times \frac{저장포대수}{쌓는 단수}$
> $0.4 \times \frac{N}{10} = 200$
> $\frac{0.4N}{10} = 200$
> $0.4N = 2000$
> $\therefore N = 5,000$

45 다음 중 사고석 담장의 줄눈 중 가장 일반적이고 많이 사용하는 줄눈은?

① 내민줄눈
② 평줄눈
③ 오목줄눈
④ 민줄눈

> 일반적으로 오목 줄눈을 많이 사용하지만, 사고석을 이용한 전통담장 등은 내민 줄눈을 이용한다.

46 다음 중 할증에 대한 설명으로 옳은 것은?

① 표준 품셈에 수록된 조경용 수목의 할증율은 5%이다.
② 표준 품셈에 수록된 재료 할증율은 최소치이므로 그 이상 적용한다.
③ 시공품 적용은 재료 할증을 포함한 총 재료량에 표준품을 적용하여 계산한다.
④ 재료 할증은 재료의 운반 및 시공과정 등에 발생하는 손실량을 예측하여 부과하는 것이다.

> 조경수목 할증은 10%이며, 품셈에 수록된 재료 할증율은 최대치이며 그 이하를 적용한다.
> 또한, 시공품 적용은 재료 할증 전 물량에 표준품을 적용하여야 한다.

47 다음 중 호박돌 쌓기에 이용되는 쌓기법으로 가장 적합한 것은?

① +자 줄눈쌓기
② 줄눈 어긋나게 쌓기
③ 이음매 경사지게 쌓기
④ 평석쌓기

> 호박돌은 통줄눈(+)이 나오면 안되고 막힌 줄눈이 나오도록 쌓는다.

48 다음 수목 중 흉고직경 기준에 의한 품셈을 적용하여 굴취하는 수종은?

① 모과나무
② 은단풍나무
③ 단풍나무
④ 산수유

> 흉고직경에 의한 굴취 품을 적용하는 수종 : 은행나무, 플라타너스, 계수나무, 왕벚나무, 메타세쿼이어, 플라타너스, 백합나무 등

49 조경 관리 업무를 수행함에 있어 도급 방식의 단점은?

① 인사 정체가 발생되기 쉽다.
② 인건비가 필요 이상으로 소요된다.
③ 업무가 타성화 된다.
④ 업무의 책임 소재가 불명확하게 된다.

> ①, ②, ③은 직영 방식의 단점에 해당한다.

50 다음 화목류의 전정 방법 중 가장 거리가 먼 것은?

① 철쭉, 목련, 동백나무 등은 낙화 직후에 전정하는 것이 좋다.
② 벚나무, 해당화 등은 거의 전정을 하지 않아도 잘 개화한다.
③ 석류나무, 배롱나무, 능소화 등은 5~6월에 전정함이 좋다.
④ 5~9월에 화아 분화하는 화목류는 낙화 후에 곧 전정함이 좋다.

> 여름에 개화하는 수종은 당년에 자란 가지에서 5~7월에 꽃눈이 형성되므로 가을부터 다음해 봄까지 전정하는 것이 좋다.

51 시비 방법 적용에 대한 설명이 잘못된 것은?

① 전면시비 : 작은 나무들이 가깝게 식재된 경우
② 방사상시비 : 교목이 넓은 간격으로 식재된 경우
③ 윤상시비 : 경계선의 산울타리
④ 천공시비 : 뿌리가 많은 관목의 집단

해설 산울타리 등은 선상시비법으로 시비한다.

52 제초제 살포 시 제초제에 의한 제초 효과가 가장 높은 경우는?

① 우기 시 ② 건조한 토양
③ 사질토의 토양 ④ 고온인 경우

해설 온도가 높을수록 제초 효과가 빠르게 나타난다.

53 다음 중 조경 수목에 관수할 때 적합한 방법은?

① 표토(表土)가 젖도록 준다.
② 매일 관수한다.
③ 토양에 물이 충분히 젖도록 한다.
④ 물이 충분히 고이도록 준다.

해설 조경 수목에 관수할 때 토양이 10cm 이상 충분히 젖도록 준다.

54 다음 중 병원체의 월동 방법 중 기주(寄主) 체내에 잠재하여 월동하는 병원균은?

① 잣나무털녹병균
② 오리나무갈색무늬병균
③ 묘목의모잘록병균
④ 밤나무뿌리혹병균

해설 잣나무털녹병 예방을 위하여 중간 기주인 송이풀과 까치밥나무를 제거해야 한다.

55 1차 전염원이 아닌 것은?

① 균핵
② 분생포자
③ 난포자
④ 균사속

해설
- 1차 전염원 : 균사, 균핵, 자낭포자 등
- 2차 전염원 : 유주자, 분생포자
- 분생포자 : 진균(眞菌)류가 만드는 무성포자(無性胞子)

56 진딧물 구제에 적당한 약제가 아닌 것은?

① 메타유제(메타시스톡스)
② 디디브이피제(DDVP)
③ 포스팜제(다이메크론)
④ 만코지제(다이센 M45)

해설 만코지제(다이센 M45)는 살균제이다.

57 회양목명나방의 생태에 관한 설명으로 틀린 것은?

① 경제적 피해 수종은 회양목에 국한된다.
② 유충이 실을 토하여 잎을 묶고, 그 속에서 가해한다.
③ 엽육을 갉아먹어 엽맥만 남으므로 앙상한 모습을 보인다.
④ 한해에 2번 발생한다.

해설 4월 하순경에 유충이 나타나 6월 상순경부터 가는 가지에 거미줄을 치고 그 속에서 잎의 표피를 가해하여 반투명하게 된다.

58 농약의 물리적 성질 중 살포하여 부착한 약제가 이슬이나 빗물에 씻겨 내리지 않고 식물체 표면에 묻어있는 성질을 무엇이라 하는가?

① 고착성(tenacity)
② 부착성(adhesiveness)
③ 침투성(penetrating)
④ 현수성(suspensibility)

- 부착성(adhesiveness) : 표면에 달라붙는 성질
- 현수성(suspensibility) : 약제의 작은 알맹이가 약액 중에 골고루 퍼져있게 하는 성질

59 다음 중 경사면 붕괴에 가장 크게 영향을 미치는 수분은?

① 자유수   ② 흡습수
③ 결합수   ④ 모세관수

자유수는 토양수분 장력(PF)이 거의 없어 토양에 흡착되지 않으며 자유롭게 이동할 수 있는 수분을 말한다.

60 공원에 의자를 설치하고 준공 하였을 때 시공상의 하자가 아닌 것은?

① 의자가 흔들린다.
② 목재 부위가 불에타서 훼손 되었다.
③ 의자가 기울어져 있다.
④ 옹이가 있어 목재가 부러졌다.

②번은 관리상의 하자에 속한다.

ANSWER CBT 복원문제 2022년 1회

01	02	03	04	05	06	07	08	09	10
①	④	③	①	③	③	②	③	②	②
11	12	13	14	15	16	17	18	19	20
②	①	③	④	①	③	④	③	③	②
21	22	23	24	25	26	27	28	29	30
④	③	①	③	②	②	①	①	②	②
31	32	33	34	35	36	37	38	39	40
②	②	①	④	①	①	①	①	②	③
41	42	43	44	45	46	47	48	49	50
①	③	①	③	①	④	②	②	④	③
51	52	53	54	55	56	57	58	59	60
③	④	③	①	②	④	③	①	①	②

CBT 복원문제 _ 2023년 1회

1. 이집트 사람들이 신성시한 나무로서, 죽은 자들이 나무 그늘 아래서 쉬게 하는 풍습이 있었다. 이 나무의 이름은?

① 아카시아 ② 파피루스
③ 시커모어 ④ 대추야자

> 시커모어는 이집트 사람들이 신성시한 녹음수로 죽은 자를 이 나무 그늘 아래서 쉬게 하는 풍습이 있었다.

2. 낭만주의 시대 자연 풍경식 정원이 제일 먼저 발달한 국가는 어디인가?

① 프랑스
② 독일
③ 영국
④ 이탈리아

> 18세기 영국에서는 낭만주의적 자연 풍경식 정원 양식이 발달되었으며, 후에 유럽 대륙으로 넓게 전파 되었다.

3. 중국에서 신선사상이 담겨진 정원이 최초로 꾸며진 시대는 어느 시대인가?

① 주나라 ② 한나라
③ 당나라 ④ 송나라

> 한나라 태액지원은 궁궐에 가까운 금원이다. 신선 사상의 영향을 받아 연못 속에는 봉래, 방장, 영주 3개의 섬과 조수용어상이 설치 되었다.

4. 모모야마시대 석등, 수수분 등 점경물을 설치하고 소공간을 자연 그대로의 규모로 꾸민 정원 양식은?

① 정토정원
② 고산수정원
③ 침전식정원
④ 다정

> 도산(모모야마) 시대는 다실을 중심으로 정원이 조성되며, 석등과 수수분이 등장하기 시작하였다.

5. 우리나라 정원 중 직선과 곡선을 혼용한 형태의 원지(苑池)는?

① 경주 안압지
② 경복궁 경회루지
③ 창덕궁 부용지
④ 창덕궁 애련지

> 경주 안압지의 연못 호안은 남서쪽은 직선, 북동쪽은 굴곡이 진 곡선으로 조성이 되었다.

6. 창덕궁 후원의 정자 중 지붕의 형태가 부채꼴 모양의 평면으로 이루어진 정자는?

① 관람정 ② 부용정
③ 애련정 ④ 청의정

> 관람정은 창덕궁 후원 정자 중 지붕 형태가 유일하게 부채꼴 형태를 하고 있다.

07 조경가를 세분화된 분야로 구분할 때 주로 대규모 프로젝트에 관여하며 합리적 측면을 강조하는 분야는?

① 조경원예가
② 조경계획가
③ 조경설계가
④ 조경기술자

해설 조경계획가는 창의성 보다는 합리적인 측면을 강조하며, 적지분석과 환경영향예측 등 제너럴리스트의 입장을 취한다.

08 생태학적 계획에서 추이대(ecotone)를 설명한 것으로 옳은 것은?

① 생태계의 수용 능력을 측정하는 지역
② 일시적 생태 경관지역
③ 특정의 조류 서식지역
④ 지피와 숲 등 이질적 환경 요소가 서로 만나는 지역

해설 추이대란 둘 이상의 식생이 만나는 지역으로 갯벌, 습지 등을 예로 들 수 있으며, 다양한 생명종이 서식하는 곳이다.

09 시골 마을의 정자목은 케빈 린치(K.Lynch)의 이미지 분석으로 보았을 때 다음 중 어느 것에 가까운가?

① 결절점 (node)
② 단 (edge)
③ 표지물 (landmark)
④ 구역 (distric)

해설 랜드마크의 종류에는 점적인 요소의 정자목과 교량, 건물 등 공간 내에서 식별성이 높은 지형지물이 해당 된다.

10 기본 계획 과정의 하나인 기본 구상에 대한 설명 중 틀린 것은?

① 토지 이용 및 동선을 중심으로 하여 계획 및 설계의 기본 골격을 짜는 단계이다.
② 제반 자료의 분석과 종합을 기초로 한다.
③ 프로그램에서 제시된 문제들의 해결을 위한 구체적인 개념적 접근이다.
④ 기본계획안(마스터플랜)이 만들어진 후에 실시 한다.

해설 기본구상 개념도는 기본계획안(마스터플랜) 작성 전 각 공간의 개념을 도출하는 단계이다.

11 국토의 계획 및 이용에 관한 법률에서 용도지역 중 도시지역의 분류에 속하지 않는 것은?

① 주거지역   ② 생산관리지역
③ 상업지역   ④ 녹지지역

해설 국토의 계획 및 이용에 관한 법류에서 도시지역의 분류는 주거지역, 상업지역, 공업지역, 녹지지역으로 분류 된다.

12 도면에 레터링을 할 때 주의할 사항 중 틀린 것은?

① 원칙적으로 레터링은 왼쪽에서 오른쪽으로 가로쓰기를 한다.
② 글자선의 굵기와 기울기는 다양해도 괜찮다.
③ 숫자는 가능한 아라비아 숫자를 사용한다.
④ 도면에 과다하게 많은 글씨를 쓰지 않는다.

해설 선의 굵기와 기울기는 통일성을 가지며 일정하게 하여야 한다.

13 조경 설계에서 곡선을 알맞게 활용하였을 때 나타나는 심리적인 효과는?

① 예민하고 정확한 느낌을 준다.
② 강직하고 명확한 느낌을 준다.
③ 부드럽고 혼돈된 느낌을 준다.
④ 우아하고 유연한 느낌을 준다.

해설 곡선은 여자의 선으로 우아하고 매력적이며, 유연하고 자유로운 느낌을 주는 선이다.

14 다음 중 디자인의 일반적 조건에 해당하지 않는 것은?

① 실용성   ② 장식성
③ 독창성   ④ 경제성

해설 디자인의 일반적 조건은 실용성 또는 합목적성, 심미성, 경제성, 독창성 이다.

15 빨강색과 파랑색을 섞으면 어떤 색으로 보이는가?

① 마젠타   ② 노랑색
③ 시안   ④ 청록색

해설 가법혼색
 • 파랑(Blue) + 초록(Green) = 시안(Cyan)
 • 초록(Green) + 빨강(Red) = 노랑(Yellow)
 • 파랑(Blue) + 빨강(Red) = 마젠타(Magenta)
 • 파랑(Blue) + 초록(Green) + 빨강(Red) = 화이트(White)

16 조경설계 기준에서 높이가 2m를 넘는 계단에는 몇 m 이내마다 당해 계단의 유효폭 이상의 폭으로 계단참을 두는가?

① 1m   ② 2m
③ 3m   ④ 4m

해설 높이 2m 넘는 계단에는 2m 이내마다 당해 계단의 유효폭 이상의 폭으로 너비 1.2m 이상의 참을 두어야 한다.

17 어린이 공원의 설명으로 가장 부적합한 것은?

① 아이들의 감성적인 부분을 고려해 정적인 공간을 많이 두어야 한다.
② 기능은 운동, 놀이, 휴식 등이다.
③ 공원 내 놀이시설의 안정성이 고려 되어야 한다.
④ 접근성을 고려해야 한다.

해설 아이들의 활동성을 고려하여 동적인 공간을 많이 두어야 한다.

18 다음 벤치의 설계 기준에 대한 설명이다 가장 알맞은 것은?

① 좌고 : 34 ~ 46cm / 좌폭 : 38 ~ 45cm
② 좌고 : 25 ~ 35cm / 좌폭 : 40 ~ 50cm
③ 좌고 : 40 ~ 50cm / 좌폭 : 25 ~ 35cm
④ 좌고 : 25 ~ 30cm / 좌폭 : 35 ~ 40cm

해설 벤치의 앉음판의 높이는 34 ~ 46cm를 기준으로 하되 어린이를 위한 의자는 낮게 할 수 있다.

19 식재 계획 순서가 올바른 것은?

① 적지분석 → 수목기준설정 → 수목선정 → 식재설계
② 수목기준설정 → 수목선정 → 적지분석 → 식재설계
③ 적지분석 → 수목선정 → 수목기준설정 → 식재설계
④ 식재설계 → 적지분석 → 수목기준설정 → 수목선정

> 해설 식재 수목의 생육 특성을 파악하여 식재지 분석을 하고 수목기준 설정후 식재 설계를 한다.

20 오픈스페이스의 환경조절기능과 가장 관계가 먼 것은?

① 재해의 방지 또는 완화
② 공해의 방지 또는 완화
③ 도시 개발의 조절
④ 미기후 조절

> 해설 도시개발의 조절도 오픈 스페이스의 효용성에 속하긴 하지만, 환경조절기능에 대한 초점을 두어야 하며, 환경조절기능은 화재 및 공배 방지 완화, 미기후 조절이다.

21 자동차의 배기가스나 공해에 극히 약한 수종은?

① 삼나무　　② 무궁화
③ 비자나무　④ 식나무

> 해설 배기가스에 특히 약한 수종 : 삼나무, 소나무, 전나무, 벚나무, 목련 등

22 천이란 나지 상태에서 숲이 되어가는 과정을 말한다. 다음 중 2차 천이 지역이 아닌 것은?

① 버려진 농경지　② 벌목한 삼림
③ 모래언덕　　　④ 새로생긴연못

> 해설 2차 천이는 인위적으로 훼손된 지역으로, 대표적인 2차 천이 지역으로는 버려진 농지, 화재가 발생하여 벌목된 숲, 홍수로 잠긴 곳 등이다.

23 다음 중 일반적인 수목의 생육에 적합한 토양은?

① 사토나 사양토　② 사양토나 양토
③ 식토나 식양토　④ 식토나 사양토

> 해설 수목의 식재지에 적합한 토성은 혼합된 양토와 사양토이다.

24 다음 중 내염성과 내조성이 가장 강한 수종은?

① 전나무
② 목련
③ 비자나무
④ 왕벚나무

> 해설 비자나무는 내염성이 강해 바닷가에 방풍림으로 많이 조성한다.

25 가로막기 식재의 기능으로 가장 거리가 먼 것은?

① 경계의 표시　② 눈가림
③ 진입방지　　④ 침식방지

> 해설 가로막기 식재란 부지 주위에 가로막기를 위해 조성되는 식재로 적합한 수종으로는 호랑가시나무, 탱자나무, 피라칸사 등 가시가 있는 수종이 일반적이다.

26 다음 중 녹음수로서 적합한 수목만을 예시한 것은?

① 동백나무, 미루나무, 노간주나무, 전나무
② 측백나무, 편백, 화백, 주목
③ 느티나무, 다릅나무, 가중나무, 은행나무
④ 향나무, 쥐똥나무, 백목련, 조팝나무

> 해설 녹음용 수종 : 수관이 커서 그늘을 많이 만들 수 있으며 지하고가 높은 낙엽활엽교목

27 조경 식물의 일반적인 선정 기준에 속하지 않는 것은?

① 미적, 실용적 가치가 있는 식물
② 식재 지역 환경에 적응력이 큰 식물
③ 재질이 좋고 경제성이 높은 식물
④ 이식과 관리가 용이한 식물

해설 일반적인 선정기준에서 경제성은 후순위에 해당한다.

28 목련류 수종 중에서 상록성인 수종은?

① 함박꽃나무(산목련)
② 태산목
③ 일본목련
④ 자목련

해설 태산목은 남부수종으로 상록교목이다.

29 조경공사 표준 시방서에 의하면 수간이 흉고직경 아래에서 쌍간 이상일 경우 각 부의 흉고직경 합의 몇 %를 해당 수목의 흉고 직경으로 보는가?

① 80%   ② 70%
③ 60%   ④ 50%

해설 흉고직경 아래 부분이 쌍간 이상일 경우에는 각 흉고직경 합의 70% 또는 당해 수목의 최대 흉고 직경 중 큰 것을 택한다.

30 수목 식재 시 물조임 작업을 하는 이유로 가장 적합한 것은?

① 공기를 배출하는 효과
② 공기를 넣는 효과
③ 물의 공급량을 적게 하는 효과
④ 양분을 공급하는 효과

해설 공기를 배출하여 토양과 뿌리 사이의 공극을 없애기 위한 목적이다.

31 건설 공사의 시행에 필요한 재료, 공법, 기술적 세부 사항 등 공종에 대한 시공 기준을 정부에서 제시한 시방서는?

① 일반시방서   ② 특기시방서
③ 정부시방서   ④ 표준시방서

해설 정부에서 표준을 제시한 시방서는 표준시방서이다.

32 다음 중 시공계획 작성의 내용에 포함되지 않는 것은?

① 안전계획   ② 조경계획
③ 노무계획   ④ 공정계획

해설 4대 시공계획 : 노무, 공정, 안전, 품질

33 다음 중 콘크리트 시공연도에 가장 적게 영향을 미치는 요인은?

① 시멘트 양   ② 시멘트 종류
③ 단위수량   ④ 물 – 시멘트 비

해설
• 시공연도란 워커빌리트를 말하며, 워커빌리티는 반죽질기에 따른 작업 난이도이다.
• 반죽질기에 영향을 미치는 것은 시멘트양, 물양, 물–시멘트 비 등이다.

34 단위 시멘트량이 300kg, 단위수량이 180kg일 때, 물 – 시멘트비 (W/C)는 몇 %인가?

① 40%   ② 50%
③ 60%   ④ 70%

해설 $\dfrac{\text{물무게}}{\text{시멘트 무게}} \times 100 = \dfrac{180}{300} \times 100 = 60\%$

35 목재의 일반적인 특성으로 부적합한 것은?

① 열전도율이 높아 보온, 방한성이 낮으며 차음성, 흡음성이 낮다.
② 비중에 비하여 강도와 탄성이 크므로 구조용 재료로 이용된다.
③ 절단, 마감질 등이 용이하며 다양한 형상으로 제작할 수 있다.
④ 고층 건축물에는 사용하기 어렵다.

　해설　열전도율이 낮아 보온, 방한성이 높으며, 차음성, 흡음성이 높다.

36 진비중이 1.5, 전건비중이 0.54인 목재의 공극율은?

① 66%　　② 64%
③ 62%　　④ 60%

　해설　공극율 = $(1 - \dfrac{전건비중}{진비중}) \times 100$
　　　　= $(1 - \dfrac{0.54}{1.5}) \times 100 = 64\%$

37 장대석의 용도로 부적합한 것은?

① 계단
② 담장의 기단석
③ 건물의 기단석
④ 경사진 곳의 무너짐 쌓기

　해설　장대석은 네모지고 긴 석재로서 계단석, 또는 건물 및 담장의 기단석으로 사용 된다.

38 금속을 활용한 제품으로서 철 금속 제품에 해당하지 않는 것은?

① 철근, 강판　　② 형강, 강관
③ 볼트, 너트　　④ 도관, 가도관

　해설　도관은 점토 제품이다.

39 다음 중 열가소성 수지에 해당되는 것은?

① 페놀수지
② 멜라민수지
③ 폴리에틸렌수지
④ 요소수지

　해설
　• 열가소성수지 : 폴리에틸렌(PE), 폴리염화비닐(PVC), 폴리카보네이트(PC), 아크릴
　• 열경화성수지 : 페놀, 멜라민, 요소

40 도로의 길어깨의 설치 목적으로 잘못된 것은?

① 긴급 구난시 비상 도로로 활용
② 고장차의 대피
③ 도로의 주요 구조부의 보호
④ 고속도로 앞지르기시 통행에 이용

　해설　길어깨는 차도 우측에 설치되는 공간으로 고장차 및 사람의 대피, 교통 안전 등 비상시 활용할 수 있도록 설계된 곳이다.

41 표준품셈에서 수목을 인력시공 식재 후 지주목을 세우지 않을 경우 인력품의 몇%를 감하는가?

① 5%　　② 10%
③ 15%　　④ 20%

　해설　식재공사에서 지주목을 세우지 않을 때에는 인력시공 시에는 식재품의 10%, 기계시공 시에는 인력품의 20%를 감한다.

42 건설공사의 감리 구분에 해당하지 않는 것은?

① 설계감리　　② 시공감리
③ 입찰감리　　④ 책임감리

　해설　책임감리란 시공감리(시공관리, 품질관리, 안전관리 등)를 하면서 발주자와의 의탁에 의해 법령에 따라 감독 권한을 대행하는 것이다.

43 조경공사용 기계의 종류와 용도(굴삭, 배토정지, 상차, 운반, 다짐)의 연결이 옳지 않은 것은?

① 굴삭용 – 무한궤도식 로더
② 운반용 – 덤프트럭
③ 다짐용 – 탬퍼
④ 배토정지용 – 모터그레이더

해설 로더는 상하차용 건설장비이다.

44 일반적인 오수관거의 최소 관경은 얼마 이상이어야 하는가?

① 300mm ② 250mm
③ 150mm ④ 50mm

해설 일반적인 오수관거의 최소 관경은 250mm 이상이어야 한다.

45 일위대가표를 작성할 때 일위대가표의 계 금액의 단위 표준은 어떻게 적용시키는가?

① 0.1원까지 쓰고 그 이하는 버린다.
② 1원까지 쓰고 그 미만은 버린다.
③ 0.1원까지 쓰고 소수위 2위에서 4사 5입한다.
④ 1원까지 쓰고 소수위 1위에서 4사 5입한다.

해설 일위대가표의 계 금액은 1원 미만은 버리며, 일위대가표 작성에서 금액은 0.1 미만은 버린다.

46 시설물 이용 조사의 항목과 거리가 먼 것은?

① 시간적 이용자 계측조사
② 이용형태별 조사
③ 시설현황 조사
④ 의식조사

해설 시설물 이용조사 항목은 이용자의 외형적인 것에서부터 내면적인 속성에 이르기까지 종합적으로 계측하고 분석한다.

47 줄기와 같은 높이에서 서로 반대되는 방향으로 마주자란 가지를 무엇이라 하는가?

① 도장지
② 윤생지
③ 평행지
④ 대생지

해설 줄기의 같은 높이에서 서로 반대 방향으로 마주 자란 가지를 대생지라 한다.

48 꽃이 진 후 바로 전정을 하면 다음해에 많은 꽃을 볼 수 있는 수종으로 짝지은 것은?

① 아까시나무, 동백나무
② 태산목, 팽나무
③ 진달래, 철쭉
④ 감나무, 명자나무

해설 봄에 꽃이 피는 화관목류(진달래, 철쭉 등)는 꽃이 진 직후에 전정을 한다.

49 정원수에 거적이나 짚을 감아주는 주된 목적은?

① 피소나 동해를 방지하기 위해서
② 장식을 목적으로
③ 수관의 발달을 촉진하기 위해서
④ 뿌리를 보호하기 위해서

해설 정원수에 거적이나 짚을 감아주는 주된 목적은 여름에 강한 볕에 수피가 타거나 겨울에 동해의 피해를 방지하기 위해서이다.

50 곰팡이에 의한 수목병이 아닌 것은?

① 소나무 시들음병
② 잣나무 잎떨림병
③ 낙엽송 가지끝마름병
④ 잣나무 털녹병

해설 소나무 시들음병은 선충(재선충 등)에 의한 수목병이다.

51 천공성 해충이 아닌 것은?

① 소나무좀　　② 박쥐나방
③ 노랑쐐기나방　④ 미끈이하늘소

해설 천공성해충 : 소나무좀, 박쥐나방, 하늘소, 복숭아유리나방, 노랑점바구미 등

52 흰불나방은 겨울철 어떤 상태로 월동하는가?

① 번데기　　② 유충
③ 알　　　　④ 성충

해설 흰불나방은 연 2회 발생하며, 번데기 상태로 월동한다.

53 잔디의 갱신을 위하여 뗏밥을 주는 목적을 기술한 것 중 적합한 것은?

① 땅속 줄기가 노출되게 하여 잔디밭 표면을 보기 좋게 한다.
② 뗏밥은 한번에 많이 주어야 병해 발생이 적다.
③ 뗏밥은 잔디 생육을 돕고 잔디밭의 표면을 고르게 한다.
④ 잔디밭의 뗏밥은 가을철 생육이 계속되는 동안 준다.

해설 뗏밥은 잔디의 지하경과 토양의 분리 현상을 막아주면서 표면을 고르게 한다.

54 다음 복합비료 중 주성분 함량이 가장 많은 비료는?

① 21-21-17
② 11-21-11
③ 18-18-18
④ 0-40-10

해설 복합비료는 질소-인산-칼륨의 순으로 함량을 나타낸다.

55 물 200L를 가지고 제초제 1,000배액을 만들 경우 필요한 약량은 몇 mL인가?

① 10　　　② 100
③ 200　　④ 500

해설 1000배액이란 물 1L에 유제 1mL를 희석하는 배수를 말한다.
즉, 유제양 × 희석배수 = 물양이며
유제양 = $\dfrac{물양}{희석배수}$ = $\dfrac{200L}{1,000}$ = 0.2L = 200mL

56 제초제에 관한 설명 중 틀린 것은?

① 제초제는 처리 방법에 따라 토양처리형 제초제, 잡초처리형 제초제로 구분할 수 있다.
② 제초제 살포는 인력 제초보다 저렴하므로 자주 실시하는 것이 좋다.
③ 제초를 하는 것은 식물의 보호상, 미관상, 위생상 효과를 얻는다.
④ 초지로서 이용하는 공간에는 제초보다는 일정한 초장을 유지시키는 관리방법도 바람직하다.

해설 제초제 살포는 가능하면 자주 실시하지 않는 것이 좋다.

57 토양 소독을 실시하기에 가장 적합한 약품은 다음 중 어느 것인가?

① 클로로피크린 ② PCP
③ 보르도액 ④ 황산동

☞ 토양소독제 : 클로로피크린, 메틸브로마이드

58 흰불나방 구제를 위하여 살충제 50% 유제를 0.05%(1,000배액)농도로 ha당 1,000L를 살포하면 ha당 소요되는 원액량은 얼마인가?

① 1,000cc ② 1,500cc
③ 2,000cc ④ 2,500cc

☞ 소요약량 = $\dfrac{\text{총소요량}}{\text{희석배수}}$ = $\dfrac{1,000L}{1,000}$
= 1L × 1,000 = 1,000cc

59 공원의 주민참가 3단계 발전과정이 옳은 것은?

① 비참가 → 시민권력의 단계 → 형식적 참가
② 형식적 참가 → 비참가 → 시민권력의 단계
③ 비참가 → 형식적 참가 → 시민권력의 단계
④ 시민권력의 단계 → 비참가 → 형식적 참가

☞ 주민 참가의 궁극적 목적은 주민 정책에의 참가이며, 자주 관리라 할 수 있다.
• 비참가단계(조작, 치료)
• 형식참가단계(정보제공, 상담, 유화)
• 시민권력의단계(파트너쉽, 권한위양, 자치관리)

60 다음 중 시설물의 사용연수로 가장 부적합한 것은?

① 철재 시소 : 10년
② 목재 벤치 : 7년
③ 철재 파고라 : 40년
④ 원로의 모래자갈 포장 : 10년

☞ 철재 파고라는 부식으로 인한 안전상의 문제 때문에 10년 이내가 적당하다.

ANSWER CBT 복원문제 2023년 1회

01	02	03	04	05	06	07	08	09	10
③	③	②	④	①	①	②	④	③	④
11	12	13	14	15	16	17	18	19	20
②	②	④	②	①	②	①	①	①	③
21	22	23	24	25	26	27	28	29	30
①	③	②	③	④	③	②	②	②	①
31	32	33	34	35	36	37	38	39	40
④	②	②	③	①	②	④	④	③	④
41	42	43	44	45	46	47	48	49	50
②	③	①	②	②	④	③	③	①	①
51	52	53	54	55	56	57	58	59	60
③	①	③	①	③	②	①	①	③	③

CBT 복원문제 _ 2023년 2회

01 넓은 의미로의 조경을 가장 잘 설명한 것은?

① 기술자를 정원사라 부른다.
② 궁전 또는 대규모 저택을 중심으로 한다.
③ 식재를 중심으로 한 정원을 만드는 일에 중점을 둔다.
④ 정원을 포함한 광범위한 옥외공간 건설에 적극 참여한다.

> 해설 정원사, 조원(造園)은 좁은 의미의 조경이다.

02 다음 중 조선시대 중엽 이후에 정원 양식에 가장 큰 영향을 미친 사상은?

① 음양오행설
② 신선설
③ 자연복귀설
④ 임천회유설

> 해설 조선시대 정원은 신선사상을 바탕으로 중엽 이후에 풍수지리설과 음양오행설이 가미되었다.

03 다음 중 본격적인 프랑스식 정원으로서 루이 14세 당시의 니콜라스 푸케와 관련 있는 정원은?

① 보르뷔콩트(Vaux-le-Vicomte)
② 베르사유(Versailles)궁원
③ 퐁텐블로(Fontainnebleau)
④ 생-클루(Saint-Cloud)

> 해설 보르 뷔 콩트(Vaux-le-Vicomte)는 루이 14세 당시 재무장관이었던 니콜라스 푸케가 소유한 프랑스 최초의 평면 기하학식 정원이다.
> • 퐁텐블로(fontainnebleau) : 사냥터로 이용되었던 숲
> • 생-클루(saint-cloud) : 17C 프랑스 주택 지구

04 휴게공간의 입지 조건으로 적합하지 않은 것은?

① 경관이 양호한 곳
② 시야에 잘 띄지 않는 곳
③ 보행 동선이 합쳐지는 곳
④ 기존 녹음수가 조성된 곳

> 해설 휴게공간은 이용자들에게 많이 노출되어 이용도를 높여야 한다.

05 19세기 미국에서 식민지 시대의 사유지 중심이었던 정원이 공공적인 성격을 지닌 조경으로 전환되는 전기를 마련한 것은?

① 센트럴파크
② 프랭클린파크
③ 버큰히드파크
④ 프로스펙트파크

> 해설 센트럴파크는 면적이 3.41km²되는 세계 최초의 도시공원으로서 옴스테드와 캘버트보가 공동으로 제안한 그린스워드안을 채택하였다.

06 다음 정원의 개념을 잘 나타내고 있는 중정은?

- 무어 양식의 극치라고 일컬어지는 알함브라(Alhambra)궁의 여러 개 정(Patio) 중 하나임
- 4개의 수로에 의해 4분되는 파라다이스 정원
- 가장 화려한 정원으로 물의 존귀성이 드러남

① Lions Patio(사자의 중정)
② Reja Patio(창격자 중정)
③ Alberca Patio(연못의 중정)
④ Daraxa Patio(Lindaraja Patio)

📝 사자의 정원은 12마리 사자 조각상이 분수를 떠받들며, 물의 존귀성을 나타내고자 하였다.

07 다음 도시공원 및 녹지 등에 관한 법률 시행규칙에서 공원 규모가 가장 작은 것은?

① 묘지공원 ② 체육공원
③ 광역권근린공원 ④ 어린이공원

📝 공원 규모
- 묘지공원 : 100,000m² 이상
- 체육공원 : 10,000m² 이상
- 광역권근린공원 : 1,000,000m² 이상
- 어린이공원 : 1,500m² 이상

08 영국인 Brown의 지도 하에 덕수궁 석조전 앞뜰에 조성된 정원 양식과 관계가 있는 것은?

① 빌라 메디치 ② 보르비콩트 정원
③ 분구원 ④ 센트럴파크

📝 석조전 앞 침상원은 우리나라 최초의 정형식 정원으로 분수와 연못을 중심으로 한 프랑스식 정원이다.

09 화단의 초화류를 옅은 색에서 점점 짙은 색으로 배열할 때 가장 강하게 느껴지는 조화미는?

① 통일미 ② 균형미
③ 점층미 ④ 대비미

📝 점층미 : 형태나 선, 색깔, 음향 등이 점차적으로 증가 또는 감소하는 것으로 예를 들면, 계절의 색채 변화 과정을 담당. 낮은 곳에서 높은 곳으로, 높은 곳에서 낮은 곳으로, 강에서 약으로, 직선에서 곡선으로, 대에서 소로, 소에서 대로 점차 변화하는 모습이다.

10 조선시대 경승지에 세운 누각들 중 경기도 수원에 위치한 것은?

① 연광정 ② 사허정
③ 방화수류정 ④ 영호정

📝 연광정과 사허정은 평양에, 영호정은 나주에 있다. 방화수류정은 수원 화성의 네 개의 각루 중 동북각루의 이름이다. 각루란 성곽 가운데서 바깥을 조망하기 가장 곳에 위치한 일종의 초소이다.

11 조경 계획을 위한 경사 분석을 하려 한다. 다음과 같은 조사 항목이 주어질 때 해당 지역의 경사도는 몇 %인가?

- 등고선 간격 : 5m
- 등고선에 직각인 두 등고선의 평면 거리 : 20m

① 40% ② 10%
③ 4% ④ 25%

📝 경사(%) = $\frac{높이}{거리} \times 100$

∴ $\frac{5}{20} \times 100 = 25\%$

12 "물체의 실제 치수"에 대한 "도면에 표시한 대상물"의 비를 의하는 용어는?

① 척도
② 도면
③ 표제란
④ 연각선

  실물에 대한 도면에서의 비율을 축척이라고 한다.

13 다음의 입체도에서 화살표 방향을 정면으로 할 때 평면도를 바르게 표현한 것은?

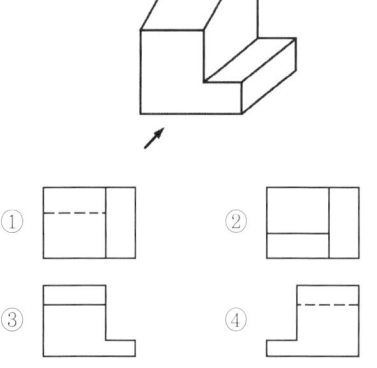

  정면도는 물체를 앞에서 바라본 모양, 평면도는 물체를 위에서 바라본 모양이다. 따라서, 보기 ②항은 평면도, ③항은 정면도에 해당한다.

14 안정감과 포근함 등과 같은 정적인 느낌을 받을 수 있는 경관은?

① 파노라마 경관
② 위요경관
③ 초점경관
④ 지형경관

  • 파노라마 경관 : 시야의 제한을 받지 않고 멀리까지 트인 경관
  • 위요경관 : 수목 등으로 울타리처럼 자연스럽게 둘러싸여 있는 경관
  • 초점경관 : 좌우로 시선이 제한되고, 중앙의 한 점으로 시선이 모이도록 구성된 경관
  • 지형경관 : 지형지물이 경관에서 지배적인 위치를 지니는 경관

15 다음의 설명이 의미하는 그림은?

  • 눈높이나 눈보다 조금 높은 위치에서 보여지는 공간을 실제 보이는 대로 자연스럽게 표현한 그림
  • 나타내고자 하는 의도의 윤곽을 잡아 개략적으로 표현하고자 할 때, 즉 아이디어를 수집, 기록, 정착화하는 과정에 필요
  • 디자이너에게 순간적으로 떠오르는 불확실한 아이디어의 이미지를 고정, 정착화시켜 나가는 초기단계

① 투시도
② 스케치
③ 입면도
④ 조감도

  머릿속 아이디어를 그림으로 나타내거나 실제 사물을 눈에 보이는 대로 개략적으로 그려 나가는 작업이다.

16 다음 중 물체가 있는 것으로 가상되는 부분을 표시하는 선의 종류는?

① 실선
② 파선
③ 1점쇄선
④ 2점쇄선

명칭	용도에 의한 명칭	용도
실선	외형선 단면선	• 물체에 보이는 부분을 나타내는 선 • 절단면의 윤곽선
	치수선, 치수보조선 지지선, 해칭선	• 설명, 보조, 지시 및 단면의 표시

명칭		용도에 의한 명칭	용도
허선	파선	숨은선	• 물체의 보이지 않는 모양 표시
	일점쇄선	중심선	• 물체의 중심축 • 대칭축 표시
		경계선 절단선	• 물체의 절단한 위치를 표시 • 경계선으로 이용
	이점쇄선	가상선 (경계선)	• 물체가 있을 것으로 가상되는 부분 표시

17 석재를 형상에 따라 구분할 때 견치돌에 대한 설명으로 옳은 것은?

① 폭이 두께의 3배 미만으로 육면체 모양을 가진 돌
② 치수가 불규칙하고 일반적으로 뒷면이 없는 돌
③ 두께가 15cm 미만이고, 폭이 두께의 3배 이상인 육면체 모양의 돌
④ 전면은 정사각형에 가깝고, 뒷길이, 접촉면, 뒷면 등의 규격화된 돌

해설 ① 각석, ② 깬돌, ③ 판석
견치돌은 앞면이 정사각형 또는 직사각형, 뒷길이는 앞면 길이의 1.5배 이상인 무게 70~100kg의 가공석으로 옹벽 쌓기에 많이 쓰인다. 개의 이빨(犬齒)처럼 생겨서 견치돌이라고도 한다.

18 건설 재료용으로 사용되는 목재를 건조시키는 목적 및 건조 방법에 관한 설명 중 틀린 것은?

① 중량경감 및 강도, 내구성을 증진시킨다.
② 균류에 의한 부식 및 벌레의 피해를 예방한다.
③ 자연건조법에 해당하는 공기건조법은 실외에 목재를 쌓아두고 기건상태가 될 때까지 건조시키는 방법이다.
④ 밀폐된 실내에 가열한 공기를 보내서 건조를 촉진시키는 방법은 인공건조법 중에서 증기건조법이다.

해설 밀폐된 공간에서 가열한 공기로 건조시키는 방법은 진공건조법이다.

19 다음 중 조경수목의 계절적 현상 설명으로 옳지 않은 것은?

① 싹틈 : 눈은 일반적으로 지난해 여름에 형성되어 겨울을 나고 봄에 기온이 올라감에 따라 싹이 튼다.
② 개화 : 능소화, 무궁화, 배롱나무 등의 개화는 그 전년에 자란 가지에서 꽃눈이 분화하여 그해에 개화한다.
③ 결실 : 결실량이 지나치게 많을 때는 다음 해의 개화 결실이 부실해지므로 꽃이 진 후 열매를 적당히 솎아준다.
④ 단풍 : 기온이 낮아짐에 따라 잎 속에서 생리적인 현상이 일어나 푸른 잎이 다홍색, 황색 또는 갈색으로 변하는 현상이다.

해설 봄에 꽃이 피는 수종은 개화 전년도 6월~8월 사이에 화아분화가 일어나며 능소화, 배롱나무 등 여름에 개화하는 수종은 그해에 자란 가지에서 꽃이 핀다.

20 다음 도료 중 건조가 가장 빠른 것은?

① 오일페인트   ② 바니쉬
③ 래커   ④ 레이크

해설 분체도장은 건조 시간이 빠르며 래커(흔히 락카라 함)는 분체도장이다.

21 수목의 여러 가지 이용 중 단풍의 아름다움을 관상하려 할 때 적합하지 않은 수종은?

① 신나무
② 칠엽수
③ 화살나무
④ 팥배나무

> 신나무와 화살나무는 빨간 단풍, 칠엽수는 노란 단풍을 관상할 수 있지만, 팥배나무는 빨간 열매를 관상하는 수종이다.

22 단위 용적 중량이 1.65t/m³이고 굵은 골재 비중이 2.65일 때 이 골재의 실적률(A)과 공극률(B)은 각각 얼마인가?

① A : 62.3%, B : 37.7%
② A : 69.7%, B : 30.3%
③ A : 66.7%, B : 33.3%
④ A : 71.4%, B : 28.6%

> 실적률 = $\frac{중량}{비중} \times 100$
> = $\frac{1.65}{2.65} \times 100 = 62.26\%$
> 공극률 = 100 − 실적률
> = $(1 - \frac{가비중}{진비중}) \times 100$
> = 100 − 62.26 = 37.74%

23 다음 중 인공지반을 만들려고 할 때 사용되는 경량토로 부적합한 것은?

① 버미큘라이트
② 모래
③ 펄라이트
④ 부엽토

> 경량토 : 버미큘라이트, 펄라이트, 피트모스, 화산재, 부엽토 등

24 정적인 상태의 수경 경관을 도입하고자 할 때 바른 것은?

① 하천
② 계단폭포
③ 호수
④ 분수

> 호수와 연못 등은 물을 정적으로 이용하는 것이며, 분수나 폭포, 벽천, 캐스케이드 등은 동적인 이용이다.

25 담금질을 한 강에 인성을 주기 위하여 변태점 이하의 적당한 온도에서 가열한 다음 냉각시키는 조작을 의미하는 것은?

① 풀림
② 사출
③ 불림
④ 뜨임질

> 금속재료의 열처리
> • 풀림 : 적당한 온도(800~1000℃)로 가열하여 소정의 시간까지 유지한 후에 로(爐) 내부에서 천천히 냉각
> • 불림 : 공기 중 상온에서 서서히 냉각
> • 뜨임질 : 담금질 후 취성을 보완하기 위해 가열 후 공기 중에서 서서히 냉각
> • 담금질 : 금속 재료의 열을 식히기 위해 기름이나 물에 담그는 작업

26 수확한 목재를 주로 가해하는 대표적 해충은?

① 흰개미   ② 매미
③ 풍뎅이   ④ 흰불나방

> 흰개미는 목재를 먹이로 하는 곤충으로 목조 건물에 피해를 유발하는 대표적인 해충이다.

27 콘크리트 공사 중 거푸집 상호간의 간격을 일정하게 유지 시키기 위한 것은?

① 캠버(camber)
② 긴장기(form tie)
③ 스페이서(spacer)
④ 세퍼레이터(seperator)

- 캠버(camber) : 쐐기모양의 나뭇조각
- 긴장기(form tie) : 거푸집 간격을 유지하며 벌어지는 것을 방지하기 위한 것
- 스페이서(spacer) : 철근 콘크리트의 기둥 등의 철근에 대한 콘크리트의 피복 두께를 정확하게 유지하기 위해 사용
- 세퍼레이터(separator) : 철근과 거푸집 간격을 유지하기 위한 받침

28 다음 중 옥상 정원을 만들 때 배합하는 경량재로 사용하기 가장 어려운 것은?

① 사질양토
② 버미큘라이트
③ 펄라이트
④ 피트

옥상정원은 토양 하중을 가장 우선 고려해야 하므로 경량토를 비중있게 섞어서 사용하여야 한다. 대표적인 경량토로는 버미큘라이트, 펄라이트, 피트모스, 화산재 등이 있다.

29 다음 중 백목련에 대한 설명으로 옳지 않은 것은?

① 낙엽활엽교목으로 수형은 평정형이다.
② 열매는 황색으로 여름에 익는다.
③ 향기가 있고 꽃은 백색이다.
④ 잎이 나기 전에 꽃이 핀다.

백목련 열매는 자색으로 익는다.

30 생태 복원을 목적으로 사용하는 재료로서 가장 거리가 먼 것은?

① 식생매트
② 잔디블록
③ 녹화마대
④ 식생자루

녹화마대는 통기성, 흡수성, 보온성, 부식성이 우수하여 줄기감기용, 수목 굴취 시 뿌리감기용, 겨울철 수목 보호를 위해 사용되는 마(麻) 소재의 친환경적 자재로 생태 복원과는 거리가 멀다.

31 두 종류 이상의 제초제를 혼합하여 얻은 효과가 단독으로 처리한 반응을 각각 합한 것보다 높을 때의 효과는?

① 부가효과(Additive effect)
② 상승효과(Synergistic effect)
③ 길항효과(Antagonistic effect)
④ 독립효과(Independent effect)

서로의 작용을 높여주는 효과를 상승효과 또는 시너지 효과라고 하며, 길항효과는 상대방의 효과를 상쇄(소멸)시키는 효과이다.

32 겨울철 화단용으로 가장 알맞은 식물은?

① 팬지
② 피튜니아
③ 샐비어
④ 꽃양배추

팬지는 봄에 꽃이 피고 피튜니아, 샐비어는 가을에 꽃이 핀다.

33 나무줄기의 색채가 흰색 계열이 아닌 수종은?

① 분비나무
② 서어나무
③ 자작나무
④ 모과나무

줄기 색채가 흰색인 수종 : 자작나무, 백송, 분비나무, 플라타너스, 서어나무, 등나무, 동백나무 등

34 수목은 생육 조건에 따라 양수와 음수로 구분하는데, 다음 중 성격이 다른 하나는?

① 무궁화　　② 박태기나무
③ 독일가문비나무　④ 산수유

> 대부분의 침엽수(소나무, 향나무, 낙엽송 등 제외)와 상록 활엽수는 음수이다.

35 다음 설명에 해당되는 잔디는?

- 한지형 잔디이다.
- 불완전 포복형이지만, 포복력이 강한 포복경을 지표면으로 강하게 뻗는다.
- 잎의 폭이 2~3mm로 질감이 매우 곱고 품질이 좋아서 골프장 그린에 많이 이용한다.
- 짧은 예취에 견디는 힘이 가장 강하나, 병충해에 가장 약하여 방제에 힘써야 한다.

① 버뮤다그래스
② 켄터키블루그래스
③ 벤트그래스
④ 라이그래스

> 서양 잔디 중에서 가장 양질의 잔디는 벤트그래스이며 골프장 그린에 사용한다.

36 다음 설명의 ( ) 안에 적합한 값은?

> 표준적인 뿌리분의 크기는 근원직경의 ( )를 기준으로 하되 수목의 이식력과 발근력을 적절히 고려하도록 하며, 분의 깊이는 세근의 밀도가 현저히 감소된 부위로 한다.

① 1배　　② 2배
③ 4배　　④ 8배

> 표준적인 뿌리분의 크기는 근원직경의 4배를 기준으로 하되 수목의 이식력과 발근력을 적절히 고려하도록 하며, 분의 깊이는 세근의 밀도가 현저히 감소된 부위로 한다.

37 비탈면의 기울기는 관목 식재 시 어느 정도 경사보다 완만하게 식재하여야 하는가?

① 1:0.3보다 완만하게
② 1:1보다 완만하게
③ 1:2보다 완만하게
④ 1:3보다 완만하게

> - 교목 : 1:3보다 완만하게
> - 관목 : 1:2보다 완만하게

38 다음 중 세균에 의한 수목병은?

① 밤나무 뿌리혹병
② 뽕나무 오갈병
③ 소나무 잎녹병
④ 포플러 모자이크병

> - 뽕나무 오갈병 : 마이코플라즈마
> - 소나무 잎녹병 : 진균
> - 포플러 모자이크병 : 바이러스

39 공원 내에 설치된 목재벤치 좌판(坐板)의 도장 보수는 보통 얼마 주기로 실시하는 것이 좋은가?

① 계절이 바뀔 때
② 6개월
③ 매년
④ 2~3년

> 공원에 설치된 표지판 및 벤치 등은 2~3년에 한 번씩 도장 작업을 실시한다.

40 농약을 유효 주성분의 조성에 따라 분류한 것은?

① 입제 ② 훈증제
③ 유기인계 ④ 식물생장조정제

> 유기인계 농약은 이네진이라고 불리며 수은계 농약 대신 개발된 에스테르계 살충제이다. 현재 가장 널리 사용하고 있으며, 유기염소계보다는 휘발성이 강하므로 환경오염 문제도 상대적으로 적다.

41 조경수목의 단근작업에 대한 설명으로 틀린 것은?

① 뿌리 기능이 쇠약해진 나무의 세력을 회복하기 위한 작업이다.
② 잔뿌리의 발달을 촉진시키고, 뿌리의 노화를 방지한다.
③ 굵은 뿌리는 모두 잘라야 아랫 가지의 발육이 좋아진다.
④ 땅이 풀린 직후부터 4월 상순까지가 가장 좋은 작업시기이다.

> 굵은 뿌리는 수목의 지지를 위해 몇 개씩 남겨 두어야 한다.

42 더운 여름 오후에 햇빛이 강하면 수간의 남서쪽 수피가 열에 의해서 피해(터지거나 갈라짐)를 받을 수 있는 현상을 무엇이라 하는가?

① 피소 ② 상렬
③ 조상 ④ 한상

> 껍질데기(피소)는 껍질이 얇은 수종. 큰 나무의(흉고 직경 15~20cm) 서쪽 수간에서 잘 발생한다. 피소를 방지하기 위해서는 줄기싸기 작업을 해준다.

43 디딤돌 놓기 공사에 대한 설명으로 틀린 것은?

① 정원의 잔디, 나지 위에 놓아 보행자의 편의를 돕는다.
② 넓적하고 평평한 자연석, 판석, 통나무 등이 활용된다.
③ 시작과 끝부분, 갈라지는 부분은 50cm 정도의 돌을 사용한다.
④ 같은 크기의 돌을 직선으로 배치하여 기능성을 강조한다.

> 디딤돌 놓기
> • 크고 작은 것을 섞어 직선보다는 어긋나게 배치한다.
> • 돌 간의 간격은 보행 폭을 고려하여 돌과 돌 사이의 중심 거리로 잡는다.
> • 돌의 좁은 방향이 걸어가는 방향으로 오게 방향성을 준다.(머리 방향이 경관 쪽을 향하도록 배치)
> • 한 발로 디디는 디딤돌의 크기는 지름 25~30cm가 적당하며 시작과 끝부분, 길이, 갈라지는 부분은 50cm 정도의 큰 것을 사용한다.
> • 높이는 지표보다 3~5cm 정도 높게 해주고 디딤돌과 디딤돌 사이의 간격은 15cm로 한다.

44 실내조경 식물의 선정 기준이 아닌 것은?

① 낮은 광도에 견디는 식물
② 온도 변화에 예민한 식물
③ 가스에 잘 견디는 식물
④ 내건성과 내습성이 강한 식물

> 실내조경 식물은 실내에서 자라는 만큼 온도 등 환경 조건에 잘 적응할 수 있어야 한다.

45 다음 중 농약의 보조제가 아닌 것은?

① 증량제
② 협력제
③ 유인제
④ 유화제

> **해설** 농약 보조제
> • 전착제 : 농약의 주성분을 식물체에 잘 전착시키기 위한 약제
> • 증량제 : 분제 주성분의 농도를 낮추어 일정한 농도를 유지하기 위한 약제
> • 용제 : 약제의 유효 성분을 용해시키는 약제
> • 유화제 : 유제를 균일하게 분산시키는 약제, 계면활성제
> • 협력제 : 유효성분의 효력을 증진시키는 약제

46 수간에 약액 주입 시 구멍 뚫는 각도로 가장 적절한 것은?

① 수평
② 0~10°
③ 20~30°
④ 50~60°

> **해설** 수간주사 방법
> • 수간 밑에서 5~10cm에 구멍을 뚫은 다음 반대편에 지상에서 10~15cm 높이에 구멍을 뚫는다.
> • 구멍의 각도는 20~30° 유지되도록 하고 깊이는 3~4cm로 한다.
> • 수간 주입기를 180cm 정도 높이에 고정 시킨다.
> • 구멍 속에 약제를 채워 공기를 뺀 다음 마개로 닫는다.

47 수목의 가슴 높이 지름을 나타내는 기호는?

① F
② S.D
③ B
④ W

> **해설** 조경 수목의 규격 표시
>
> | 구분 | 약칭 | 단위 | 정의 |
> |---|---|---|---|
> | 수고 | H | m | 지표면에서 수관의 정상 까지의 수직 길이 |
> | 수관폭 | W | m | 수관의 직경 폭 |
> | 흉고직경 | B | cm | 지표면에서 1.2m 부위의 수간 직경 |
> | 근원직경 | R | cm | 표면 부위의 수간 직경 |
> | 수관길이 | L | m | 수관이 수평으로 생장하는 특성을 가진 조형된 수관의 최대 길이 |
> | 교목성 | 수고(m) × 흉고직경(cm) / 수고(m) × 근원직경(cm) | | |
> | 관목성 | 수고(m) × 수관폭(m) | | |
> | 묘목 | 줄기 길이(cm) × 근원직경(cm) | | |

48 다음 중 큰 나무의 뿌리돌림에 대한 설명으로 가장 거리가 먼 것은?

① 굵은 뿌리를 3~4개 정도 남겨둔다.
② 굵은 뿌리 절단 시는 톱으로 깨끗이 절단한다.
③ 뿌리돌림을 한 후에 새끼로 뿌리분을 감아두면 뿌리의 부패를 촉진하여 좋지 않다.
④ 뿌리돌림을 하기 전 수목이 흔들리지 않도록 지주목을 설치하여 작업하는 방법도 좋다.

> **해설** 뿌리돌림을 한 후 새끼로 허리감기를 한 후 지주목을 설치한다.

49 다음 설계도면의 종류에 대한 설명으로 옳지 않은 것은?

① 입면도는 구조물의 외형을 보여주는 것이다.
② 평면도는 물체를 위에서 수직 방향으로 내려다본 것을 그린 것이다.
③ 단면도는 구조물의 내부나 내부 공간의 구성을 보여주기 위한 것이다.
④ 조감도는 관찰자의 눈높이에서 본 것을 가정하여 그린 것이다.

📖 조감도는 관찰자의 눈높이가 아니라 새가 하늘에서 내려다보듯 그린 도면이다.

50 과다 사용 시 병에 대한 저항력을 감소시키므로 특히 토양의 비배관리에 주의해야 하는 무기 성분은?

① 질소　　② 규산
③ 칼륨　　④ 인산

📖 질소질 비료가 과다하면 병에 대한 저항성이 약해진다.

51 기초 토공사비 산출을 위한 공정이 아닌 것은?

① 터파기　　② 되메우기
③ 정원석 놓기　　④ 잔토처리

📖 • 터파기 : 기초를 위해 지면을 파내는 작업
• 되메우기 : 터파기 공간에 구조물 설치 후 남은 공간에 토사를 메우는 작업
• 잔토처리 : 되메우기 하고 남은 흙을 버리는 작업(즉, 터파기-되메우기 양을 말한다.)

52 다음 중 차폐식재에 적용 가능한 수종의 특징으로 옳지 않은 것은?

① 지하고가 낮고 지엽이 치밀한 수종
② 전정에 강하고 유지 관리가 용이한 수종
③ 아랫 가지가 말라 죽지 않는 상록수
④ 높은 식별성 및 상징적 의미가 있는 수종

📖 높은 식별성과 상징적 의미가 있는 수종은 지표식재에 적합하다.

53 단풍나무를 식재 적기가 아닌 여름에 옮겨 심을 때 실시해야 하는 작업은?

① 뿌리분을 크게 하고, 잎을 모조리 따내고 식재
② 뿌리분을 적게 하고, 가지를 잘라낸 후 식재
③ 굵은 뿌리는 자르고, 가지를 솎아내고 식재
④ 잔뿌리 및 굵은 뿌리를 적당히 자르고 식재

📖 단풍나무는 여름에 이식 시 잎을 모조리 따서 광합성 및 증산작용을 억제하여 수분의 손실을 막는다.

54 관수의 효과가 아닌 것은?

① 토양 중의 양분을 용해하고 흡수하여 신진대사를 원활하게 한다.
② 증산작용으로 인한 잎의 온도 상승을 막고 식물체 온도를 유지한다.
③ 지표와 공중의 습도가 높아져 증산량이 증대된다.
④ 토양의 건조를 막고 생육 환경을 형성하여 나무의 생장을 촉진시킨다.

해설 수분의 역할
- 식물체 내의 물질 이동
- 물질의 생화학 반응 및 토양의 유효물질 용해
- 세포액의 팽압에 의한 체형 유지
- 수분 증산에 의한 수목의 체온 유지

55 난지형 잔디에 뗏밥을 주는 가장 적합한 시기는?

① 3~4월
② 5~7월
③ 9~10월
④ 11~1월

해설
- 난지형 잔디 : 6~8월에 각 1회씩 총 3회 또는 6~7월에 각 1회(휴면기엔 실시하지 않음)
- 한지형 잔디 : 생육이 왕성한 9월에 실시

56 다음 중 계곡선에 대한 설명 중 맞는 것은?

① 주곡선 간격의 1/2 거리의 가는 파선으로 그어진 것이다.
② 주곡선의 다섯 줄마다 굵은선으로 그어진 것이다.
③ 간곡선 간격의 1/2 거리의 가는 점선으로 그어진 것이다.
④ 1/5000의 지형도 축척에서 등고선은 10m 간격으로 나타난다.

해설
- 주곡선 : 지형도 전체에 일정 높이의 간격으로 그려진 곡선
- 계곡선 : 주곡선의 다섯 줄마다 굵은 선으로 그어진 것
- 간곡선 : 주곡선 간격의 1/2 거리의 가는 파선으로 표시
- 보조곡선 : 간곡선 간격의 1/2 거리의 가는 점선으로 표시

57 토양의 입경 조성에 의한 토양의 분류를 무엇이라고 하는가?

① 토성
② 토양통
③ 토양반응
④ 토양분류

해설 모래의 함유량에 따라 사토 – 양토 – 식토로 구분된다.

58 토공 작업 시 지반면보다 낮은 면의 굴착에 사용하는 기계로 깊이 6m 정도의 굴착에 적당하며, 백호우라고도 불리는 기계는?

① 클램쉘(Clam Shell)
② 드래그라인(Drag line)
③ 파워셔블(Power Shovel)
④ 드래그셔블(Drag Shovel)

해설 셔블계 굴착기계의 종류
- 파워셔블 : 지반면보다 높은 곳의 굴착, 쇄석 옮겨쌓기, 토사의 처리 등에 널리 쓰인다.
- 백호우(드래그셔블) : 지반면보다 낮은 곳의 굴착, 지하층 및 기초 굴삭, 토목공사나 수중굴착 등에 쓰인다.(지하 6m 정도의 깊이)
- 드래그라인 : 지반면보다 낮은 곳의 굴착, 토사를 긁어모음, 연약한 지반의 깊은 곳 굴착 등에 쓰인다.(지하 8m 정도의 깊이)
- 클램쉘 : 좁은 곳의 수직굴착, 자갈 등의 적재, 연약한 지반이나 수중굴착 등에 쓰인다.

59 돌쌓기 시공상 유의해야 할 사항으로 옳지 않은 것은?

① 서로 이웃하는 상하층의 세로 줄눈을 연속되게 한다.
② 돌쌓기 시 뒤채움을 잘하여야 한다.
③ 석재는 충분하게 수분을 흡수시켜서 사용해야 한다.

④ 하루에 1~1.2m 이하로 찰쌓기를 하는 것이 좋다.

> 해설 돌쌓기를 할 때는 세로 줄눈이 연속되는 통줄눈을 피하고 막힌 줄눈으로 쌓는다.

60 다음 중 교목류의 높은 가지를 전정하거나 열매를 채취할 때 주로 사용할 수 있는 가위는?

① 대형전정가위
② 조형전정가위
③ 순치기가위
④ 갈쿠리전정가위

> 해설 갈쿠리전정가위는 고지가위라고도 하며, 높은 부분 가지를 자르거나 열매 채취 시 사용한다.

ANSWER CBT 복원문제 2023년 2회

01	02	03	04	05	06	07	08	09	10
④	①	①	②	①	①	④	②	③	③
11	12	13	14	15	16	17	18	19	20
④	①	②	②	②	④	④	④	②	③
21	22	23	24	25	26	27	28	29	30
④	①	②	③	④	①	③	①	②	③
31	32	33	34	35	36	37	38	39	40
②	④	④	③	③	③	③	①	④	③
41	42	43	44	45	46	47	48	49	50
③	①	④	②	③	③	③	③	④	①
51	52	53	54	55	56	57	58	59	60
③	④	①	③	②	②	①	③	①	④

CBT 복원문제 _ 2024년 1회

01 조경 직무는 조경설계 기술자, 조경시공 기술자, 조경관리 기술자로 크게 구분할 수 있다. 그 중 조경설계 기술자의 직무 내용에 해당하는 것은?

① 식재공사
② 시공감리
③ 병해충방제
④ 조경묘목생산

- 조경설계 기술자 : 도면제도, 기본계획 수립, 디자인 및 스케치, 물량산출 및 시방서 작성, 시공감리
- 조경시공 기술자 : 시설물과 식재시공 업무, 설계변경, 적산 및 견적
- 조경관리 기술자 : 조경수목 생산관리, 병충해방제, 피해 수목 보호처리, 전정 및 시비

02 계획구역 내에 거주하고 있는 사람과 이용자를 이해하는데 목적이 있는 분석 방법은?

① 자연환경분석
② 인문환경분석
③ 시각환경분석
④ 청각환경분석

인문환경분석은 민족성, 종교, 역사성, 정치 등 인간의 모든 활동과 관련된 사항을 분석하는 것이다.

03 다음 중 별서의 개념과 가장 거리가 먼 것은?

① 은둔 생활을 하기 위한 것
② 효도를 하기 위한 것
③ 별장의 성격을 갖기 위한 것
④ 수목을 가꾸기 위한 것

별서란 본가에서 떨어져 초야에 지은 별장의 성격을 가진 집이다. 이곳에서 부모를 모시고 농사를 지으면서 은둔 생활을 하였으며 대표적인 것이 담양의 소쇄원이다.

04 영국 정형식 정원의 특징 중 매듭화단이란 무엇인가?

① 낮게 깎은 회양목 등으로 화단을 기하학적 문양으로 구획한다.
② 수목을 전정하여 정형식 모양으로 만든 미로이다.
③ 가늘고 긴 형태로 한쪽 방향에서만 관상할 수 있는 화단이다.
④ 카펫을 깔아놓은 듯 화려하고 복잡한 문양이 펼쳐진 화단이다.

- 영국의 경우 17C 튜더왕조시대는 정형식, 18C 이후에는 낭만주의 운동으로 자연 풍경식 정원이 발달한다.
- 매듭화단(Knot garden)은 17C 튜더 왕조의 정원이다.

5 조선시대 정자의 평면 유형은 유실형(중심형, 편심형, 분리형, 배면형)과 무실형으로 구분할 수 있는데 다음 중 유형이 다른 하나는?

① 광풍각
② 임대정
③ 거연정
④ 세연정

> 해설
> • 광풍각 : 담양 소쇄원 – 무실형
> • 임대정 : 전남 화순 – 무실형
> • 거연정 : 전남 광양 – 유실형
> • 세연정 : 전남 완도 보길도 – 무실형

6 다음 중 위요경관에 속하는 것은?

① 넓은 초원
② 노출된 바위
③ 숲속의 호수
④ 계곡 끝의 폭포

> 해설
> • 파노라마경관 : 시야를 제한받지 않고 멀리까지 트인 경관으로 웅장함과 아름다움을 느낄 수 있으며, 자연에 대한 존경심을 유발
> • 지형경관 : 지형지물이 경관에서 지배적인 위치를 지니는 경우
> • 위요경관 : 수목, 경사면 등의 주위 경관 요소들에 의하여 울타리처럼 자연스럽게 둘러싸여 있는 경관
> • 관개경관 : 교목의 수관 아래에 형성되는 경관

7 다음 중 조경에 관한 설명으로 옳지 않은 것은?

① 주택의 정원만 꾸미는 것을 말한다.
② 경관을 보존 정비하는 종합과학이다.
③ 우리의 생활 환경을 정비하고 미화하는 일이다.
④ 국토 전체 경관의 보존, 정비를 과학적이고 조형적으로 다루는 기술이다.

> 해설 조경은 주택 정원을 포함한 광범위한 옥외공간을 아름답게 창출하는데 목적이 있다.

8 도시공원 및 녹지 등에 관한 법규상 공원구분 중 생활권 공원에 속하지 않는 것은?

① 소공원
② 어린이공원
③ 문화공원
④ 근린공원

> 해설
> • 생활권 공원 : 소공원, 어린이공원, 근린공원(근린생활권, 도보권, 도시지역권, 광역권)
> • 주제공원 : 역사공원, 문화공원, 수변공원, 묘지공원, 체육공원, 도시농업공원

9 도시공원 및 녹지 등에 관한 법규상 도시공원 설치 및 규모의 기준에서 근린생활권근린공원의 최소규모는 얼마인가?

① 1,500m^2
② 10,000m^2
③ 30,000m^2
④ 100,000m^2

> 해설 생활권 공원의 유치거리 및 규모

구분	유치거리	규모
소공원	제한 없음	제한 없음
어린이공원	250m 이하	1,500m^2 이상
근린생활권 근린공원	500m 이하	10,000m^2 이상
도보권 근린공원	1,000m 이하	30,000m^2 이상
도시지역권 근린공원	제한 없음	100,000m^2 이상
광역권 근린공원	제한 없음	1,000,000m^2 이상

10 다음 중 온도감이 따뜻하게 느껴지는 색은?

① 보라색　　② 초록색
③ 주황색　　④ 남색

> 해설
> • 따뜻한 색(진출색, 팽창색) : 정열적, 온화, 친근한 느낌(예 : 봄철의 노란 개나리꽃, 가을의 붉은 단풍)
> • 차가운 색(후퇴색, 수축색) : 지적, 냉정함, 상쾌한 느낌(예 : 침엽수림이나 깊은 연못의 검푸른 수면)

11 도시공원 및 녹지 등에 관한 법률에서 정하고 있는 녹지가 아닌 것은?

① 완충녹지　　② 경관녹지
③ 연결녹지　　④ 시설녹지

> 해설
> 녹지의 세분(도시공원 및 녹지 등에 관한 법률 35조)
> • 완충녹지 : 대기오염, 소음, 진동, 악취, 그 밖에 이에 준하는 공해와 각종 사고나 자연재해, 그 밖에 이에 준하는 재해 등의 방지를 위하여 설치하는 녹지
> • 경관녹지 : 도시의 자연적 환경을 보전하거나 이를 개선하고 이미 자연이 훼손된 지역을 복원·개선함으로써 도시경관을 향상시키기 위하여 설치하는 녹지
> • 연결녹지 : 도시 안의 공원, 하천, 산지 등을 유기적으로 연결하고 도시민에게 산책공간의 역할을 하는 등 여가·휴식을 제공하는 선형(線型)의 녹지

12 다음 중 넓은 잔디밭을 이용한 전원적이며 목가적인 정원 양식은 무엇인가?

① 전원풍경식　　② 회유임천식
③ 고산수식　　　④ 다정식

> 해설
> 18C 이후 영국은 정형식을 탈피하고 목가적인 자연 풍경을 정원 양식으로 삼은 전원풍경식이 발달하게 된다.

13 고려시대 궁궐의 정원을 맡아 관리하던 해당 부서는?

① 내원서
② 장원서
③ 상림원
④ 동산바치

> 해설
> 고려시대 내원서, 조선시대 장원서이다. 동산바치는 정원사를 말한다.

14 식재 설계에서의 인출선과 선의 종류가 동일한 것은?

① 단면선
② 숨은선
③ 경계선
④ 치수선

> 해설
> 인출선, 치수선, 치수보조선, 지시선, 해칭선 등은 0.2mm 이하의 가는 실선을 사용한다.

15 어떤 두 색이 맞붙어 있을 때 그 경계 언저리에 대비가 더 강하게 일어나는 현상은?

① 연변대비　　② 면적대비
③ 보색대비　　④ 한난대비

> 해설
> 인접한 경계면이 다른 부분보다 더 강한 색상, 명도, 채도 대비를 나타내는 것을 연면대비라 한다.

16 스프레이건(spray gun)을 쓰는 것이 가장 적합한 도료는?

① 수성페인트　　② 유성페인트
③ 래커　　　　　④ 에나멜

> 해설
> 스프레이건(spray gun)은 분체도장 시 사용한다.

17 다음 중 화성암 계통의 석재인 것은?

① 화강암　　② 점판암
③ 대리석　　④ 사문암

해설 석재의 성인(成因)에 따른 분류(가장 보편적으로 사용됨)

구분	종류	
화성암	심성암	화강암, 섬록암
	화산암	안산암, 현무암
퇴적암	역암, 사암, 셰일, 이암	
변성암	편마암(셰일), 점판암(셰일), 사문암(감람암), 대리석(석회암)	

18 골재의 표면수는 없고, 골재 내부에 빈틈이 없도록 물로 차 있는 상태는?

① 절대건조상태
② 기건상태
③ 습윤상태
④ 표면건조 포화상태

해설
- 절대건조상태 : 골재 외부와 내부 공극에 포함되어 있는 물이 전부 제거된 상태
- 기건상태 : 골재의 수분 함유량이 대기 중 습도와 평행을 이룬 상태
- 습윤상태 : 골재의 내부가 완전히 수분으로 채워져 있고 표면에도 여분의 물을 포함하고 있는 상태

19 콘크리트용 혼화재료로 사용되는 플라이애시에 대한 설명 중 틀린 것은?

① 포졸란 반응에 의해서 중성화 속도가 저감된다.
② 플라이애시의 비중은 보통포틀랜드 시멘트보다 작다.
③ 입자가 구형이고 표면조직이 매끄러워 단위 수량을 감소시킨다.
④ 플라이애시는 이산화규소(SiO_2)의 함유율이 가장 많은 비결정질 재료이다.

해설 포졸란 반응이란 포졸란이 수산화칼슘과 상온에서 반응하는 것으로 중성화 속도가 증가한다.

20 크기가 지름 20~30cm 정도의 것이 크고 작은 알로 골고루 섞여 있으며 형상이 고르지 못한 깬돌이라 설명하기도 하며, 큰 돌을 깨서 만드는 경우도 있어 주로 기초용으로 사용하는 석재의 분류명은?

① 산석　　② 이면석
③ 잡석　　④ 판석

해설 잡석은 막깬돌을 이야기하며 자갈과는 개념이 다르다.

21 다음 중 음수대에 관한 설명으로 옳지 않은 것은?

① 표면재료는 청결성, 내구성, 보수성을 고려한다.
② 양지바른 곳에 설치하고, 가급적 습한 곳을 피한다.
③ 유지 관리상 배수는 수직 배수관을 많이 사용하는 것이 좋다.
④ 음수전의 높이는 성인, 어린이, 장애인 등 이용자의 신체 특성을 고려하여 적정 높이로 한다.

해설 음수대의 배수는 수직 배수관과 수평 배수관을 적절히 사용하여야 한다. 수직 배수관만을 사용할 경우 겨울에 동파의 위험이 있다.

22 다음 중 녹나무과(科)로 봄에 가장 먼저 개화하는 수종은?

① 치자나무
② 호랑가시나무
③ 생강나무
④ 무궁화

> 해설 치자나무는 6월에 흰색, 호랑가시나무는 4월에 흰색으로 개화하며 무궁화는 여름에서 가을에 걸쳐 개화한다.

23 여름철에 강한 햇빛을 차단하기 위해 식재되는 수목을 가리키는 것은?

① 녹음수   ② 방풍수
③ 차폐수   ④ 방음수

> 해설 녹음식재
> • 햇빛을 차단하기 위한 식재
> • 녹음식재의 수종 요구 특성
>   – 지하고가 높은 낙엽 활엽수
>   – 병충해, 기타 유해 요소가 없는 수종

24 여름부터 가을까지 꽃을 감상할 수 있는 알뿌리 화초는?

① 금잔화   ② 수선화
③ 색비름   ④ 칸나

> 해설 사

구분		주요 식물
1년생	봄뿌림 (가을화단용)	코스모스, 채송화, 봉숭아, 과꽃, 매리골드, 피튜니아, 샐비어, 맨드라미, 아게라툼, 색비름, 분꽃, 백일홍 등
	가을뿌림 (봄화단용)	팬지, 금어초, 금잔화, 데이지, 패랭이꽃, 안개초 등
	다년생초화	국화, 베고니아, 부용, 꽃창포, 옥잠화, 작약 등
알뿌리	봄심기 (가을화단용)	칸나, 달리아, 아마릴리스, 글라디올러스 등
	가을심기 (봄화단용)	튤립, 수선화, 백합, 히아신스, 크로커스 등
겨울화단용		꽃양배추

25 인조목의 특징이 아닌 것은?

① 마모가 심하여 파손되는 경우가 많다.
② 제작시 숙련공이 다루지 않으면 조잡한 제품을 생산하게 된다.
③ 안료를 잘못 배합하면 표면에서 분말이 나오게 되어 시각적으로 좋지 않고 이용에도 문제가 생긴다.
④ 목재의 질감은 표출되지만 목재에서 느끼는 촉감을 맛볼 수 없다.

> 해설 인조목은 폴리에스테르 수지에 안료 등을 섞어서 만들며 목재에 비해서 마모나 파손의 위험이 적다.

26 조경 수목의 규격에 관한 설명으로 옳은 것은?(단, 괄호안의 영문은 기호를 의미한다.)

① 흉고직경(R) : 지표면 줄기의 굵기
② 근원직경(B) : 가슴 높이 정도의 줄기의 지름
③ 수고(W) : 지표면으로부터 수관의 하단부까지의 수직 높이
④ 지하고(BH) : 지표면에서 수관의 맨 아랫가지까지의 수직 높이

> 해설 • 흉고직경(R) : 지표면에서 가슴 높이인 1.2m 부위의 줄기의 지름
> • 근원직경(B) : 지표면 줄기의 굵기로 가슴 높이 지름을 측정할 수 없는 관목이나 가슴 높이 이

하에서 줄기가 여러 갈래로 갈라지는 교목, 덩굴성 수목, 묘목 등에 적용
• 수고(W) : 지표면으로부터 수관의 정상부까지의 수직 높이

27 다음 중 정원 수목으로 적합하지 않은 것은?

① 잎이 아름다운 것
② 값이 비싸고 희귀한 것
③ 이식과 재배가 쉬운 것
④ 꽃과 열매가 아름다운 것

조경수목의 구비조건
• 관상가치와 실용적 가치가 높아야 한다.
• 이식이 용이하며 이식 후에도 잘 자라야 한다.
• 불리한 환경에서도 적응성이 높아야 한다.
• 번식이 잘되고, 손쉽게 다량으로 구입할 수 있어야 한다.
• 병해충에 대한 저항성이 강해야 한다.
• 다듬기 작업 등 관리가 용이해야 한다.
• 주변 경관과 조화를 잘 이루며, 사용 목적에 적합해야 한다.

28 건물이나 담장 또는 원로에 따라 길게 만들어지는 화단은?

① 모듬화단   ② 경재화단
③ 카펫화단   ④ 침상화단

평면화단에는 리본화단, 입체화단에는 경재화단이 있다.

29 조경용 포장재료는 보행자가 안전하고, 쾌적하게 보행할 수 있는 재료가 선정되어야 한다. 다음 선정 기준 중 옳지 않은 것은?

① 내구성이 있고, 시공, 관리비가 저렴한 재료
② 재료의 질감, 색채가 아름다운 것
③ 재료의 표면 청소가 간단하고, 건조가 빠른 재료
④ 재료의 표면이 태양 광선의 반사가 많고, 보행 시 자연스럽게 매끄러운 소재

태양 광선의 반사가 심하지 않고 보행 시 매끄럽지 않아야 한다.

30 목재의 열기 건조에 대한 설명으로 틀린 것은?

① 낮은 함수율까지 건조할 수 있다.
② 자본의 회전기간을 단축시킬 수 있다.
③ 기후와 장소 등의 제약없이 건조할 수 있다.
④ 작업이 비교적 간단하며, 특수한 기술을 요구하지 않는다.

목재의 건조는 자연건조와 인공건조로 나뉘며, 열기법, 증기법, 훈연법, 진공법, 고주파법 등은 인공건조법이다. 이러한 인공건조법은 자연건조법에 의해 복잡하고 전문성이 요구된다.

31 수목 뿌리의 역할이 아닌 것은?

① 저장근 : 양분을 저장하여 비대해진 뿌리
② 부착근 : 줄기에서 새근이 나와 다른 물체에 부착하는 뿌리
③ 기생근 : 다른 물체에 기생하기 위한 뿌리
④ 호흡근 : 식물체를 지지하는 기근

식물체를 지지하는 뿌리를 주근(主根)이라고 하며, 호흡근은 기근(氣根)이라 한다.

32 다음 조경 식물 중 생장 속도가 가장 느린 것은?

① 배롱나무　② 쉬나무
③ 눈주목　　④ 층층나무

해설
- 장수목의 종류 : 느티나무, 은행나무, 팽나무, 주목 등
- 주목은 대표적인 장수목으로 '살아서 천년 죽어서 천년이 간다.'

33 다음 [보기]가 설명하는 식물명은?

- 홍초과에 해당한다.
- 잎은 넓은 타원형이며 길이 30~40cm로서 양끝이 좁고 밑부분이 엽초로 되어 원줄기를 감싸며 측맥이 평행하다.
- 식과는 둥글고 잔돌기가 있다.
- 뿌리는 고구마 같은 굵은 근경이 있다.

① 히아신스　② 튤립
③ 수선화　　④ 칸나

해설 달리아, 글라디올러스와 함께 가을에 피는 알뿌리 초화이다.

34 식물의 분류와 해당 식물들의 연결이 옳지 않은 것은?

① 한국잔디류 : 들잔디, 금잔디, 빌로드 잔디
② 소관목류 : 회양목, 이팝나무, 원추리
③ 초본류 : 맥문동, 비비추, 원추리
④ 덩굴성식물류 : 송악, 칡, 등나무

해설 이팝나무는 낙엽활엽교목, 원추리는 백합과의 여러해살이 풀이다.

35 다음 중 줄기의 색채가 백색 계열에 속하는 수종은?

① 모과나무　② 자작나무
③ 노각나무　④ 해송

해설 사

구분	주요 수종
백색계통	자작나무, 백송, 분비나무, 플라타너스, 서어나무, 등나무, 동백나무 등
청록색계통	식나무, 벽오동, 황매화 등
갈색계통	편백, 배롱나무, 철쭉 등
적갈색계통	소나무, 주목, 삼나무, 섬잣나무, 잣나무, 모과나무 등

36 다음 중 차폐식재로 사용하기 가장 부적합한 수종은?

① 계수나무　② 서양측백
③ 호랑가시　④ 쥐똥나무

해설 차폐식재의 수종 요구 특성
- 지하고가 낮고 지엽이 치밀한 수종
- 전정에 강하고 유지 관리가 용이한 수종
- 아랫 가지가 말라 죽지 않는 상록수

37 자동차 배기가스에 강한 수목으로만 짝지어진 것은?

① 화백, 향나무
② 삼나무, 금목서
③ 자귀나무, 수수꽃다리
④ 산수국, 자목련

해설
- 공해에 강한 수종 : 편백, 측백, 화백, 향나무, 플라타너스, 은행나무, 가중나무, 벽오동, 사철나무, 가시나무, 쥐똥나무 등
- 공해에 약한 수종 : 소나무, 전나무, 히말라야시다, 삼나무, 벚나무류, 목련, 목서류 등

38 다음 제초제 중 잡초와 작물 모두를 살멸시키는 비선택성 제초제는?

① 디캄바액제
② 글리포세이트액제
③ 펜티온유제
④ 에테폰액제

> • 디캄바액제 : 선택성 제초제(크로바 살멸)
> • 펜티온유제 : 종자에 전염되는 병을 구제하는 살균제
> • 에테폰액제 : 에스렐(Ethrel)이란 이름의 생장조절제
> • 글리포세이트액제 : 잡초와 작물에 함께 작용하는 비선택성 제초제로 대표적 농약은 근사미, 글라신, 라운드업 등

39 잔디밭을 조성하려 할 때 떳장 붙이는 방법으로 틀린 것은?

① 떳장 붙이기 전에 미리 땅을 갈고 정지하여 밑거름을 넣는 것이 좋다.
② 떳장 붙이는 방법에는 전면 붙이기, 어긋나게 붙이기, 줄 붙이기 등이 있다.
③ 줄 붙이기나 어긋나게 붙이기는 떳장을 절약하는 방법이지만, 아름다운 잔디밭이 완성되기까지에는 긴 시간이 소요된다.
④ 경사면에는 평떼 전면 붙이기를 시행한다.

> 경사면은 줄떼 붙이기로 시공한다.

40 표준 품셈에서 포함된 것으로 규정된 소운반 거리는 몇 미터(m) 이내를 말하는가?

① 10m
② 20m
③ 30m
④ 50m

> 소운반 거리는 20m 이내의 수평거리를 말하며, 20m를 초과할 경우에는 초과분에 대하여 이를 별도로 계상한다. 또한 경사면의 소운반 거리는 수직고 1m를 수평거리 6m의 비율로 본다.

41 암거는 지하수위가 높은 곳, 배수불량 지반에 설치한다. 암거의 종류 중 중앙에 큰 암거를 설치하고, 좌우에 작은 암거를 연결시키는 형태로 넓이에 관계없이 경기장이나 어린이 놀이터와 같은 소규모의 평탄한 지역에 설치할 수 있는 것은?

① 어골형
② 빗살형
③ 부채살형
④ 자연형

> • 어골형 : 주관을 중앙에 하고 비스듬히 지관을 설치하는 것으로 경기장 같은 평탄한 지역에 적합하며 전 지역의 배수가 균일하다.
> • 빗살형(절치형) : 지역 경계 근처에 주관을 설치하고 한쪽 측면에 지관을 설치하여 연결하는 것으로 비교적 좁은 면적의 전 지역 균일하게 배수할 때 이용한다.
> • 부채살형(선형) : 주관, 지관의 구분이 없이 같은 표기의 관이 부채살 모양으로 1개 지점으로 집중되게 설치하여 집수 후 배수시킨다.
> • 자연형 : 전면 배수가 요구되지 않는 지역에서 많이 사용되며, 지형의 등고선을 따라 주관을 설치하고 지관을 설치하는 방법이다.

42 줄기나 가지가 꺾이거나 다치면 그 부근에 있던 숨은 눈이 자라 싹이 나오는 것을 무엇이라 하는가?

① 휴면성
② 생장성
③ 성장력
④ 맹아력

> 맹아력 : 가지나 줄기가 상해를 입으면, 그 부근에서 숨은 눈이 커져 싹이 나옴. 맹아력이란 싹트는 힘을 말한다.

43 다음 중 어린이공원의 설계 시 공간구성 설명으로 옳은 것은?

① 동적인 놀이공간에는 아늑하고 햇빛이 잘 드는 곳에 잔디밭, 모래밭을 배치하여 준다.
② 정적인 놀이공간에는 각종 놀이시설과 운동시설을 배치하여 준다.
③ 감독 및 휴게를 위한 공간은 놀이공간이 잘 보이는 곳으로 아늑한 곳으로 배치한다.
④ 공원 외곽은 보행자나 근처 주민이 들여다볼 수 없도록 밀식한다.

해설 ①은 정적인 놀이공간, ②는 동적인 놀이공간을 말하며, 보호자의 휴게공간은 어린이들을 감독할 수 있는 기능을 겸해야 한다.

44 조경시설물의 관리 원칙으로 옳지 않은 것은?

① 여름철 그늘이 필요한 곳에 차광 시설이나 녹음수를 식재한다.
② 노인, 주부 등이 오랜 시간 머무는 곳은 가급적 석재를 사용한다.
③ 바닥에 물이 고이는 곳은 배수 시설을 하고 다시 포장한다.
④ 이용자의 사용 빈도가 높은 것은 충분히 조이거나 용접한다.

해설 노약자를 위한 시설물들은 석재보다는 완충 작용을 할 수 있는 재료가 적당하다.

45 소나무류는 생장조절 및 수형을 바로잡기 위하여 순따기를 실시하는데 대략 어느 시기에 실시하는가?

① 3~4월　　② 5~6월
③ 9~10월　　④ 11~12월

해설 소나무 순지르기 방법은 5~6월에 중심 순을 손으로 꺾어 버리고 나머지 2~3개의 순을 남기면서 남기는 순도 1/2 정도 꺾어 버린다.

46 임목(林木) 생장에 가장 좋은 토양 구조는?

① 판상구조(platy)
② 괴상구조(blocky)
③ 입상구조(granular)
④ 견파상구조(nutty)

해설
- 판상구조(platy) : 층층이 쌓인 퇴적물이 판을 이루며 수평방향 크기가 수직방향 크기보다 큰 입단구조를 가진다.
- 괴상구조(blocky) : 크게 응집한 토괴로서 광석에서 볼 수 있는 구조이다.
- 입상구조(granular) : 입자가 아주 작은 크기로 동글동글한 다면체를 보이는 공극이 적은 구조로 식물 생육에 가장 적당하다.

47 벽면에 벽돌 길이만 나타나게 쌓는 방법은?

① 길이쌓기　　② 마구리쌓기
③ 옆세워쌓기　　④ 네덜란드식쌓기

해설
- 길이쌓기 : 벽돌의 길이 부분이 바깥쪽으로 보이게 쌓는 방법으로, 길이로 놓으면 두께가 반 장 쌓기(0.5B)가 되므로 치장쌓기 등에 많이 쓰인다.
- 마구리쌓기 : 벽돌의 마구리가 바깥쪽으로 보이게 쌓는 방법으로, 끝부분에 반절짜리 벽돌이 들어가며 두께가 한 장 쌓기(1.0B) 두께가 된다.
- 길이세워쌓기와 옆세워쌓기 : 길이를 세워쌓는 것을 길이세워쌓기, 마구리를 세워쌓는 것을 마구리 세워쌓기라고 한다.

48 합성수지 놀이시설물의 관리 요령으로 가장 적합한 것은?

① 자체가 무거워 균열 발생 전에 보수한다.
② 정기적인 보수와 도료 등을 칠해 주어야 한다.
③ 회전하는 축에는 정기적으로 그리스를 주입한다.
④ 겨울철 저온기 때 충격에 의한 파손을 주의한다.

> 해설 플라스틱 제품의 가장 큰 단점은 불과 열에 약하다는 것과 저온에 깨지기 쉽다는 것이다.

49 시설물 관리를 위한 페인트 칠하기의 방법으로 가장 거리가 먼 것은?

① 목재의 바탕칠을 할 때는 별도의 작업 없이 불순물을 제거한 후 바로 수성페인트를 칠한다.
② 철재의 바탕칠을 할 때는 별도의 작업 없이 불순물을 제거한 후 바로 수성페인트를 칠한다.
③ 목재의 갈라진 구멍, 홈, 틈은 퍼티로 땜질하여 24시간 후 초벌칠을 한다.
④ 콘크리트, 모르타르면의 틈은 석고로 땜질하고 유성 또는 수성페인트를 칠한다.

> 해설 철재는 불순물을 제거한 후 방청도료(광명단)를 처리하여 녹을 방지해야 한다.

50 조경공사의 시공자 선정 방법 중 일반 공개 경쟁 입찰방식에 관한 설명으로 옳은 것은?

① 예정가격을 비공개로 하고 견적서를 제출하여 경쟁입찰에 단독으로 참가하는 방식
② 계약의 목적, 성질 등에 따라 참가자의 자격을 제한하는 방식
③ 신문, 게시 등의 방법을 통하여 다수의 희망자가 경쟁에 참가하여 가장 유리한 조건을 제시한 자를 선정하는 방식
④ 공사 설계서와 시공도서를 작성하여 입찰서와 함께 제출하여 입찰하는 방식

> 해설 ① : 수의계약, ② : 제한경쟁입찰, ④ : 일괄입찰(Turnkey base)

51 자연석(조경석) 쌓기의 설명으로 옳지 않은 것은?

① 크고 작은 자연석을 이용하여 잘 배치하고, 견고하게 쌓는다.
② 사용되는 돌의 선택은 인공적으로 다듬은 것으로 가급적 벌어짐이 없이 연결될 수 있도록 배치한다.
③ 자연석으로 서로 어울리게 배치하고 자연석 틈 사이에 관목류를 이용하여 채운다.
④ 맨 밑에는 큰 돌을 기초석을 배치하고, 보기 좋은 면이 앞면으로 오게 한다.

> 해설 자연석 쌓기는 자연석의 자연스러운 모습을 살리는 것이 중요하므로 인공적으로 다듬은 돌을 사용하면 그 특징을 살리기 어렵다.

52 배수공사 중 지하층 배수와 관련된 설명으로 옳지 않은 것은?

① 지하층 배수는 속도랑을 설치해 줌으로써 가능하다.
② 암거배수의 배치 형태는 어골형, 평행형, 빗살형, 부채형, 자유형 등이 있다.
③ 속도랑의 깊이는 심근성보다 천근성 수종을 식재할 때 더 깊게 한다.
④ 큰 공원에서는 자연 지형에 따라 배치하는 자연형 배수 방법이 많이 이용된다.

> 해설 심근성 수종은 천근성에 비해 뿌리가 깊게 내려가므로 속도랑의 깊이를 더 깊게 해주어야 한다.

53 잔디밭의 관수 시간으로 가장 적당한 것은?

① 오후 2시경에 실시하는 것이 좋다.
② 정오경에 실시하는 것이 좋다.
③ 오후 6시 이후 저녁이나 일출 전에 한다.
④ 아무 때나 잔디가 타면 관수한다.

> 해설 관수는 한낮을 피하고 아침, 저녁으로 하는 것이 좋다.

54 다음 중 무거운 돌을 놓거나, 큰 나무를 옮길 때 신속하게 운반과 적재를 동시에 할 수 있어 편리한 장비는?

① 체인블록 ② 모터그레이더
③ 트럭크레인 ④ 콤바인

> 해설 체인블록(chain block) : 도르래, 톱니바퀴, 쇠사슬 등을 조합시켜 무거운 물건을 달아 올리는 기계로 무거운 돌을 높이 쌓을 때나 지면에 자리 잡아 놓을 때, 무거운 수목을 심거나 내릴 때 주로 사용된다.

55 다음 중 정원수의 덧거름으로 가장 적합한 것은?

① 요소 ② 생석회
③ 두엄 ④ 쌀겨

> 해설 ①

구분	밑거름 (춘비, 기비)	덧거름(추비)
효과	지효성 거름	속효성 거름
시비시기	늦가을~이른 봄	봄~가을(낙화 후, 열매 딴 후)
목적	지력 회복	수세 회복
종류	두엄, 깻묵, 계분	질소질비료, 화학비료

56 다음 중 전정의 목적 설명으로 옳지 않은 것은?

① 희귀한 수종의 번식에 중점을 두고 한다.
② 미관에 중점을 두고 한다.
③ 실용적인 면에 중점을 두고 한다.
④ 생리적인 면에 중점을 두고 한다.

> 해설
> • 미관에 중점을 두는 경우 : 토피어리 등
> • 실용적인 면에 중점을 두는 경우 : 전선과 교차하는 수목의 전정
> • 생리적인 면에 중점을 두는 경우 : 이식할 때 하는 전정

57 생울타리처럼 수목이 대상으로 군식되었을 때 거름주는 방법으로 가장 적당한 것은?

① 전면 거름주기
② 천공 거름주기
③ 선상 거름주기
④ 방사상 거름주기

• 전면 거름주기 : 수목 식재 전 밑거름으로 비료를 살포하여 경운하는 경우
• 윤상 거름주기 : 수관폭을 형성하는 가지 끝 아래에 수목 밑동을 중심으로 바퀴 모양으로 구덩이를 파서 거름을 주는 방법
• 격윤상 거름주기 : 윤상의 방법이나 일정한 간격으로 띄어 거름을 주는 방법
• 방사상 거름주기 : 수목 밑동으로부터 밖으로 방사상 모양으로 땅을 파고 거름을 주는 방법
• 선상 거름주기 : 생울타리처럼 군식된 수목을 따라 도랑처럼 길게 거름 구덩이를 파서 거름을 주는 방법
• 천공 거름주기 : 몇 군데에 구멍을 뚫고 거름을 주는 방법

58 다음 선의 종류와 선 긋기의 내용이 잘못 짝지어진 것은?

① 가는실선 : 수목인출선
② 파선 : 단면선
③ 1점쇄선 : 경계선
④ 2점쇄선 : 가상선

파선은 실제로 존재하지만 보이지 않는 부분을 나타낼 때 사용하며 단면선은 굵은 실선으로 그리게 된다. 또한 2점쇄선은 가상선이고 중심선은 1점쇄선으로 나타낸다.

59 다음 중 건설장비 분류상 "배토정지용 기계"에 해당되는 것은?

① 램머   ② 모터그레이더
③ 드래그라인   ④ 파워쇼벨

• 램머(Rammer) : 다짐기계
• 드래그라인(Drag line) : 기계가 서 있는 곳보다 낮은 연약지반 굴착
• 파워쇼벨(Power Shovel) : 기계가 서 있는 곳보다 높은 곳 굴착

60 콘크리트의 크리프(creep) 현상에 관한 설명으로 옳지 않은 것은?

① 부재의 건조 정도가 높을수록 크리프는 증가된다.
② 양생, 보양이 나쁠수록 크리프는 증가한다.
③ 온도가 높을수록 크리프는 증가한다.
④ 단위 수량이 적을수록 크리프는 증가한다.

크리프 : 하중이 가해진 후, 하중의 증가가 없는데도 시간이 지나면서 콘크리트의 변형이 증가하는 현상으로, 물-시멘트비(W/C)가 크고 양생이 나쁠수록, 대기 습도가 적고 강도가 낮을수록 증가한다.

ANSWER — CBT 복원문제 2024년 1회

01	02	03	04	05	06	07	08	09	10
②	②	④	①	③	③	①	③	②	③
11	12	13	14	15	16	17	18	19	20
④	①	①	④	②	②	①	④	①	③
21	22	23	24	25	26	27	28	29	30
③	③	①	②	③	②	①	②	③	④
31	32	33	34	35	36	37	38	39	40
④	③	④	②	②	④	②	④	②	①
41	42	43	44	45	46	47	48	49	50
①	④	③	②	③	②	①	④	②	①
51	52	53	54	55	56	57	58	59	60
②	③	③	①	②	①	③	②	②	④

CBT 복원문제 _ 2024년 2회

01 고대 그리스 건축 양식 중 중심 건물이 되는 파르테논 신전의 기둥은 어떤 기둥 양식인가?

① 도리아식　② 이오니아식
③ 코린트식　④ 파르테논식

해설 그리스 기둥 양식은 도리아식 → 이오니아식 → 코린트식 순서로 발달하였으며 도리아식 기둥은 파르테논 신전의 기둥처럼 기초석이 없이 조망되는 수직성을 강조하는 양식이다.

도리아식 → 이오니아식 → 코린트식

02 연꽃의 분천으로 유명한 파티오식 정원은?

① 알함브라 궁원
② 제네랄레페 궁원
③ 알카자르 궁원
④ 나샤트바 궁원

해설 제네랄레페 궁원은 유명한 파티오식 정원으로 '수로의 중정', '연꽃의 분천' 등이 꾸며져 있다.

03 프랑스의 조경가 앙드레 르노트르가 축조하지 않은 것은?

① 베르사유 궁원　② 퐁텐블로
③ 프랭클린 파크　④ 생클루

해설 프랭클린 파크는 미국 보스턴에 있는 공원으로 옴스테드가 설계하였으며 르노트르가 설계한 정원은 이 외에 보르비콩트, 샹티이 정원 등이 있다.

04 중국정원에서 신선사상을 위한 자리로 쓰였던 양식은?

① 축경식　② 고산수식
③ 중정식　④ 중도식

해설 중도식은 연못에 섬을 두는 방식으로 상상의 섬인 봉래, 영주, 방장의 3개의 섬을 축조하여 신선사상을 표현하였다.

05 일본의 침전식 정원 기법에서 주요 구성요소는?

① 수목과 정원석
② 화단과 잔디
③ 연못과 섬
④ 돌과 모래

해설 침전식 정원은 침전 앞에 연못과 섬을 두고 다리를 연결하는 형태의 정원이다.

06 조선시대 정원 중 자연식 정원이 아닌 것은?

① 덕수궁 석조전　② 창덕궁 후원
③ 소쇄원　　　　④ 부용동 정원

해설 덕수궁 석조전은 우리나라 최초의 서양식 건물로 영국인 하딩이 설계하였다.

07 조경의 역할이라 볼 수 없는 것은?

① 경관의 유기적 구성
② 부지의 선정
③ 생태계 단순화의 촉진
④ 환경의 보존과 개발

> 해설 조경의 역할은 자연에 대한 이해를 통해 생태계의 흐름을 파악해야 한다.

08 조경계획의 접근방법 중 물리적 자원 또는 자연 자원이 레크레이션의 유형과 양을 결정하는 접근방법은?

① 활동접근법
② 자원접근법
③ 경제접근법
④ 행태접근법

> 해설 물리적 자원과 자연 자원이 레크레이션의 유형과 양을 결정하는 방법이다.

09 대상 지역의 기후에 관한 조사는 계획구역이 속한 지역의 전반적인 기후에 관한 조사와 계획구역 내에 국한된 미기후에 관한 조사로 나누어진다. 다음 중 미기후에 관한 조사 사항이 아닌 것은?

① 강우량
② 태양열
③ 공기유통
④ 안개 · 서리 피해지역

> 해설 국부적인 장소에 나타나는 기후가 주변 기후와 현저히 달리 나타날 때를 말하며, 태양열이나 공기유통, 안개, 서리피해 지역, 대기오염 자료 등이 미기후에 관한 조사 사항에 해당한다.

10 다음 중 옥상정원 계획 시 반드시 고려해야 할 사항이라고 볼 수 없는 것은?

① 지반의 구조 및 강도
② 지하수위
③ 구조체의 방수 및 배수계통
④ 미기후의 변화

> 해설 옥상정원 계획 시 고려사항
> • 하중, 지반의 구조 및 강도
> • 구조체의 방수 및 배수
> • 미기후의 변화(주야간의 온도차를 고려한 식재 요구)

11 대기오염, 소음, 진동, 악취 그 밖에 이에 준하는 공해와 각종 사고나 자연재해 그 밖에 이에 준하는 재해 등의 방지를 위하여 설치하는 녹지를 무엇이라 하는가?

① 근린공원
② 완충녹지
③ 연결녹지
④ 경관녹지

> 해설 녹지의 세분(도시공원 및 녹지 등에 관한 법률 제35조)
> • 완충녹지 : 대기오염, 소음, 진동, 악취, 그 밖에 이에 준하는 공해와 각종 사고나 자연재해, 그 밖에 이에 준하는 재해 등의 방지를 위하여 설치하는 녹지
> • 경관녹지 : 도시의 자연적 환경을 보전하거나 이를 개선하고 이미 자연이 훼손된 지역을 복원 · 개선함으로써 도시경관을 향상시키기 위하여 설치하는 녹지
> • 연결녹지 : 도시 안의 공원, 하천, 산지 등을 유기적으로 연결하고 도시민에게 산책공간의 역할을 하는 등 여가 · 휴식을 제공하는 선형(線型)의 녹지

12 어린이 놀이터 계획 방법에 적합하지 않은 것은?

① 창조적인 활동을 부여할 수 있는 기복이 있는 지형이 적합하다.
② 보호자와 함께 휴식을 취할 수 있는 정적 공간을 확보한다.
③ 시설물의 배치는 집단화 밀집시키기보다 소규모 공간에 분산 배치한다.
④ 집단 활동이 가능한 운동장과 다용도 포장공간을 배치한다.

　해설　평탄하거나 완만한 구릉지를 적지로 하되 위험한 급경사지는 정지하여 조성한다.

13 도시지역 안에서 자연경관의 보호와 시민의 건강, 휴양 및 정서 생활의 향상에 기여하기 위하여 도시관리계획수립 절차에 의해 조성되는 공원의 유형이 아닌 것은?

① 어린이공원
② 근린공원
③ 묘지공원
④ 자연공원

　해설　자연공원은 국립공원, 도립공원, 군립공원, 지질공원 등으로 도시 외 지역에 조성된다.

14 매슬로우(Maslow)의 욕구 위계 중 일부를 열거한 것이다. 열거된 것 중에서 가장 성숙한 단계는?

① 안전　　　② 기초
③ 소속　　　④ 자아실현

　해설　매슬로우의 욕구 5단계
• 1단계 : 생리적 욕구(기아, 갈증, 호흡, 배설, 성욕 등)
• 2단계 : 안전의 욕구(안전을 구하고자 하는 욕구)
• 3단계 : 사회적 욕구(애정, 소속에 대한 욕구)
• 4단계 : 인정받으려는 욕구(자존심, 명예, 성취, 지위에 대한 욕구)
• 5단계 : 자아실현의 욕구(잠재적인 능력을 실현하고자 하는 욕구)

15 골프장 용지 선정 기준에 맞지 않는 것은?

① 교통이 편리하고 소요시간은 2시간 정도가 바람직
② 경치가 양호하고 주변에 관광 위락시설이 있는 곳
③ 동남향 경사로서 남북으로 길게 나타나는 지형
④ 수원지가 될 수 있는 개울과 연못, 수림이 있는 곳

　해설　교통이 편리하고 소요시간은 1~ 1.5 시간이 바람직하다.

16 운전은 용이하나 토지 이용 측면에서는 가장 비효율적인 주차방식은?

① 45° 주차　　　② 평행 주차
③ 60° 주차　　　④ 90° 주차

　해설　45° 주차는 토지 이용 측면에서 가장 비효율적인 주차방식이다.

17 현행 법제상의 오픈스페이스(open space) 분류체계 중 도시공원에 해당하는 것은?

① 유원지
② 묘지공원
③ 공공공지
④ 운동장

> 도시공원 종류 : 소공원, 어린이공원, 근린공원, 역사공원, 수변공원, 문화 공원, 묘지공원, 체육공원 등

18 선의 용도가 잘못된 것은?

① 실선 : 물체의 보이는 부분을 나타내는 선
② 파선 : 물체의 보이지 않는 부분을 나타내는 선
③ 파단선 : 물체 및 도형의 중심을 나타내는 선
④ 2점 쇄선 : 이동하는 부분의 이동 후의 위치를 가상하여 나타내는 선

> • 파단선 : 대상물의 일부를 파단하는 경계 또는 일부를 떼어낸 경계를 표시
> • 1점 쇄선 : 물체나 도형의 중심선

19 다음 중 삼각 스케일로써 활용하기 어려운 축척은?

① 1/30
② 1/200
③ 1/7
④ 1/50,000

> ① 1/30 → 1/300 축척을 활용. ④ 1/50,000 →1/500 축척을 활용

20 경관의 기본 구성요소가 아닌 것은?

① 건물, 인간, 환경
② 선, 형태, 색채, 질감
③ 선, 색채, 농담
④ 크기, 위치, 척도

> 경관의 기본 구성요소 : 점, 선, 형태, 질감, 색채, 크기와 위치(크기가 커질수록 높이가 높아질수록 지각 강도는 높아짐), 농담 (투명한 정도)

21 다음 연결이 잘못된 것은?

① 초점적 경관(focal landscape) – 계곡으로 떨어지는 폭포수
② 순간적 경관(ephemeral landscape) – 호수 위로 피어오르는 물안개
③ 천연미적 경관(natural landscape) – 산속의 큰 암벽
④ 파노라믹한 경관(panoramic landscape) – 나뭇가지 사이로 보이는 광활한 들

> 나뭇가지 사이로 보이는 경관 : 일시경관

22 Kevin Lynch의 5가지 도시이미지와 관련이 없는 것은?

① District
② Structure
③ Edge
④ Path

> 린치의 5가지 도시이미지
> • Path(통로, 길)
> • District(용도에 따른 지역)
> • Edge(단, 모퉁이)
> • Node(결절점)
> • Landmark(랜드마크)

23 초저녁에 청록색 계통은 보이나 황색이나 적색은 거의 보이지 않는 현상은?

① 푸르키니에 현상
② 리브만 효과
③ 명암 순응
④ 착시 현상

> 푸르키니에 현상 : 동틀 무렵이나 저녁 무렵에 단파장의 녹색이나 청색이 잘 보이는 현상

24 음양 오행사상에 따른 다섯 가지 색채(오방색)에 가장 적합하지 않은 것은?

① 청색   ② 적색
③ 녹색   ④ 황색

> 오방색에는 청색, 적색, 황색, 백색, 흑색이 있다.

25 다음의 식재기능에 관한 설명 중 옳지 않은 것은?

① 미기후를 개선한다.
② 건물의 직선을 완화시킨다.
③ 소음을 감소시켜 준다.
④ 공간을 시각적으로 개방시킨다.

> • 미기후 개선, 소음감소 – 공학적 이용
> • 건물 직선의 완화 – 미적 이용

26 수관의 질감(texture)이 거친 느낌을 주고 서양식 건물에 어울리는 나무는?

① 철쭉   ② 팔손이나무
③ 회양목   ④ 꽝꽝나무

> 팔손이나무 : 상록활엽관목으로 잎이 손바닥 모양으로 큰 수종이며 거친 질감의 수목에 해당한다.

27 식재 설계에 있어서 중요한 것은 토양조건이다. 다음 중 좋은 토양조건이 아닌 것은?

① 좋은 토양구조와 토성을 지닌 혼합물
② 느슨하지 않고 쉽게 부스러지지 않는 토양
③ 유기질과 양분함량이 높고, 물을 저류하거나 배수가 용이한 토양
④ 산소함량이 지속적으로 높음과 동시에 식물생육에 적합한 pH를 지닌 토양

> 쉽게 부스러지지 않는 토양, 경도가 높은 토양은 양분과 수분의 흡수가 어려워 식물 생육이 불량하다.

28 토양 수분이 많은 것을 요구하는 나무는?

① 은행나무   ② 단풍나무
③ 낙우송   ④ 피나무

> 토양 수분 요구가 높은 수종 : 낙우송, 메타세콰이어, 버드나무, 물푸레나무 등

29 산성 토양에서 고정되므로 가장 부족하기 쉬운 성분은?

① Fe   ② N
③ P   ④ K

> 산성 토양에서는 질소고정균, 근류균 등 유용 미생물의 활동이 약화되어 질소 부족 현상이 일어난다.

30 식토에 대해서 틀린 설명은?

① 통기성이 좋다.
② 점토분이 많고 점성이 크다.

③ 건조하면 결고 된다.
④ 보수력은 크고 배수성 불량하다.
> 해설 식토는 점토의 함량이 많아 배수가 불량하고 통기성이 좋지 않다.

31 척박지 토양에 잘 자라는 수종은?

① 소나무, 곰솔
② 삼나무, 주목
③ 느티나무, 떡갈나무
④ 오동나무, 낙우송

> 해설 척박지 토양에서 잘 자라는 수종 : 소나무, 곰솔, 전나무, 가문비나무, 콩과 식물류 등

32 뿌리혹박테리아의 도움을 얻어 공중질소(空中窒素)를 이용하면서 살아가는 수종은?

① 팔손이나무
② 해송
③ 보리수나무
④ 미선나무

> 해설 콩과 식물과 보리수나무과 식물의 보리수나무는 뿌리혹박테리아가 질소고정 작용을 한다.

33 식물이 생육하는 토양에서 답압에 의한 영향으로 옳은 것은?

① 토양이 입단(粒團)구조가 된다.
② 용적 비중이 낮아진다.
③ 통수성이 낮아진다.
④ 토양 통수가 빠르다

> 해설 답압은 밟아서 생기는 압력으로 식물이 생육하는 토양에서는 답압으로 인해 토양의 통기성과 통수성 등이 낮아진다.

34 정형식 배식에 어울리는 수목의 조건을 설명한 것으로 옳지 않은 것은?

① 균형이 잡히고 개성이 강한 수목
② 가급적 생장 속도가 빠른 수목
③ 사철 푸른 잎을 가진 수목
④ 다듬기 작업에 잘 견디는 수목

> 해설 정형식 배식의 수목 조건
> • 균형이 잡히고 개성이 강한 수목
> • 상록수
> • 전정(다듬기)에 잘 견디는 수목

35 독립수나 조각물 뒤에 배경식재로 가장 알맞은 것은?

① 잎이 넓고 치밀한 수종
② 잎이 넓고 간격이 엉성한 수종
③ 잎이 촘촘하고 치밀한 수종
④ 잎이 넓고 간격이 엉성한 수종

> 해설 조각물을 강조하기 위해 조각물 뒤에 심는 수목은 부드러운 질감(잎이 작고 조밀하게 밀생)을 식재하는 것이 바람직하다.

36 천이(succession)의 순서가 맞는 것은?

① 나지 - 다년생초본 - 1년생초본 - 음수교목 - 양수관목 - 양수교목
② 나지 - 다년생초본 - 1년생초본 - 양수관목 - 음수교목 - 양수교목
③ 나지 - 1년생초본 - 다년생초본 - 음수교목 - 양수관목 - 양수교목
④ 나지 - 1년생초본 - 다년생초본 - 음수관목 - 양수교목 - 음수교목

> 해설 식생 천이의 마지막 단계는 음수교목이며 이 상태를 극성상(안정된 상태)이라 한다.

37 생울타리용 수목의 조건에 맞지 않는 것은?

① 생김새가 아름답고 지엽이 밀생한 것
② 번식이 용이하고 열매가 특이한 것
③ 맹아력이 강하여 전정에 잘 견디는 것
④ 생육이 왕성하고 병충해의 피해가 적은 것

　해설　생울타리용 수목은 지엽이 치밀하고 전정에 강해야 한다.

38 그늘을 이용하려는 정자목(亭子木)으로 가장 적당한 나무는?

① 목련
② 붉나무
③ 단풍나무
④ 회화나무

　해설　정자목(녹음수) 구비조건
- 수관이 크고 머리가 닿지 않을 정도의 지하고를 지닐 것
- 잎이 크고 밀생하며 낙엽교목일 것
- 병충해와 답압의 피해가 적을 것, 악취 및 가시가 없는 수종
- 적합수종 : 느티나무, 플라타너스, 가중나무, 은행나무, 칠엽수, 오동나무, 회화나무, 팽나무 등

39 방음식재에 대한 기술 중 가장 거리가 먼 것은?

① 보호대상물 쪽으로 접근해서 식재한다.
② 지엽(枝葉)이 치밀한 수목이 좋다.
③ 상록수의 밀식이 좋다.
④ 소음원(騷音沅) 쪽으로 접근해서 식재한다.

　해설　방음식재의 차음효과는 소음원에 접근해서 식재하는 것이 효과가 좋다.

40 지피식물의 이용 목적과 거리가 가장 먼 것은?

① 토양의 침식방지
② 공간의 장식적 역할
③ 미기후의 완화, 조절
④ 정원수 생육 촉진

　해설　지피식물 이용 목적 : 흙먼지의 양을 감소, 토양 침식방지, 강우로 인한 진땅 방지, 미기후의 완화, 동상방지, 미적효과

41 가로수 선정 조건으로 적당하지 않은 것은?

① 정형적인 수종
② 이식과 전정에 강한 것
③ 생장이 빠른 수종
④ 향기가 있는 수종

　해설　가로수 선정 조건 : 정형수, 이식과 전정에 강한 수목, 생장속도가 빠른 수목, 병충해에 강한 수목

42 장대석 용도로 부적당한 것은?

① 경사진 곳 무너짐 쌓기
② 담장 기단석
③ 건물의 기단석
④ 계단

　해설　장대석 용도 : 계단, 담장·건물의 기단석에 활용

43 목재의 탄성계수에 관한 설명으로 옳은 것은?

① 강도에 반비례한다.
② 함수율에 비례한다.
③ 모든 목재가 동일하다.
④ 비중이 증가할수록 탄성계수도 증가한다.

해설 일반적으로 목재 비중이 클수록 강도, 탄성계수와 수축률이 증가한다.

44 레미콘 25-210-12에서 25는 무엇을 의미하는가?

① 압축강도(MPa)
② 굵은골재 크기(mm)
③ 슬럼프(cm)
④ 인장강도(MPa)

해설 레미콘표시법 : 굵은골재 최대치수 - 강도 - 슬럼프값

45 다음 중 시멘트의 응결이 느린 경우는?

① 시멘트의 분말도가 큰 경우
② 온도가 높고, 습도가 낮을수록
③ W/C 비가 많을수록
④ C3A 성분이 많을수록

해설 시멘트의 응결은 첨가된 석고량이 많거나 W/C(물·시멘트) 비가 높을수록 지연된다. 참고로 C3A은 알루민산 3칼슘으로 수화반응 속도가 빨라 응결이 빠르다.

46 플라스틱 재료의 일반적인 특징으로 옳지 않은 것은?

① 내수성(耐水性)과 내약품성이다.
② 내마모성이 크며, 접착성도 우수하다.
③ 착색이 용이하고, 투명성도 있다.
④ 내후성(耐候性)이 크며, 전기절연성이 양호하다.

해설 플라스틱 재료는 내후성(기후에 대한 내구성)이 불량하다.

47 조경 시공관리에 관한 설명으로 옳은 것은?

① 식재공사는 다른 공사와 분리하여 공정계획을 세우는 것이 효율적이다.
② 시공관리의 목표는 품질 좋은 공사 목적물을 값싸고, 안전하게 시공하는 방법을 찾는 것이다.
③ 조경공사의 공정관리는 횡선식공정표가 네트 워크공정표보다 공종 상호간의 연관을 파악하기 쉽다.
④ 조경공사에서 시공계획의 수립은 도급업자에게 위임되어 있어서 발주자와의 협의가 필요 없다.

해설 시공관리
• 시공에 관한 계획 및 관리의 모든 것
• 양질의 품질, 적절한 공사기간, 적절한 비용에 안전하게 시공하는 것

48 다음 계약체결 절차의 흐름으로 옳은 것은?

① 공고 → 입찰 → 낙찰 → 계약
② 입찰 → 공고 → 낙찰 → 계약
③ 공고 → 낙찰 → 입찰 → 계약
④ 낙찰 → 공고 → 입찰 → 계약

해설 입찰공고 → 입찰참가신청 및 입찰 보증금 접수 → 입찰서 제출 → 낙찰 → 계약체결

49 다음 중 측량의 3대 요소가 아닌 것은?

① 각측량
② 면적측량
③ 고저측량
④ 거리측량

해설 측량의 3대 요소 : 거리(거리측량), 각(각측량), 표고(고저측량)

50 다음의 터파기량은?(단, $V = \dfrac{h}{6}\{(2a + a') \times b + (2a' + a) \times b'\}$①

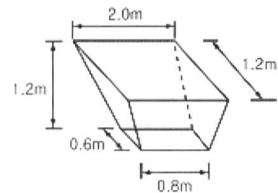

① 1.58m³ ② 15.8m³
③ 1.56m³ ④ 15.6m³

<small>해설</small> $V = \dfrac{1.2}{6}\{(2 \times 2.0 + 0.8) \times 1.2 + (2 \times 0.8 + 2.0) \times 0.6\} = 1.584m^3$

51 굴착, 적재, 운반, 사토작업 등을 할 수 있는 장비는?

① 불도저 ② 그레이더
③ 타이어롤러 ④ 스크레이퍼

<small>해설</small> 스크레이퍼 : 굴착, 적재, 운반, 사토작업 장비

52 지형도의 등고선에서 높은 곳의 간격이 좁고, 낮은 곳에서 넓은 간격은 무엇을 나타내는가?

① 凹 경사지
② 凸 경사지
③ 평지
④ 평사면

<small>해설</small>
- 요사면 : 등고선이 고위부에 밀집해 있으며, 저위부에서 간격이 멀어진다.
- 철사면 : 등고선이 저위부에 밀집해 있으며, 고위부에서 간격이 멀어진다.
- 평사면 : 전체적으로 등간격을 이루는 등고선의 상태

53 다음 중 뿌리분과 구덩이의 크기를 알맞게 설명한 것은?

① 근원직경 4배, 구덩이는 분의 1.5배
② 근원직경 4배, 구덩이는 분의 2.5배
③ 근원직경 6배, 구덩이는 분의 2.5배
④ 근원직경 6배, 구덩이는 분의 1.5배

<small>해설</small> 뿌리분은 근원직경의 4배, 구덩이 파기는 뿌리분의 1.5배 이상

54 외형상의 구비 조건이 동일한 경우 조경식재 공사용으로 사용할 수목으로 적합한 수목은?

① 척박한 진흙질의 땅에서 자라고 있는 수목
② 모래질 땅에서 충분한 수분의 공급을 받으며 자라고 있는 수목
③ 부식질이 풍부한 비옥한 토양에서 자라고 있는 수목
④ 지하수위가 낮은 미사질 토양에서 자라고 있는 수목

<small>해설</small> 조경 식재용 공사 수목은 부식질이 풍부한 비옥한 토양에서 자라는 수목이 적합하다.

55 관목을 식재할 경우 공사 요령 중 틀린 것은?

① 이식 후 흙을 반쯤 채우고 새끼줄을 느슨하게 풀어주며 물을 준다.
② 최소 토심이 15cm 이상이어야 한다.
③ 필요시 지주목을 설치하여 활착을 돕는다.
④ 객토용 토양은 사질양토가 좋다.

<small>해설</small> 소관목은 30~45cm, 대관목은 45~60cm의 토심을 가져야 한다.

56 다음 살수기의 종류 중 가장 높은 압력에서 작동되며 살수 범위가 가장 넓은 것은 어느 것인가?

① 분무살수기 ② 분무입상살수기
③ 회전살수기 ④ 회전입상살수기

📖 회전입상살수기
- 관개 지역에 살수하도록 회전하며. 1개 또는 여러 개의 분무공을 가지고 있음
- 가장 높은 압력에서 작동되어 살수 범위가 가장 넓음

57 수목을 식재할 때 3m×4m에 한 본을 심을 때 1ha에 수목 몇 본의 식재가 가능한가?

① 450본 ② 835본
③ 622본 ④ 855본

📖 1ha=10,000㎡
∴ 10,000÷12=833.33본

58 수목은 경관적 생태적 이유로 전정하게 되는데 서로 상반되게 뻗어 있는 가지를 무엇이라 하는가?

① 도장지 ② 윤생지
③ 교차지 ④ 대생지

📖
- 도장지 : 웃자란 가지
- 윤생지 : 돌려나는 가지, 한군데서 사방으로 자란 가지
- 교차지 : 서로 상반되게 뻗어 난 가지
- 대생지 : 줄기의 같은 높이에서 서로 반대 방향으로 마주 자란 가지

59 우리나라 참나무류에 피해를 주고 있는 참나무시들음병에 대한 설명으로 잘못된 것은?

① 참나무류 중에서 신갈나무에 가장 피해가 심하다.

② 피해를 입은 나무는 7월 말경부터 빠르게 시들면서 빨갛게 말라 죽는다.
③ 매개충의 암컷 등에는 포자를 저장할 수 있는 균낭(mycangia)이 존재한다.
④ 매개하는 매개충은 북방수염 하늘소이다.

📖 참나무시들음병은 광릉긴나무좀이 참나무류에 들어가 병원균을 퍼트리면서 수분과 양분의 이동통로를 막아 말라 죽게 하는 병이다.

60 수목의 측아(側芽) 발달을 억제하여 정아우세를 유지시켜주는 호르몬은?

① 옥신(auxin)
② 지베렐린(gibberellin)
③ 사이토키닌(cytokinin)
④ 아브시스산(absciscic acid)

📖 식물 줄기 생장점의 정아에서 생성된 옥신이 정아의 생장은 촉진하나 아래로 확산하여 측아의 발달은 억제하여 정단 우세 현상이 일어나게 한다.

ANSWER						CBT 복원문제 2024년 2회			
01	02	03	04	05	06	07	08	09	10
①	②	③	④	③	①	③	②	①	②
11	12	13	14	15	16	17	18	19	20
②	①	④	④	①	①	②	③	③	①
21	22	23	24	25	26	27	28	29	30
④	②	①	③	④	②	②	②	②	④
31	32	33	34	35	36	37	38	39	40
①	③	③	②	①	④	③	①	③	④
41	42	43	44	45	46	47	48	49	50
④	①	④	②	③	④	②	①	②	①
51	52	53	54	55	56	57	58	59	60
④	①	①	③	③	④	②	③	④	①

CBT 복원문제 _ 2025년 1회

01 메소포타미아의 대표적인 정원은?

① 마야사원
② 베르사이유 궁전
③ 바빌론의 공중정원
④ 타지마할 사원

> 메소포타미아지역은 서아시아 즉, 바빌로니아 왕국이며, 공중정원과 수렵원이 대표적이다.

02 다음 정원시설 중 우리나라 전통 조경 시설이 아닌 것은?

① 취병(생울타리)
② 화계
③ 벽천
④ 석지

> 벽천은 독일의 구성주의적 양식에서 발달한 것으로, 물을 동적으로 이용한 수경시설이다.

03 다음 중 경복궁 교태전 후원과 관계없는 것은?

① 화계가 있다.
② 상량전이 있다.
③ 아미산이라 칭한다.
④ 굴뚝은 육각형 4개가 있다.

> 상량전은 창덕궁 낙선재의 후원이다.

04 다음 중 정원에서의 눈가림 수법에 대한 설명으로 틀린 것은?

① 좁은 정원에서는 눈가림 수법을 쓰지 않는 것이 정원을 더 넓어 보이게 한다.
② 눈가림은 변화와 거리감을 강조하는 수법이다.
③ 이 수법은 원래 동양적인 것이다.
④ 정원이 한층 더 깊이가 있어 보이게 하는 수법이다.

> 눈가림 수법은 정원을 한층 더 넓고 깊이 있게 보이도록 좁은 정원에서 사용하는 수법이다.

05 다음 중 색의 잔상(殘像)과 관련된 설명으로 틀린 것은?

① 잔상은 원래 자극의 세기, 관찰 시간과 크기에 비례한다.
② 주어진 자극이 제거된 후에도 원래의 자극과 색, 밝기가 같은 상이 보인다.
③ 주어진 자극이 제거된 후에도 원래의 자극과 색, 밝기가 반대인 상이 보인다.
④ 주위색의 영향을 받아 주위색에 근접하게 변화하는 것이다.

> 잔상이란 빛의 자극이 사라진 뒤에도 시각작용이 잠시 남는 현상을 말한다(예 : 촛불을 바라본 뒤 눈을 감아도 촛불의 상이 나타나는 현상). 보기 중 ④항은 동화효과에 관한 설명이다.

06 주택 정원의 세부 공간 중 가장 공공성이 강한 성격을 갖는 공간은?

① 안뜰
② 앞뜰
③ 뒤뜰
④ 작업뜰

📖 주택 정원 공간

공간구분	내용
앞뜰(전정)	• 외부에서 내부로 진입하는 전이 공간(공공적 성격) • 4계절의 변화를 느끼도록 보여주는 정원
안뜰(주정)	• 가족 구성원의 사적인 공간 • 응접실이나 거실 쪽에 면한 뜰
작업뜰(작업정)	• 창고, 장독대, 빨래 건조대 등 • 배수, 벽돌이나 타일로 포장, 차폐식재
뒤뜰(후정)	• 조용하고 정숙한 분위기 • 사생활이 보장되도록 구성

07 조경 양식을 형태적으로 분류했을 때 성격이 다른 것은?

① 평면기하학식
② 중정식
③ 회유임천식
④ 노단식

📖 • 정형식 정원 : 평면기하학식, 노단식(노단건축식), 중정식
• 자연식 정원 : 전원풍경식, 회유임천식, 고산수식

08 조선시대 선비들이 즐겨 심고 가꾸었던 사절우(四節友)에 해당하는 것이 아닌 것은?

① 난초
② 대나무
③ 국
④ 매화나무

📖 4개의 절개가 곧은 친구라는 뜻으로 매화, 소나무, 국화, 대나무이다.

09 다음 조경의 효과로 가장 부적합한 것은?

① 공기의 정화
② 대기오염의 감소
③ 소음 차단
④ 수질오염의 증가

📖 공기정화를 포함한 환경이 개선되면서 수질오염이 줄어들게 된다.

10 도시공원 및 녹지 등에 관한 법률에 의한 어린이공원의 기준에 관한 설명으로 옳은 것은?

① 유치거리는 500m 이하로 제한한다.
② 1개소 면적은 1,200m^2 이상으로 한다.
③ 공원시설 부지면적은 전체 면적의 60% 이하로 한다.
④ 공원구역 경계로부터 500m 이내에 거주하는 주민 250명 이상의 요청 시 어린이공원 조성계획의 정비를 요청할 수 있다.

📖 어린이공원의 기준
• 설치기준은 제한이 없으며, 유치거리는 250m 이하로 한다.
• 1개소 면적은 1,500m^2 이상으로 한다.
• 공원시설 부지면적은 전체 면적의 60% 이하로 한다.
• 소공원 및 어린이공원의 경우 공원구역 경계로부터 250m 이내에 거주하는 주민 500명 이상의 요청 시 공원조성계획의 정비를 요청할 수 있다.

11 조경식재 설계도를 작성할 때 수목명, 규격, 본수 등을 기입하기 위한 인출선 사용의 유의 사항으로 올바르지 않은 것은?

① 가는 선으로 명료하게 긋는다.
② 인출선의 수평 부분은 기입 사항의 길이와 맞춘다.
③ 인출선의 방향과 기울기는 자유롭게 표기하는 것이 좋다.
④ 인출선의 교차나 치수선의 교차를 피한다.

> 해설 인출선 사용상의 유의 사항
> • 가는 선으로 명료하게 긋는다.
> • 인출선의 수평 부분은 기입 사항의 길이와 맞춘다.
> • 인출선의 방향과 기울기는 통일하는 것이 좋다.
> • 인출선 간의 교차나 치수선의 교차를 피한다.
> • 한 도면에서는 인출선의 굵기를 동일하게 유지한다.(가는실선)

12 정형식 배식 방법에 대한 설명이 옳지 않은 것은?

① 단식 – 생김새가 우수하고, 중량감을 갖춘 정형수를 단독으로 식재
② 대식 – 시선 축의 좌우에 같은 형태, 같은 종류의 나무를 대칭 식재
③ 열식 – 같은 형태와 종류의 나무를 일정한 간격으로 직선상에 식재
④ 교호식재 – 서로 마주 보게 배치하는 식재

> 해설 서로 마주 보게 배치하는 식재를 대식이라 하며, 교호식재는 일정 간격을 유지하며 지그재그로 식재하는 방법이다.

13 미기후에 관련된 조사 항목으로 적당하지 않은 것은?

① 대기오염의 정도
② 태양복사열
③ 안개 및 서리
④ 지역온도 및 전국온도

> 해설 지형이나 풍향 등에 따른 국부적인 장소에 나타나는 부분적 장소의 독특한 기상 상태를 미기후라 한다.

14 다음 중 조화(Harmony)의 설명으로 가장 적합한 것은?

① 각 요소들의 강약, 장단의 주기성이나 규칙성을 가지면서 전체적으로 연속적인 운동감을 가지는 것
② 모양이나 색깔 등이 비슷비슷하면서도 실은 똑같지 않은 것끼리 모여 균형을 유지하는 것
③ 서로 다른 것끼리 모여 서로를 강조시켜 주는 것
④ 축선을 중심으로 하여 양쪽의 비중을 똑같이 만드는 것

> 해설 ① : 율동, ③ : 강조, ④ : 균형

15 다음 중 색의 3속성에 관한 설명으로 옳은 것은?

① 감각에 따라 식별되는 색의 종명을 채도라고 한다.
② 색의 포화상태 즉, 강약을 말하는 것은 명도이다.

③ 두 색상 중에서 빛의 반사율이 높은 쪽이 밝은색이다.
④ 그레이스케일(gray scale)은 채도의 기준척도로 사용된다.

> • 감각에 따라 식별되는 색의 종명을 색상이라고 한다.
> • 색의 포화상태 즉, 강약을 말하는 것은 채도이다.
> • 그레이스케일(gray scale)은 명도의 기준척도로 사용된다.

16 다음 중 상록용으로 사용할 수 없는 식물은?

① 마삭줄 ② 불로화
③ 골고사리 ④ 남천

> • 마삭줄 : 덩굴성 상록 만경목
> • 불로화 : 국화과 1년생 식물
> • 골고사리 : 상록 다년생 양치식물
> • 남천 : 매자나무과 상록 관목

17 다음 [보기]에서 설명하는 수종은?

> • 낙엽활엽교목으로 부채꼴형 수형이다.
> • 야합수(夜合樹)라 불리기도 한다.
> • 여름에 피는 꽃은 분홍색으로 화려하다.
> • 천근성 수종으로 이식에 어려움이 있다.

① 자귀나무
② 치자나무
③ 은목서
④ 서향

> 자귀나무는 콩과 수종으로 6월에 피는 꽃은 향기가 없는 것이 특징이며 합환수라고도 한다. 또한, 자귀나무의 잎을 소가 매우 좋아한다고 하여 소쌀나무로도 불린다.

18 산울타리에 적합하지 않은 식물 재료는?

① 무궁화
② 측백나무
③ 느릅나무
④ 꽝꽝나무

> 느릅나무는 녹음수로 적합하다.

19 플라스틱의 장점에 해당하지 않는 것은?

① 가공이 우수하다.
② 경량 및 착색이 용이하다.
③ 내수 및 내식성이 강하다.
④ 전기 절연성이 없다.

> 플라스틱은 전기가 통하지 않으므로 절연성(絕緣性)이 뛰어나다고 할 수 있다.

20 콘크리트의 응결, 경화 조절의 목적으로 사용되는 혼화제에 대한 설명 중 틀린 것은?

① 콘크리트용 응결, 경화 조정제는 시멘트의 응결, 경화 속도를 촉진시키거나 지연시킬 목적으로 사용되는 혼화제이다.
② 촉진제는 그라우트에 의한 지수공법 및 뿜어붙이기 콘크리트에 사용된다.
③ 지연제는 조기 경화현상을 보이는 서중 콘크리트나 수송거리가 먼 레디믹스트 콘크리트에 사용된다.
④ 급결제를 사용한 콘크리트의 조기강도 증진은 매우 크나 장기강도는 일반적으로 떨어진다.

> 그라우트란 시멘트+물+혼화재 등을 섞은 일종의 시멘트풀이며, 지수공법이란 지반굴착 시 물이 들어오지 않도록 물을 차단하는 공법을 말한다.

21 시멘트 액체 방수제의 종류가 아닌 것은?

① 염화칼슘계 ② 지방산계
③ 비소계 ④ 규산소다계

> 시멘트 액체 방수제의 종류
> • 무기질계 : 염화칼슘계, 규산소다계, 규산질분말계
> • 유기질계 : 파라핀계, 지방산계, 고분자에멀션계

22 다음 중 콘크리트 타설 시 염화칼슘의 사용 목적은?

① 콘크리트의 조기강도
② 콘크리트의 장기강도
③ 고온증기 양생
④ 황산염에 대한 저항성 증대

> 염화칼슘, 염화마그네슘, 규산나트륨, 식염 등은 응결 경화 촉진제이다.

23 재료가 탄성한계 이상의 힘을 받아도 파괴되지 않고 가늘고 길게 늘어나는 성질은?

① 취성
② 인성
③ 연성
④ 전성

> • 취성(脆性) : 외력에 의하여 영구 변형을 하지 않고 파괴되는 성질
> • 인성(靭性) : 잡아당기는 힘에 견디는 성질
> • 전성(展性) : 얇게 펴지는 성질

24 다음 수목 중 봄철에 꽃을 가장 빨리 보려면 어떤 수종을 식재해야 하는가?

① 말발도리 ② 자귀나무
③ 매실나무 ④ 금목서

> • 말발도리 : 5월 흰색
> • 자귀나무 : 6월 연분홍색
> • 매실나무 : 4월 흰색
> • 금목서 : 9월 황색

25 형상수(Topiary)를 만들기에 알맞은 수종은?

① 느티나무 ② 주목
③ 단풍나무 ④ 송악

> 형상수(Topiary) : 맹아력이 강한 나무를 동물의 모양을 본따서 인위적인 모양으로 만드는 것으로 주로 향나무, 주목, 회양목 등을 이용한다.

26 조경에 이용될 수 있는 상록활엽관목류의 수목으로만 짝지어진 것은?

① 아왜나무, 가시나무
② 광나무, 꽝꽝나무
③ 백당나무, 병꽃나무
④ 황매화, 후피향나무

> • 아왜나무, 가시나무 : 상록활엽교목
> • 백당나무, 병꽃나무 : 낙엽활엽관목
> • 황매화 : 낙엽활엽관목
> • 후피향나무 : 상록활엽교목

27 잔디밭을 조성함으로써 얻을 수 있는 기능과 효과가 아닌 것은?

① 아름다운 지표면 구성
② 쾌적한 휴식 공간 제공
③ 흙이 바람에 날리는 것 방지
④ 빗방울에 의한 토양 유실 촉진

> 지피식물은 잡초의 발생을 억제하고 빗물에 의한 토양의 유실을 방지한다.

28 다음 중 인공토양을 만들기 위한 경량재가 아닌 것은?

① 부엽토
② 화산재
③ 펄라이트(perlite)
④ 버미큘라이트(vermiculite)

> 인공토양에는 버미큘라이트, 펄라이트, 피트모스, 화산재 등이 대표적이다.

29 목재의 방부법 중 그 방법이 나머지 셋과 다른 하나는?

① 도포법
② 침지법
③ 분무법
④ 방청법

> 금속 소재에 발생하는 녹을 방지하기 위한 도료를 방청도료(防鏽塗料)라 한다.

30 목재가 통상 대기의 온도, 습도와 평형된 수분을 함유한 상태의 함수율은?

① 약 7%
② 약 15%
③ 약 20%
④ 약 30%

> 목재의 함수율
> • 전건재 : 목재의 함수율이 0%로 완전건조한 상태
> • 기건재 : 공기 중의 습도와 목재의 습도가 평행 상태로 함수율 15% 정도
> • 섬유포화점 : 목재의 유리수가 모두 증발하고 결합수만 있을 때를 말하며 함수율은 30% 정도

31 물의 이용 방법 중 동적인 것은?

① 연못
② 캐스케이드
③ 호수
④ 풀

> • 정적인 이용 : 연못, 호수, 풀
> • 동적인 이용 : 벽천, 분수, 캐스케이드

32 벽돌쌓기 방법 중 가장 견고하고 튼튼한 것은?

① 영국식쌓기
② 미국식쌓기
③ 네덜란드식쌓기
④ 프랑스식쌓기

> • 영국식쌓기 : 길이쌓기 켜와 마구리쌓기 켜를 반복하여 쌓는 방법으로 가장 견고하다. 모서리 벽 끝에는 2.5토막을 쓴다.
> • 미국식쌓기 : 표면의 5켜까지는 길이쌓기를 하고, 그다음 켜는 마구리쌓기로 하는 방법으로 쌓는 속도는 빠르나 강도가 약하다.
> • 네덜란드식쌓기 : 영국식 쌓기와 쌓는 방법은 같으나 모서리 끝에 7.5토막을 쓴다.
> • 프랑스식쌓기 : 각 켜마다 길이쌓기와 마구리쌓기가 번갈아 나오는 방법으로 외관이 아름다워 치장벽으로 많이 쓰나 견고성이 떨어지는 단점이 있다.

33 혼화재의 설명 중 옳은 것은?

① 혼화재는 혼화제와 같은 것이다.
② 종류로는 포졸란, AE제 등이 있다.
③ 종류로는 슬래그, 감수제 등이 있다.
④ 혼화재료는 그 사용량이 비교적 많아서 그 자체의 부피가 콘크리트의 배합 계산에 관계된다.

> • 혼화재(混和材) : 혼화재료 중 사용량이 비교적 많아 부피가 콘크리트 배합 계산에 관계되며 콘크리트 성질을 개량하기 위해서 사용된다.
> • 혼화제(混和劑) : 혼화제는 사용량이 적고 배합 계산에서 용적을 무시하는 소량의 재료로 AE제, 급결제, 지연제, 방수제 등이 있다.

34 다음 중 농약의 혼용사용 시 장점이 아닌 것은?

① 약해 증가
② 독성 경감
③ 약효 상승
④ 약효 지속기간 연장

> 해설 농약의 가장 큰 장점은 혼용해서 사용할 수 있으며 이때 상승효과(synergy effect)를 기대할 수 있다.

35 다음 중 점토에 대한 설명으로 옳지 않은 것은?

① 암석이 오랜 기간에 걸쳐 풍화 또는 분해되어 생긴 세립자 물질이다.
② 가소성은 점토 입자가 미세할수록 좋고 또한 미세부분은 콜로이드로서의 특성을 가지고 있다.
③ 화학 성분에 따라 내화성, 소성 시 비틀림 정도, 색채의 변화 등의 차이로 인해 용도에 맞게 선택된다.
④ 습윤 상태에서 가소성을 가지고 고온으로 구우면 경화되지만 다시 습윤 상태로 만들면 가소성을 갖는다.

> 해설 점토는 구운 다음에 다시 습윤 상태를 만든다고 해서 소성을 갖지는 않는다.

36 골재알의 모양을 판정하는 척도인 실적률(%)을 구하는 식으로 옳은 것은?

① 공극률(%) − 100
② 100 − 공극률(%)
③ 100 − 조립률(%)
④ 조립률(%) − 100

> 해설
> • 실적률 = $\frac{중량}{비중} \times 100$ 또는 $100 - 공극률(\%)$
> • 공극률 = $(1 - \frac{가비중}{진비중}) \times 100$

37 중앙에 큰 암거를 설치하고 좌우에 작은 암거를 연결시키는 형태로, 경기장과 같이 전 지역의 배수가 균일하게 요구되는 곳에 주로 이용되는 형태는?

① 어골형
② 절치형
③ 자연형
④ 차단법

> 해설 암거 배치 방법
> • 어골형 : 주관을 중앙에 비스듬히 지관을 설치하는 것으로 경기장 같은 평탄한 지역에 적합. 전 지역의 배수 균일
> • 절치형(빗살형) : 지역 경계 근처에 주관 설치하고 한쪽 측면에 지관을 설치하여 연결하는 것. 비교적 좁은 면적의 전 지역 균일하게 배수할 때 이용
> • 선형(부채살형) : 주관과 지관의 구분이 없이 같은 표기의 관이 부채살 모양으로 1개 지점으로 집중되게 설치하여 집수 후 배수시킴
> • 자연형 : 전면 배수가 요구되지 않는 지역에서 많이 사용으로 지형의 등고선을 따라 주관을 설치하고 지관을 설치하는 방법

38 설계 도면에서 선을 용도에 의해 구분할 때 "실선"의 용도에 해당하지 않는 것은?

① 대상물의 보이는 부분을 표시한다.
② 치수를 기입하기 위해 사용한다.
③ 지시 또는 기호 등을 나타내기 위해 사용한다.
④ 물체가 있을 것으로 가상되는 부분을 표시한다.

해설 선의 용도에 따른 명칭

명칭	용도에 의한 명칭	용도
실선	외형선 단면선	• 물체에 보이는 부분을 나타내는 선 • 절단면의 윤곽선
	치수선, 치수보조선, 지시선, 해칭선	• 설명, 보조, 지시 및 단면의 표시
허선	파선 숨은선	• 물체의 보이지 않는 모양 표시
	일점 쇄선 중심선	• 물체의 중심축 • 대칭축 표시
	경계선 절단선	• 물체의 절단 위치를 표시 • 경계선으로 이용
	이점 쇄선 가상선(경계선)	• 물체가 있을 것으로 가상되는 부분 표시

39 개화를 촉진하는 정원수 관리에 관한 설명으로 옳지 않은 것은?

① 햇빛을 충분히 받도록 해준다.
② 물을 되도록 적게 주어 꽃눈이 많이 생기도록 한다.
③ 깻묵, 닭똥, 요소, 두엄 등을 15일 간격으로 시비한다.
④ 너무 많은 봉우리는 솎아낸다.

해설 깻묵 등 유기질 거름을 많이 주게 되면 영양 생장을 계속하고 생식·생장 시기가 늦어진다. 개화는 생식·생장을 위한 첫 단계이다.

40 일반적으로 근원직경이 10cm인 수목의 뿌리분을 뜨고자 할 때 뿌리분의 직경으로 적당한 크기는?

① 20cm
② 40cm
③ 80cm
④ 120cm

해설 뿌리분의 직경은 근원직경의 4~6배 크기로 한다.

41 다음 중 한 가지에 많은 봉우리가 생긴 경우 솎아낸다든지, 열매를 따버리는 등의 작업을 하는 목적으로 가장 적당한 것은?

① 생장 조장을 돕는 가지 다듬기
② 세력을 갱신하는 가지 다듬기
③ 착화 및 착과 촉진을 위한 가지 다듬기
④ 생장을 억제하는 가지 다듬기

해설 적뢰(摘蕾)와 적과(摘果)는 봉우리와 열매가 너무 많이 달려서 이를 솎아내는 작업을 말한다.

42 저온의 해를 받은 수목의 관리방법으로 적당하지 않은 것은?

① 멀칭
② 바람막이 설치
③ 강전정과 과다한 시비
④ wilt-pruf(시들음방지제) 살포

해설 해를 입은 수목에 강전정과 과다한 시비를 하면 오히려 생육이 불량해진다.

43 다음 중 지피식물의 선택 조건으로 부적합한 것은?

① 치밀하게 피복되는 것이 좋다.
② 키가 낮고 다년생이며 부드러워야 한다.
③ 병충해에 강하며 관리가 용이하여야 한다.
④ 특수환경에 잘 적응하며 희소성이 있어야 한다.

해설 지피식물의 조건
- 답압에 대한 저항성이 크며 키가 작고 다년생일 것
- 번식과 생장이 빠르며 치밀한 지표 피복이 가능할 것
- 환경에 대한 적응성과 병충해에 대한 저항성이 강할 것
- 쉽게 다량으로 구매할 수 있을 것

44 다음 중 수간주입 방법으로 옳지 않은 것은?

① 구멍 속의 이물질과 공기를 뺀 후 주입관을 넣는다.
② 중력식 수간주사는 가능한 한 지제부 가까이에 구멍을 뚫는다.
③ 구멍의 각도는 50~60° 가량 경사지게 세워서, 구멍 지름 20mm 정도로 한다.
④ 뿌리가 제구실을 못하고 다른 시비 방법이 없을 때, 빠른 수세 회복을 원할 때 사용한다.

해설
- 수간 밑에서 5~10cm에 구멍을 뚫은 다음 반대편에 지상에서 10~15cm 높이에 구멍을 뚫는다.
- 구멍의 각도는 20~30°, 깊이는 3~4cm로 한다.
- 수간 주입기를 180cm 정도 높이에 고정시킨다.

45 화단의 초화류를 식재하는 방법으로 옳지 않은 것은?

① 식재할 곳에 1m²당 퇴비 1~2kg, 복합비료 80~120g을 밑거름으로 뿌리고 20~30cm 깊이로 갈아 준다.
② 큰 면적의 화단은 바깥쪽부터 시작하여 중앙 부위로 심어 나가는 것이 좋다.
③ 식재하는 줄이 바뀔 때마다 서로 어긋나게 심는 것이 보기에 좋고 생장에 유리하다.
④ 심기 한나절 전에 관수해 주면 캐낼 때 뿌리에 흙이 많이 붙어 활착에 좋다.

해설 큰 면적의 화단은 중앙에서 바깥쪽으로 심어 나가는 것이 좋다.

46 수목에 영양 공급 시 그 효과가 가장 빨리 나타나는 것은?

① 토양천공시비
② 수간주사
③ 엽면시비
④ 유기물시비

해설 작물은 뿌리에서뿐만 아니라 엽면에서도 비료 성분을 흡수할 수 있다. 이를 이용하여 필요한 경우 비료를 용액(溶液)의 상태로 잎에 뿌려주는 것을 엽면시비라고 한다. 엽면시비는 토양시비보다 비료 성분의 흡수가 빠르고, 토양시비가 곤란한 때에도 시비할 수 있지만, 일시에 다량으로 줄 수는 없다.

47 다음 중 미국흰불나방 구제에 가장 효과가 좋은 것은?

① 디캄바액제(반벨)
② 디니코나졸수화제(빈나리)
③ 시마진수화제(씨마진)
④ 카바릴수화제(세빈)

해설
- 디캄바액제(반벨) : 크로바를 제거하는 선택성 제초제
- 디니코나졸수화제(빈나리) : 생장억제제
- 시마진수화제(씨마진) : 비선택성 제초제

48 다음 중 토양 수분의 형태적 분류와 설명이 옳지 않은 것은?

① 결합수(結合水) - 토양중의 화합물의 한 성분
② 흡습수(吸濕水) - 흡착되어 있어서 식물이 이용하지 못하는 수분
③ 모관수(毛管水) - 식물이 이용할 수 있는 수분의 대부분
④ 중력수(重力水) - 중력에 내려가지 않고 표면 장력에 의하여 토양 입자에 붙어 있는 수분

• 결합수(PF7.0) : 토양의 고체 분자를 구성하는 수분으로 100℃ 이상 가열해도 분리할 수 없어 식물이 이용할 수 없다.
• 흡습수(PF4.5~7) : 100℃로 가열하면 분리할 수 있으나 작물이 거의 이용하지 못한다.
• 모세관수(PF2.52~4.5) : 모관수라고도 부르며 작물이 주로 이용하는 유효 수분을 말한다.
• 중력수(PF0~2.52) : 자유수라고도 부르며 중력에 의하여 토양층 아래로 내려가는 수분을 말한다.

49 난지형 잔디의 발아 적온으로 맞는 것은?

① 15~20℃   ② 20~23℃
③ 25~30℃   ④ 30~33℃

한지형 잔디의 발아 적온은 20~25℃이다. 또한, 생육온도는 난지형 잔디의 경우 25~35℃, 한지형 잔디는 15~25℃이다.

50 평판을 정치(세우기)하는데 오차에 가장 큰 영향을 주는 항목은?

① 수평맞추기(정준)
② 중심맞추기(구심)
③ 방향맞추기(표정)
④ 모두 같다.

평판 측량의 3요소는 정준, 구심, 표정이며 이중 방향 오차는 수평거리상 오차로 정치를 잘못하면 오차가 많이 발생한다.

51 해충의 방제방법 중 기계적 방제에 해당하지 않는 것은?

① 포살법   ② 진동법
③ 경운법   ④ 온도처리법

온도처리법에는 종자의 휴면을 타파하기 위해서 사용하는 저온처리법 등이 있으며, 이는 물리적 방제방법에 속한다.

52 개화, 결실을 목적으로 실시하는 정지, 전정의 방법으로 틀린 것은?

① 약지는 짧게, 강지는 길게 전정하여야 한다.
② 묵은 가지나 병충해 가지는 수액 유동 후에 전정한다.
③ 작은 가지나 내측으로 뻗은 가지는 제거한다.
④ 개화 결실을 촉진하기 위하여 가지를 유인하거나 단근 작업을 실시한다.

약지는 짧게(조금), 강지는 길게(많이) 전정하여야 하며, 묵은 가지나 병충해 가지는 수액 유동 전에 전정한다.

53 지역이 광대해서 하수를 한 개소로 모으는 것이 곤란할 때 배수 지역을 수 개 또는 그 이상으로 구분해서 배관하는 배수 방식은?

① 직각식   ② 차집식
③ 방사식   ④ 선형식

해설
- 직각식 : 배수 관거를 하천에 직각으로 연결하여 배출하는 방식으로 비용은 저렴하나 수질오염의 우려가 있다.
- 차집식 : 우천 시 하천으로 방류하고, 맑은 날은 차집거를 통해 하수 처리장으로 보내는 방식이다.
- 선형식 : 지형이 한 방향으로 집중되어 경사를 이루거나 하수처리 관계상 한정된 장소로 집중시켜야 할 때 사용되는 방식이다.
- 방사식 : 지역이 광대하여 한 곳으로 모으기 곤란할 때 방사형으로 구획 구분하여 집수하여 배수하는 방식이다.
- 평행식 : 지형의 고저차가 심한 경우 고지구와 저지구를 구분하여 배관하는 방식이다.
- 집중식 : 사방에서 한 지점을 향해 집중적으로 흐르게 해 처리하는 방식으로 저지대의 배수를 위해 사용된다.

54 다음 중 줄기의 수피가 얇아 옮겨 심은 직후 줄기 감기를 반드시 해야 하는 수종은?

① 배롱나무 ② 소나무
③ 향나무 ④ 은행나무

해설 배롱나무처럼 수피가 얇고 내한성이 약한 수종은 반드시 수피감기를 하여 동해를 예방하여야 한다.

55 조경 현장에서 사고가 발생하였다고 할 때 응급조치를 잘못 취한 것은?

① 기계의 작동이나 전원을 단절시켜 사고의 진행을 막는다.
② 현장에 관중이 모이거나 흥분이 고조되지 않도록 하여야 한다.
③ 사고 현장은 사고 조사가 끝날 때까지 그대로 보존하여 두어야 한다.
④ 상해자 발생 시는 관계 조사관이 현장을 확인 보존 후 이후 전문의의 치료를 받게 한다.

해설 상해자가 발생했을 때는 상해자를 먼저 병원으로 이송조치하여 전문의의 치료를 받게 해야 한다.

56 각 재료의 할증률로 맞는 것은?

① 이형철근 : 5%
② 강판 : 12%
③ 경계블록(벽돌) : 5%
④ 조경용수목 : 10%

해설
- 이형철근 : 3%
- 강판 : 10%
- 경계블록(벽돌) : 3%

57 수간과 줄기 표면의 상처에 침투성 약액을 발라 조직 내로 약효 성분이 흡수되게 하는 농약 사용법은?

① 도포법
② 관주법
③ 도말법
④ 분무법

해설
- 관주법 : 약액을 흙속에 주입하거나, 줄기에 주입하는 방법
- 도말법 : 종자에 분말로 된 약제를 골고루 묻혀 처리하는 일
- 분무법 : 분사 노즐을 이용하여 뿌려주는 방법

58 다음 중 시방서에 포함되어야 할 내용으로 가장 부적합한 것은?

① 재료의 종류 및 품질
② 시공방법의 정도
③ 재료 및 시공에 대한 검사
④ 계약서를 포함한 계약 내역서

해설 시방서는 재료의 품질, 치수, 시공방법 및 공법 등을 기술한 것으로 계약서와는 무관하다.

59 퍼걸러(pergola) 설치 장소로 적합하지 않은 것은?

① 건물에 붙여 만들어진 테라스 위
② 주택 정원의 가운데
③ 통경선의 끝부분
④ 주택 정원의 구석진 곳

해설 시설물은 가장자리에 배치한다.

60 다음 중 정원수의 덧거름으로 가장 적합한 것은?

① 요소
② 생석회
③ 두엄
④ 쌀겨

해설 정원수의 거름주기

구분	효과	시비시기	목적	종류
밑거름 (준비, 기비)	지효성 거름	늦가을~ 이른 봄	지력 회복	두엄, 깻묵, 계분
덧거름 (추비)	속효성 거름	봄~가을 (낙화 후, 열매딴 후)	수세 회복	질소질 비료, 화학비료

ANSWER								CBT 복원문제 2025년 1회	
01	02	03	04	05	06	07	08	09	10
③	③	②	①	④	②	③	①	④	③
11	12	13	14	15	16	17	18	19	20
③	④	④	②	③	②	①	③	④	②
21	22	23	24	25	26	27	28	29	30
③	①	③	③	②	④	④	①	③	②
31	32	33	34	35	36	37	38	39	40
②	①	④	①	④	②	④	④	③	②
41	42	43	44	45	46	47	48	49	50
③	③	④	③	②	③	④	④	④	③
51	52	53	54	55	56	57	58	59	60
④	②	③	①	④	④	①	④	②	①

01 창경궁에 있는 통명전 지당의 설명으로 틀린 것은?

① 장방형으로 장대석으로 쌓은 석지이다.
② 무지개형 곡선 형태의 석교가 있다.
③ 괴석 2개와 앙련(仰蓮) 받침대석이 있다.
④ 물은 직선의 석구를 통해 지당에 유입된다.

해설 통명전 지당 속에는 석분 위에 괴석 3개와 앙련(仰蓮) 받침대석 1개가 있다. 괴석 3개로 삼신산(봉래, 방장, 영주)을 나타내고 이는 신선사상을 근간으로 한다는 것을 알 수 있다.

02 사대부나 양반 계급에 속했던 사람이 자연 속에 묻혀 야인으로서의 생활을 즐기던 별서 정원이 아닌 것은?

① 소쇄원　② 방화수류정
③ 다산초당　④ 부용동 정원

해설 방화수류정은 수원 화성의 네 개의 각루 중 동북 각루의 이름이다. 각루란 성곽 가운데서 바깥을 조망하기 위해 성벽 위 모서리에 지은 일종의 초소이다.

03 다음 중 중국 4대 명원(四大名園)에 포함되지 않는 것은?

① 작원　② 사자림
③ 졸정원　④ 창랑정

해설 중국 소주 지방의 4대 명원은 사자림, 졸정원, 창랑정, 유원이다.

04 조경 양식 중 노단식 정원 양식을 발전시키게 한 자연적인 요인은?

① 기후
② 지형
③ 식물
④ 토질

해설 이탈리아는 산악 지형, 프랑스는 평지 지형이 많았기 때문에 지형을 고려한 정원 양식이 발달하였다.

05 다음 보기의 (　) 안에 들어갈 디자인 요소는?

형태, 색채와 더불어 (　)은(는) 디자인의 필수 요소로서 물체의 조성 성질을 말하며, 이는 우리의 감각을 통해 형태에 대한 지식을 제공한다.

① 질감
② 광선
③ 공간
④ 입체

해설
• 기본요소 : 선, 형태, 색채, 질감, 크기와 위치, 농담
• 가변요소 : 광선, 기상 조건, 계절, 시간 등

06 건물로 둘러싸여 상업 및 집회에 이용되는 옥외공간을 말하는 것은?

① 아고라
② 테라스
③ 아카데미
④ 페리스틸리움

> 해설 아고라(agora) : 건물로 둘러싸여 상업 및 집회에 이용되는 옥외공간을 말한다. 광장을 말하며 로마 시대의 광장에는 포럼(forum)이 있다.

07 다음 중 몰(mall)에 대한 설명으로 옳지 않은 것은?

① 도시 환경을 개선하는 한 방법이다.
② 차량은 전혀 들어갈 수 없게 만들어진다.
③ 보행자 위주의 도로이다.
④ 원래의 뜻은 나무 그늘이 있는 산책길이란 뜻이다.

> 해설 몰(mall)이란 상업지구 내 쇼핑 거리를 중심으로 전개되는 공중보도(公衆步道) 및 산책로를 말하는데 조명, 휴지통, 벤치 등을 갖춘 휴식 공간이 있고 보행자를 보호할 수 있는 범위에서 차량의 출입을 허용하는 보행자 위주의 도로이다.

08 조경 프로젝트의 수행 단계 중 주로 공학적 지식을 바탕으로 다른 분야와는 달리 생물을 다룬다는 특수한 기술이 필요한 단계로 가장 적합한 것은?

① 조경계획
② 조경설계
③ 조경관리
④ 조경시공

> 해설
> • 조경계획 : 자료수집 및 분석단계에서 합리적인 측면 요구
> • 조경설계 : 시공을 목표로 도면을 작성하며 표현에 대한 창의성 요구
> • 조경관리 : 조경수목 생산관리, 병충해방제, 전정 및 시비 등

09 다음 중 가장 가볍게 느껴지는 색은?

① 파랑
② 연두
③ 노랑
④ 초록

> 해설
> • 따뜻한 색(진출색, 팽창색) : 정열적, 온화, 친근한 느낌(ex : 봄철의 노란 개나리꽃, 가을의 붉은 단풍)
> • 차가운 색(후퇴색, 수축색) : 지적, 냉정함, 상쾌한 느낌(ex : 침엽수림이나 깊은 연못의 검푸른 수면)

10 경관 구성의 미적 원리를 통일성과 다양성으로 구분할 때, 다음 중 다양성에 해당하는 것은?

① 조화
② 균형
③ 강조
④ 대비

> 해설
> • 통일성 : 조화, 균형, 대칭, 강조
> • 다양성 : 비례, 율동, 대비

11 노외주차장의 구조, 설비 기준으로 틀린 것은?(단, 주차장법 시행 규칙을 적용한다.)

① 노외주차장의 출구와 입구에서 자동차의 회전을 쉽게 하기 위하여 필요한 경우에는 차로와 도로가 접하는 부분을 곡선형으로 하여야 한다.
② 노외주차장의 출구 부근의 구조는 해당 출구로부터 2m를 후퇴한 노외주차장의 차로의 중심선상 1.0m의 높이에서 도로의 중심선에 직각으로 향한 왼쪽·오른쪽 각각 45°의 범위에서 해당 도로를 통행하는 자를 확인할 수 있도록 하여야 한다.

③ 노외주차장의 출입구 너비는 3.5m 이상으로 하여야 하며, 주차대수 규모가 50대 이상인 경우에는 출구와 입구를 분리하거나 너비 5.5m 이상의 출입구를 설치하여 소통이 원활하도록 하여야 한다.

④ 노외주차장에서 주차에 사용되는 부분의 높이는 주차 바닥면으로부터 2.1m 이상으로 하여야 한다.

> 해설 노외주차장의 출구 부근의 구조는 해당 출구로부터 2m(이륜자동차전용 출구의 경우에는 1.3m)를 후퇴한 노외주차장의 차로의 중심선상 1.4m의 높이에서 도로의 중심선에 직각으로 향한 왼쪽·오른쪽 각각 60°의 범위에서 해당 도로를 통행하는 자를 확인할 수 있도록 하여야 한다.

12 다음 설명에 해당하는 도시공원의 종류는?

- 설치 기준의 제한은 없으며, 유치거리 500m 이하, 공원면적 10,000m² 이상으로 할 수 있다.
- 주로 인근에 거주하는 자의 이용에 제공할 목적으로 설치한다.

① 어린이공원
② 근린생활권근린공원
③ 도보권근린공원
④ 도시지역권근린공원

> 해설 생활권 공원의 유치거리 및 규모

공원구분	유치거리	규모
소공원	제한 없음	제한 없음
어린이공원	250m 이하	1,500m² 이상
근린생활권 근린공원	500m 이하	10,000m² 이상
도보권근린공원	1,000m 이하	30,000m² 이상
도시지역권 근린공원	제한 없음	100,000m² 이상
광역권근린공원	제한 없음	1,000,000m² 이상

13 물체의 앞이나 뒤에 화면을 놓은 것으로 생각하고, 시점에서 물체를 본 시선과 그 화면이 만나는 각 점을 연결하여 물체를 그리는 투상법은?

① 사투상법
② 정투상법
③ 투시도법
④ 표고투상법

> 해설 투시도(1소점법) : 사투상도(경사투상도)는 기준선을 긋고 각 꼭지점에서 기준선과 45°를 이루는 사선을 나란히 그은 다음에 물체의 치수대로 그리는 방법이며, 정투상도는 직각을 이루고 있는 평면상에 물체로부터 수직선을 내려서 얻은 2개의 또는 그 이상의 방향도로 물체의 모양과 크기를 정확히 나타낼 수 있는 도면이다.

14 실제 길이 3m는 축척 1/30도면에서 얼마로 나타나는가?

① 1cm
② 10cm
③ 3cm
④ 30cm

> 해설 1/30도면에서 1cm를 실제 거리로 바꾸면 1cm×30=30cm이고 3m(300cm)를 도상 거리로 바꾸면 300cm÷30=10cm이다.

15 감탕나무과(Aquifoliaceae)에 해당하지 않는 것은?

① 호랑가시나무
② 먼나무
③ 꽝꽝나무
④ 소태나무

> 해설 소태나무는 소태나무과의 낙엽활엽교목으로 해독, 습진, 인후염 등의 약재로 많이 쓰인다.

16 다음 조경용 소재 및 시설물 중에서 평면적 재료에 가장 적합한 것은?

① 잔디
② 조경수목
③ 퍼걸러
④ 분수

해설 잔디광장, 호수, 운동장 등은 평면적 재료이며 수목, 퍼걸러 등은 입체적 재료이다.

17 가로수가 갖추어야 할 조건이 아닌 것은?

① 공해에 강한 수목
② 답압에 강한 수목
③ 지하고가 낮은 수목
④ 이식에 잘 적응하는 수목

해설 가로수 보행자의 이동에 지장을 주면 안 되기 때문에 지하고가 높아야 한다.

18 수목의 규격을 H × W로 표시하는 수종으로만 짝지어진 것은?

① 소나무, 느티나무
② 회양목, 장미
③ 주목, 철쭉
④ 백합나무, 향나무

해설 상록침엽수와 관목류는 규격을 H × W로 표시한다.

19 화성암의 심성암에 속하며 흰색 또는 담회색인 석재는?

① 화강암
② 안산암
③ 점판암
④ 대리석

해설 화성암은 지하 깊은 곳에서 굳어진 심성암과 반심성암, 지표에서 굳어진 화산암으로 구분된다. 화강암은 심성암이며, 안산암과 현무암 등은 화산암이다. 또한 점판암은 퇴적암이고 대리석은 석회암이 변성된 변성암이다.

20 92~96%의 철을 함유하고 나머지는 크롬·규소·망간·유황·인 등으로 구성되어 있으며 창호철물, 자물쇠, 맨홀 뚜껑 등의 재료로 사용되는 것은?

① 선철
② 강철
③ 주철
④ 순철

해설 선철은 용광로에서 철광석을 녹여 나온 재료이고, 순철은 불순물이 없는 순도 100% 철을 말한다. 강철은 주철보다 탄소 함유량이 적다.

21 다음 중 보도 포장 재료로서 부적당한 것은?

① 내구성이 있을 것
② 자연 배수가 용이할 것
③ 보행시 마찰력이 전혀 없을 것
④ 외관 및 질감이 좋을 것

해설 포장 재료의 선정
- 도로의 안전, 기능, 미관 등 공간의 용도를 고려할 것
- 시공비가 저렴하고 내구성이 있을 것
- 배수가 잘되고 미끄러짐이 적은 재료를 선택할 것
- 재료의 질감과 외관이 좋고 변화가 적으며 표면에서 태양 광선의 반사가 적을 것

22 일반적인 목재의 특성 중 장점에 해당하는 것은?

① 충격, 진동에 대한 저항성이 작다.
② 열전도율이 낮다.
③ 충격의 흡수성이 크고, 건조에 의한 변형이 크다.
④ 가연성이며 인화점이 낮다.

- 목재의 장점
  - 색깔, 무늬 등 외관의 아름답다.
  - 재질이 부드럽고 촉감이 좋다.
  - 무게가 가벼워서 다루기 좋다.
  - 무게에 비해 강도가 크다.
  - 가공이 쉽고 열전도율이 낮다.
- 목재의 단점
  - 부패성이 크다.
  - 함수율에 따라 변형이 일어날 수 있다.
  - 부위에 따라 재질이 불균질하다.
  - 불에 타기 쉽다.
  - 구부러지고 옹이가 있다.

23 목재의 방부처리 방법 중 일반적으로 가장 효과가 우수한 것은?

① 침지법
② 도포법
③ 생리적 주입법
④ 가압주입법

가장 효과가 우수한 것은 가압주입법이고, 일반적이고 쉬운 방법은 도포법이다.

24 블리딩 현상에 따라 콘크리트 표면에 떠올라 표면의 물이 증발함에 따라 콘크리트 표면에 남은 가볍고 미세한 물질로서 시공 시 작업이음을 형성하는 것에 대한 용어로서 맞는 것은?

① Workability
② Consistency
③ Laitance
④ Plasticity

- Workability(작업 난이도) : 콘크리트 칠 때 적당한 유동성과 점성이 있어 시공 부분에 잘 채워지고 분리를 일으키지 않는 정도
- Consistency(반죽질기) : 물의 양에 따른 반죽의 되고 진 정도를 나타내는 것, 굳지 않은 콘크리트의 유동성
- Plasticity(성형성) : 거푸집으로 쉽게 성형할 수 있으며, 풀기가 있어 거푸집 제거 시 허물어지거나 재료의 분리가 없는 성질

25 심근성 수종에 해당하지 않는 것은?

① 섬잣나무
② 태산목
③ 은행나무
④ 현사시나무

토심에 따른 주요 수종

구분	주요 수종
심근성	소나무, 전나무, 벽오동, 은행나무, 느티나무, 백합나무, 모과나무, 상수리나무, 후박나무, 동백나무 등
천근성	독일가문비, 편백, 자작나무, 미루나무, 버드나무, 현사시나무, 매화나무 등

26 구상나무(Abies koreana Wilson)와 관련된 설명으로 틀린 것은?

① 한국이 원산지이다.
② 측백나무과(科)에 해당한다.
③ 원추형의 상록침엽교목이다.
④ 열매는 구과로 원통형이며 길이 4~7cm, 지름 2~3cm의 자갈색이다.

Abies는 침엽수란 뜻이고, 구상나무는 우리나라 특산종으로 소나무과 수종이다.

27 다음 중 조경 수목의 생장 속도가 빠른 수종은?

① 둥근향나무
② 감나무
③ 모과나무
④ 삼나무

- 생장이 빠른 수종 : 가중나무, 낙우송, 삼나무, 오동나무, 자귀나무, 배롱나무 등
- 생장이 느린 수종 : 주목, 비자나무 등

28 단위용적중량이 1700kgf/m³, 비중이 2.6인 골재의 공극률은 약 얼마인가?

① 34.6%   ② 52.94%
③ 3.42%   ④ 5.53%

- 실적률 = $\dfrac{중량}{비중} \times 100$
  = $\dfrac{1.7}{2.6} \times 100 = 65.38\%$
- 공극률 = 100 − 65.38 = 34.62%

29 골재의 함수 상태에 대한 설명 중 옳지 않은 것은?

① 절대 건조 상태는 105±5℃ 정도의 온도에서 24시간 이상 골재를 건조시켜 표면 및 골재 알 내부의 빈틈에 포함되어 있는 물이 제거된 상태이다.
② 공기 중 건조 상태는 실내에 방치한 경우 골재 입자의 표면과 내부의 일부가 건조된 상태이다.
③ 표면 건조 포화 상태는 골재 입자의 표면에 물은 없으나 내부의 빈틈에 물이 꽉 차 있는 상태이다.
④ 습윤 상태는 골재 입자의 표면에 물이 부착되어 있으나 골재 입자 내부에는 물이 없는 상태이다.

습윤 상태란 골재 내부가 완전히 수분으로 채워져 있고, 표면에도 여분의 물을 포함하고 있는 상태를 말한다.

30 학교 조경에 도입되는 수목을 선정할 때 조경 수목의 생태적 특성 설명으로 옳은 것은?

① 학교 이미지 개선에 도움이 되며, 계절의 변화를 느낄 수 있도록 수목을 선정

② 학교가 위치한 지역의 기후, 토양 등의 환경에 조건이 맞도록 수목을 선정
③ 교과서에서 나오는 수목이 선정되도록 하며 학생들과 교직원들이 선호하는 수목을 선정
④ 구입하기 쉽고 병충해가 적고 관리하기가 쉬운 수목을 선정

수목의 생태적 특성을 고려해서 선정해야 한다는 것이 문제의 핵심이다.

31 다음 [보기]의 목재 방부법에 사용되는 방부제는?

- 방부력이 우수하고 내습성도 있으며 값이 저렴하다.
- 냄새가 좋지 않아서 실내에 사용할 수 없다.
- 미관을 고려하지 않은 외부에 사용된다.

① 광명단   ② 물유리
③ 크레오스트   ④ 황암모니아

크레오스트는 석탄을 235~315℃에서 고온 건조하여 얻은 타르 제품으로서 독성이 적고 자극적인 냄새가 있는 유성 목재 방부제이다.

32 구조 재료의 용도상 필요한 물리·화학적 성질을 강화시키고 미관을 증진시킬 목적으로 재료의 표면에 피막을 형성시키는 액체 재료를 무엇이라 하는가?

① 도료   ② 착색
③ 강도   ④ 방수

도료란 페인트처럼 표면에 칠하여 고체막을 만들어 물체의 표면을 보호하고 아름답게 하는 유동성 물질을 말한다.

33 다음 중 수목을 기하학적인 모양으로 수관을 다듬어 만든 수형을 가리키는 용어는?

① 정형수 ② 형상수
③ 경관수 ④ 녹음수

해설 수목을 동물 모양 등 일정한 형태를 갖도록 인위적으로 전정한 것을 형상수 또는 Topiary라고 한다.

34 다음 중 비옥지를 가장 좋아하는 수종은?

① 소나무 ② 아까시나무
③ 사방오리나무 ④ 주목

해설
- 비옥지를 좋아하는 수종 : 주목, 측백나무, 벽오동, 벚나무, 철쭉, 불두화 등
- 척박지에 견디는 수종 : 소나무, 오리나무, 버드나무, 자작나무, 등나무, 아까시나무, 보리수나무, 자귀나무 등(콩과식물)

35 쾌적한 가로 환경과 환경보전, 교통제어, 녹음과 계절성, 시선유도 등으로 활용하고 있는 가로수로 적합하지 않은 수종은?

① 이팝나무 ② 은행나무
③ 메타세콰이어 ④ 능소화

해설 녹음수는 수관이 커서 여름에 짙은 녹음, 겨울에 잎이 지는 낙엽 활엽수가 적당하며 능소화는 덩굴식물이다.

36 줄기의 색이 아름다워 관상 가치를 가진 대표적인 수종의 연결로 옳지 않은 것은?

① 백색계의 수목 : 자작나무
② 갈색계의 수목 : 편백
③ 적갈색계의 수목 : 소나무
④ 흑갈색계의 수목 : 벽오동

37 산울타리용 수종으로 부적합한 것은?

① 개나리
② 칠엽수
③ 꽝꽝나무
④ 명자나무

해설 산울타리는 지엽이 치밀하고 전정에 강하며 지하고가 낮은 관목류가 적당하다.

38 다음 중 조경수의 이식에 대한 적응이 가장 쉬운 수종은?

① 벽오동 ② 전나무
③ 섬잣나무 ④ 가시나무

해설 침엽수류와 상록활엽수류의 수종은 심근성 수종이 많으며, 이러한 심근성 수종들은 이식에 대한 적응성이 약하다.

39 생물분류학적으로 거미강에 속하며 덥고, 건조한 환경을 좋아하고 뾰족한 입으로 즙을 빨아먹는 해충은?

① 진딧물 ② 나무좀
③ 응애 ④ 가루이

해설
- 진딧물 : 곤충강 매미목
- 나무좀 : 곤충강 딱정벌레목
- 가루이 : 곤충강 매미목

40 암석 재료의 가공 방법 중 쇠망치로 석재 표면의 큰 돌출 부분만 대강 떼어내는 정도의 거친 면을 마무리하는 작업을 무엇이라 하는가?

① 잔다듬 ② 물갈기
③ 혹두기 ④ 도드락다듬

해설 석재의 가공 방법

공정	작업 내용
혹두기	쇠망치(쇠메)로 석재 표면의 큰 돌출 부분만 대강 떼어내는 정도의 거친 면을 마무리하는 작업
정다듬	혹두기한 면을 정으로 비교적 고르고 곱게 다듬는 것으로 거친 정도에 따라 거친다듬, 중다듬, 고운다듬으로 구분
도두락 다듬	정다듬 한 표면을 도드락 망치를 이용하여 1~3회 정도로 곱게 다듬는 작업
잔다듬	외날망치나 양날망치로, 정다듬면 또는 도드락 다듬면을 일정 방향이나 평행선으로 다듬어 평탄하게 마무리하는 작업
물갈기	연마기나 숫돌로 매끈하게 갈아내는 방법으로 화강암, 대리석 등을 최종적으로 마무리할 때 이용

41 수목의 전정 작업 요령에 관한 설명으로 옳지 않은 것은?

① 상부는 가볍게, 하부는 강하게 한다.
② 우선 나무의 정상부로부터 주지의 전정을 실시한다.
③ 전정 작업을 하기 전 나무의 수형을 살펴 이루어질 가지의 배치를 염두에 둔다.
④ 주지의 전정은 주간에 대해서 사방으로 고르게 굵은 가지를 배치하는 동시에 상하(上下)로도 적당한 간격으로 자리잡도록 한다.

해설 생울타리의 경우 상부는 강하게(많이 자름), 하부는 약하게(적게 자름) 전정한다.

42 이식한 수목의 줄기와 가지에 새끼로 수피감기를 하는 이유로 가장 거리가 먼 것은?

① 병·해충의 침입을 막아준다.
② 수피로부터 수분 증산을 억제한다.
③ 경관을 향상시킨다.
④ 강한 태양광선으로부터 피해를 막아준다.

해설 수피감기는 경관의 향상과는 무관하다.

43 수목의 키를 낮추려면 다음 중 어떠한 방법으로 전정하는 것이 가장 좋은가?

① 수액이 유동하기 전에 약전정을 한다.
② 수액이 유동한 후에 약전정을 한다.
③ 수액이 유동하기 전에 강전정을 한다.
④ 수액이 유동한 후에 강전정을 한다.

해설 수목의 생장을 억제하기 위해서는 휴면기에 강전정을 해야 한다.

44 표준품셈에서 조경용 초화류 및 잔디의 할증률은 몇 %인가?

① 1% ② 3%
③ 5% ④ 10%

해설 조경수목, 잔디, 초화류 등 식물재료의 할증률은 10%이다.

45 다음 배수관 중 가장 경사를 급하게 설치해야 하는 것은?

① Ø100mm ② Ø200mm
③ Ø300mm ④ Ø400mm

해설 관의 지름이 좁을수록 경사는 급하게 설치해야 한다.

46 농약살포가 어려운 지역과 솔잎혹파리 방제에 사용되는 농약 사용법은?

① 도포법　　② 수간주사법
③ 입제살포법　④ 관주법

　해설　수간주사법이 가장 효과가 좋으며, 관주법은 토양 내에 약액을 주입하는 방법을 말한다.

47 한국 잔디의 해충으로 가장 큰 피해를 주는 것은?

① 풍뎅이 유충　② 거세미나방
③ 땅강아지　　④ 선충

　해설
・풍뎅이 유충 : 뿌리를 가해하고 성충은 잎을 갉아 먹는다.
・거세미나방 : 토양 내에서 뿌리를 가해하고 밤에만 주로 활동하여 야도충이라 한다.
・땅강아지 : 토양 내에서 뿌리를 가해한다.
・선충 : 토양 내에서 뿌리를 가해한다.

48 농약의 사용 목적에 따른 분류 중 응애류에만 효과가 있는 것은?

① 살충제　　② 살균제
③ 살비제　　④ 살초제

　해설　응애를 박멸하기 위해 사용하는 농약을 살비제라 한다.

49 다음 중 조경수목의 꽃눈분화, 결실 등과 가장 관련이 깊은 것은?

① 질소와 탄소 비율
② 탄소와 칼륨 비율
③ 질소와 인산 비율
④ 인산과 칼륨 비율

　해설
・탄질률은 화아분화와 관련이 깊으며 "C/N율"이라고도 한다.
・탄소(C) 〉 질소(N)인 경우 화아분화가 잘 된다.

50 다음 중 2개 이상의 기둥을 합쳐서 1개의 기초로 받치는 것은?

① 줄기초　　② 독립기초
③ 복합기초　④ 연속기초

　해설
・독립기초 : 각 기둥을 1개씩 받치는 기초로 지반의 지지력이 비교적 강한 경우에 가능
・복합기초 : 2개 이상의 기둥을 합쳐서 1개의 기초로 받치는 것을 말하며, 기둥 간격이 좁은 경우에 적합
・연속기초 : 줄기초라고도 하며, 담장의 기초와 같이 길게 띠 모양으로 받치는 기초
・온통기초(전면기초) : 구조물의 바닥을 전면적으로 1개의 기초로 받치는 것으로 지반의 지지력이 비교적 약할 때 쓰임

51 지형을 표시하는데 가장 기본이 되는 등고선의 종류는?

① 조곡선　　② 주곡선
③ 간곡선　　④ 계곡선

　해설
・주곡선 : 지형도 전체에 일정 높이의 간격으로 그려진 곡선
・계곡선 : 주곡선의 다섯 줄마다 굵은 선으로 그어진 것
・간곡선 : 주곡선 간격의 1/2 거리의 가는 파선으로 표시
・보조곡선 : 간곡선 간격의 1/2 거리의 가는 점선으로 표시

52 경석(景石)의 배석(配石)에 대한 설명으로 옳은 것은?

① 원칙적으로 정원 내에 눈이 뜨이지 않는 곳에 두는 것이 좋다.

② 차경(借景)의 정원에 쓰면 유효하다.
③ 자연석보다 다소 가공하여 형태를 만들어 쓰도록 한다.
④ 입석(立石)인 때에는 역삼각형으로 놓는 것이 좋다.

📝 경석(景石)은 자연석으로 경관을 아름답고 깊이 있게 보이게 한다. 때문에 자연식 정원에 어울리며 자연식 정원은 차경(借景) 수법을 이용한 정원이다.

53. 토양의 물리성과 화학성을 개선하기 위한 유기질 토양 개량재는 어떤 것인가?

① 펄라이트
② 버미큘라이트
③ 피트모스
④ 제올라이트

📝 피트모스는 습지나 늪 등의 수생 식물류 및 그 밖의 것이 부식이 되어 쌓인 흙으로 이탄토라고도 하며, 토양 산도는 강산성을 띤다.

54. 다음 [보기]와 같은 특징을 갖는 암거 배치 방법은?

- 중앙에 큰 맹암거를 중심으로 하여 작은 맹암거를 좌우에 어긋나게 설치하는 방법
- 경기장 같은 평탄한 지형에 적합하며, 전 지역의 배수가 균일하게 요구되는 지역에 설치
- 주관을 경사지에 배치하고 양측에 설치

① 빗살형
② 부채살형
③ 어골형
④ 자연형

📝 암거 배치 방법
• 어골형 : 주관을 중앙에 비스듬히 지관을 설치하는 것으로 경기장 같은 평탄한 지역에 적합. 전 지역의 배수 균일

• 절치형(빗살형) : 지역 경계 근처에 주관 설치하고 한쪽 측면에 지관을 설치하여 연결하는 것. 비교적좁은 면적의 전 지역 균일하게 배수할 때 이용
• 선형(부채살형) : 주관과 지관의 구분이 없이 같은 표기의 관이 부채살 모양으로 1개 지점으로 집중되게 설치하여 집수 후 배수시킴
• 자연형 : 전면 배수가 요구되지 않는 지역에서 많이 사용으로 지형의 등고선을 따라 주관을 설치하고 지관을 설치하는 방법

55. 원로의 시공 계획 시 일반적인 사항을 설명한 것 중 틀린 것은?

① 원로는 단순 명쾌하게 설계, 시공되어야 한다.
② 보행자 한 사람 통행가능한 원로 폭은 0.8~1.0m이다.
③ 원칙적으로 보도와 차도를 겸할 수 없도록 하고, 최소한 분리시키도록 한다.
④ 보행자 2인이 나란히 통행 가능한 원로 폭은 1.5~2.0m이다.

📝 3m 이하의 도로에서는 보도와 차도를 겸할 수 있다.

56. 다음 중 호박돌 쌓기에 이용되는 쌓기법으로 가장 적합한 것은?

① +자 줄눈쌓기
② 줄눈 어긋나게 쌓기
③ 이음매 경사지게 쌓기
④ 평석쌓기

📝 호박돌은 통줄눈(+)이 나오면 안 되고 막힌줄눈이 나오도록 쌓는다.

57 조경식재 공사에서 뿌리돌림의 목적으로 가장 부적합한 것은?

① 뿌리분을 크게 만들려고
② 이식 후 활착을 돕기 위해
③ 잔뿌리의 신생과 신장 도모
④ 뿌리 일부를 절단 또는 각피하여 잔뿌리 발생 촉진

> 뿌리돌림은 잔뿌리 발생을 촉진시켜 이식 후 활착을 돕기 위해 이른 봄에 실시하는 단근 박피 작업이다.

58 흙을 이용하여 2m 높이로 마운딩하려 할 때, 더돋기를 고려해 실제 쌓아야 하는 높이로 가장 적합한 것은?

① 2m
② 2m 20cm
③ 3m
④ 3m 30cm

> 압축 및 침하에 의한 줄어듦을 방지하고 계획 높이를 유지하고자 흙을 더돋기하며 이를 고려하여 실제 쌓아야 하는 높이는 계획고의 10% 이내가 적당하다.

59 적심(摘心 : candle pinching)에 대한 설명으로 틀린 것은?

① 고정 생장하는 수목에 실시한다.
② 참나무과(科) 수종에서 주로 실시한다.
③ 수관이 치밀하게 되도록 교정하는 작업이다.
④ 촛대처럼 자란 새순을 가위로 잘라 주거나 손끝으로 끊어준다.

> 적심은 생장을 억제하는 전정으로 참나무과 수종은 뿌리가 심근성이고 녹음수로 사용하기 때문에 적심 작업이 필요하지 않다.

60 "느티나무 10주에 600,000원, 조경공 1인과 보통공 2인이 하루에 식재한다."라고 가정할 때 느티나무 1주를 식재할 때 소요되는 비용은?(단, 조경공 노임은 60,000원/일, 보통공 40,000원/일이다)

① 68,000원
② 70,000원
③ 72,000원
④ 74,000원

> - 노무비 = 60,000원 + (2인 × 40,000원) = 140,000원
> - 재료비 = 600,000원
> - 총공사비 = 740,000원
> - 느티나무 1주 식재비 = 740,000원 ÷ 10주 = 74,000원

ANSWER   CBT 복원문제 2025년 2회

01	02	03	04	05	06	07	08	09	10
③	①	①	②	①	①	②	④	③	④
11	12	13	14	15	16	17	18	19	20
②	②	③	②	④	①	②	③	①	③
21	22	23	24	25	26	27	28	29	30
③	②	④	②	④	②	④	③	④	②
31	32	33	34	35	36	37	38	39	40
③	①	②	④	④	④	②	④	③	③
41	42	43	44	45	46	47	48	49	50
①	③	③	④	①	②	①	③	①	③
51	52	53	54	55	56	57	58	59	60
②	②	③	③	②	②	①	②	②	④

조경기능사 필기

2026년 01월 05일 인쇄
2026년 01월 20일 발행

저자	김규만 저
발행처	(주)도서출판 책과상상
등록번호	제2020-000205호
발행인	이강복
주소	경기도 고양시 일산동구 장항로 203-191
대표전화	(02)3272-1703~4
팩스	(02)3272-1705
홈페이지	www.sangsangbooks.co.kr
ISBN	979-11-6967-344-0

저자협의
인지생략

값 20,000원
Copyright© 2026
Book & SangSang Publishing Co.